普通高等教育材料类系列教材

# 金属学及热处理


主　编　郭海华　郭国林　刘杰慧

副主编　张尧成　练　勇　丁义超　罗　云

参　编　文丽华　宁慧燕　陆艳红

帅　波　崔辰硕　崔江梅

机 械 工 业 出 版 社

“金属学及热处理”是高等院校材料类、机械类相关专业的一门专业基础课程。

本书的主要内容包括金属学基础知识、热处理理论、机械工程材料与应用三个方面。本书比较全面系统地介绍了金属材料的性能，金属的结构与结晶，合金的结构与相图，铁碳合金，金属的塑性变形、再结晶与强化，钢的热处理，常用的机械工程材料（钢、铸铁、有色合金及硬质合金等），以及机械零件选材及工艺路线分析。

本书由多位来自不同高校、教学经验丰富的教师联合编写，内容由浅入深。本书着重挖掘工程项目资源，注重引入典型工程范例与生产实例，重视课程工程应用型的特点，突出对学生知识应用能力的培养。

本书采用新形态教材形式编写，各章均附有习题，同时配有电子课件、习题答案。

本书可作为高等院校材料类、机械类专业的专业基础课教材，也可供相关工程技术人员学习和参考。

**图书在版编目（CIP）数据**

金属学及热处理/郭海华，郭国林，刘杰慧主编．—北京：机械工业出版社，2023.3（2025.1 重印）
普通高等教育材料类系列教材
ISBN 978-7-111-72315-8

Ⅰ.①金…　Ⅱ.①郭…②郭…③刘…　Ⅲ.①金属学-高等学校-教材②热处理-高等学校-教材　Ⅳ.①TG1

中国版本图书馆 CIP 数据核字（2022）第 252398 号

机械工业出版社（北京市百万庄大街 22 号　邮政编码 100037）
策划编辑：王勇哲　　　责任编辑：王勇哲
责任校对：樊钟英　李　杉　封面设计：张　静
责任印制：郜　敏
中煤（北京）印务有限公司印刷
2025 年 1 月第 1 版第 3 次印刷
184mm×260mm · 14.5 印张 · 357 千字
标准书号：ISBN 978-7-111-72315-8
定价：49.00 元

电话服务　　　　　　　　　网络服务
客服电话：010-88361066　　机　工　官　网：www.cmpbook.com
　　　　　010-88379833　　机　工　官　博：weibo.com/cmp1952
　　　　　010-68326294　　金　　书　　网：www.golden-book.com
**封底无防伪标均为盗版**　　机工教育服务网：www.cmpedu.com

# 前　　言

本书是根据2018年“全国部分理工类地方本科院校联盟关于推进应用型课程教材建设的指导意见”精神，聚集各高校本科教育教学改革成果，实现应用型课程建设资源共享，立足应用型人才的培养，以提升高校本科人才培养质量为目的来进行编写的。

本书采用新形态教材形式编写，以纸质教材为基础，贯彻“少而精”和“学以致用”的原则，部分内容以专栏形式，如案例解析、概念解析、微视频、历史回望、科技动态、瞭望台、想一想、练一练、好书连连等作为选择性阅读内容呈现，同时应用互联网技术，通过在纸质教材上印制二维码的形式，将一系列数字化教学资源嵌入教材，增加了课程教学的深度和广度，以多方位的视角，更加立体地呈现课程的内容。

本书的编写力求图面清晰，结构合理；语言精练、深入浅出，便于教学和自学；重视概念的准确性，注意讲清问题的来龙去脉，具有较强的理论性、系统性和实用性；挖掘工程项目资源，引入典型工程范例，将课程理论与实践密切结合，以培养学生应用知识解决实际问题的能力。

本书共分为10章，采用了不同一般的编写方法：每章内容由多名编写人员，按章或节进行分工合作、修订、融合；初稿完成后，成立了教材编审组，对教材进行了初审、再审、终审工作，逐章进行审核、讨论和修订。各章内容及编写人员如下（排名第一位为该章负责人）：第1章　金属材料的性能（郭海华、陆艳红、文丽华、崔江梅），第2章　金属的结构与结晶（郭国林、张尧成、宁慧燕），第3章　合金的结构与相图（郭海华、练勇、宁慧燕），第4章　铁碳合金（丁义超、张尧成），第5章　金属的塑性变形、再结晶与强化（刘杰慧、丁义超、文丽华），第6章　钢的热处理（刘杰慧、张尧成、郭国林、陆艳红），第7章　钢（郭海华、练勇、刘杰慧、罗云、帅波），第8章　铸铁（郭国林、张尧成、崔辰硕），第9章　有色合金及硬质合金（张尧成、郭海华、刘杰慧、练勇、文丽华、宁慧燕），第10章　机械零件选材及工艺路线分析（郭国林、练勇）。

在编写过程中，本书参考了有关教材和文献资料，在此向其作者致以衷心的谢意！由于编者水平有限，书中难免存在不足和疏漏之处，恳请读者批评和指正。读者可通过948144948@qq.com邮箱联系我们，您的宝贵意见和建议是我们不断进取的最大动力。

编　者

# 目　　录

# 第 1 章

# 金属材料的性能

金属材料来源丰富、易于加工，具有较高的性价比。更为重要的是，可以通过改变化学成分或加工工艺来调整金属材料的性能，甚至使其性能可在较大范围内变化。金属材料因而得到广泛应用，是机械制造业的基本材料。

材料的性能是选择材料的重要依据。金属材料的性能可分为使用性能和工艺性能。使用性能是指保证零件正常工作和达到预期寿命的性能，主要包括力学性能、物理性能、化学性能；工艺性能是指保证零件加工顺利和加工质量的性能，如铸造性能、锻造性能、焊接性能、热处理性能、切削加工性能等。本章重点介绍力学性能。

## 1.1 金属材料的力学性能

### 1.1.1 常见外力与常用力学性能

金属材料制成的零件或构件在加工和使用过程中都不可避免地受到外力（载荷）的作用。在外力作用下，材料一般会发生变形，甚至断裂，这就要求金属材料制品必须具有一定的承载能力，以满足正常使用要求。这种在力的作用下材料所表现出来的性能就是力学性能。

**1. 常见外力**

按性质不同，外力常分为以下三种：

（1）静力（静载荷） 大小不变或变化很慢的力，如静置机床对地面的压力。

（2）冲击力（动载荷） 以很大的速率突然增大或减小的力，力的变化速度较大，如冲压成型时，凸模对凹模的作用力。

（3）交变力（循环载荷） 大小、方向随时间发生周期性变化的力。如运转中的齿轮、曲轴、弹簧、轴承等都受到交变力的作用。常用应力比 $r$（$r=\sigma_{min}/\sigma_{max}$）来描述交变力的循环特性。

根据作用形式不同，力又可以分为拉伸力、压力、弯曲力、剪切力、扭转力等。

**2. 常用力学性能**

相同材料在不同力的作用下，其能力表现是不同的。对应上述力的分类，常用的力学性能分为如下三种。

1）静力作用下的力学性能：刚度、强度、塑性、弹性、硬度。

2）冲击力作用下的力学性能：冲击韧性。

3）交变力作用下的力学性能：疲劳强度。

它们是衡量材料性能和决定材料应用范围的重要指标。

## 1.1.2 强度

### 1. 刚度和弹性极限

材料抵抗变形和破坏的能力称为强度。根据外力加载方式不同，强度指标有许多种，如抗拉强度、抗压强度、抗弯强度、抗剪强度、抗扭强度等。工程中常用的金属材料性能指标是静拉伸强度，以拉伸试验测得的屈服强度和抗拉强度应用最多。

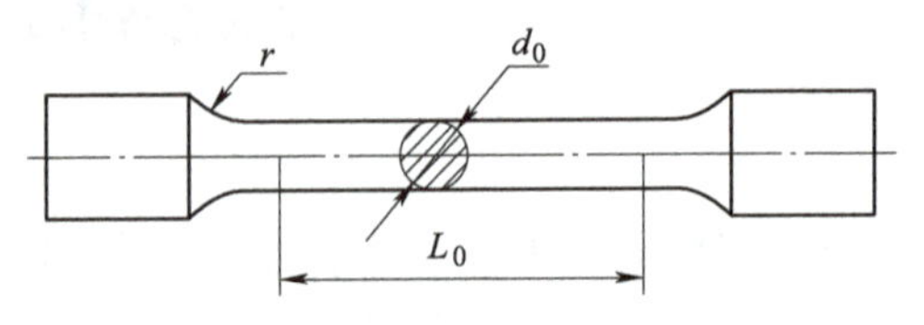

图 1-1 拉伸试样示意图

拉伸试验需按国家标准（GB/T 228.1—2021）制备金属材料拉伸试验标准试样（图 1-1）。拉伸试验机夹头将试样夹紧后缓慢施加拉力，测得拉力与伸长量曲线，为消除试样尺寸影响，将拉力 $F$(N) 除以试样原始横截面积 $S_0$(mm$^2$)，得到应力 $R^{\ominus}$(MPa)；将试样伸长量 $\Delta L$ 除以试样原始标距 $L_0$，得到应变（延伸率）$e$，绘得 $R$-$e$ 曲线。图 1-2 所示为典型的低碳钢 $R$-$e$ 曲线。

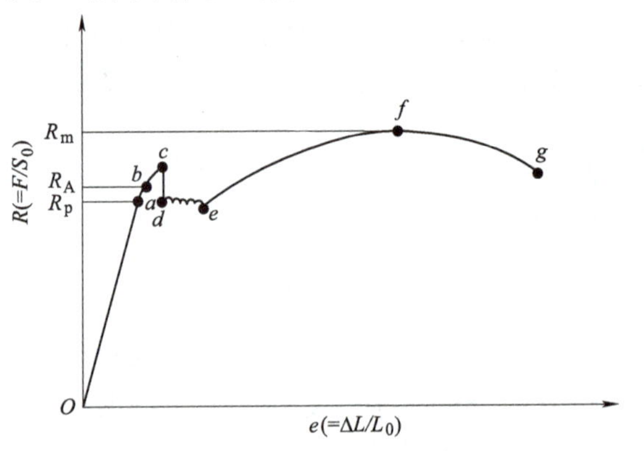

图 1-2 低碳钢的拉伸应力-应变曲线

曲线 $Ob$ 段为弹性变形阶段，弹性变形是去除外力后可以恢复原形的变形。$R_A$ 称为弹性极限，表征材料抵抗发生塑性变形的能力。

$$R_A = \frac{F_A}{S_0}$$

式中 $F_A$——试样在弹性变形范围内承受的最大拉力（N）；

$S_0$——试样原始横截面积（mm$^2$）。

其中，当应力低于 $R_p$ 范围内时，应力与应变成正比：

$$R = Ee$$

式中 $E$——线段斜率，称为弹性模量，实际工程中也称为材料的刚度。刚度表征材料抵抗弹性变形的能力，是工作中不允许发生微量塑性变形零件的重要设计依据，如精密弹性元件、炮筒等。材料 $E$ 值越大，越不容易发生弹性变形。

**瞭望台 1-1 常见材料的室温弹性模量 $E$**

常见材料的室温弹性模量 $E$

| 材料 | $E/10^4$MPa | 材料 | $E/10^4$MPa |
|---|---|---|---|
| 铸铁 | 17.3~19.4 | 石英玻璃 | 9.5 |
| 低合金钢 | 20.4~21 | 混凝土 | 4.6~5.1 |
| 铁及低碳钢 | 20 | 碳纤维复合材料 | 7~20 |
| 奥氏体不锈钢 | 19.4~20.4 | 玻璃纤维复合材料 | 0.7~4.6 |
| 铝及铝合金 | 7.0~8.1 | 木材（纵向） | 0.9~1.7 |
| 铜及铜合金 | 10.5~15.3 | 聚酯塑料 | 0.1~0.5 |

⊖ 很多书籍仍用 $\sigma$ 表示。

（续）

| 材料 | $E/10^4$MPa | 材料 | $E/10^4$MPa |
|---|---|---|---|
| 镍合金 | 13～24 | 有机玻璃 | 0.34 |
| 钛合金 | 8.1～13.3 | 尼龙 | 0.2～0.4 |
| 钨 | 41 | 聚乙烯 | 0.02～0.07 |
| 硬质合金 | 41～55 | 橡胶 | 0.001～0.01 |
| 金刚石 | 102 | 聚氯乙烯 | 0.0003～0.001 |

一般情况下，金属的弹性模量 $E$ 值主要取决于材料原子本性和原子间结合力，对成分、显微组织不敏感，当基体金属一定时，不能通过合金化、热处理、冷热加工等方法来改变。例如，不论钢成分、显微组织如何变化，其弹性模量基本稳定。但陶瓷材料、高分子材料、复合材料的弹性模量对成分和组织是敏感的，可以通过改变成分、生产工艺来改变。

常用材料按照弹性模量从高到低来排序：陶瓷、钢铁、复合材料、有色金属、高分子材料。

**2. 屈服强度**

图 1-2 中，应力超过 $R_A$ 后，材料将发生塑性变形，塑性变形是外力去除后，不能恢复的变形。曲线 *cde* 处出现锯齿（或水平）线段，即外力不增大的情况下，塑性变形持续增加，称为屈服现象，标志着材料产生明显塑性变形，*c* 点为发生屈服而载荷首次下降前的最大应力点，其应力称为上屈服强度 $R_{eH}$；相对平稳时的最小应力称为下屈服强度 $R_{eL}$（图 1-3）。

$$R_{eH}=\frac{F_{eH}}{S_0}$$

$$R_{eL}=\frac{F_{eL}}{S_0}$$

式中　$F_{eH}$——试样发生屈服而载荷首次下降前的最大拉力（N）；

$F_{eL}$——屈服时不计初始瞬时效应的最小拉力（N）；

$S_0$——试样原始横截面积（$mm^2$）。

灰铸铁、高碳淬火钢等低塑性材料没有明显的屈服现象，无法确定其屈服强度，常规定以塑性延伸率为 0.2%时所对应的应力值来表示该类材料开始产生明显塑性变形时的最低应力值，称为规定塑性延伸强度，记为 $R_{p0.2}$（图 1-4）。

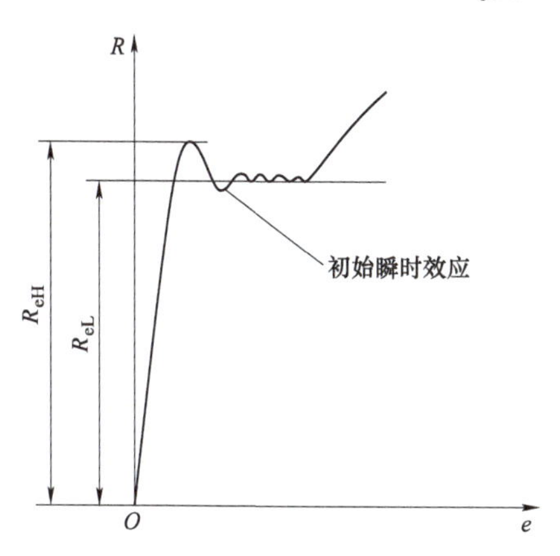

图 1-3　屈服强度的确定

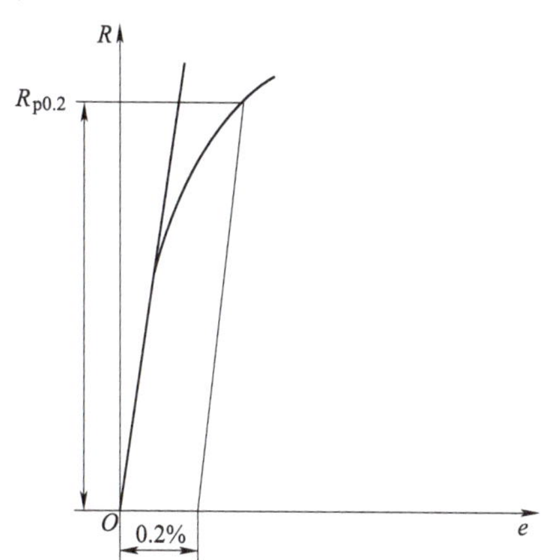

图 1-4　规定塑性延伸强度

实际工程中一般多以下屈服强度 $R_{eL}$、$R_{p0.2}$ 为设计依据，屈服强度是表征材料抵抗发生过量塑性变形的能力。

**概念解析 1-1　初始瞬时效应**

具有上、下屈服点的材料，当达到上屈服点时会发生突然的屈服，屈服时的塑性应变突然爆发性增加，应变速率很高，此时试验机横梁位移速率低于试样的应变速率，力就会下降。由于力的惯性，力下降时引起“过冲”现象，指示出过低的应力值，此值称为“初始瞬时效应”。显然，该过低应力值不为真实的下屈服点，所以，应予以排除。

**3. 抗拉强度**

图 1-2 中，*ef* 段为均匀塑性变形阶段，应力随应变增加而增加，即塑性变形需要不断增加外力才能持续进行，材料抵抗外力的能力提高了，此时产生加工硬化现象（参阅 5.5.2 节）。应力达 *f* 点时，试样开始出现颈缩现象，此后试样发生非均匀变形，塑性变形集中在颈缩处，并随应变增加，应力明显下降，于 *g* 点断裂。$R_m$ 为材料断裂前所承受的最大应力，称为抗拉强度。抗拉强度是材料在断裂前的最大应力值，反映材料抵抗断裂的能力，也是零件设计和材料评价的重要指标。

$$R_m = \frac{F_m}{S_0}$$

式中　$F_m$——试样拉断前承受的最大拉力（N）；

　　$S_0$——试样原始横截面积（$mm^2$）。

屈服强度与抗拉强度的比值 $R_{eL}/R_m$ 称为屈强比，该值越小表明材料可靠性越高，说明材料屈服点离断裂点越远，即使超载也不至于马上断裂，但同时材料利用率降低，合理的屈强比一般为 0.6~0.75。

综上所述，低碳钢在拉伸应力的作用下，断裂前的变形过程经历了以下阶段：弹性变形阶段、屈服阶段、均匀变形强化阶段、颈缩阶段、非均匀变形阶段。除低碳钢外，正火、退火、调质的中碳钢，低、中碳合金钢，以及某些铝合金、高分子材料也具有类似的应力-应变行为。

### 1.1.3 塑性

塑性是指材料在破坏前所能产生的最大塑性变形能力，塑性指标有断后伸长率和断面收缩率。试样被拉断后，标距长度的伸长量与原始标距长度的百分比称为断后伸长率 *A*。

$$A = \frac{L_u - L_0}{L_0} \times 100\%$$

式中　$L_0$——原始标距长度（mm）；

　　$L_u$——断后标距长度（mm）。

工程上通常将 $A>5\%$ 的材料称为塑性材料，如碳素钢、黄铜、铝合金等；而把 $A<5\%$ 的材料称为脆性材料，如灰铸铁、玻璃、陶瓷等。

试样断裂后，横截面积最大缩减量与原始横截面积的百分比称为断面收缩率 *Z*，即

$$Z = \frac{S_0 - S_u}{S_0} \times 100\%$$

式中　$S_0$——原始横截面积（$mm^2$）；

$S_u$——断后最小横截面积（$mm^2$）。

塑性好的材料可以顺利地进行锻压、轧制等加工，在超载情况下不至于突然断裂而提高了工作安全性。

**微视频 1-1　低碳钢拉伸试验**

### 1.1.4　硬度

硬度是衡量材料软硬程度的指标。目前生产中金属材料硬度测试常用压入测试法，主要包括布氏硬度试验法、洛氏硬度试验法和维氏硬度试验法等。即在一定载荷下，用一定几何形状的压头压入被测试材料表面，根据压痕的面积或深度来衡量硬度。在相同测试条件下，如果压痕面积或深度越大，则金属材料的硬度越低；反之，硬度就越高。

因此，硬度是指材料抵抗硬物压入其表面的能力，即材料抵抗局部塑性变形和破坏的能力。

**1. 布氏硬度**

布氏硬度以压痕面积大小来反映硬度高低。以一定的试验力 $F$，将直径为 $D$ 的硬质合金（碳化钨合金）球压入试样表面（图 1-5），保持一定时间后卸除载荷，在试样表面留下直径为 $d$、面积为 $S$ 的球形压痕，用压痕单位面积所承受的平均试验力作为布氏硬度值，用 HBW 作为符号。

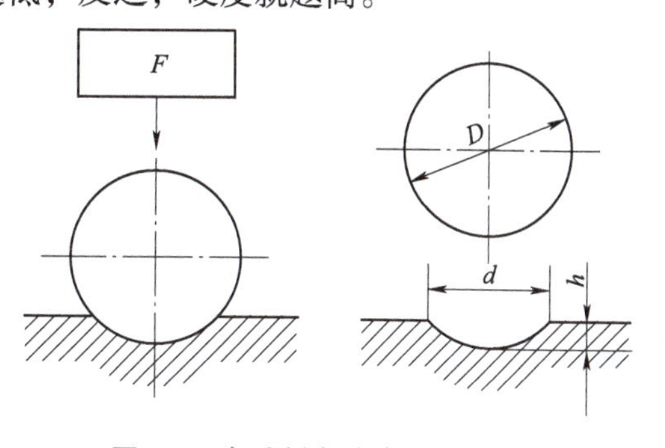


图 1-5　布氏硬度试验原理示意图

$$\text{HBW} = 0.102\frac{F}{S} = 0.102\frac{2F}{\pi D(D - \sqrt{D^2 - d^2})}$$

式中　常数 0.102——力的单位从 N 到 kgf 的转换因子；

$F$——试验力（N）；

$S$——压痕表面积（$mm^2$）；

$D$——硬质合金球直径（mm）；

$d$——压痕平均直径（mm）。

从上述公式看，布氏硬度的单位是 $N/mm^2$（MPa），但习惯上只写明硬度的数值，而不标出单位。布氏硬度一般的表示方法是“硬度值+硬度符号”，如 220HBW。

实际试验时，可根据试验力、压头直径和测得的压痕直径查布氏硬度表即可得到对应布氏硬度值，布氏硬度试验测试值上限为650HBW。在旧的国家标准中，还用淬火钢球作为压头，用符号 HBS 表示，常用于检测硬度值低于 450HBW 的材料。

此外，国家标准中还规定有更为详细的硬度表示方法，其中增加了压头尺寸、载荷和保荷时间。如：用直径 10mm 的碳化钨合金球压头，在 1000N 的载荷作用下保持 30s（保持时间在 10~15s 时可不标注），测得的布氏硬度数值为 220 时，其硬度表示为 220HBW10/1000/30。

布氏硬度测试法由于压痕面积大，能较好地反映较大范围内材料中各相的平均硬度，测量值较稳定；常用于灰铸铁、非铁金属（如有色金属、滑动轴承合金）、低合金结构钢、非金属材料以及退火、正火、调质钢件的毛坯件或半成品的硬度检测，不适合测量成品、薄件及硬度高的材料。

**微视频 1-2　布氏硬度测试法的操作**

**瞭望台 1-2　布氏硬度测试中的比值与倍数**

金属材料有软有硬，有薄有厚，因此在试验过程中需要选择不同的载荷和压头直径。对于同一材料，即使选择不同的载荷和压头直径进行试验，也要保证得到相同或相近的硬度值。试验证明：布氏硬度的试验力应保证压痕直径 $d$ 在 $0.24D \sim 0.6D$ 之间，同时 $F/D^2$ 等于常数，就可以得到相同的布氏硬度值。因此，国家标准中根据不同硬度的材料推荐了不同硬质合金球直径与试验力的组合，方便在测试时选用。试验其他详细规定可查阅国家标准《金属材料　布氏硬度试验　第 1 部分：试验方法》（GB/T 231.1—2018）。

另外，国家标准中规定试样厚度至少应为压痕深度的 8 倍，避免太薄而变形；任一压痕中心与试样边缘的距离应为压痕平均直径的 2.5 倍；相邻压痕中心距离至少应为压痕平均直径的 3 倍。

**2. 洛氏硬度**

洛氏硬度以压痕深度来反映金属材料的硬度，是目前应用最广的硬度测试法，用符号 HR 表示。其测试原理是：将顶角为 120°的金刚石圆锥压头或一定直径的碳化钨球形压头压入试样表面（图 1-6），先施加初载荷以消除试样表面不光洁带来的不良影响，压头处于图示 1 位置，测量初始压入深度 $h_0$，再施加规定的总载荷（初载荷+主载荷），压头处于图示 2 位置（最低位置处），保持一定时间后，卸除主载荷，试样弹性变形恢复，使压头处于图示 3 位置，测量最终压入深度 $h_1$，故由主载荷引起的塑性变形深度为 $h=h_1-h_0$，则由 $h$ 值来衡量材料硬度的高低，$h$ 值越大，硬度越低。为了符合人们“数值越大、硬度越高”的习惯，采用一个常数 $N$ 减去 $h$ 来表示硬度高低，并用 0.002mm 作为压痕深度的一个单位。

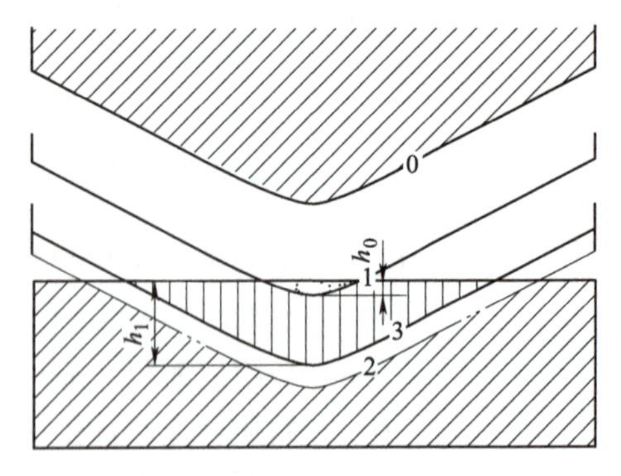


图 1-6　洛氏硬度试验原理示意图

$$HR = N - \frac{h}{0.002}$$

式中　$N$——金刚石作为压头时，$N$ 取 100，淬火钢作为压头时，$N$ 取 130；

　　$h$——主载荷引起的塑性变形深度（mm）。

根据金属材料软硬程度不同，需要采用不同的压头和载荷，因此组成了九种洛氏硬度标尺（HRA、HRB、HRC、HRD 等），以及六种表面洛氏硬度标尺（HR15N、HR30N 等）。在这些标尺中，最常见的有三种（表 1-1），生产中应用最广的是 C 标尺。如果采用 C 标尺，即选用金刚石圆锥压头、载荷为 150kgf，测得试样的洛氏硬度值为 60，则表示为 60HRC。

**表 1-1　三种常用洛氏硬度标尺**

| 符号 | 压头类型 | 总试验力/kgf | 有效值范围 | 应用举例 |
| --- | --- | --- | --- | --- |
| HRA | 金刚石圆锥体 | 60 | 20~95HRA | 硬质合金，表面淬硬层，渗碳淬硬层 |
| HRBW | $\phi$1.588mm 球 | 100 | 10~100HRBW | 有色金属，软钢，可锻铸铁 |
| HRC | 金刚石圆锥 | 150 | 20~70HRC | 淬硬钢，调质钢，高硬度铸铁 |

注：因在 B 标尺中，采用 WC 硬质合金作为压头，因此现行的国家标准中 B 标尺表示为 HRBW。

实际测量时，洛氏硬度值可以直接从硬度计表盘上读出，测试简便、高效。它压痕较小，可用于成品的检验，因此对样品内部组织不均匀性较敏感，测试数据重复性差，常需要对不同部位进行多点测量，取平均值。

**瞭望台 1-3　洛氏硬度测试中的相关要求**

国家标准规定，试样表面应平坦光滑，不应有氧化物、油污等；采用金刚石压头的试样厚度应不小于残余压痕深度的 10 倍；对于球形压头，试样厚度不小于残余压痕深度的 15 倍。压痕中心与试样边缘的距离至少应为压痕直径的 2.5 倍；相邻压痕中心距离至少应为压痕直径的 3 倍。试验中还对初载荷和主载荷的加载时间、保持时间等做了详细规定。具体可查阅国家标准《金属材料　洛氏硬度试验　第 1 部分：试验方法》（GB/T 230.1—2018）。

**案例解析 1-1　洛氏硬度测量标尺的选用**

在进行洛氏硬度试验时，如果不知道材料硬度，可以首先选用 HRA 标尺测试。如果硬度低于 60HRA，则改用 HRB 标尺；倘若一开始就用 HRB 标尺，钢球压头在测硬质合金等高硬度材料时会被损坏。当用 HRC 标尺测试时，如果样品硬度低于 20HRC，则改用 HRB 标尺；高于 67HRC 时，应改用 HRA 标尺。

**微视频 1-3　洛氏硬度测试法的操作**

**3. 维氏硬度**

维氏硬度同布氏硬度一样，用压痕单位面积所承受的平均试验力作为硬度值，用符号 HV 表示，但维氏硬度以压痕对角线长度来计算压痕表面积。将顶部两相对面夹角为 136°的

金刚石正四棱锥体压头压入试样表面（图 1-7），则有

$$HV = 0.102\frac{F}{S} = 0.102\frac{2F\dfrac{\sin 136^\circ}{2}}{d^2} \approx 0.1891\frac{F}{d^2}$$

式中　常数 0.102——力的单位从 N 到 kgf 的转换因子；

$F$——试验力（N）；

$S$——压痕表面积（$mm^2$）；

$d$——压痕两对角线长度的平均值（mm）。

实际测量时对正四棱锥压痕对角线长度 $d$ 取平均值，查表获得维氏硬度值；有的维氏硬度机可自动显示显微镜下两条对角线长度和硬度值。维氏硬度一般的表示方法是“硬度值+硬度符号”，如 640HV。国家标准中规定了更为详细的表示方法，增加了载荷大小和保荷时间，如：在 30kgf 载荷作用下，保持 20s（保持时间在 10～15s 时可不标注），测得的维氏硬度值为 640 时，其硬度表示为 640HV30/20。

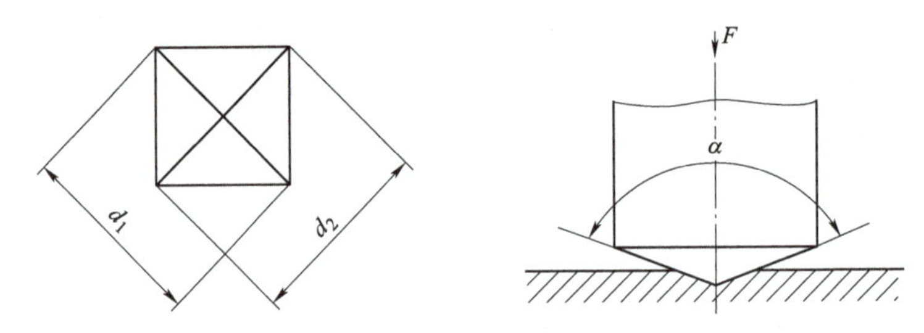


**图 1-7　维氏硬度试验原理示意图**

维氏硬度试验载荷力小，压入深度很浅，尤其适用于金属镀层、薄片金属及化学热处理后的表面硬度测试；维氏硬度不存在试验力与压头直径有一定比例关系的限制，极软与极硬材料均可测量，可测硬度范围广；可用于测量金相组织中各相的硬度，还可测量陶瓷材料的硬度，精确度高。其缺点是：对试样表面要求高，如需抛光处理；测试操作较洛氏硬度烦琐，生产现场很少使用。

**瞭望台 1-4　其他硬度测试方法**

布氏硬度、洛氏硬度、维氏硬度都是采用压入法测试，此外还有肖氏硬度、莫氏硬度、显微维氏硬度等测试方法。

肖氏硬度法：采用动态回弹测量法，符号为 HS。肖氏硬度试验是将规定形状、质量的金刚石冲头，从固定的高度 $h_0$ 落在试样表面上，冲头弹起一定高度 $h$，根据 $h$ 与 $h_0$ 的比值计算肖氏硬度值，肖氏硬度没有单位，常用于度量金属材料的硬度。肖氏硬度计为手提式，可在现场测量大型工件的硬度。

莫氏硬度法：采用刻痕测量法，以符号 HM 表示。用棱锥形金刚钻针刻划所测试材料的表面，测量划痕的深度，该划痕的深度就是莫氏硬度，常用于矿物、宝石硬度的测量。

显微维氏硬度法：其测量原理、方法与维氏硬度测量法相同，以压痕对角线长短反映硬度高低；载荷小于 200kgf，压痕极小；适用于金属箔等薄件以及镀层等极薄表面层的硬度测定。它可用于测量材料显微组织中各相的硬度，也可检测玻璃、陶瓷、矿物等脆性材料的硬度。

布氏硬度计和洛氏硬度计多为固定式，如果是小工件或可以切割的样品，建议使用固定式硬度计，固定式硬度计更能保证测量值的准确度；如果是无法放到试验台上检测的大工件，则选用便携式的硬度计。

相对于其他力学性能的测试而言，硬度测试具有以下优点：

1）硬度试验设备简单，操作迅速方便，可以直接在零件或工具上进行试验而不需制作专用试样，且不破坏被测零件。

2）硬度与抗拉强度之间存在一定联系。强度越高，材料抗破坏的能力越大，硬度值也越高。因此硬度在一定程度上能综合反映材料力学性能概况。如钢的硬度在一定范围内时（20~60HRC），其硬度与抗拉强度有以下经验关系：

$$R_m \approx 3.5\text{HBW}(\text{或 HV})$$

3）在一定条件下，各种硬度可以换算为同一标尺后进行比较。如当硬度在 200~600HBW 范围时，1HRC≈10HBW；当硬度小于 450HBW 时，1HBW≈1HV。钢铁材料硬度及强度换算表见附表 1。

因此，硬度试验在金属材料各类成型工艺和机加工工艺中，以及产品质量检验中，是最常用的力学性能试验方法之一。

## 1.1.5　冲击韧性

许多零（构）件在工作中不仅受静力作用，往往还受到冲击力作用，例如汽车紧急制动、锻压机锻造等都会使相关零件受到冲击力。金属材料在冲击力作用下抵抗断裂的能力称为冲击韧性，冲击韧性值由冲击试验测定。

**概念解析 1-2　断裂及其分类**

断裂是材料在应力作用下彼此分开的现象，分为韧性断裂和脆性断裂。

韧性断裂在断裂前发生明显的宏观塑性变形，例如低碳钢在室温拉伸时，有足够大的伸长量后才断裂，其断口为 U 形；脆性断裂在断裂前不发生明显塑性变形，其断口齐平。零件在静载荷和冲击载荷下通常具有这两种断裂形式。

韧性断裂前会发生明显塑性变形，可预先警告人们注意，因此一般不会造成严重事故。而脆性断裂没有明显征兆，因而危害性极大。历史上曾发生过许多断裂事故，如发电机转子断裂、邮船脆断沉没、核电站压力容器和大型锅炉爆炸、铁桥断毁等。

为了防止脆性断裂，人们对材料的断裂过程进行了深入研究。研究结果表明：无论是韧性断裂还是脆性断裂，其断裂过程均包含裂纹的形成和扩展两个阶段。材料在外力作用下形成微裂纹或者以原有的内部缺陷（如孔洞、杂质等）作为裂纹源，当裂纹源逐渐扩展到一个临界裂纹长度时，就会导致突然断裂。其中脆性断裂的裂纹形成后扩展速度极快，很快达到临界裂纹长度，故脆性断裂前无明显塑性变形。

**1. 冲击试验及冲击韧性**

试验时将试样（图 1-8）安放在试验机底部机架上，使试样缺口（U 型或 V 型）位于两支座中间，并背向摆锤冲击方向，然后将重力为 $G$(N) 的摆锤举至一定高度 $H$(m)，使其自由落下将试样冲断，摆锤将反向摆至一定高度 $h$(m)（图 1-9），两个高度的势能差即为击断试样所需消耗的能量，用符号 $K$(J) 表示，称为冲击吸收能量［我国习惯上还以冲击韧度 $a_K$(J/cm$^2$) 作为冲击韧性指标］。

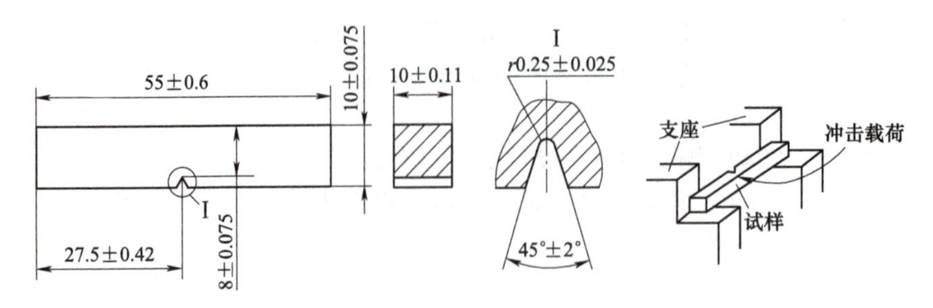


图 1-8　冲击试样（V 型缺口）

$$K = G(H - h)$$

实际试验时，$K$ 值可从试验机刻度盘上直接读出。$K$ 值越大，材料的冲击韧性越好。

需要说明的是：使用不同类型的试样（U 型缺口、V 型缺口或无缺口）试验时，其冲击吸收能量分别表示为 $KU$、$KV$、$KW$，并用下标数字 2 或 8 表示摆锤的锤刃半径，如 $KV_2$。

**2. 低温脆性**

材料的冲击韧性除与材料相关外，还与环境温度有关。当温度降低到某一温度区域时，材料由韧性状态转变为脆性状态，此温度区称为韧脆转变温度（图 1-10），这种现象称为低温脆性。

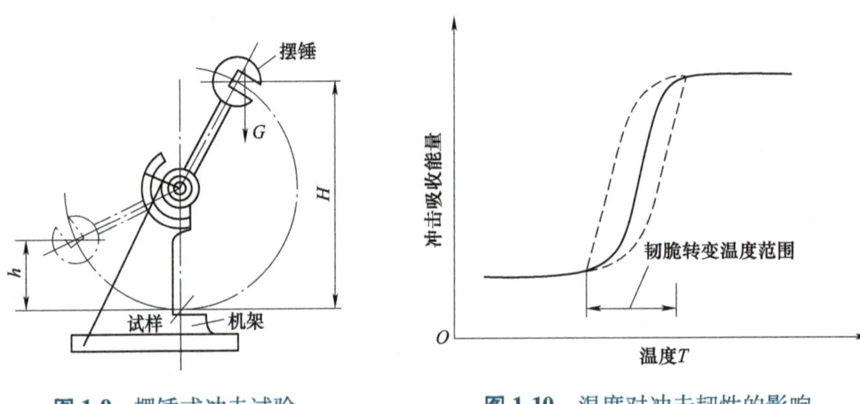


图 1-9　摆锤式冲击试验　　图 1-10　温度对冲击韧性的影响

低温脆性是低、中强度结构钢经常遇到的现象，它对桥梁、船舶、压力容器以及低温下工作的机器零件十分有害，容易引起低温下的脆性断裂。韧脆转变温度越低，材料的低温冲击韧性越好。

材料形状、内部组织、缺陷对冲击韧性也有较大影响，通过测定 $K$ 可以评定材料冶金质量和热加工质量，如夹杂物、气泡、裂纹、偏析；过热、过烧、回火脆性等会使材料冲击吸收功明显下降。

**微视频 1-4　冲击试验**

**历史回望 1-1　泰坦尼克号沉没之谜**

1912 年 4 月 14 日晚上，号称当时世界上最先进、最豪华的邮轮“泰坦尼克号”在北大西洋水域撞上冰山，仅 2h40min 后就沉入 4000m 的冰冷大海之中，重达 4.5 万 t 的钢铁之躯四分五裂，残骸遍布 $39km^2$ 海域，1500 多名乘客葬身海底，酿成 20 世纪最为悲惨的海难。

“泰坦尼克号”设计独特，船体有 16 个密封隔舱，任意 2 个密封隔舱进水，它也能正常行驶，任意 4 个密封隔舱进水，它依旧可以保持漂浮状态等待救援。这也是泰坦尼克号号称“永不沉没”的缘由。

近百年来，“泰坦尼克号”沉没的原因一直都是世界讨论的话题，人们对此充满了争议和猜测。

近年来，随着深海探测技术的进步，通过对打捞的船体进行碎片分析和力学模拟试验，科学家们发现原来建造“泰坦尼克号”所用的钢铁材料硫含量过高，质地松脆，特别是在冰山水域呈现低温脆性。当船体与质量超过 20 万 t、速度为 26m/h 的冰山擦撞时，脆性的船体很快就被撞裂，钢板脆断，6 个密封舱开始进水，海水的大量涌入使船迅速沉没。

许多有关“泰坦尼克号”沉没的科学探寻和考查仍在进行。

## 1.1.6　疲劳强度

### 1. 疲劳断裂

齿轮、轴、弹簧和滚动轴承等许多零件，都是在交变力（循环载荷）作用下工作的（图 1-11）。经过较长时间工作或多次应力循环后，材料往往在工作应力低于其屈服强度的情况下突然断裂，这种现象称为疲劳断裂。

据统计，断裂失效的零件、构件中有 80% 以上是由疲劳断裂造成的。疲劳断裂与在静载荷作用下的断裂不同，不管是脆性材料还是韧性材料，疲劳断裂事先均无明显的塑性变形，断裂无预兆地突然发生，具有很大的危险性。

产生疲劳断裂的原因，一般认为是在其缺陷处（如软点、脱碳层、夹杂等）或应力集中位置（如螺纹、刀痕、油孔等表面缺口处）产生微细裂纹，形成疲劳裂纹源，随着应力循环周次的增多，疲劳裂纹不断扩展，使零件的有效承载面逐渐减小，达到某一临界尺寸后，致使零件有效承载面积减小，应力增大，零件即发生突然断裂。疲劳断裂断口一般分为三个区域：裂纹疲劳源、裂纹扩展区（海滩状）、瞬时断裂区（放射状），如图 1-12 所示。

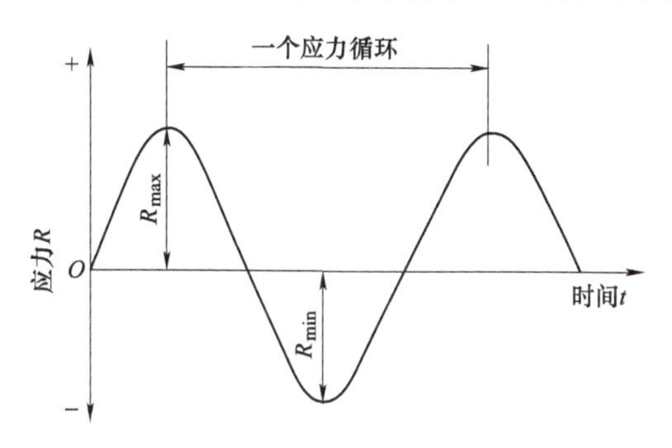


图 1-11　火车轴弯曲对称循环应力（$r=-1$）

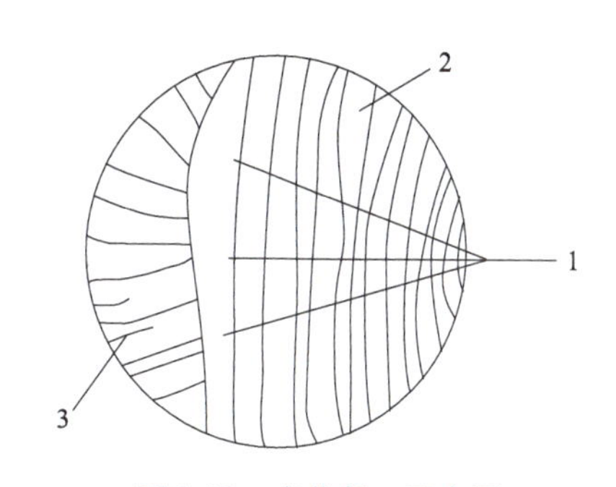


图 1-12　疲劳断口示意图

1—裂纹疲劳源　2—裂纹扩展区　3—瞬时断裂区

**2. 疲劳试验及疲劳强度**

大量试验证明，金属材料所受交变应力的最大值 $\sigma_{max}$ 越大，则断裂前所经受的循环周次 $N$ 越少。最大交变应力与循环周次的关系曲线称为疲劳曲线（图 1-13）。

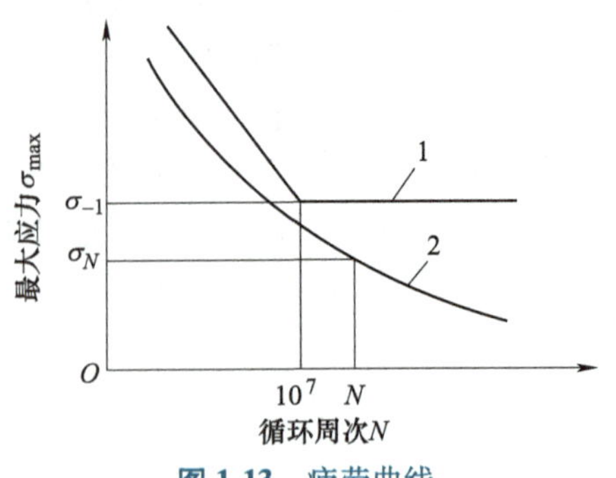

图 1-13 疲劳曲线

中、低强度钢和铸铁的疲劳曲线如图 1-13 中曲线 1 所示，曲线上水平线段对应的应力为材料经无限次应力循环而不断裂的最大应力值，将该值作为材料疲劳抗力指标，称为疲劳强度（或疲劳极限），它用来表征材料在交变力作用下，抵抗疲劳断裂的能力。通常材料的疲劳强度是在对称弯曲循环应力条件下测定的，其疲劳强度记为 $\sigma_{-1}$。一般情况下，钢的疲劳极限为其抗拉强度的 1/3～1/2。

一般非铁金属、高强度钢、不锈钢的疲劳曲线没有水平线段，如图 1-13 中曲线 2 所示，这类材料的疲劳强度定义为：在规定循环周次 $N$ 下不发生断裂时的最大应力值，称为条件疲劳强度，记作 $\sigma_N$。一般规定钢材 $N$ 取 $10^7$ 次，非铁金属 $N$ 取 $10^8$ 次，腐蚀介质作用下的钢铁材料 $N$ 取 $10^6$ 次。

**3. 提高金属疲劳强度的措施**

1）合理选材，减少氧化、脱碳、裂纹、夹杂等缺陷。

2）改善零件结构形状，如减少开孔、挖槽、缺口等，尽量避免尖角和截面突变，避免引起应力集中。

3）降低零件表面粗糙度，应尽量减少刀痕、磨痕、擦伤、腐蚀等表面加工损伤。

4）采用各种表面强化处理，如渗碳、渗氮、表面淬火、喷丸和滚压等，在材料表面形成一定深度的残余压应力，工作时，这部分压应力可以抵消部分拉应力，使零件实际承受的拉应力降低，以有效提高疲劳强度。

**微视频 1-5 疲劳曲线的含义**

**历史回望 1-2 德国高铁出轨事件**

1998 年 6 月 3 日，一辆从德国慕尼黑开往汉堡的高速列车在途中突然出轨，脱轨的车厢如同离弦之箭直直地撞向了铁轨旁的大桥，大桥瞬间塌毁，后面的 8 节车厢一个接一个地撞了上来，101 名乘客在 180s 内失去了生命，造成了世界高铁历史上第一次严重的伤亡事故。

由于金属疲劳，列车第一节车厢有个车轮的钢圈因疲劳断裂脱落，这个破损脱落的钢圈一端洞穿车厢地板，另一端则挂在高速行驶的车身下面。当高速行驶的火车经过变道的道岔交汇处时，车身下的这段钢圈将护轨铲起，致使后面的车厢脱轨而出。

据查，在事故发生之前，检修人员对高铁列车进行安全检查时，忽视了金属疲劳。他们日常使用的检修工具一般只有手电筒，这种检查仅能发现危险系数最高的裂缝，但无法在早期发现因金属疲劳造成的细微裂纹。

**资料卡 1-1　常用力学性能国家标准符号对照表**

常用力学性能国家标准符号对照表

| 现行标准 | | 旧标准 | |
|---|---|---|---|
| 符号 | 性能名称 | 符号 | 性能名称 |
| $R_{eH}$、$R_{eL}$ | 上屈服强度、下屈服强度 | $\sigma_{sU}$、$\sigma_{sL}$ | 上屈服点、下屈服点 |
| $R_m$ | 抗拉强度 | $\sigma_b$ | 抗拉强度 |
| $R_{p0.2}$ | 规定塑性延伸强度 | $\sigma_{p0.2}$ | 规定非比例伸长应力 |
| $A$ | 断后伸长率 | $\delta_5$ | 断后伸长率 |
| $Z$ | 断面收缩率 | $\psi$ | 断面收缩率 |
| $KU_2$、$KU_8$、$KV_2$、$KV_8$ | 冲击吸收能量 | $a_K$ | 冲击韧度 |

# 1.2 金属材料的其他性能

## 1.2.1 金属的物理性能

### 1. 密度

单位体积物质的质量称为该物质的密度，以 $\rho$ 表示，常用单位为 $kg/m^3$ 或 $g/cm^3$。根据密度大小可将金属分为轻金属和重金属，轻金属如铝、镁、钛及其合金；重金属如铁、铅、钨等。钢的密度为 $7.8g/cm^3$，铝的密度约为钢的 1/3，塑料的密度约为钢的 1/6。高的比强度（强度与密度之比）材料多用于航空航天器上，如钛合金的比强度位于金属之首，与合金钢相比，钛合金可使飞机自重减轻 40%。

### 2. 熔点

金属材料熔化时的温度称为熔点，纯金属都有固定的熔点。钨、钼、钒等熔点高的金属称为难熔金属，可以用来制造耐高温零件，如火箭、导弹、燃气轮机和喷气飞机等零件；锡、铅等熔点低的金属称为易熔金属，可用于制造熔断丝和防火安全阀等零件。陶瓷材料的熔点一般都显著高于金属，具有耐高温的特性。

### 3. 导热性

金属材料传递热量的能力称为导热性，导热性通常用热导率 $\lambda$ 来衡量，其单位是 $W/(m \cdot K)$。热导率越大，金属材料的导热性越好。金属的导热性以银为最好，铜、金、铝次之。金属材料的导热性差会使材料在加热或冷却过程中形成过大的内应力，产生变形或开裂；导热性好的金属散热也好，适合制造散热器、热交换器与活塞等零件。

### 4. 导电性

金属材料传导电流的能力称为导电性，用电阻率来衡量，其单位是 $\Omega \cdot m$。电阻率越小，金属材料导电性越好，金属导电性以银为最好，铜、金、铝次之。电阻率小的金属（如纯铜、纯铝）适于制造导电零件和电线；电阻率大的金属或合金（如钨、钼、铁、铬）适于制造电热元件。高分子材料和陶瓷材料一般都是绝缘体。

**5. 热膨胀性**

金属材料随温度变化，发生热胀冷缩的特性称为热膨胀性。一般用线膨胀系数 $\alpha_L$ 来衡量，即温度每升高 1K 或 1℃，单位长度的伸长量，其单位是 1/K 或 1/℃。用线膨胀系数大的材料制作的零件，温度变化引起的尺寸和形状变化就大。精密仪器、仪表等要求材料的热膨胀系数低；轴和轴瓦间要根据线膨胀系数来控制间隙尺寸；热加工和热处理过程也要考虑热膨胀的影响，以减少工件变形和开裂。

**6. 磁性**

材料在外磁场作用下表现出吸引或排斥的性能称为磁性。磁性主要由磁导率、剩余磁感应强度等参数来表征。在外磁场中，能被强烈磁化的材料称为铁磁性材料，如铁、钴等；只能微弱地被磁化的材料称为顺磁性材料，如锰、铬；能抗拒或削弱外磁场对其磁化作用的材料称为抗磁性材料，如铜、锌。铁磁性材料可用于制造变压器、电动机、扬声器、测量仪表等；抗磁性材料则用于要求避免电磁干扰的零件或仪器，如航海罗盘。

当温度升高到一定数值时，铁磁性材料的磁畴会被破坏，使之转变为顺磁性材料，这个转变温度称为居里点，铁的居里点为 770℃。

### 1.2.2 金属的化学性能

**1. 耐蚀性**

耐蚀性是指材料在常温下抵抗介质侵蚀的能力，常用每年腐蚀深度 $K_a$(mm/a) 表示。碳素钢、普通铸铁的耐蚀性较差；铝合金与铜合金具有较好耐蚀性；钛及其合金、不锈钢的耐蚀性好。不锈钢在食品、制药、化工工业中得到广泛应用。一般非金属材料的耐蚀性比金属材料高得多。

**2. 抗氧化性**

抗氧化性是指金属材料在加热时抵抗氧化作用的能力。加入 Cr、Si 等合金元素，可以提高钢的抗氧化性。如合金钢 4Cr9Si2 可以用来制造内燃机排气阀、加热炉底板等。

金属材料的耐蚀性和抗氧化性统称为化学稳定性，在高温下的化学稳定性称为热稳定性。锅炉、汽轮机、喷气发动机等零部件应选择热稳定性好的材料来制造。

### 1.2.3 金属的工艺性能

**1. 铸造性能**

金属在铸造过程中获得外形准确且内部优质铸件的能力称为铸造性能。评价金属材料铸造性能的指标主要包括流动性和收缩性。

(1) 流动性　液态金属充分流动而充满型腔的能力。流动性主要受化学成分、浇注温度以及铸型等因素影响。流动性越好越利于获得外形完整、尺寸精确、轮廓清晰的铸件。铁碳合金中共晶成分附近的铸铁、共晶铝-硅合金、硅黄铜都具有良好的流动性。

(2) 收缩性　铸造合金从液态冷却至常温过程中，体积和尺寸减小的现象称为收缩。收缩分为液态收缩、凝固收缩、固态收缩三个阶段。液态收缩、凝固收缩越大越易形成缩孔缺陷，固态收缩越大越易产生内应力，从而使铸件易发生变形和开裂。

**2. 锻造性能**

材料是否易于压力加工的性能称为锻造性能。材料塑性越好，变形抗力越小，材料的锻造性能越好。

黄铜、铝合金在室温下具有良好的锻造性能；碳素钢在加热状态下具有较好的锻造性能，且碳含量越低、合金元素含量越少，其锻造性能越好；铸铁则不能锻造。

**3. 焊接性能**

材料是否易于焊接在一起并能保证焊缝质量的性能称为焊接性能。焊接性能好的材料工艺简单、易于操作，焊接时不易形成裂纹、气孔、夹渣等缺陷，焊接后接头强度与母材相近。

钢材的焊接性能主要与金属材料的化学成分有关，低碳钢具有良好的焊接性，高碳钢、铸铁的焊接性能较差。

**4. 切削加工性能**

材料接受切削加工的难易程度称为切削加工性能。它与材料化学成分、力学性能、导热性能等因素有关。金属材料利于切削的硬度范围为 170~230HBW，切削加工性能好的材料，容易切削，对刀具磨损小，零件加工表面光洁。

改变材料的化学成分或进行适当的热处理都可以改善材料的切削加工性能。铸铁比钢的切削加工性能好，一般碳素钢比高合金钢的切削加工性能好。在钢中加入适量的硫、磷元素后，易断屑，形成易切削钢，可提高切削速度和刀具寿命；对低碳钢正火，可降低塑性提高硬度，改善表面质量；对高碳钢退火，可降低硬度至合适范围，从而改善其切削加工性。

## 习题

1. 塑性指标在工程上有哪些实际意义？

2. 提高金属材料的强度有什么实际工程意义？

3. 金属疲劳断裂有哪些特点？防止金属疲劳断裂的方法有哪些？

4. 某厂购入一批 40 钢，按相关标准规定其力学性能指标应为：$R_{eL} \geqslant 340$MPa，$R_m \geqslant 540$MPa，$Z \geqslant 45\%$。验收时，取样将其制成 $d_0 = 10$mm 的标准拉伸试样做拉伸试验，测得 $F_{eL} = 31.4$kN，$F_m = 47.1$kN，断后直径 $d_u = 7.3$mm。请计算相关力学性能，判断该批钢材是否合格。

5. 一批钢制拉杆，工作时不允许产生明显的塑性变形，最大工作应力 $R_{max} = 350$MPa。今欲选用某钢制作该拉杆。现将该钢制成 $d_0 = 10$mm 的标准拉抻试样进行拉伸试验，测得 $F_{eL} = 21500$N，$F_m = 35100$N，试判断该钢是否满足使用要求。为什么？

6. 下列材料或工件的硬度适宜采用哪种硬度测试法测量？

（1）铸铁发动机壳体；　（2）金属表面镀硬层；

（3）退火钢；　（4）钳工锤子；

（5）大型铜锭；　（6）钢中的金属化合物相；

（7）硬质合金；　（8）高硬度铸铁。

7. 金属常用的力学性能有强度、硬度、塑性、冲击韧性、疲劳强度。现有一冲裁弹簧垫圈钢板的小型冷作模具，请按该模具的使用情况，将其所要求的力学性能从高到低进行排序。

# 第 2 章

# 金属的结构与结晶

不同的金属材料具有不同的性能，是因为材料内部具有不同的结构和组织。而金属的化学成分、加工工艺与结构和组织间存在密切关系及一定的变化规律，因此研究金属和合金的内部结构、组织，是正确选用金属材料和合理制定加工方法的基础，也可以通过控制材料结构与组织来改变金属材料的性能。

## 2.1 金属的晶体结构

### 2.1.1 金属晶体的概念

**1. 晶体与非晶体**

固态物质按原子（或离子、分子等）的排列状态可分为晶体和非晶体两大类。晶体是指其原子（或离子、分子等）在三维空间呈规则周期性重复排列的物质，相对地，无规则排列的为非晶体。自然界中，很多固态无机物都是晶体，如金属、食盐、雪花和冰块等；非晶体有普通玻璃、松香等。

晶体熔化时有固定的熔点，而非晶体在熔化过程中是逐渐变软的，无固定熔点。在一定条件下，可将原子有序排列的晶体转变为原子无序排列的非晶体，结构的转变可使材料的性能发生极大的变化。

**2. 空间点阵和晶胞**

金属晶体中的原子都在它的平衡位置上不停地振动着，为了便于研究，可将金属原子看成是固定的刚性球，金属晶体就是由这些刚性原子球按一定的排列规律在空间堆垛而成的，如图 2-1a 所示。

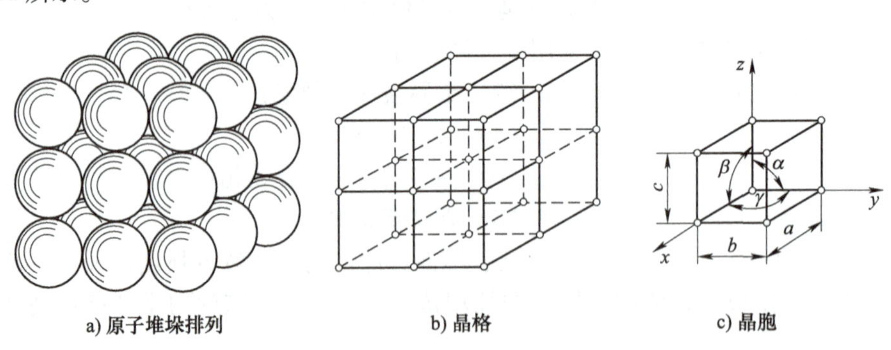


a) 原子堆垛排列　　b) 晶格　　c) 晶胞

图 2-1　简单立方晶体结构的原子排列示意图

为了清楚地表明原子排列规律，又将刚性球抽象为几何质点，称之为阵点。采用假想的线将各阵点连接起来，形成一个三维空间点阵，称为晶格（图 2-1b）。

由于晶体中的原子呈周期性排列，故可在晶格中选取一个能反映晶格特征且最小的几何单元来反映晶格中原子的排列规律，这个最小的几何单元称为晶胞（图 2-1c）。

在描述晶胞的几何形状及尺寸时，常以晶胞的棱边长度 $a$、$b$、$c$ 及棱边夹角 $\alpha$、$\beta$、$\gamma$ 来表示，其中，晶胞的棱边长度一般称为晶格常数。当晶格常数 $a=b=c$，且夹角 $\alpha=\beta=\gamma=90°$ 时，这种晶胞具有的晶格是最简单的一种，称为简单立方晶格。

**微视频 2-1　晶格**

**微视频 2-2　金属原子结构和特性**

### 2.1.2　三种常见的金属晶体结构

晶体中原子（离子或分子等）在空间排列的方式称为晶体结构。根据晶胞的三个晶格常数和三个轴间夹角的几何关系，法国晶体学家布拉菲用数学的方法证明晶格的基本类型可分为 14 种。在工业上使用的金属元素中，绝大部分金属元素具有较为简单的晶体结构，其中最常见的金属晶体结构有体心立方晶格、面心立方晶格和密排六方晶格。

**资料卡 2-1　14 种布拉菲点阵**

实际晶体结构多种多样，当将晶体中规则排列的原子（离子、分子或原子集团等）抽象为几何质点（阵点）时，其结构就得到了极大地简化。根据晶胞的三个晶格常数和三个轴间夹角的几何关系，法国晶体学家布拉菲用数学的方法证明所有的晶体共有 14 种空间排列方式，称为布拉菲点阵，共分为 7 大晶系，14 种晶格类型。

**7 大晶系，14 种晶格类型**

| 晶系 | 棱边长度和夹角 | 晶格类型 | 举例 |
|---|---|---|---|
| 三斜 | $a\neq b\neq c$，$\alpha\neq\beta\neq\gamma\neq 90°$ | 简单三斜 | $K_2CrO_7$ |
| 单斜 | $a\neq b\neq c$，$\alpha=\gamma=90°\neq\beta$ | 简单单斜，底心单斜 | $CaSO_4\cdot 2H_2O$ |
| 正交 | $a\neq b\neq c$，$\alpha=\beta=\gamma=90°$ | 简单正交，体心正交，底心正交，面心正交 | Ca、$Fe_3C$ |
| 六方 | $a_1=a_2=a_3\neq c$，$\alpha=\beta=90°$，$\gamma=120°$ | 简单六方 | Mg、Zn、Ti |
| 菱方 | $a=b=c$，$\alpha=\beta=\gamma\neq 90°$ | 简单菱方 | Sb、As |
| 四方 | $a=b\neq c$，$\alpha=\beta=\gamma=90°$ | 简单四方，体心四方 | Sn、$TiO_2$ |
| 立方 | $a=b=c$，$\alpha=\beta=\gamma=90°$ | 简单立方，体心立方，面心立方 | Fe、Cu、Cr |

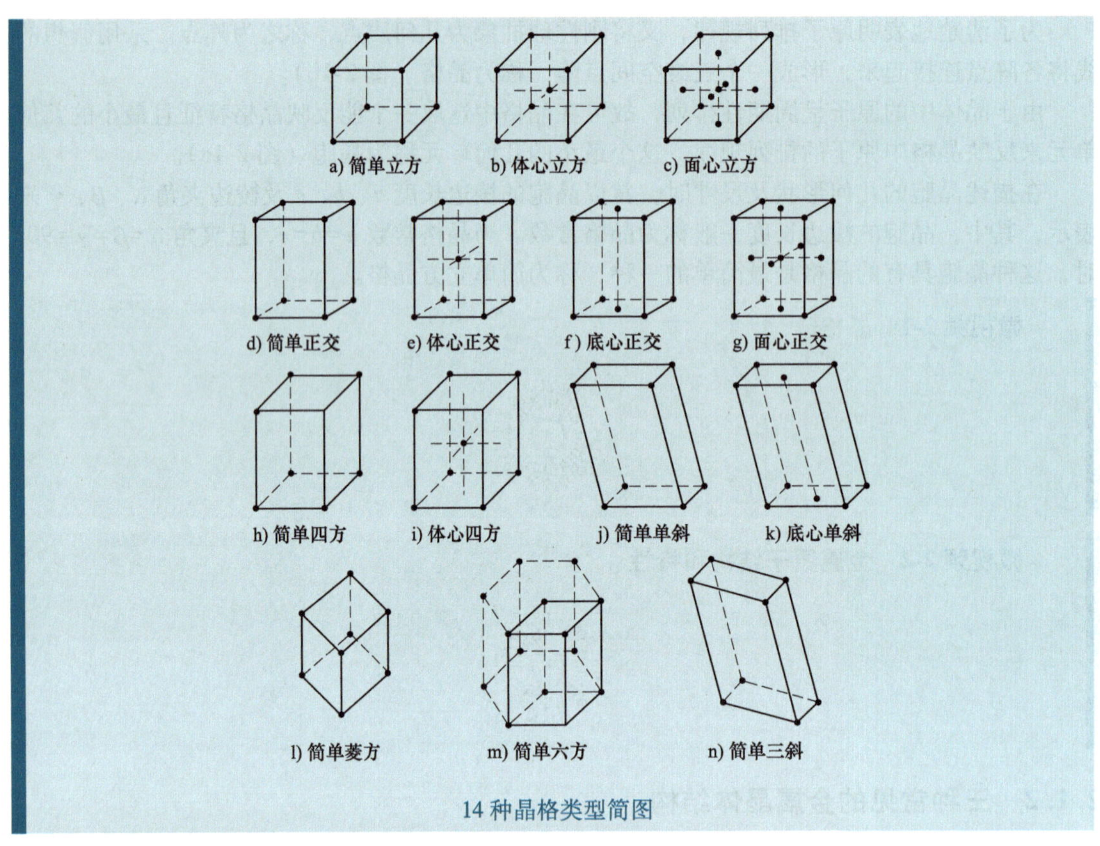


14 种晶格类型简图

### 1. 体心立方晶格

体心立方晶格（BCC）的晶胞模型如图 2-2 所示。立方体的八个角和中心各有一个原子，每个角上的原子均为相邻的八个晶胞共有，中心的一个原子完全属于这个晶胞，所以体心立方晶胞中的原子数为 8×1/8+1 = 2 个。常见的具有体心立方晶格的金属有 α-Fe、Cr、W、Mo、V 等 30 余种。

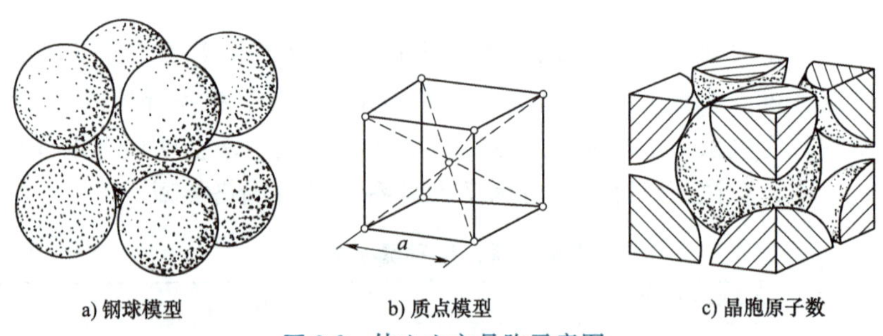


图 2-2 体心立方晶胞示意图

**微视频 2-3 体心立方晶胞模型**

### 2. 面心立方晶格

面心立方晶格（FCC）的晶胞模型如图 2-3 所示。立方体的八个角和六个面的中心各有一个原子，每个角上的原子均为相邻的八个晶胞共有，每个面上的原子均为相邻的两个晶胞共有，所以面心立方晶胞中的原子数为 $8\times1/8+6\times1/2=4$ 个。常见的具有面心立方晶格的金属有 γ-Fe、Cu、Ni、Al、Ag 等 20 余种。

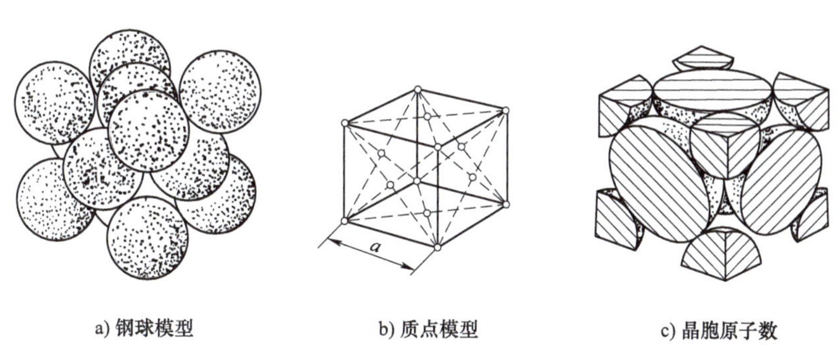


a) 钢球模型　　b) 质点模型　　c) 晶胞原子数

图 2-3　面心立方晶胞示意图

**微视频 2-4　面心立方晶胞模型**

### 3. 密排六方晶格

密排六方晶格（HCP）的晶胞模型如图 2-4 所示。在晶胞的 12 个角上各有 1 个原子，构成六方柱体，上底面和下底面中心各有 1 个原子，晶胞内还有 3 个原子。六方柱体的每个角上的原子为相邻的六个晶胞共有，上底面和下底面中心的原子为相邻的两个晶胞共有，中心的三个原子为此晶胞独有，所以密排六方晶胞中的原子数为 $12\times1/6+2\times1/2+3=6$ 个。常见的具有密排六方晶格的金属有 Mg、α-Ti、Zn、Be 等。

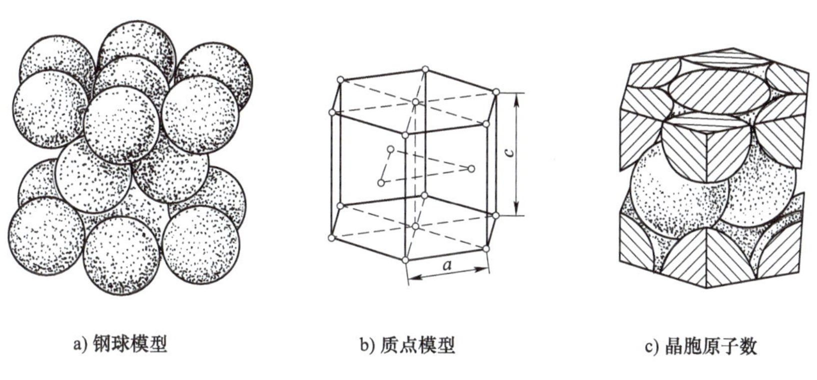


a) 钢球模型　　b) 质点模型　　c) 晶胞原子数

图 2-4　密排六方晶胞示意图

**微视频 2-5　密排六方晶胞模型**

**资料卡 2-2　常用金属的晶体结构**

常用金属的晶体结构

| 金属 | Be | Mg | Al | Ti | V | Cr | Mn | Fe | Co | Ni | Cu | Zn | Mo | Ag | W | Pt | Au | Pb |
|---|---|---|---|---|---|---|---|---|---|---|---|---|---|---|---|---|---|---|
| 晶体结构 | HCP | HCP | FCC | BCC、HCP | BCC | BCC、HCP | BCC、FCC | BCC、FCC | FCC、HCP | FCC | FCC | HCP | BCC | FCC | BCC | FCC | FCC | FCC |

## 2.1.3　三种典型晶格的致密度

钢球模型晶胞中的刚性球按其规律排列时，原子间必然存在空隙，原子排列的紧密程度可用晶胞内原子所占体积与晶胞体积之比来表示，即晶格的致密度。体心立方晶格含有 2 个原子，设原子半径为 $r$，则 2 个原子所占体积为 $2\times(4/3)\pi r^3$。根据图 2-2c 可知，体心立方晶格中原子半径 $r$ 与晶格常数 $a$ 之间的关系为 $r=\sqrt{3}a/4$，则体心立方晶格的致密度为

$$K=\frac{2\times\frac{4}{3}\pi\left(\frac{\sqrt{3}}{4}a\right)^3}{a^3}=0.68$$

计算结果表明：在体心立方结构中有 68%的体积被原子占据，其余 32%为空隙。同理可以计算出面心立方晶格和密排六方晶格的致密度均为 0.74，说明面心立方晶格和密排六方晶格中的原子具有相同的致密程度。晶胞的致密度越大，原子排列越紧密。当金属材料内部晶体结构改变，致密度发生变化时，晶胞体积必然发生变化。如铁从面心立方结构转变为体心立方结构时，由于致密度减小，体积增大。

**资料卡 2-3　典型晶体晶格的致密度计算分析**

致密度（APF，atomic packing factor）：晶体结构中各原子总体积占晶胞体积的百分比。

$$\text{致密度}=\frac{\text{单位晶胞中原子所占有的体积}}{\text{单位晶胞的体积}}=\frac{V_s}{V_c}$$

**1. 体心立方晶格**

$$a=\frac{2}{\sqrt{3}}2R=\frac{4}{\sqrt{3}}R$$

$$APF_{BCC}=\frac{V_s}{V_c}=\frac{2\left(\frac{4}{3}\right)\pi R^3}{\left(\frac{4R}{\sqrt{3}}\right)^3}=\frac{\pi\sqrt{3}}{8}=0.68$$

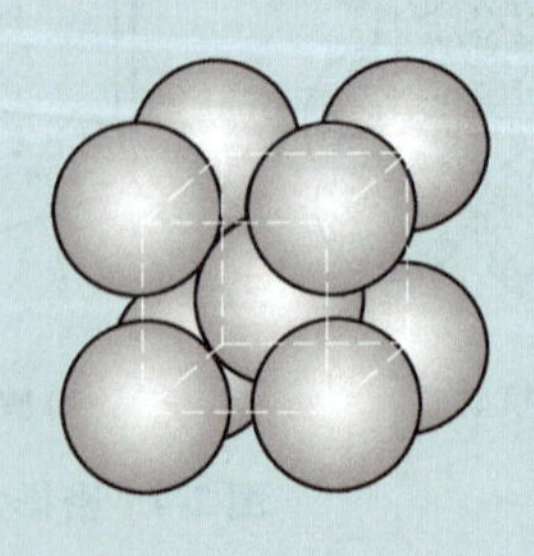

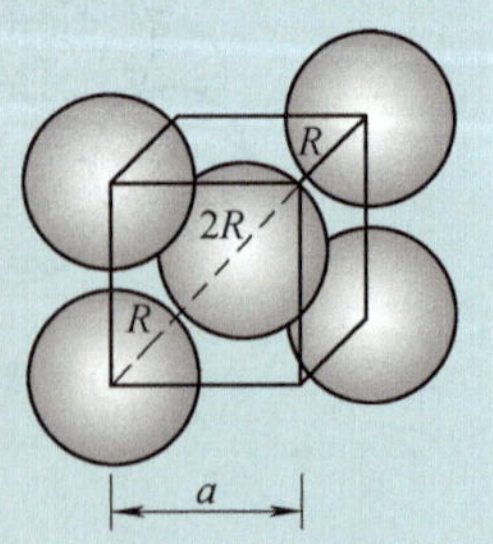

**2. 面心立方晶格**

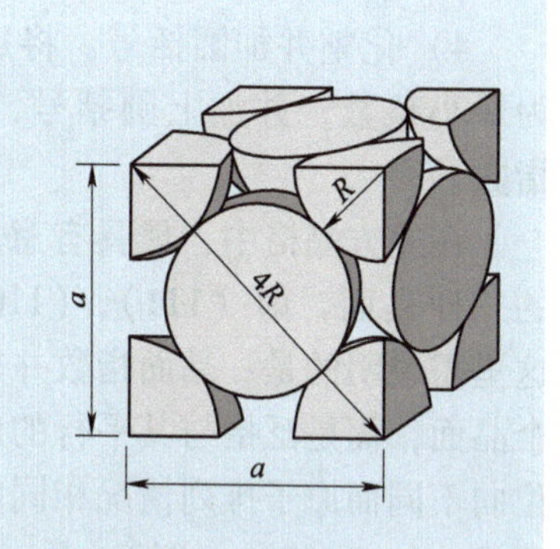


$$R=\frac{\sqrt{2}}{4}a$$

$$V_s=(4)\ \frac{4}{3}\pi R^3=\frac{16}{3}\pi R^3$$

$$V_c=16R^3\sqrt{2}$$

$$APF_{FCC}=\frac{V_s}{V_c}=\frac{\left(\frac{16}{3}\right)\pi R^3}{16R^3\sqrt{2}}=0.74$$

**3. 密排六方晶格**

理想状态下，当 $c/a=1.633$ 时，$a=2R$

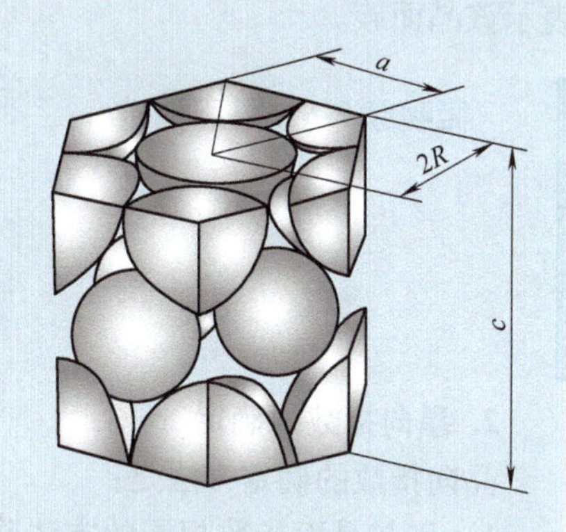


当 $c/a\neq1.633$ 时，$\sqrt{\frac{a^2}{3}+\frac{c^2}{4}}=2R$

$$\overline{BC}=2R\cos30°=\frac{2R\sqrt{3}}{2}$$

$$S=3\ \overline{CD}\cdot\overline{BC}=3\cdot2R\cdot\frac{2R\sqrt{3}}{2}=6R^2\sqrt{3}$$

$$V_c=S\cdot c=(6R^2\sqrt{3})\cdot2R\cdot1.633$$

$$=12\sqrt{3}(1.633)R^3$$

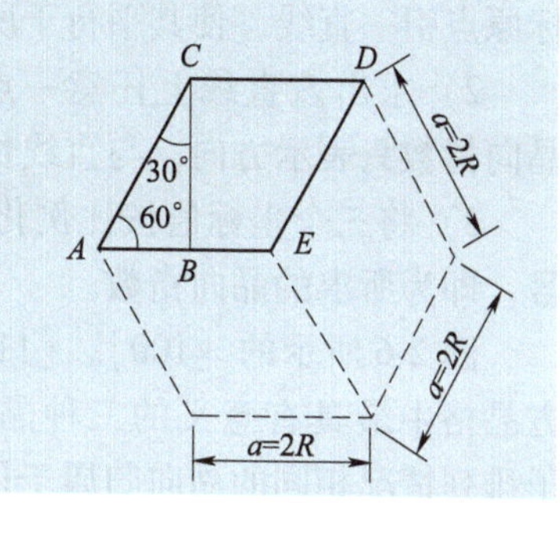


$$V_s=6\left(\frac{4\pi R^3}{3}\right)=8\pi R^3$$

$$APF_{HCP}=\frac{V_s}{V_c}=\frac{8\pi R^3}{12\sqrt{3}(1.633)R^3}=0.74$$

## 2.1.4 三种典型晶格的晶面和晶向分析

晶体中各种方位上的原子面称为晶面；任意两个原子之间连线所指的方向称为晶向。为了表述各晶面和晶向的原子排列情况及其在空间的位向，国际上采用密勒指数来统一表示，分别称为晶面指数和晶向指数。

**1. 晶面指数的确定**

确定晶面指数的方法包括以下四个步骤：

1）建立坐标系。设晶胞中某一原子为原点，晶胞的三棱边作为坐标轴；将晶胞沿各坐标轴方向上的棱边长度 $a$、$b$、$c$(称为晶格常数) 分别作为所对应坐标轴的长度单位，则晶胞在各轴向上的边长均被简化为 1（图 2-5)。

2）求截距：求出所需确定的晶面在三坐标轴上的截距。

3）取三个截距的倒数。

4）化整并加圆括号。将这三个倒数按比例化为最小整数，并加上圆括号，即为该晶面的晶面指数。

在立方晶格中，最具有意义的是如图 2-5 所示的三种晶面，即（111）、（110）和（100）晶面。这里需说明的是：晶面指数并非仅指晶格中的某一个晶面，而是泛指与其平行的所有晶面。另外，将位向不同而原子排列情况相同的晶面归属于同一晶面族，如（100）、（010）及（001）等，以｛100｝表示该晶面族。

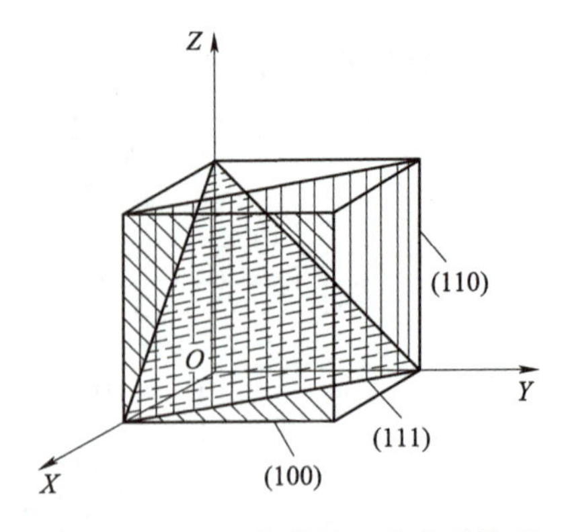


图 2-5　立方晶格中的三种重要晶面

**微视频 2-6　晶面指数**

**2. 晶向指数的确定**

晶向指数的确定方法是：

1）以与晶面指数相同的方法建立坐标系。通过坐标原点引一直线，使其平行于所求的晶向。

2）求出该直线上任意一点的三个坐标值。因此，晶向指数只表示方向，与直线长短无关。

3）将三个坐标值按比例化为最小整数，加上方括号，即为所求的晶向指数。

图 2-6 所示的［100］、［110］及［111］晶向为立方晶格中最具有意义的三种晶向。将方向不同，而原子排列情况相同的晶向归属于同一晶向族，如［100］、［010］及［001］等，以<100>表示该晶向族。对比图 2-5、2-6 可以看出，在立方晶格中，凡指数值相同的晶面与晶向是相互垂直的。

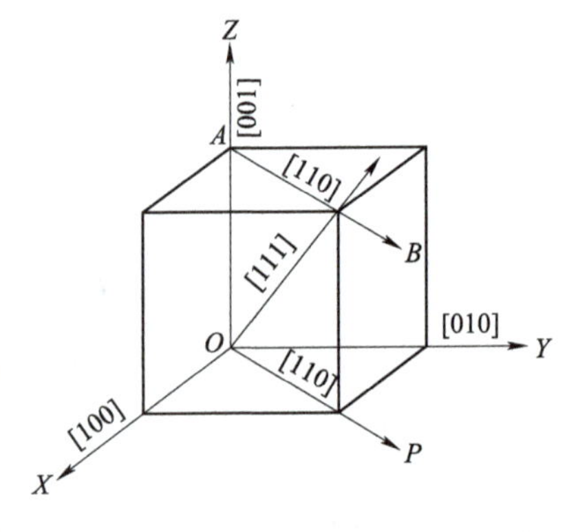


图 2-6　立方晶格中的三种重要晶向

**微视频 2-7　晶向指数**

**3. 晶面和晶向的原子密度**

晶面的原子密度即指其单位面积上的原子数，而晶向原子密度即指其单位长度上的原子数。在各种晶格中，不同晶面和晶向上的原子密度是不同的。在晶体中，同一密排面上或同一密排方向上的原子结合力更强。密排面（或密排方向）相互之间的距离越大，则相互间的结合力就越弱，因此晶体在外力作用下，总是原子最密排晶面沿着最密排晶向最先发生相对位移。例如：在体心立方晶格中，具有最大原子密度的晶面是｛110｝，具有最大原子密度的晶向是<111>。因此，体心立方晶体在外力作用下，首先｛110｝晶面沿着<111>晶向运动。有了晶向指数和晶面指数，就能更准确更方便地描述材料的变形。

**微视频 2-8　典型晶体结构的密排面和密排方向**

## 2.2　金属的实际晶体结构和晶体缺陷

### 2.2.1　单晶体和多晶体

晶体内部所有晶格位向完全一致的晶体称为单晶体。在工业上，可通过特殊的工艺获得单晶体。单晶体在不同晶面或晶向上具有不同性能，称为晶体的各向异性。

如体心立方结构 α-Fe 单晶体的弹性模量 $E$，在<111>方向 $E_{<111>}=2.9\times10^5$MPa，而在<100>方向 $E_{<100>}=1.35\times10^5$MPa，两者相差两倍多。而且发现，单晶体的屈服强度、导热性、导磁性、导电性等性能，也存在着明显的各向异性。

单晶体具有各向异性的主要原因是：晶体中原子呈规则排列，在同一方向上具有相同的排列规律，不同方向上排列规律不相同，最终使性能也表现出方向性。如在各个方向上原子排列的紧密度不同，原子间结合力则不同，从而导致在相同力的作用下，各个方向上力学性能不同。

但是实际工程上使用的金属材料一般都是包含许多晶粒的多晶体（图 2-7）。各晶粒之间会出现原子排列不规则的过渡区域，称为晶界。多晶体内各晶粒的位向取向是随机的，晶体的各向异性被相互抵消，使金属材料多表现为各向同性。

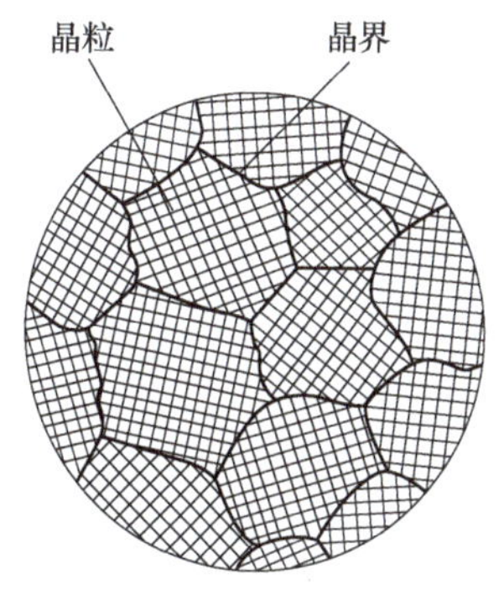


图 2-7　金属多晶体示意图

非晶体内部结构没有规律，表现为各向同性，这也是晶体与非晶体的重要差别。

### 2.2.2　晶体缺陷

在实际使用的金属材料中，原子的排列不可能像理想晶体那样规则和完整，总是不可避免地存在一部分原子排列不规则的区域，这就是晶体缺陷。实际晶体中存在大量的晶体缺陷，通常可将它们分为点缺陷、线缺陷和面缺陷三类。

晶体缺陷的存在，对金属性能产生显著影响，通常可以采用适当的手段改变晶体缺陷以达到改变金属性能的目的。

**1. 点缺陷**

点缺陷是指晶体空间三维方向上的尺寸都很小（相当于原子尺寸）的缺陷。典型的点缺陷包括晶格空位、间隙原子和置换原子（图 2-8）。点缺陷是由于原子的热振动产生的，原子跳跃使原子不能保持在其平衡位置上。原子克服周围原子对其约束跳离，在原位置上出现了空节点，即空位；原子跳跃到晶界处或跳跃到晶格间隙内形成间隙原子；原子跳跃到其他节点上或节点原子由其他异种原子占据形成置换原子。

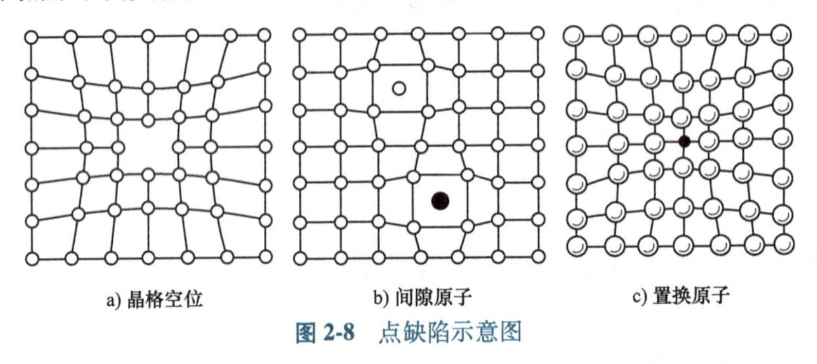


图 2-8 点缺陷示意图

点缺陷的存在使晶格发生畸变，从而使金属材料性能改变。原子跳跃能力与温度相关，温度升高，原子跳跃加剧，点缺陷增加。大量的点缺陷可提高金属材料的强度和硬度，但是会降低其塑性和韧性。晶体中的点缺陷都处在不断的运动中，是使金属原子进行扩散的主要方式之一。

**2. 线缺陷**

线缺陷是指晶体空间三维方向上有两维方向上的尺寸很小，另一维方向的尺寸相对很大而呈线状分布的缺陷。属于这类缺陷的是各类位错，在晶体中，某一列或若干列原子发生有规律的错排称为位错。最基本的位错有刃型位错和螺型位错。

如图 2-9a 所示为简单立方结构中刃型位错模型图。由图可见，某一原子平面在晶体内部中断，这个原子平面就像刀刃一样将晶体上半部分切开后楔入晶体内，“刃口”处 *EF* 线上的原子列发生了有规律的错排，此处错排的原子列称为刃型位错，*EF* 线称为刃型位错线。刃型位错分正刃型位错和负刃型位错。通常把额外半原子面位于晶体上部时的刃型位错称为正刃型位错，用符号“⊥”表示；反之，则称为负刃型位错，用符号“⊤”表示，如图 2-9b 所示。实际上刃型位错的正负之分并无本质区别，只是为了表示两者的相对位置，便于分析讨论。

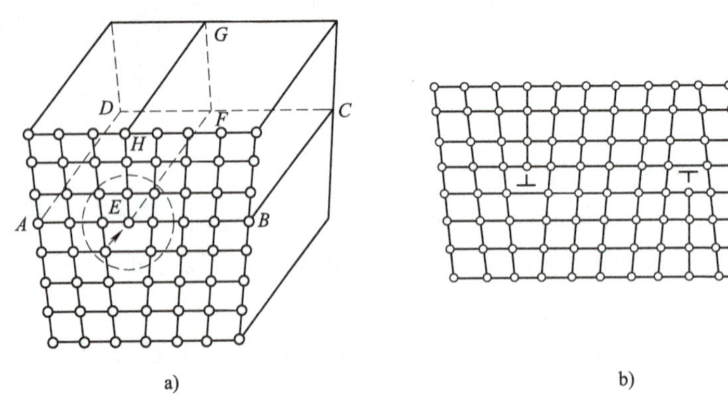


图 2-9 刃型位错示意图

**微视频 2-9　刃型位错及其运动**

图 2-10 所示为简单立方结构中螺型位错模型图，在外力作用下 $BC$ 线一侧的原子没有发生滑移，而 $BC$ 线另一侧的原子发生了相对滑移，上下层错排的原子扭曲成螺旋形，称为螺型位错，其分界处 $BC$ 线称为螺型位错线。螺型位错根据错排区原子的螺旋方向可分为左螺旋位错和右螺旋位错两类，图中为右螺旋位错。

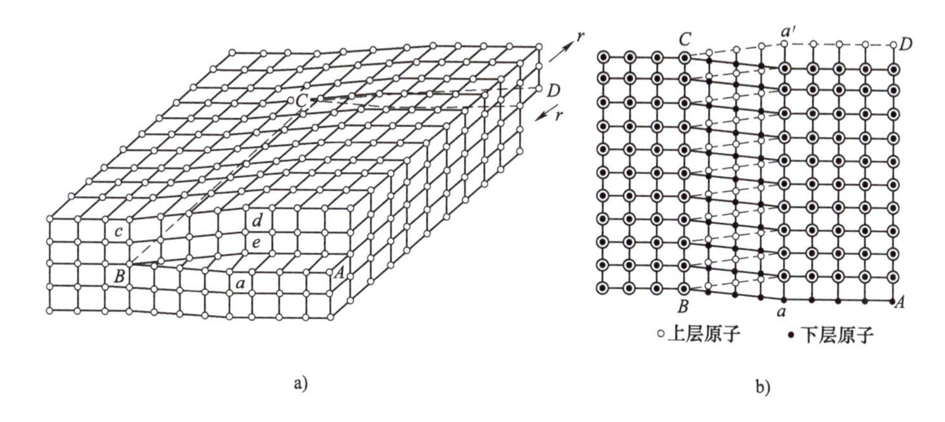


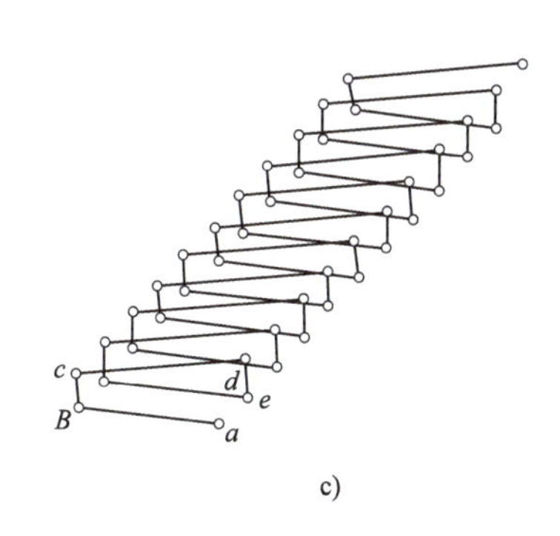


图 2-10　螺型位错示意图

实际金属材料中存在大量位错，金属发生塑性变形是通过位错运动实现的，若位错运动受阻，将使金属强度提高。

**微视频 2-10　螺型位错及其运动**

**3. 面缺陷**

面缺陷是指晶体空间三维方向上有一维方向上的尺寸很小，另外两维方向上的尺寸相对很大的缺陷。典型的面缺陷包括晶界、亚晶界、相界等。相邻晶粒间位向差大于10°的晶界称为大角度晶界（图2-11）。晶界层的厚度从几个原子尺寸到几百个原子尺寸不等。

晶界处的原子总体排列紊乱，晶格畸变程度大，故晶界处的能量比晶内高，从而具有一系列不同于晶内的性能：晶界比晶粒内部容易被腐蚀和氧化，晶界熔点较低，晶界处原子扩散速度较快，新相晶核往往首先在晶界形成。此外，外来原子或杂质易在晶界上偏聚。

在晶粒内部，还存在许多小尺寸、小位向差的晶块，通常位向差只有2°~3°，这些小晶块称为亚晶粒。亚晶粒之间的界面称为亚晶界。简单的亚晶界可看成是一系列刃型位错组成的小角度晶界（图2-12）。

增加晶界和亚晶界的数量，可提高金属材料的强度，同时也可以提高材料的韧性和塑性，这种金属材料的强化方法称为细晶强化。

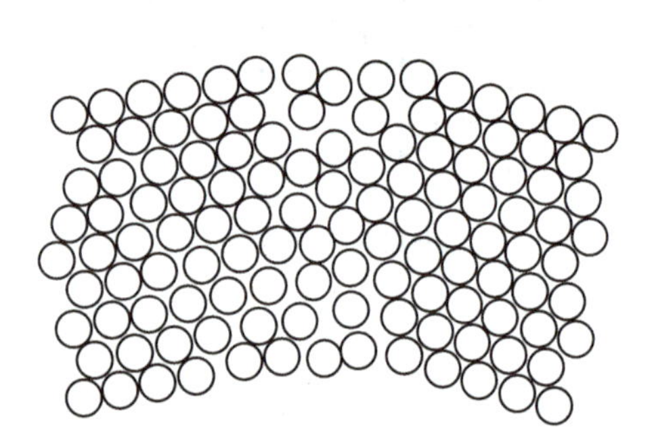

图2-11 大角度晶界示意图

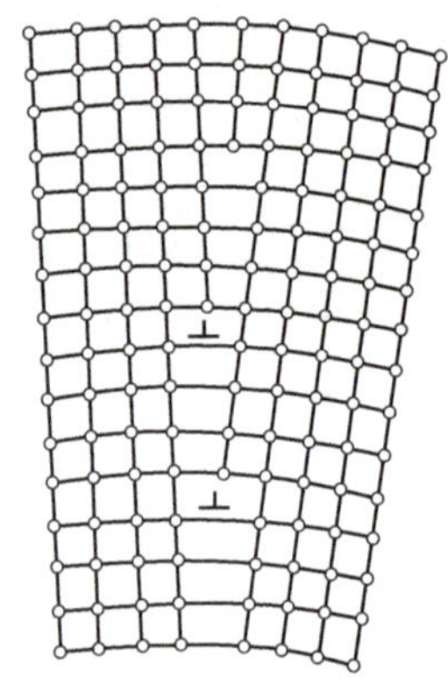

图2-12 小角度晶界示意图

## 2.3 纯金属的结晶与铸锭

金属由液态转变为固态的过程称为凝固。凝固之后的固态物质是晶体，这种凝固就称为结晶，结晶时形成的组织会影响金属的工艺性能和使用性能，因此研究并且控制金属材料的结晶过程，对改善金属材料的组织和性能都具有重要的意义。

### 2.3.1 纯金属的结晶过程

金属的结晶是原子从不规则排列的液态转变为规则排列的晶体的过程。纯金属的结晶过程可用冷却曲线来描述，冷却曲线一般采用热分析法获得。

以工业纯铁为例，先将工业纯铁置于坩埚中加热熔化至液态，在液态金属中插入热电偶测量其温度，然后以一定的冷却速度使液态金属冷却至室温。在冷却过程中，热电偶每隔一定时间记录一次温度，直至室温，如此便获得了温度与时间关系的冷却曲线（图2-13）。

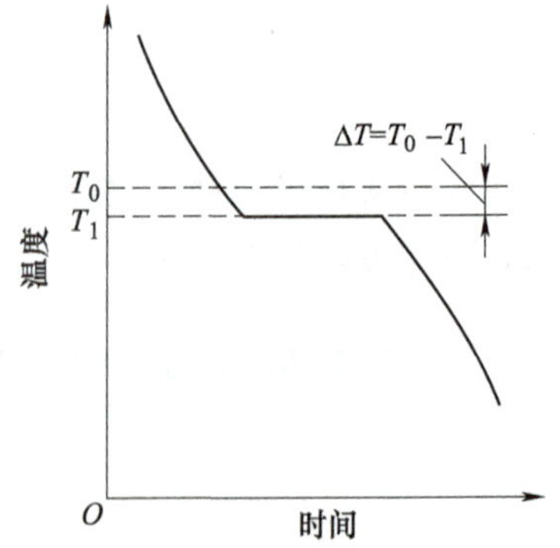


图2-13 纯金属的冷却曲线

图中 $T_0$ 为理论结晶温度（熔点），也称为平衡结晶温度；比 $T_0$ 更低的温度 $T_1$ 称为实际结晶温度。当温度降到 $T_1$ 时，金属液体中出现极微小的晶体，称为晶核，晶核不断凝聚液体中的原子而长大，在前一批晶核不断长大的同时，又有新的晶核出现，直到液态金属全部耗尽，最终形成多晶组织（图 2-14）。理论结晶温度与实际结晶温度之差称为过冷度，用 $\Delta T$ 表示，$\Delta T=T_0-T_1$。过冷度越大，实际结晶温度越低，过冷度是结晶的推动力。液态金属的结晶包括晶核的形成和晶核的长大两个基本过程。

冷却曲线中的水平线段为金属正在结晶的阶段，结晶过程中释放的结晶潜热与向外界散发的热量相当，使温度保持不变。结晶结束后，潜热释放完毕，温度又继续下降。

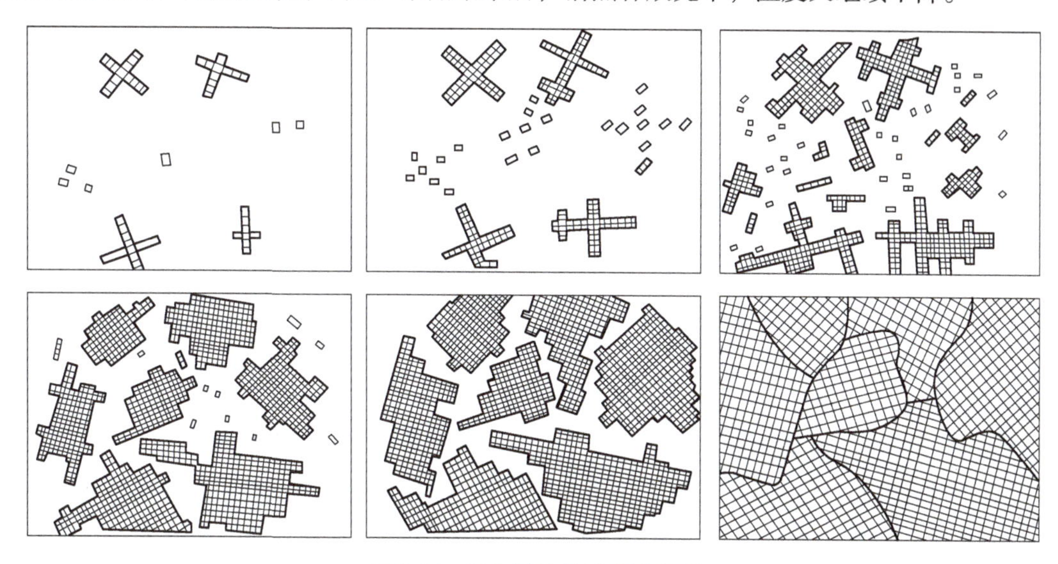

图 2-14 纯金属结晶过程示意图

**微视频 2-11 金属结晶过程**

## 2.3.2 晶核形成与长大方式

### 1. 晶核的形成方式

晶核的形成有两种方式：自发形核和非自发形核。

液态金属中存在大量尺寸不同的短程有序的原子集团，这些原子集团称为晶胚，在理论结晶温度 $T_0$ 以上时，它们是不稳定的。当温度降低到 $T_0$ 以下具备一定过冷度时，液体中那些超过一定尺寸的原子集团变得稳定而不再消失，成为结晶的核心，即晶核。这种从液体内部自发生成结晶核心的方式叫自发形核，又称为均匀形核。

过冷度越大，结晶的推动力越大，生成的自发晶核越多。但当过冷度过大时，原子活动能力太低而扩散受阻，形核的速率反而减小。

实际液态金属中不可避免地含有一些杂质、难熔微粒，液态金属可以依附这些外来质点，在其表面或锭模内壁形核，称为非自发形核，又称为非均匀形核。非自发形核所需的过冷度大大降低，比自发形核容易很多。

**2. 晶核的长大方式**

晶核长大的实质就是原子由液体向晶核表面聚积的过程。其长大方式主要有两种：一种是平面长大方式，另一种是枝晶长大方式。平面长大方式所需的过冷度较小，实际金属结晶时冷却速度较大，当过冷度较大或金属液体存在非自发形核时，晶核主要以枝晶的方式长大（图 2-15）。

因晶核棱角处的散热条件优于其他部位，于是棱角处优先生长，沿一定方向生长出一次晶轴，在一次晶轴增长的同时，其侧面又会分枝长出二次晶轴、三次晶轴……如此不断生长和分枝下去，直到液体全部凝固，最后形成树枝状晶体。

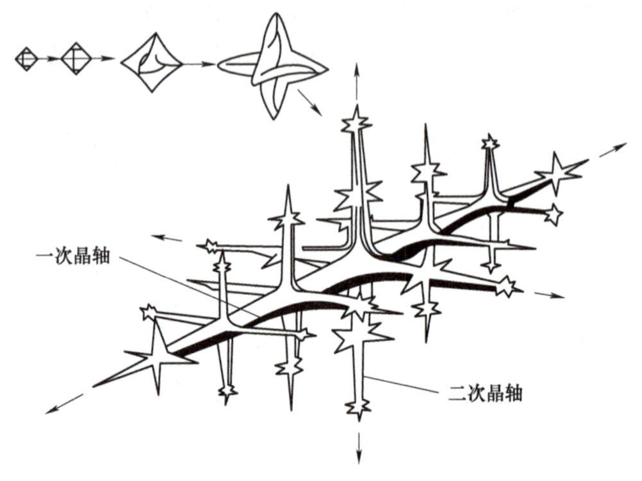

图 2-15 树枝晶生长示意图

树枝晶的各次晶轴都具有相同的晶格位向，所以每一个树枝晶都是一个单晶体。多晶体金属的每一个晶粒一般都是由一个晶核以树枝晶的方式长成的。当液体消失，所有枝晶都严丝合缝地对接起来时，就分不出树枝状了，只能看到各个晶粒的边界（图 2-16）。

在枝晶成长过程中，液体的流动、晶轴本身重力的作用及彼此之间的碰撞等，会使某些晶轴发生偏移或折断，以致造成晶粒中的亚晶界、位错等各种缺陷。

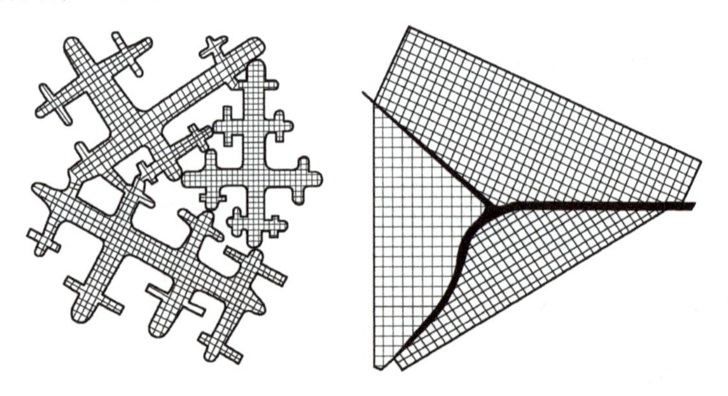
图 2-16 树枝晶形成晶粒

**微视频 2-12 美丽的树枝晶**

**资料卡 2-4　晶体平面长大方式**

当液、固界面为光滑界面时，液体中单个原子迁移到界面上很难稳定。在这种情况下，需首先获得一定大小的原子集团（具有一个原子厚度的极小晶核），晶核与原界面间形成台阶，随后，液体中迁移过来的单个原子一个一个填充到这些台阶处，使晶核侧向长大，在该层填满后，则在新的界面上再形成新的晶核，继续填满，如此反复进行。这种长大方式的长大速度极慢。

若晶体的液、固界面存在各种缺陷时，这些缺陷所形成的界面台阶使原子容易向上堆砌，晶体长大速度将大大加快。

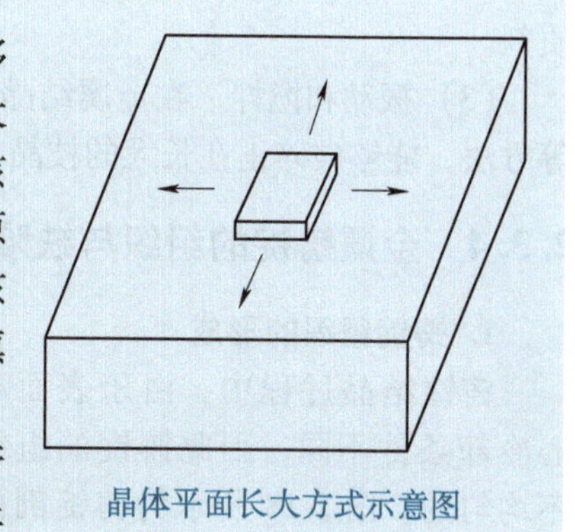

晶体平面长大方式示意图

## 2.3.3　晶粒大小的控制

### 1. 晶粒度的概念

晶粒的大小称为晶粒度，用单位面积上的晶粒数目或晶粒的平均线长度（或直径）表示。金属结晶后的晶粒度与形核速率 $N$、长大速率 $G$ 有关。形核速率 $N$ 即单位时间内在单位体积中所形成晶核的数目。长大速率 $G$ 即晶体长大的线速率。从金属结晶的过程可知，凡是促进形核，抑制长大的因素，都能细化晶粒。

### 2. 细化晶粒的方法

（1）增加过冷度　金属结晶时，形核速率 $N$ 和长大速率 $G$ 都与过冷度有关（图 2-17）。随着过冷度的增加，形核速率 $N$ 和长大速率 $G$ 都增加，并在一定过冷度下达到最大值，但随着过冷度的进一步增加，二者都减小。这是由于温度过低时，液体中原子扩散更加困难。在生产实践中，冷却条件往往采用曲线的左边部分，即随着过冷度的增加，形核速率 $N$ 增加更快，可使晶粒细化。

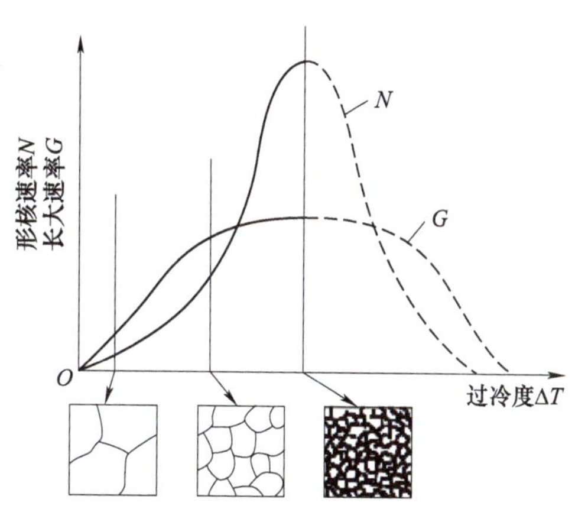


图 2-17　金属的形核速率 $N$ 和长大速率 $G$ 与过冷度的关系

铸造生产中，通过降低浇注温度、加快冷却速度等都能增大金属液相的过冷度。加快冷却速度的方法主要有：降低浇注温度、采用散热快的金属铸型、降低金属铸型的预热温度、减小铸型涂料层的厚度以及采用水冷铸型等。随着超高速急冷技术的发展，可以获得超细化晶粒的金属和非晶态金属。这些金属拥有良好的力学性能或物理、化学性能，具有极大的发展前景。对体积大、形状复杂的铸件，很难获得大的过冷度，则采用变质处理或物理方法来细化晶粒。

（2）变质处理　变质处理又称孕育处理，是在液态金属中加入孕育剂或变质剂的处理方法，以增加非自发形核的数目，达到细化晶粒的目的。如浇注高铬钢时加入铬铁粉；在钢液中加入钛、钒、铌等形成碳化合物作为活性质点；铝液中加入钛、锆等；有些物质不能提供结晶核心，但能附着在晶核的结晶前沿，阻碍晶核长大，如钢液中加入硼就属于此类变质剂。

（3）振动和搅拌 在金属结晶过程中，用机械振动、超声波振动、电磁振动以及搅拌等方法，能够破碎正在长大的枝晶，增加结晶的核心，从而细化晶粒。

### 2.3.4 金属铸锭的组织与缺陷

**1. 铸锭组织的形成**

铸锭结晶过程中，由于表面和中心冷却条件不同，因此铸锭的组织是不均匀的。图2-18所示为铸锭剖面结晶组织示意图，其组织由外向内明显分为三个晶区：表层细晶区、柱状晶区、中心等轴晶区。

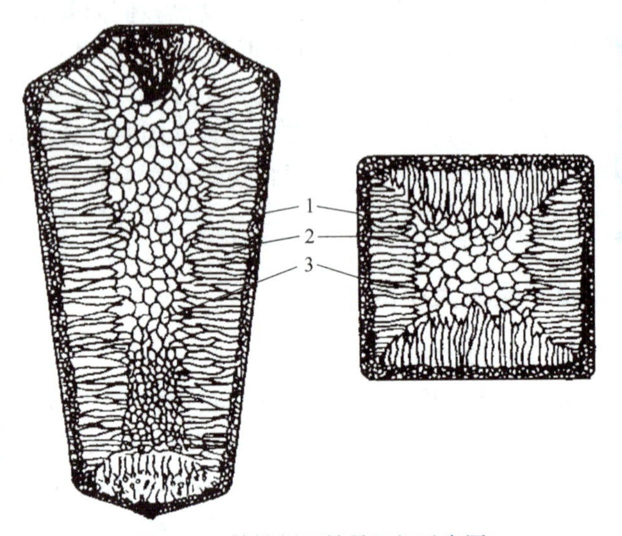


图 2-18 铸锭剖面结晶组织示意图

1—表层细晶区 2—柱状晶区 3—中心等轴晶区

（1）表层细晶区 将钢液浇注到铸型以后，由于型壁的温度较低，和型壁接触的钢液受到激冷，造成较大的过冷度，形成大量的晶核，同时型壁也有非自发形核的作用，金属的表层形成很细的等轴晶粒区。

（2）柱状晶区 表层细晶区形成后，型壁温度升高，使剩余液体金属的冷却速度降低，同时，由于表层结晶时释放结晶潜热，使细晶区前沿的液体过冷度减小，形核速率降低，但晶核继续生长。由于垂直型壁的方向散热速度最快，晶核就会沿着垂直型壁的方向迅速向金属液体中长大，形成并排柱状晶粒区。在柱状晶区，晶粒彼此间的界面比较平直，气泡缩孔很小，组织比较致密；但在沿不同方向生长的柱状晶交界面处，低熔点杂质或非金属杂质较多，形成明显的脆弱界面，在锻造、轧制时易沿这些脆弱界面形成裂纹或开裂。生产上，对于不希望得到柱状晶的金属，通常采用振动浇注或变质处理等方法来抑制柱状晶的扩展。但柱状晶区的性能有明显的方向性，沿柱状晶晶轴方向其强度高，对于那些主要受单向载荷的机械零件，例如汽轮机叶片，柱状晶是比较理想的。一般采用提高浇注温度、加快冷却速度等措施，都有利于柱状晶的发展。

（3）中心等轴晶区 随着柱状晶区的发展，中心剩余液体金属散热慢，冷却速度很快降低，温差也越来越小，散热方向变得不明显，晶核在不同方向上的生长速度大致相同而最终长成粗大的等轴晶粒。中心等轴晶区不存在明显的脆弱面，方向不同的晶粒彼此交错、咬合，各方向上力学性能均匀，是一般钢铁铸件所要求的组织和性能。生产上采用低温浇注、慢冷、各方向均匀散热、变质处理、振动和搅拌等措施来获得等轴晶粒。

**2. 铸锭的缺陷**

液体金属或合金在凝固过程中经常会产生一些铸造缺陷，常见的有缩孔、疏松和气孔等，这些缺陷对铸件的质量会产生重要影响。

（1）缩孔 液体金属在凝固过程中发生体积收缩，先凝固的液体金属所产生的收缩孔隙需要后凝固的液体金属来补充，如最后一部分液体凝固后没有得到及时补充就留下孔洞，即缩孔。缩孔可以通过合理设计浇注系统、冒口，恰当控制浇注温度和速度等措施来消除。采用连铸工艺生产的钢坯没有缩孔缺陷，因此，连铸工艺生产的钢材成材率高。

（2）疏松　疏松即细小分散缩孔。结晶时剩余液体被树枝状晶体分隔成众多小区域，当其最后凝固得不到及时补充就会形成缩松。缩松严重影响铸件气密性，如油缸、阀体等承压铸件必须防止产生缩松。选用共晶成分或结晶温度范围较窄的合金、加大铸件冷却速度、加大结晶压力等，均是防止缩松的有效措施。

（3）气孔　液体金属中的气体溶解度较大，气体在金属液结壳之前未及时逸出就会在铸件内部形成气孔。空洞类缺陷会减少材料有效承载面积，空洞周围会引起应力集中，降低材料抗冲击性和抗疲劳性。防止气孔产生的方法有：降低金属液中的气体含量（减少原材料的锈蚀、潮湿等）、增大砂型透气性、开设出气冒口等。

（4）偏析　液态金属凝固后，铸锭或铸件化学成分和组织的不均匀现象称为偏析。铸件的偏析可分为晶内偏析、区域偏析等。

晶内偏析，又称枝晶偏析，是一种显微偏析，指晶粒内各部分化学成分不均匀的现象。这种偏析出现在具有一定凝固温度范围的合金铸件中。凝固温度范围越宽，晶内偏析越严重，且凝固速度越大，偏析元素在固溶体中的扩散能力越小。

区域偏析是一种宏观偏析，指铸件由里到外或由上至下化学成分和组织不均匀的现象。控制浇注温度或铸件断面的温度梯度，可使铸件表层和内部接近同时凝固，进而抑制宏观偏析。

由上可知，铸锭（铸件）组织容易出现晶粒粗大、成分不均匀、缩孔、缩松、气孔等缺陷，因而需要通过锻造、轧制、压力加工来改善金属性能。

## 习题

1. 常见的金属晶体结构有哪几种？α-Fe、γ-Fe、Al、Cu、Ni、Pb、Cr、V、Mg、Zn 各属于何种晶体结构？
2. 常见的晶体缺陷有哪几种？各自有何特征？
3. 金属结晶的基本规律是什么？晶核的形成速率和成长速率受到哪些因素的影响？
4. 计算密排六方晶格的致密度。
5. 什么是过冷度？过冷度与冷却速度有何关系？过冷度的大小对金属结晶后晶粒尺寸有何影响？
6. 在铸造生产中，一般采用哪些措施控制晶粒大小？在生产中如何应用变质处理？
7. 简述铸件缺陷及其产生的原因。

# 第 3 章

# 合金的结构与相图

纯金属具有良好的物理与化学性能，但其强度一般都很低，不适合作为承受力或传递力的结构材料。工程中使用的绝大多数金属材料是合金。

## 3.1 合金的基本概念

**1. 合金**

合金是以一种金属元素为主体，加入其他金属或非金属元素后具有金属特性的物质。例如，钢铁是铁和碳组成的合金，黄铜是铜和锌组成的合金。

**2. 组元**

组成合金最基本的、独立的物质称为组元（简称元）。通常，合金的组元就是组成合金的元素，也可以是稳定的化合物。例如，铁碳合金的组元是铁和碳，或者是铁和稳定化合物 $Fe_3C$。根据合金组元的数目，合金分为二元合金、三元合金及多元合金。

合金中各组元的质量百分比称为合金的成分。一系列由两个或多个给定组元所组成的具有不同成分的合金构成一个合金系。例如，不同碳含量的铁碳合金就构成铁碳合金系。

**3. 相**

在合金中结构相同、成分和性能均一，并以界面相互分开的组成部分称为相。这里举一个相似的例子：盐水溶液是一个相，盐水溶液中盐的含量超过其溶解度时，就会形成两个相（盐水溶液和未溶解的盐）。再如，当冰融化为水的过程中，即使冰和水的成分相同，也是两个不同的相。

**4. 组织**

借助肉眼或显微镜所观察到的金属材料内部各相及其形貌称为组织，用肉眼或放大镜观察到的为宏观组织，在显微镜下观察到的为微观组织。组织具体包括相的种类、数量、形态、大小和分布等，改变其中之一，即可改变组织；改变组织，即可改变材料的性能。合金组织按构成相的数目可分为单相组织和多相组织。

要掌握合金的性能和应用，首先要了解合金的化学成分、相、组织状态和性能之间的变化规律。

## 3.2 合金的相结构

不同组元经过熔炼或烧结组成合金时，这些组元间由于相互作用形成具有一定成分、一定晶体结构的相。根据合金相的结构特点，固态合金中的相可分为固溶体和金属化合物两大类。

### 3.2.1　固溶体

在合金中，金属或非金属原子溶入另一种金属晶格中形成的均匀固相，称为固溶体。固溶体中，保持原有晶体结构的金属组元称为溶剂，其他组元即为溶质。例如，碳原子溶入 α-Fe 晶格形成的固溶体中，α-Fe 为溶剂，C 为溶质；锌原子溶入铜晶格形成的固溶体中，Cu 为溶剂，Zn 为溶质。固溶体的分类有以下两种。

**1. 按溶质原子在溶剂晶格中所占位置分类**

（1）置换固溶体　溶质原子占据部分溶剂原子的位置所形成的固溶体，犹如将其置换一样（图 3-1a），例如 Mn、Si、Cr、Ni、Cu、P 等元素在基体 Fe 中均可形成置换固溶体。

（2）间隙固溶体　溶质原子溶入溶剂晶格间隙处所形成的固溶体（图 3-1b），如 C、N、B 等元素溶解在 Fe 的晶格中形成间隙固溶体。

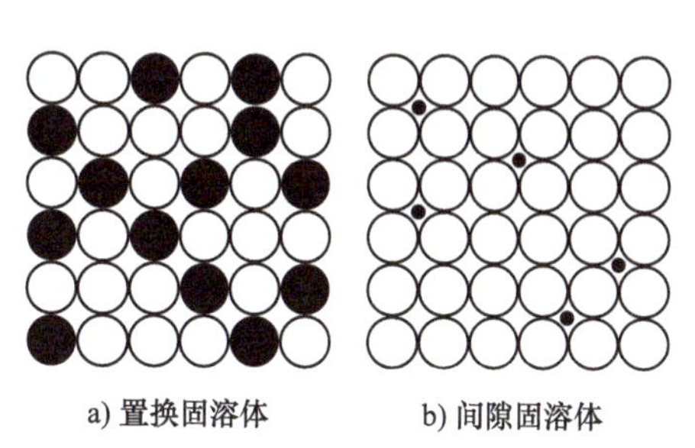


图 3-1　固溶体结构示意图

**2. 按固溶度分类**

（1）有限固溶体　在一定条件下，溶质组元在固溶体中的浓度是有限度的，超过一定限度就不能溶解了。这个限度称为溶解度或固溶度，这种固溶体称为有限固溶体。大部分固溶体都属于这一类。由于间隙固溶体中间隙位置是有限的，故间隙固溶体只能是有限固溶体。

（2）无限固溶体　溶质能以任意比例溶入溶剂，当溶剂原子全部被溶质原子置换时，其溶解度可达 100%，这种固溶体称为无限固溶体（图 3-2），通常以含量大于 50%的组元为溶剂。

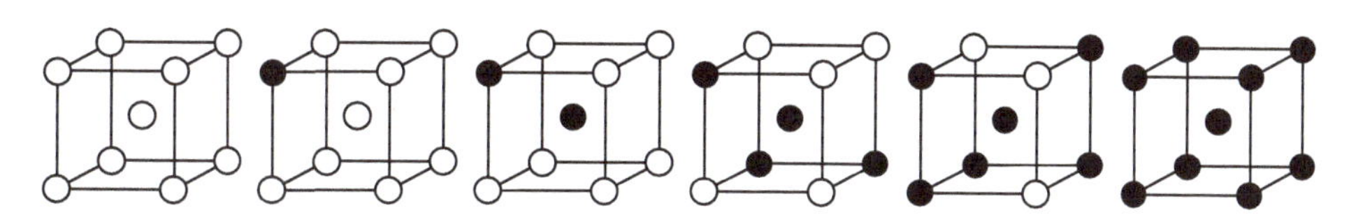

图 3-2　无限固溶体中两组元原子置换示意图

溶质原子的溶入导致溶剂金属晶格畸变，金属晶体变形抗力增大，使强度、硬度提高，而塑性、韧性有所下降，这种现象称为固溶强化。

### 3.2.2　金属化合物

金属化合物（又称中间相）是指组元间发生相互作用而形成的具有金属特性的一种新相。金属化合物的晶格及性能与其组元的晶格及性能均不相同，一般具有一定的化学成分，可用分子式表示其组成。例如：铁碳合金中的金属化合物渗碳体（$Fe_3C$），其晶格是与 Fe 和 C 的晶格均不相同的复杂晶格（图 3-3）；$Fe_3C$ 具有一定的化学成分（$w_C$ = 6.69%，$w_{Fe}$ = 93.31%）；其性能也与 Fe 和 C 不同，即硬度高（相当于 860HV）、熔点高（约 1227℃）、脆性大（塑性、韧性很差）。

金属化合物的种类很多，主要有正常价化合物、电子化合物、间隙相和间隙化合物。

**1. 正常价化合物**

正常价化合物是指符合一般化合物原子价规律的金属化合物，由元素周期表中位置相距甚远、电负性相差较大的元素形成。通常是由金属元素与元素周期表中的ⅣA、ⅤA、ⅥA 族元素组成，如 MgS、MnS、$Mg_2Si$、$Mg_2Pb$、$Mg_2Sn$ 等。正常价化合物具有严格的化合比，成分固定不变，可用化学分子式表示。这类化合物一般具有较高的硬度、较大的脆性。

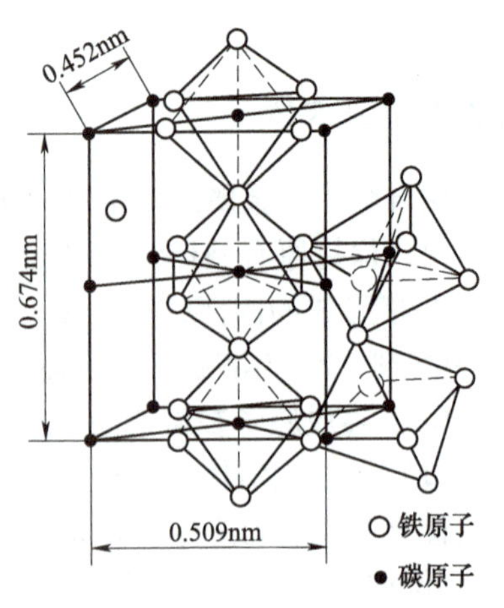


图 3-3 $Fe_3C$ 晶格示意图

**2. 电子化合物**

电子化合物是由ⅠB 族或过渡族金属元素与ⅡB、ⅢA、ⅣA 族金属元素形成的金属化合物，它不遵守原子价规律，而是按一定电子浓度的比值形成的化合物，电子浓度不同，形成的化合物的晶体结构也不同。

电子化合物虽然可以用化学式表示，如 $Cu_6Sn_5$、$Cu_3Sn$、AgZn、$AgZn_3$ 等，但其成分可在一定范围内变化，因此可以将它看作是以化合物为基的固溶体。电子化合物通常具有很高的熔点和硬度，脆性也很大。

**3. 间隙相和间隙化合物**

间隙相和间隙化合物通常是由过渡族金属元素与原子半径很小的非金属元素 H、N、C、B 组成的。根据非金属元素（以 X 表示）与金属元素（以 M 表示）原子半径的比值，将其分为两类：$r_X/r_M<0.59$ 时，形成具有简单结构的化合物，称为间隙相；当 $r_X/r_M>0.59$ 时，形成具有复杂结构的化合物，称为间隙化合物。氢和氮的原子半径较小，故过渡族金属的氢化物和氮化物都是间隙相；硼的原子半径最大，故过渡族金属的硼化物都是间隙化合物；碳的原子半径较大，其一部分碳化物是间隙相，另一部分碳化物则是间隙化合物。

（1）间隙相　间隙相都具有简单的晶体结构（如面心立方、体心立方、密排六方、简单六方等），金属原子位于晶格的正常结点上，非金属原子位于晶格的间隙处。间隙相的化学成分可以用简单的分子式来表示，如 $M_4X$、$M_2X$、MX、$MX_2$，VC、TiC 就是此类化合物。

间隙相具有极高的熔点和硬度，具有明显的金属特性。间隙相是硬质合金的重要组成，也是合金工具钢和高温金属陶瓷的重要组成相。另外，用渗入或涂层的方法使钢的表面形成含有间隙相的薄层，可显著提高钢的表面硬度和耐磨性，延长零件的使用寿命。

（2）间隙化合物　间隙化合物一般具有复杂的晶体结构。它的种类很多，在合金钢中经常遇到的有 $M_3C$ 型、$M_7C_3$ 型、$M_{23}C_6$ 型和 $M_6C$ 型等。间隙化合物也具有很高的熔点和硬度，但比间隙相的要低些，且加热时也较易分解。$Fe_3C$ 就是此类化合物，其中铁原子被其他金属原子（如 Mn、Cr、Mo、W 等）置换形成合金渗碳体，这类化合物是碳素钢及合金钢的重要组成相。

由上可知，通常金属化合物具有高熔点、高硬度和脆性，因此不能直接单独使用。实践表明：适当控制固溶体中溶质含量，可以在显著提高固溶体强度、硬度的同时，使其仍保持良好的塑性和韧性。因此，工程中应用最广泛的结构材料总是以固溶体为基体相，以金属化合物为增强相，使合金的强度、硬度、耐磨性、耐热性提高。

## 资料卡 3-1　化学元素周期表

### 元　素　周　期　表

图例：92 U 铀 $5f^36d^17s^2$ 238.0 —— 原子序数、元素名称；元素符号，红色指放射性元素；注*的是人造元素；外围电子层排布，括号指可能的电子层排布；相对原子质量(加括号的数据为该放射性元素半衰期最长同位素的质量数)

非金属　金属　过渡元素

| 周期＼族 | ⅠA 1 | ⅡA 2 | ⅢB 3 | ⅣB 4 | ⅤB 5 | ⅥB 6 | ⅦB 7 | Ⅷ 8 | Ⅷ 9 | Ⅷ 10 | ⅠB 11 | ⅡB 12 | ⅢA 13 | ⅣA 14 | ⅤA 15 | ⅥA 16 | ⅦA 17 | 0 18 | 电子层 | 0族电子数 |
|---|---|---|---|---|---|---|---|---|---|---|---|---|---|---|---|---|---|---|---|---|
| 1 | 1 H 氢 $1s^1$ 1.008 | | | | | | | | | | | | | | | | | 2 He 氦 $1s^2$ 4.003 | K | 2 |
| 2 | 3 Li 锂 $2s^1$ 6.941 | 4 Be 铍 $2s^2$ 9.012 | | | | | | | | | | | 5 B 硼 $2s^22p^1$ 10.81 | 6 C 碳 $2s^22p^2$ 12.01 | 7 N 氮 $2s^22p^3$ 14.01 | 8 O 氧 $2s^22p^4$ 16.00 | 9 F 氟 $2s^22p^5$ 19.00 | 10 Ne 氖 $2s^22p^6$ 20.18 | L K | 8 2 |
| 3 | 11 Na 钠 $3s^1$ 22.99 | 12 Mg 镁 $3s^2$ 24.31 | | | | | | | | | | | 13 Al 铝 $3s^23p^1$ 26.98 | 14 Si 硅 $3s^23p^2$ 28.09 | 15 P 磷 $3s^23p^3$ 30.97 | 16 S 硫 $3s^23p^4$ 32.06 | 17 Cl 氯 $3s^23p^5$ 35.45 | 18 Ar 氩 $3s^23p^6$ 39.95 | M L K | 8 8 2 |
| 4 | 19 K 钾 $4s^1$ 39.10 | 20 Ca 钙 $4s^2$ 40.08 | 21 Sc 钪 $3d^14s^2$ 44.96 | 22 Ti 钛 $3d^24s^2$ 47.87 | 23 V 钒 $3d^34s^2$ 50.94 | 24 Cr 铬 $3d^54s^1$ 52.00 | 25 Mn 锰 $3d^54s^2$ 54.94 | 26 Fe 铁 $3d^64s^2$ 55.85 | 27 Co 钴 $3d^74s^2$ 58.93 | 28 Ni 镍 $3d^84s^2$ 58.69 | 29 Cu 铜 $3d^{10}4s^1$ 63.55 | 30 Zn 锌 $3d^{10}4s^2$ 65.41 | 31 Ga 镓 $4s^24p^1$ 69.72 | 32 Ge 锗 $4s^24p^2$ 72.64 | 33 As 砷 $4s^24p^3$ 74.92 | 34 Se 硒 $4s^24p^4$ 78.96 | 35 Br 溴 $4s^24p^5$ 79.90 | 36 Kr 氪 $4s^24p^6$ 83.80 | N M L K | 8 18 8 2 |
| 5 | 37 Rb 铷 $5s^1$ 85.47 | 38 Sr 锶 $5s^2$ 87.62 | 39 Y 钇 $4d^15s^2$ 88.91 | 40 Zr 锆 $4d^25s^2$ 91.22 | 41 Nb 铌 $4d^45s^1$ 92.91 | 42 Mo 钼 $4d^55s^1$ 95.94 | 43 Tc 锝 $4d^55s^2$ [98] | 44 Ru 钌 $4d^75s^1$ 101.1 | 45 Rh 铑 $4d^85s^1$ 102.9 | 46 Pd 钯 $4d^{10}$ 106.4 | 47 Ag 银 $4d^{10}5s^1$ 107.9 | 48 Cd 镉 $4d^{10}5s^2$ 112.4 | 49 In 铟 $5s^25p^1$ 114.8 | 50 Sn 锡 $5s^25p^2$ 118.7 | 51 Sb 锑 $5s^25p^3$ 121.8 | 52 Te 碲 $5s^25p^4$ 127.6 | 53 I 碘 $5s^25p^5$ 126.9 | 54 Xe 氙 $5s^25p^6$ 131.3 | O N M L K | 8 18 18 8 2 |
| 6 | 55 Cs 铯 $6s^1$ 132.9 | 56 Ba 钡 $6s^2$ 137.3 | 57～71 La～Lu 镧系 | 72 Hf 铪 $5d^26s^2$ 178.5 | 73 Ta 钽 $5d^36s^2$ 180.9 | 74 W 钨 $5d^46s^2$ 183.8 | 75 Re 铼 $5d^56s^2$ 186.2 | 76 Os 锇 $5d^66s^2$ 190.2 | 77 Ir 铱 $5d^76s^2$ 192.2 | 78 Pt 铂 $5d^96s^1$ 195.1 | 79 Au 金 $5d^{10}6s^1$ 197.0 | 80 Hg 汞 $5d^{10}6s^2$ 200.6 | 81 Tl 铊 $6s^26p^1$ 204.4 | 82 Pb 铅 $6s^26p^2$ 207.2 | 83 Bi 铋 $6s^26p^3$ 209.0 | 84 Po 钋 $6s^26p^4$ [209] | 85 At 砹 $6s^26p^5$ [210] | 86 Rn 氡 $6s^26p^6$ [222] | P O N M L K | 8 18 32 18 8 2 |
| 7 | 87 Fr 钫 $7s^1$ [223] | 88 Ra 镭 $7s^2$ [226] | 89～103 Ac～Lr 锕系 | 104 Rf 𬬻* $(6d^27s^2)$ [261] | 105 Db 𬭊* $(6d^37s^2)$ [262] | 106 Sg 𬭳* [266] | 107 Bh 𬭛* [264] | 108 Hs 𬭶* [277] | 109 Mt 鿏* [268] | 110 Ds 𫟼* [281] | 111 Rg 𬬭* [272] | 112 Uub * [285] | …… | | | | | | | |

| 镧系 | 57 La 镧 $5d^16s^2$ 138.9 | 58 Ce 铈 $4f^15d^16s^2$ 140.1 | 59 Pr 镨 $4f^36s^2$ 140.9 | 60 Nd 钕 $4f^46s^2$ 144.2 | 61 Pm 钷 $4f^56s^2$ [145] | 62 Sm 钐 $4f^66s^2$ 150.4 | 63 Eu 铕 $4f^76s^2$ 152.0 | 64 Gd 钆 $4f^75d^16s^2$ 157.3 | 65 Tb 铽 $4f^96s^2$ 158.9 | 66 Dy 镝 $4f^{10}6s^2$ 162.5 | 67 Ho 钬 $4f^{11}6s^2$ 164.9 | 68 Er 铒 $4f^{12}6s^2$ 167.3 | 69 Tm 铥 $4f^{13}6s^2$ 168.9 | 70 Yb 镱 $4f^{14}6s^2$ 173.0 | 71 Lu 镥 $4f^{14}5d^16s^2$ 175.0 |
|---|---|---|---|---|---|---|---|---|---|---|---|---|---|---|---|
| 锕系 | 89 Ac 锕 $6d^17s^2$ [227] | 90 Th 钍 $6d^27s^2$ 232.0 | 91 Pa 镤 $5f^26d^17s^2$ 231.0 | 92 U 铀 $5f^36d^17s^2$ 238.0 | 93 Np 镎 $5f^46d^17s^2$ [237] | 94 Pu 钚 $5f^67s^2$ [244] | 95 Am 镅* $5f^77s^2$ [243] | 96 Cm 锔* $5f^76d^17s^2$ [247] | 97 Bk 锫* $5f^97s^2$ [247] | 98 Cf 锎* $5f^{10}7s^2$ [251] | 99 Es 锿* $5f^{11}7s^2$ [252] | 100 Fm 镄* $5f^{12}7s^2$ [257] | 101 Md 钔* $(5f^{13}7s^2)$ [258] | 102 No 锘* $(5f^{14}7s^2)$ [259] | 103 Lr 铹* $(5f^{14}6d^17s^2)$ [262] |

**好书连连 3-1**

合金的相结构。

崔忠圻，覃耀春. 金属学与热处理［M］. 3 版. 北京：机械工业出版社，2020：61~68.

# 3.3 合金的结晶

合金的结晶过程中，除了有温度变化，还有成分变化，常用相图进行分析。相图是表示合金系在平衡条件下（极其缓慢加热或冷却），合金的组成相（或组织）与温度、成分间关系的图解，因此，又称为平衡状态图。合金相图是制定冶炼、铸造、锻压、焊接和热处理工艺的重要依据，其中最常用的是二元合金相图。

## 3.3.1 二元合金相图的建立

二元合金相图是由试验测定的。下面以 Cu-Ni 二元合金系为例，说明应用热分析法绘制相图的方法（图 3-4）。

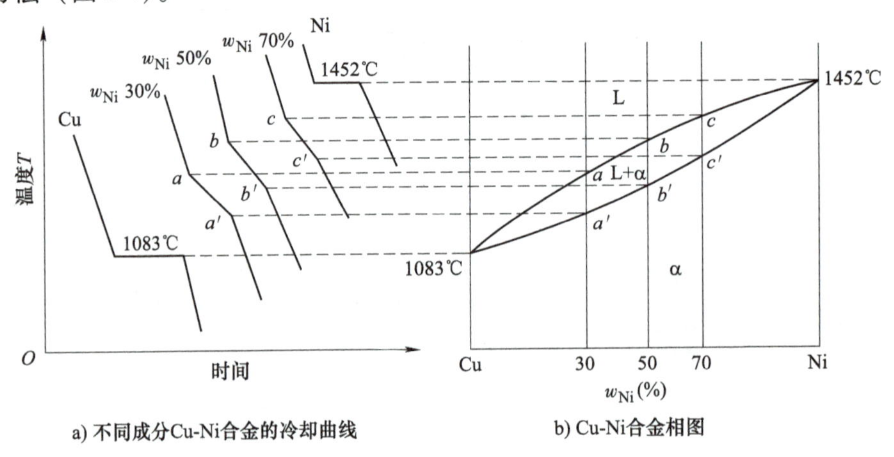


**图 3-4 应用热分析法建立 Cu-Ni 合金相图**

1）配制一系列不同成分的 Cu-Ni 合金。

2）将合金熔化后，用热分析法分别测出它们的冷却曲线。图 3-4a 给出了纯铜，含镍量 $w_{Ni}$分别为 30%、50%、70%的 Cu-Ni 合金及纯镍的冷却曲线。

3）找出图中各冷却曲线上合金结晶的上、下临界点。其中，纯 Cu 和纯 Ni 的冷却曲线都有一水平线段，表示其结晶是恒温过程；其他合金的冷却曲线都有两个转折点，转折点所对应的温度代表相变温度，表明这些合金都是在一定温度范围内进行结晶，温度较高的是开始结晶温度，称为上临界点；温度较低的是结晶终了温度，称为下临界点。

4）将上述合金的临界点标注在“温度-成分”坐标图中相应的成分轴上（图 3-4b）。其中横坐标数值为右下角元素（Ni）的质量百分比。

5）再将意义相同的临界点连接起来。其上临界点的连线称为液相线，表示合金在缓慢冷却过程中开始结晶（或在加热过程中熔化终了）的温度；下临界点的连线称为固相线，表示合金在冷却过程中结晶终了（或在加热时开始熔化）的温度。这两条曲线把 Cu-Ni 合金相图分成三个相区，在液相线以上区域内合金为液相，用符号 L 表示。在固相线以下的区域内表明所有合金均结晶为一定成分的固溶体，用符号 α 表示。液、固相线之间的区域是液相与固相两相共存区域，以 L+α 表示。

### 3.3.2　二元合金相图的基本类型

相图是按相变类型来分类的。典型的二元相图有匀晶相图、共晶相图、共析相图、包晶相图。

**1. 二元匀晶相图**

在液态、固态均无限互溶的两组元所构成的相图为匀晶相图。如 Cu-Ni、Au-Ag、Pt-Rh、Fe-Cr、Cr-Mo、Fe-Ni 等。

现以 $w_{Ni}=40\%$的铜镍合金为例分析其冷却转变过程。如图 3-5 所示，当合金从高温缓慢冷却至 $T_1$ 时与液相线相交，表明从液相中开始结晶出极少量的成分为 1″的 α 固溶体；温度缓慢降至 $T_2$ 时，固相量增多，并通过原子充分地扩散，固相成分变化为 2″，液相成分变为 2′。随着温度的降低，结晶不断地进行，液相的成分沿液相线变化，固相的成分沿固相线变化。当温度降至 $T_3$ 时与固相线相交，表明结晶结束，得到与原合金成分相同的固溶体。温度继续降至室温的过程中，合金组织与成分不再有变化。

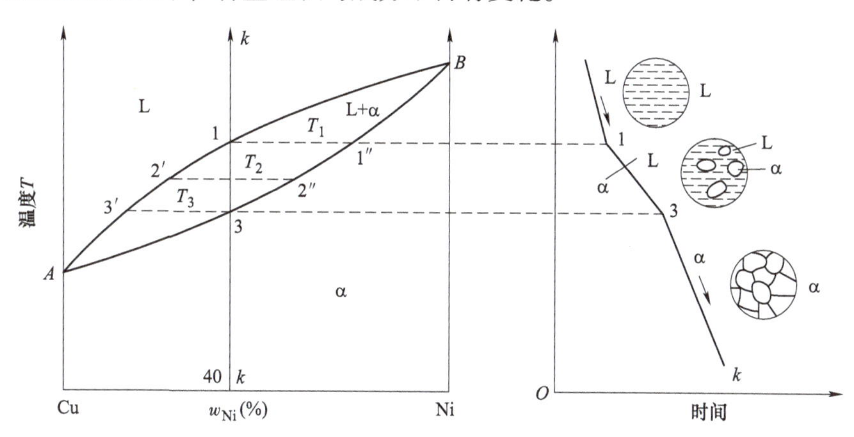


图 3-5　Cu-Ni 合金相图及冷却时的结晶

在实际生产条件下，合金的冷却速度一般比较快，原子因不能充分扩散而出现晶体中成分不均匀的枝晶偏析现象，即先结晶的晶体含有较多的高熔点组元，后结晶的晶体含有较多的低熔点组元。偏析需通过扩散退火消除。

**2. 杠杆定律**

合金在结晶过程中，各相的成分及其相对含量都在不断地发生变化。利用相图及杠杆定律，可以确定合金结晶过程中任一温度下两相的成分以及两相的相对含量。

如图 3-6a 所示，成分为 $w_b$ 的 Cu-Ni 合金冷却到 $T_1$ 温度时处于液固共存状态，过图 3-6a 中 $b$ 点作一水平线分别与液相线和固相线相交于 $a$ 点和 $c$ 点，两点所对应的成分 $w_a$ 和 $w_c$ 分别为此温度下合金中液相 L 和固相 α 的成分。

设合金的总质量为 1，在温度 $T_1$ 时液相的质量为 $Q_L$，α 固相的质量为 $Q_\alpha$，有

$$Q_L + Q_\alpha = 1$$

合金中所含 Ni 的质量等于液相、固相中 Ni 的质量之和。即

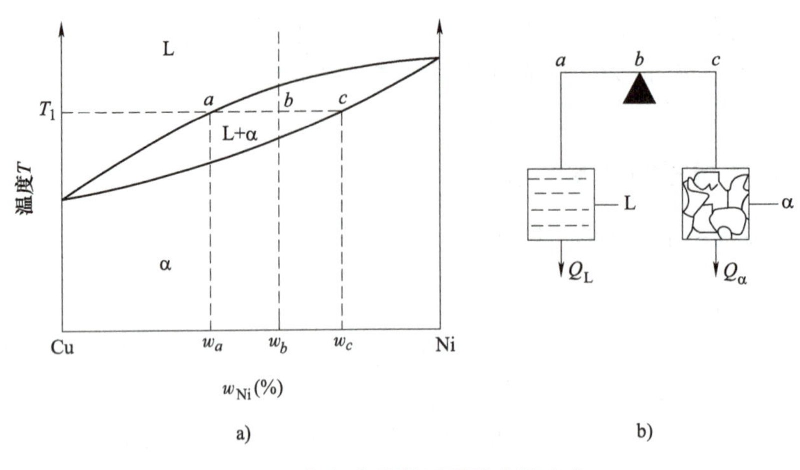


图 3-6　杠杆定律的证明及力学比喻

$$Q_L w_a + Q_\alpha w_c = 1 w_b$$

则

$$Q_L = \frac{w_c - w_b}{w_c - w_a} = \frac{bc}{ac}$$

$$Q_\alpha = \frac{w_b - w_a}{w_c - w_a} = \frac{ab}{ac}$$

或

$$\frac{Q_L}{Q_\alpha} = \frac{bc}{ab}$$

这与力学中的杠杆定律非常相似，所以也称为杠杆定律。

应当注意，杠杆定律可用于平衡条件某一温度条件下，确定构成合金的相或组织组成物以及它们各自含量的计算，其中，杠杆的支点是合金的成分，杠杆的端点是两相（或两组织组成物）的成分。

**微视频 3-1　杠杆定律及其应用**

**3. 二元共晶相图**

两组元在液态无限溶解，在固态有限溶解，且冷却过程中发生共晶转变的相图，称为共晶相图。这类合金有 Pb-Sn、Pb-Sb、Ag-Cu、Al-Si 等。下面以 Pb-Sn 二元共晶相图为例，分析合金结晶过程。

Pb-Sn 合金相图（图 3-7）中，Pb 与 Sn 形成的液相为 L，Sn 溶于 Pb 中形成的有限固溶体为 α，Pb 溶于 Sn 中形成的有限固溶体为 β。*A* 和 *B* 分别为组元 Pb 和 Sn 的熔点，*E* 点是

Sn 在固溶体 α 中的最大溶解度点，$F$ 点是 Pb 在固溶体 β 中的最大溶解度点，而 $ED$ 及 $FG$ 则分别代表 α 及 β 的溶解度曲线。$ACB$ 为液相线，$AECFB$ 为固相线，相图中有三个单相区（L、α、β）；三个双相区（L+α、L+β、α+β）；一条 L+α+β 的三相共存线（水平线 $ECF$）；$C$ 点是共晶点，表示此点成分（图中合金Ⅲ）的液相冷却到此点所对应的温度时，共同结晶出 $E$ 点成分的 α 相和 $F$ 点成分的 β 相，可表示为

$$L_C \xrightarrow{183℃} (\alpha_E + \beta_F)$$

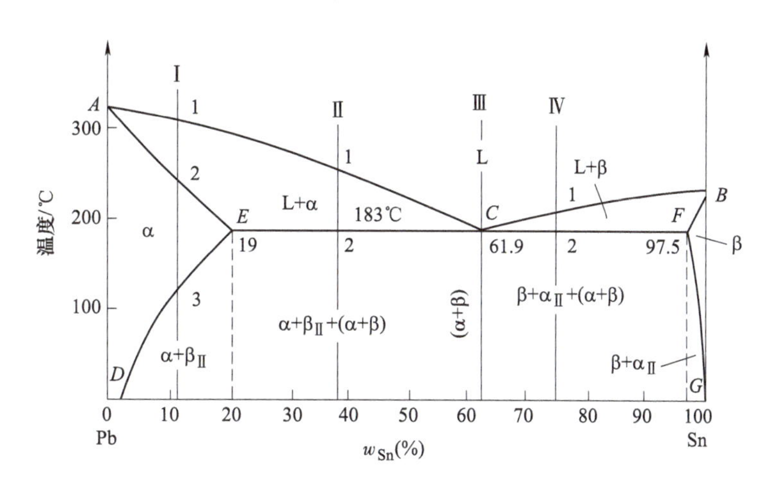


**图 3-7**　Pb-Sn 二元合金相图

这种具有一定成分的液体（$L_C$）在一定温度（共晶温度）下同时结晶出两种固相（$\alpha_E$+$\beta_F$）的转变称为共晶转变，所生成的产物称为共晶体或共晶组织。共晶体的显微组织特征是 α 与 β 两相交替分布、紧密混合，其形态多为片层状或棒状。温度继续下降，α、β 固溶体溶解度不断降低，将分别析出细小的二次 β 固溶体即 $\beta_{Ⅱ}$、二次 α 固溶体即 $\alpha_{Ⅱ}$，因 $\beta_{Ⅱ}$、$\alpha_{Ⅱ}$ 在显微镜下难以分辨，认为共晶体无变化（图 3-8）。不同成分的 Pb-Sn 合金具有不同的结晶特点。下面再取三种具有代表性的合金进行分析。

合金Ⅰ（$w_{Sn}$=11%）从 1 点温度慢冷至 2 点温度时，得到单相固溶体 α。温度从 2 点冷至 3 点时，α 不发生变化。温度从 3 点继续冷却时，因 α 溶解度不断降低，使其不断析出细小的 $\beta_{Ⅱ}$，最终得到 α+$\beta_{Ⅱ}$ 两相组织（图 3-9）。凡 $w_{Sn}$ 处于 $D$ 点和 $E$ 点对应成分之间内的合金，其结晶过程都与合金Ⅰ相似。$w_{Sn}$ 大于 $F$ 点对应成分的合金，结晶后得到 β 固溶体，β 冷却时析出细小的 $\alpha_{Ⅱ}$，最终得到 β+$\alpha_{Ⅱ}$ 两相组织。

$w_{Sn}$ 处于 $E$ 点和 $C$ 点对应成分之间的合金称为亚共晶合金，$w_{Sn}$ 处于 $C$ 点和 $F$ 点对应成分之间的合金称为过共晶合金。

合金Ⅱ（$w_{Sn}$=38%）从 1 点温度慢冷至 2 点温度的过程中，一部分液相先结晶成 α 固溶体，因 α 中 $w_{Sn}$ 沿 $AE$ 线减小，而使剩余液相的 $w_{Sn}$ 沿 $AC$ 线增大至共晶成分。当冷却至 2 点温度时，具有共晶成分的剩余液相发生共晶结晶而形成共晶体（α+β）。温度继续下降时，先结晶的 α 因溶解度降低而析出 $\beta_{Ⅱ}$，其最终室温组织为 α+$\beta_{Ⅱ}$+（α+β）（图 3-10），因 $\beta_{Ⅱ}$ 量少，常认为共晶转变后共晶体基本无变化。亚共晶合金随合金中 $w_{Sn}$ 增大，其室温组织中 α 固溶体减少，（α+β）共晶体增多。

图 3-8 Pb-Sn 合金共晶体组织示意图

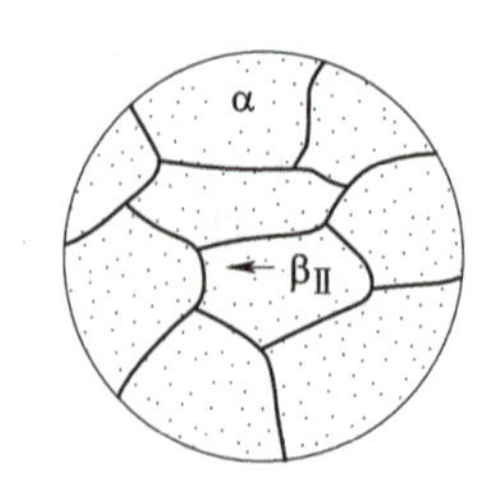


图 3-9 Pb-Sn 合金（$w_{Sn}<19\%$）最终组织示意图

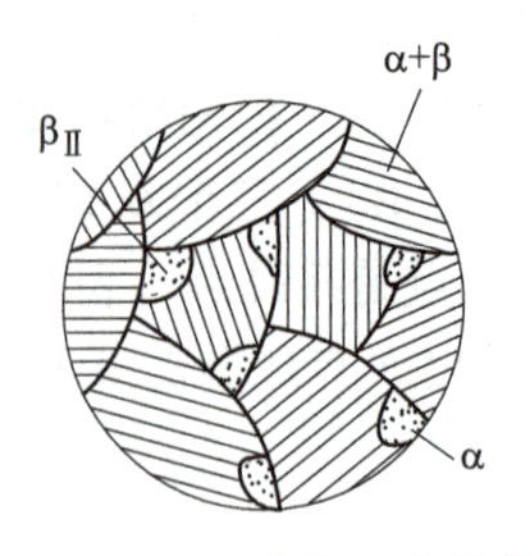


图 3-10 Pb-Sn 合金亚共晶成分合金室温组织示意图

合金Ⅳ为过共晶合金，过共晶合金先结晶形成的是β固溶体，剩余液相共晶转变生成（α+β）共晶体，继续冷却时从β固溶体中析出少量$\alpha_{\text{II}}$，最终室温组织为$\beta+\alpha_{\text{II}}+(\alpha+\beta)$。过共晶合金随合金$w_{Sn}$增大，其室温组织中β固溶体增多，（α+β）共晶体减少。

**4. 二元共析相图**

一定成分的固相，在一定温度下，同时转变出两种新的固相，这种转变称为共析转变。图 3-11 中下半部分是共析相图，水平线 *ce* 为共析转变线，它与共晶相图很相似，不同之处在于共析转变是出自同一种固相的转变，而非同一液相。共析转变将在第 4 章中详细介绍。由于共析转变的温度低，易获得较大过冷度，因而形核率高；同时因在固态下进行，原子扩散比较困难，因此，其组织较共晶组织更加细小。

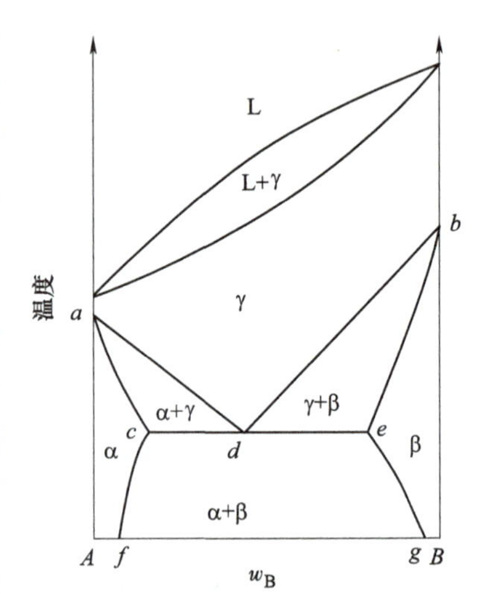


图 3-11 共析转变相图示意图

**资料卡 3-2 二元包晶相图**

两组元在液态相互无限互溶，在固态有限互溶，结晶过程发生包晶转变的二元合金系相图，称为包晶相图。具有包晶转变的二元合金系有 Sn-Sb、Pt-Ag、Cu-Sn、Cu-Zn 等。下面以 Pt-Ag 相图为例。

Pt-Ag 二元合金相图中存在三种单相：Pt 与 Ag 形成的液相 L，Ag 溶于 Pt 中的有限固溶体 α，Pt 溶于 Ag 中的有限固溶体 β。*ACB* 为液相线，*APDB* 为固相线，*PE* 及 *DF* 分别是 α、β 的溶解度曲线，水平线是包晶转变线，*D* 点是包晶点。在包晶转变温度时，*P* 点成分的 α 与它周围的成分为 *C* 点的液相共同作用，形成一个成分为 *D* 点的新固相 $\beta_D$，$\beta_D$ 包围着 $\alpha_P$ 长大，故这种转变称为包晶转变。转变的反应式为

$$L_C + \alpha_P \xrightarrow{1186℃} \beta_D$$

发生包晶反应时，三相共存，三个相的成分不变，且转变在恒温下进行。所有成分在 *P* 点和 *C* 点之间的合金在此水平线温度都将发生三相平衡的包晶转变。

图中合金 I 的成分即为包晶成分，包晶转变结束后，获得全部$\beta_D$，此后随温度降低，将从 β 中析出 $\alpha_{\text{II}}$，其室温组织为 $\beta+\alpha_{\text{II}}$。

合金Ⅱ液体中首先结晶出 α 固溶体，当冷却至包晶转变温度时，发生包晶转变获得 $\beta_D$ 及剩余 $\alpha_P$，此后，随温度下降，β、α 中分别析出 $\alpha_{\text{II}}$、$\beta_{\text{II}}$，该合金室温组织为 $\beta+\alpha_{\text{II}}+\alpha+\beta_{\text{II}}$。

合金Ⅲ液体中首先结晶出 α 固溶体，当冷却至包晶转变温度时，发生包晶转变获得 $\beta_D$ 及剩余液相 L，此后，温度在 2~3 点之间，液相 L 中结晶出 β 固溶体，至 3 点时全部转变为 β；温度在 3~4 点之间为单相 β；温度在 4 点以下，β 中析出 $\alpha_{\text{II}}$，该合金的室温组织为 $\beta+\alpha_{\text{II}}$。

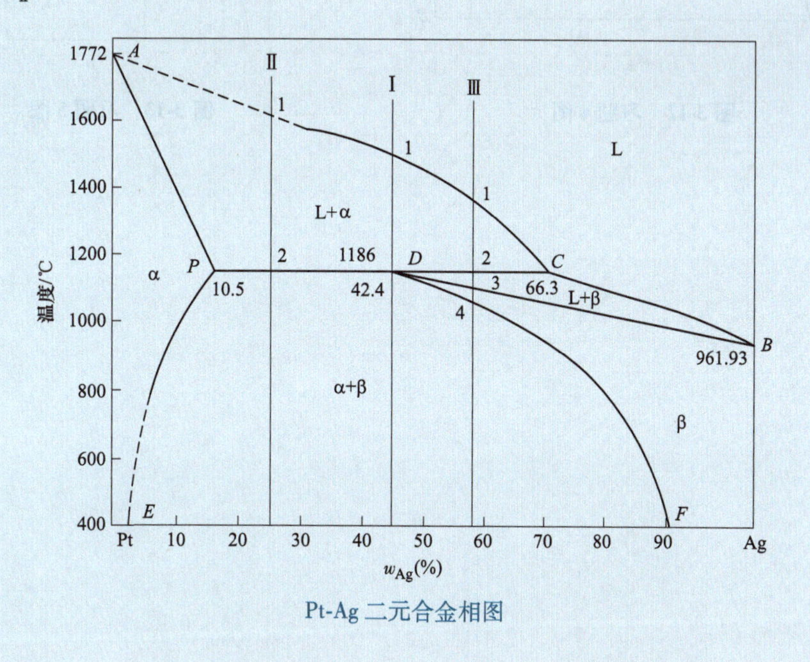


Pt-Ag 二元合金相图

## 习题

1. 简要说明二元合金匀晶相图的获得过程。

2. 试以 Pb-Sn 合金相图（图 3-7）说明共晶点和共晶转变线有什么关系。

3. Pb-Sn 合金相图中（图 3-7），合金Ⅱ（$w_{Sn}$ = 38%）在共晶温度发生共晶转变结束时，试用杠杆定律计算共晶体所占百分比以及合金中所有 α 固溶体所占百分比。

4. 图 3-12 所示为 *A*、*B* 两组元形成的二元合金相图。请填出各相区的组织，并写出图示四种成分的合金缓冷至室温的组织变化过程。

5. 某合金相图如图 3-13 所示，试标出①~④空白区域相的名称，指出此相图包括几种转变类型，并说明合金 1 的平衡结晶过程及室温下显微组织。

6. 分析共析相图和共晶相图的区别和联系，共析体和共晶体有什么区别和联系？在共析线附近反复加热和冷却，能否获得特别细密的显微组织？

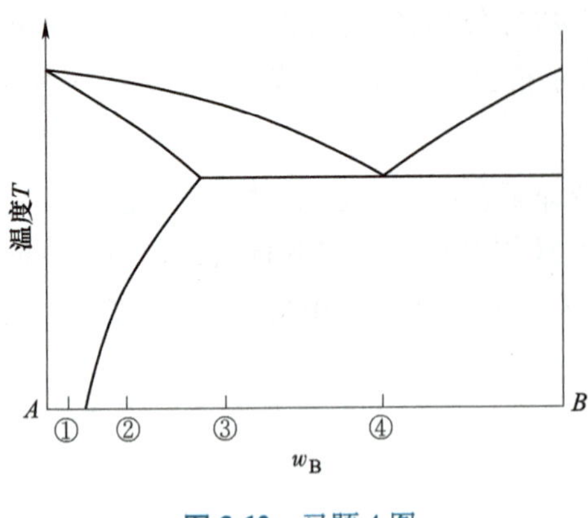


图 3-12 习题 4 图

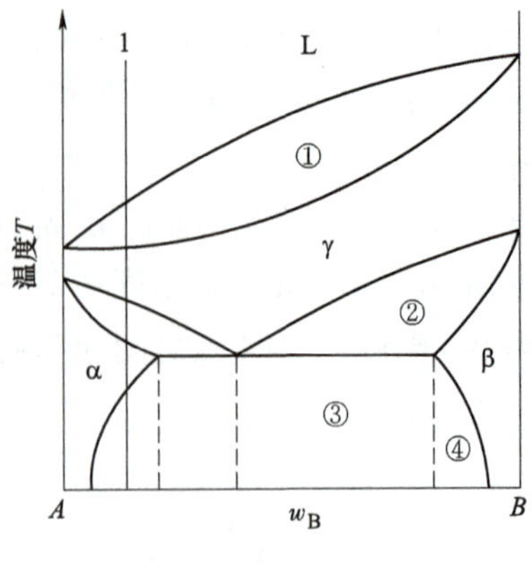


图 3-13 习题 5 图

# 第 4 章

# 铁碳合金

钢、铁材料是日常生产生活中应用最广泛的金属材料，主要由铁和碳两种元素构成，因此都属于铁碳合金。本章主要讲述纯铁的结构、铁碳合金的基本相、铁碳合金相图、铁碳合金的结晶过程、铁碳合金的性能等。

## 4.1 纯铁的结构及其同素异晶转变

铁是一种金属元素，原子序数 26，铁单质化学式：Fe。纯铁是白色或者银白色的，有金属光泽。铁的化合价有 0 价、+2 价、+3 价和+6 价，其中+2 价和+3 价较常见，+6 价少见。纯铁的熔点为 1538℃、沸点为 2750℃，能溶于强酸和中强酸，不溶于水。铁在生活中分布较广，占地壳含量的 4. 75%。

一般情况下纯金属都只有一种晶格形态，晶格类型不会因为温度的变化而发生改变。只有少数金属如铁、锡、钛等在晶态时，其晶体结构会随温度变化而改变，这种现象称为同素异晶转变（或同素异构转变）。

铁的同素异晶转变如图 4-1 所示。液态纯铁冷至 1538℃时结晶成体心立方晶格的 δ-Fe，冷至 1394℃时 δ-Fe 转变为面心立方晶格的 γ-Fe，冷至 912℃时 γ-Fe 转变为体心立方晶格的 α-Fe。加热时，其晶格则发生相反的变化。770℃是铁的磁性转变温度（居里点），铁在 770℃以上无铁磁性，在 770℃以下有铁磁性，并不发生同素异晶转变。由于不同类型晶格的原子排列紧密程度不同，因此同素异晶转变会导致金属体积变化。例如，随温度的下降，原子排列紧密程度较大的 γ-Fe，转变为原子排列紧密程度较小的 α-Fe 时，体积膨胀约 1%。

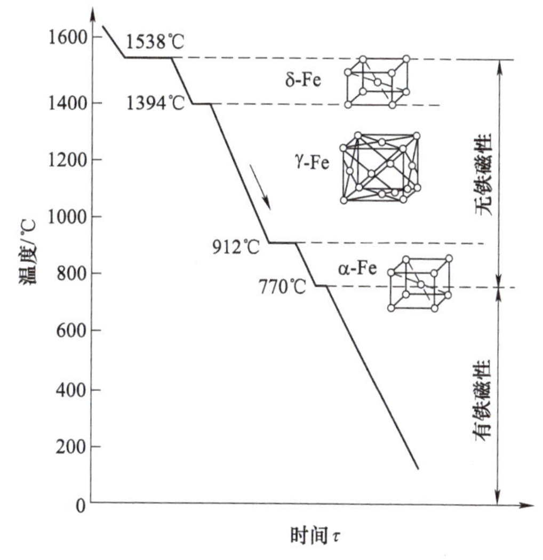


图 4-1　纯铁冷却曲线及同素异晶转变

**微视频 4-1　锡的同素异晶转变**

# 4.2 铁碳合金的基本相

在铁碳合金中，碳能分别溶入 α-Fe 和 γ-Fe 的晶格中而形成两种固溶体。当铁碳合金的碳含量超过固溶体的溶解度时，多余的碳与铁形成金属化合物 $Fe_3C$。因此，铁碳合金有以下三种基本相。

## 4.2.1 铁素体

碳溶入体心立方晶格的 α-Fe 中形成的间隙固溶体称为铁素体（图 4-2），用符号 F（或 α）表示。其显微组织如图 4-3 所示。

图 4-2 铁素体晶体结构示意图

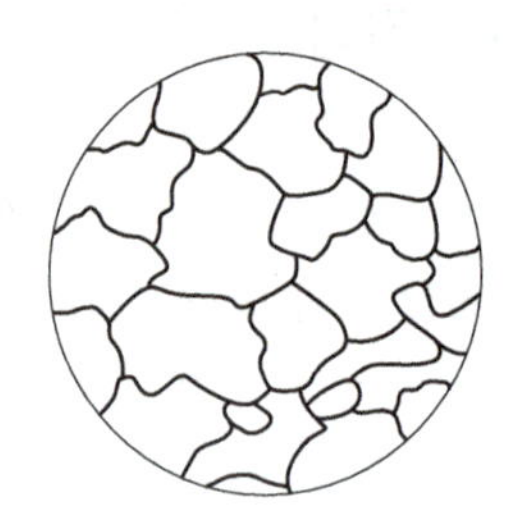

图 4-3 铁素体显微组织示意图

由于体心立方晶格的空隙多而分散，每个空隙容积很小，故铁素体的溶碳能力弱。在 727℃时，碳在铁素体中的最大溶解度为 $w_C=0.0218\%$，随温度下降，其溶解度降低，600℃时最大溶解度为 $w_C=0.0057\%$，室温下溶碳能力就更低了，一般在 0.0008%以下。因此铁素体固溶效果不明显，其性能近似于纯铁，即强度、硬度低而塑性、韧性好（$R_m=180\sim230$MPa，80HBW，$A\approx40\%$，$a_K\approx250\text{J/cm}^2$），适用于形变加工。铁素体在 770℃以下呈铁磁性。

## 4.2.2 奥氏体

碳溶入面心立方晶格的 γ-Fe 中形成的固溶体称为奥氏体（图 4-4），用符号 A（或 γ）表示。其显微组织如图 4-5 所示。

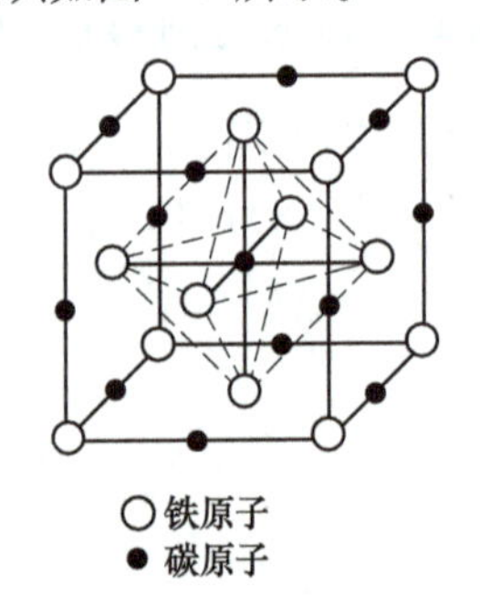


图 4-4 奥氏体晶体结构示意图

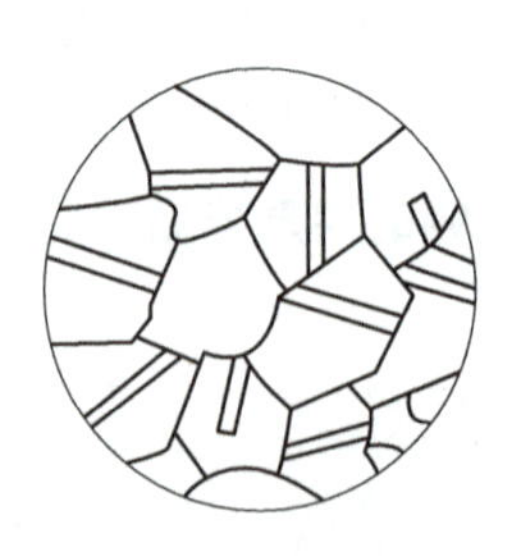

图 4-5 奥氏体显微组织示意图

由于面心立方晶格的空隙少而集中，每个空隙容积较大，故奥氏体的溶碳能力较强。在1148℃时，碳在奥氏体中的最大溶解度达 $w_C$ = 2.11%，因此固溶强化效果较明显，奥氏体是存在于 727℃以上的高温相，在 727℃时其碳含量降至 $w_C$ = 0.77%。奥氏体的强度、硬度不高，但塑性、韧性很好（$R_m$≈400MPa，160~200HBW，$A$ = 40%~50%），钢材为高温奥氏体相时更易发生塑性变形。奥氏体呈非铁磁性。

### 4.2.3　渗碳体

铁与碳形成的金属化合物 $Fe_3C$ 称为渗碳体，具有与 Fe 和 C 的晶格均不相同的复杂晶格（图 3-3）。$Fe_3C$ 具有一定的化学成分，根据化学分子式可知：$Fe_3C$ 中 $w_C$ = 6.69%，$w_{Fe}$ = 93.31%。$Fe_3C$ 的性能与 Fe 和 C 均不同，熔点高（约 1227℃）、硬度很高（860HV），能轻易刻划玻璃，但塑性、韧性极差（$A$≈0，$a_K$≈0）。

铁碳合金的室温组织，一般是在铁素体基体中分布着片状、粒状或网状渗碳体，渗碳体的大小、形状和分布对铁碳合金的性能有很大的影响。当 $w_C$ 高达 6.69%时，铁碳合金的组织全部为硬而脆的渗碳体，故而不能使用。

## 4.3　铁碳合金相图

铁碳合金相图是在平衡条件下（加热或冷却过程均极其缓慢），表示铁碳合金系成分、温度和组织三者间关系的图形。

铁碳合金中未溶解于铁中的碳有两种存在形式：形成 $Fe_3C$ 或单质石墨（用 G 表示）。通常情况下，碳以 $Fe_3C$ 存在，但是 $Fe_3C$ 是一个亚稳定相，在一定条件下可以分解为铁和石墨，即 $Fe_3C \rightarrow 3Fe+G$，所以石墨是碳的更稳定相，铁碳相图因此存在 Fe-$Fe_3C$ 和 Fe-G 两种形式。下面先研究 Fe-$Fe_3C$ 相图，Fe-G 相图将在第 8 章中讨论。

### 4.3.1　Fe-$Fe_3C$ 相图概述

相图的纵坐标表示温度（℃），横坐标表示碳的质量百分数（$w_C$×100）。因 $w_C$>6.69%的铁碳合金脆性极大，没有使用价值，因此实际可用铁碳合金的 $w_C$< 6.69%，并可将渗碳体（$w_C$ = 6.69%且稳定的金属化合物）视作独立组元，故对铁碳合金相图只需研究 $w_C$ = 0~6.69%的部分。将左上角包晶结晶转变简化为匀晶结晶转变（用虚线表示）的 Fe-$Fe_3C$ 相图如图 4-6 所示。

相图中的重要特性点及其意义见表 4-1。

**表 4-1　铁碳合金相图中的重要特性点及其意义**

| 点 | 意　义 |
|---|---|
| $A$ | 纯铁的熔点，温度为 1538℃ |
| $D$ | 渗碳体的熔点，温度为 1227℃ |
| $C$ | 共晶点，$w_C$ 为 4.3%，温度为 1148℃ |
| $G$ | γ-Fe 与 α-Fe 同素异晶转变点，温度为 912℃ |
| $S$ | 共析点，$w_C$ 为 0.77%，温度为 727℃ |

（续）

| 点 | 意 义 |
| --- | --- |
| $E$ | 碳在奥氏体中的最大溶解度点，最大溶解度为2.11% |
| $P$ | 碳在铁素体中的最大溶解度点，最大溶解度为0.0218% |
| $Q$ | 600℃时碳在α-Fe中的溶解度为0.0057% |

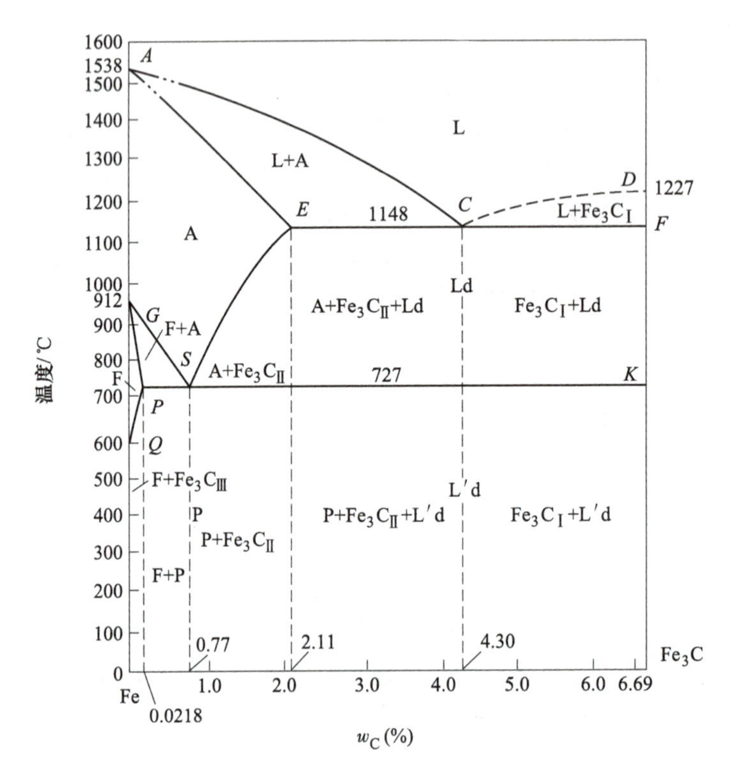


图4-6 简化后的Fe-$Fe_3C$相图

相图中的重要特性线及其意义见表4-2。

**表4-2 铁碳合金相图中的重要特性线及其意义**

| 线 | 名 称 | 意 义 |
| --- | --- | --- |
| $ACD$ | 液相线 | 其上，合金为液相 |
| $AECF$ | 固相线 | 其下，合金为固相 |
| $ECF$ | 共晶线 | 具有$C$点成分的液相冷至该线温度时发生共晶转变 |
| $GS$ | 奥氏体向铁素体转变的开始温度线（$A_3$线） | 奥氏体冷至该线温度时开始向铁素体转变 |
| $GP$ | 奥氏体向铁素体转变的结束温度线 | 冷至该线温度时，奥氏体向铁素体的转变停止 |
| $PSK$ | 共析线（$A_1$线） | 具有$S$点成分的奥氏体冷至该线温度时，发生共析转变 |
| $ES$ | 碳在奥氏体中的溶解度曲线（$A_{cm}$线） | 奥氏体冷却至该线温度时，碳在奥氏体中的溶解度达到饱和状态，温度降至此线以下即析出二次渗碳体$Fe_3C_{II}$ |
| $PQ$ | 碳在铁素体中的溶解度曲线 | 铁素体冷却至该线温度时，碳在铁素体中的溶解度达到饱和状态，温度降至此线以下即析出三次渗碳体$Fe_3C_{III}$ |

相图中有四个单相区域、五个双相区域见表 4-3 所示。

**表 4-3　铁碳合金相图中的相区**

| 类别 | 区域名称 | 备　注 |
| --- | --- | --- |
| 单相区 | 液相区 L | |
| | 奥氏体相区 A | |
| | 铁素体相区 F | |
| | 渗碳体相区 $Fe_3C$ | *DFK* 垂线 |
| 双相区 | L+A 区 | 液、固相线之间左封闭区 |
| | $L+Fe_3C_{I}$（初次渗碳体）区 | 液、固相线之间右封闭区 |
| | F+A 区 | *GS*、*GP* 两线之间区域 |
| | $A+Fe_3C_{II}$（二次渗碳体）区 | *ES* 线下方区域 |
| | $F+Fe_3C_{III}$（三次渗碳体）区 | *PQ* 线下方区域 |

**微视频 4-2　铁碳合金相图简介**

## 4.3.2　铁碳合金的分类

铁碳合金按碳含量不同，分为以下三类：

1）工业纯铁，$w_C \leqslant 0.0218\%$。

2）碳素钢，$0.0218\% < w_C \leqslant 2.11\%$。按室温组织不同，碳素钢又可分为共析钢（$w_C = 0.77\%$）、亚共析钢（$w_C < 0.77\%$）和过共析钢（$w_C > 0.77\%$）三种。

3）白口铸铁（生铁），$2.11\% < w_C < 6.69\%$。按室温组织不同，白口铸铁又可分为共晶白口铸铁（$w_C = 4.3\%$）、亚共晶白口铸铁（$w_C < 4.3\%$）和过共晶白口铸铁（$w_C > 4.3\%$）三种。

## 4.3.3　碳素钢平衡结晶过程及组织

碳素钢的结晶过程：从液相线 *AC* 温度缓慢冷至固相线 *AE* 温度时，液态钢经过匀晶结晶得到相应碳含量的单相奥氏体。继续冷却时，奥氏体会发生相应的固态组织转变，下面结合图 4-7 分别介绍共析钢、亚共析钢、过共析钢的平衡结晶过程及组织。

**1. 共析钢的组织转变**

如图 4-7b 所示，共析钢从单相奥氏体慢冷至 $A_1$ 温度的 *S* 点时，发生恒温共析转变，即奥氏体（$w_C = 0.77\%$）同时转变为铁素体 $F_P$（$w_C = 0.0218\%$）和渗碳体 $Fe_3C$（$w_C = 6.69\%$），表达为

$$A_S \xrightarrow{A_1(727℃)} P(F_P + Fe_3C)$$

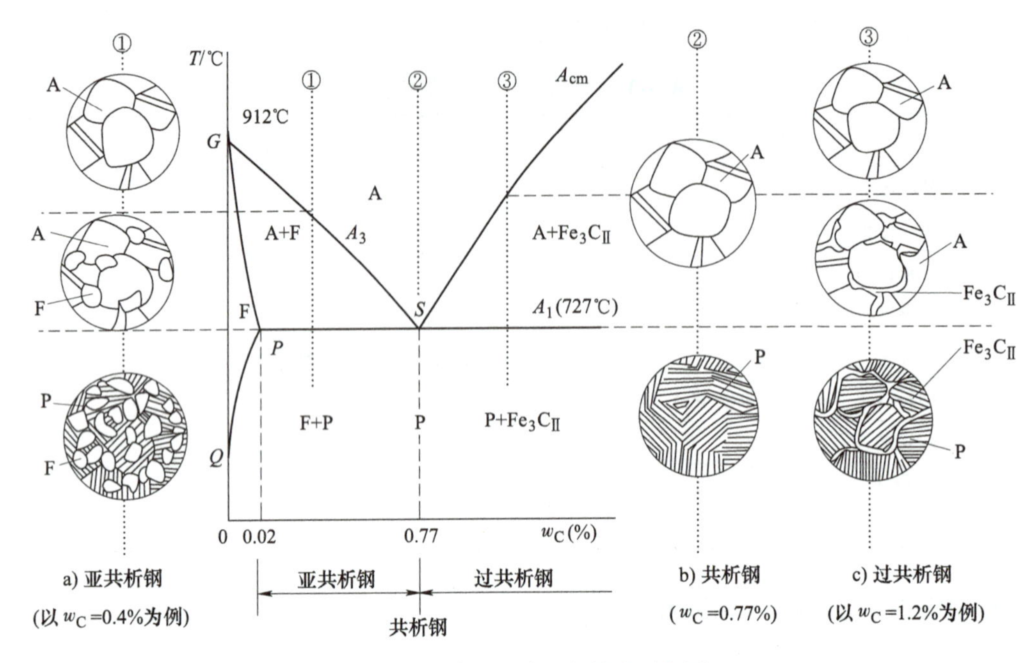


图 4-7 碳素钢平衡组织转变示意图

共析产物是由铁素体和渗碳体以片层状交替排列而成的两相混合组织，称为珠光体（符号为P），其力学性能介于铁素体与渗碳体之间（表4-4），具有较高的强度和硬度。

表 4-4 铁素体、渗碳体和珠光体的主要力学性能

| 组成物 | $R_m$/MPa | 硬度 HBW | A(%) | $a_K$/(J·cm$^{-2}$) |
|---|---|---|---|---|
| 铁素体 | 150~230 | 80 | 40 | 200 |
| 渗碳体 | — | 相当于800 | ≈0 | ≈0 |
| 珠光体 | 770 | 180 | 25 | ≈30 |

在 $A_1$ 线以下温度继续冷却时，铁素体中的碳含量沿 $PQ$ 线变化，从铁素体中析出三次渗碳体，三次渗碳体与共析渗碳体混合在一起，显微镜下难以分辨，且数量极少，可忽略不计，故认为共析钢在 $A_1$ 线以下至室温的平衡组织为珠光体（图4-8）。

a) 珠光体(光学显微镜)

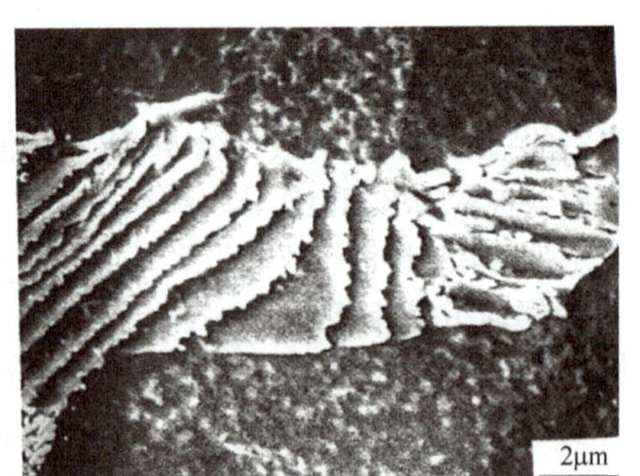


b) 珠光体(扫描电镜)

图 4-8 共析钢的室温平衡组织（珠光体）

**微视频 4-3　共析钢平衡组织形成过程**

### 2. 亚共析钢的组织转变

图 4-7a 所示为 $w_C = 0.4\%$ 的亚共析钢在冷却时固态组织的转变过程：冷至 $A_3$ 温度（*GS* 线）时，奥氏体开始转变为 $w_C$ 很低的铁素体；温度继续下降，铁素体不断增多，奥氏体相应减少，且奥氏体的 $w_C$ 沿 *GS* 线向 *S* 点移动；冷至 $A_1$ 温度（*PSK* 线）时，剩余奥氏体成分达到 *S* 点（$w_C = 0.77\%$）并经共析转变为珠光体。此后组织基本不再发生变化。

所有亚共析钢的固态组织转变过程基本相同，故其室温平衡组织均为珠光体+铁素体（图 4-9），差别仅在于随亚共析钢 $w_C$ 增加，组织中的珠光体（黑色部分）增多，而铁素体（白色部分）相应减少。

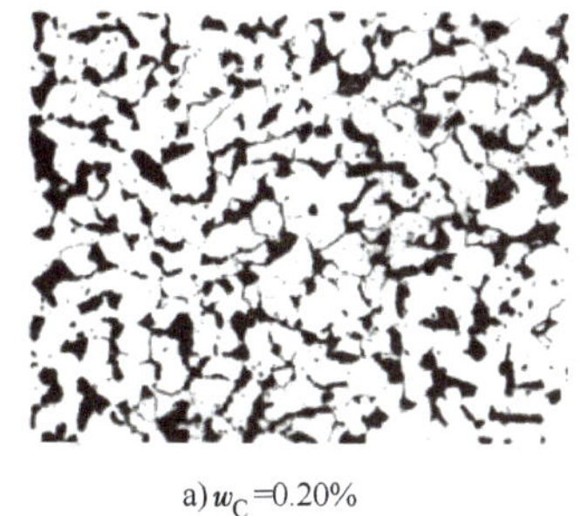

a) $w_C$=0.20%

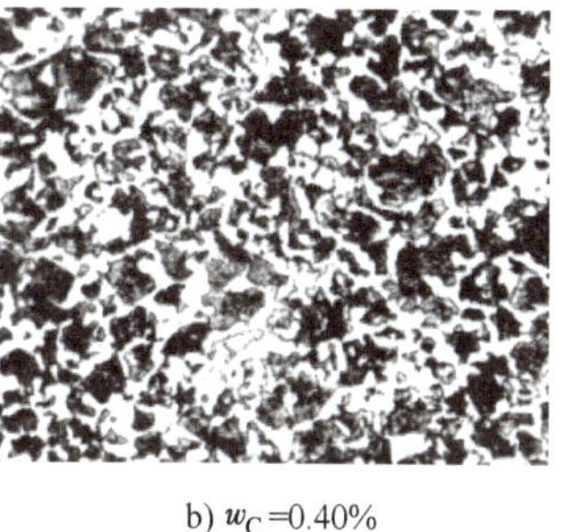

b) $w_C$=0.40%

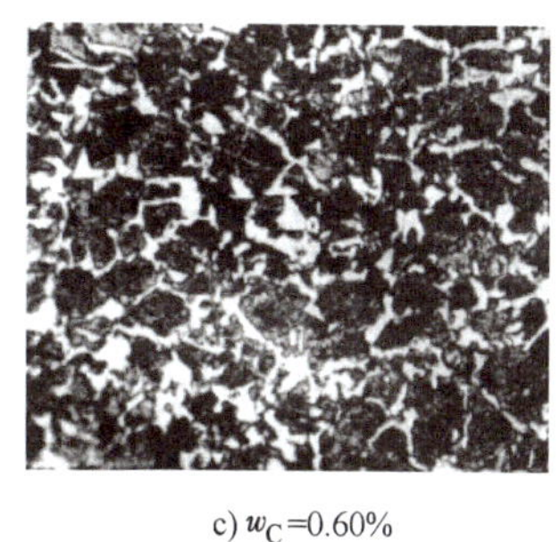

c) $w_C$=0.60%

图 4-9　亚共析钢的室温平衡组织

**微视频 4-4　亚共析钢平衡组织形成过程**

### 3. 过共析钢的组织转变

图 4-7c 所示为 $w_C = 1.2\%$ 的过共析钢在冷却时的固态组织转变过程：冷至 $A_{cm}$ 温度（*ES* 线）时，奥氏体开始沿晶界析出 $Fe_3C_{II}$（$w_C = 6.69\%$）；温度继续下降，析出的 $Fe_3C_{II}$ 增多并逐渐沿奥氏体晶界形成网状（图 4-10），而奥氏体的 $w_C$ 相应减少并沿 *ES* 线向 *S* 点移动；冷至 $A_1$ 温度（PSK 线）时，剩余奥氏体成分达到 *S* 点成分（$w_C = 0.77\%$）并经共析转变为珠光体。此后组织基本不再发生变化。所有过共析钢的固态组织转变过程都基本相同，故其室温平衡组织均为珠光体+二次渗碳体，差别在于随过

图 4-10　$w_C = 1.2\%$ 过共析钢的室温平衡组织

共析钢的 $w_C$ 增加，组织中二次渗碳体增多。二次渗碳体除了沿奥氏体晶界分布外，还在晶内呈针状分布。

**微视频 4-5 过共析钢平衡组织形成过程**

**微视频 4-6 铁碳相图碳钢平衡组织分析**

**微视频 4-7 以铁碳相图分析共析转变发生的原因**

### 4.3.4 白口铸铁结晶过程简介

共晶白口铸铁由液态冷至 $C$ 点（1148℃）时，发生恒温共晶转变，即从液相中（$w_C$ = 4.3%）同时结晶出由奥氏体 $A_E(w_C=2.11\%)$ 和渗碳体 $Fe_3C$ 两相构成的混合物，称为高温莱氏体组织（符号为 Ld），并可表达为

$$L_C \xrightarrow{1148℃} Ld(A_E + Fe_3C)$$

继续冷却至 $A_1$ 温度的过程中，A 中析出 $Fe_3C_{II}$，至 $A_1$ 温度时，A 共析转变为 P，使高温莱氏体转变为（$P + Fe_3C_{II} + Fe_3C$），称为低温莱氏体组织（符号为 L′d）。

低温莱氏体组织可视为在渗碳体的基体上分布着颗粒状的珠光体，其性能与渗碳体相似，硬度很高，塑韧性极差。

与共晶白口铸铁相比，亚共晶白口铸铁在共晶转变前有部分液体先结晶出树枝状奥氏体，当冷却至共晶转变温度时，剩余液相发生共晶转变获得高温莱氏体，在其随后的冷却过程中还伴有奥氏体中 $Fe_3C_{II}$ 析出和共析转变，故其室温组织为珠光体+二次渗碳体+低温莱氏体；而过共晶白口铸铁则先从液相结晶出条状一次渗碳体，在随后冷却过程中，剩余液相发生共晶转变获得高温莱氏体，故其室温组织为低温莱氏体+一次渗碳体。

三种白口铸铁的室温平衡组织如图 4-11 所示。三种组织中均含有硬而脆的低温莱氏体，难以切削加工，故在生产中很少直接应用。

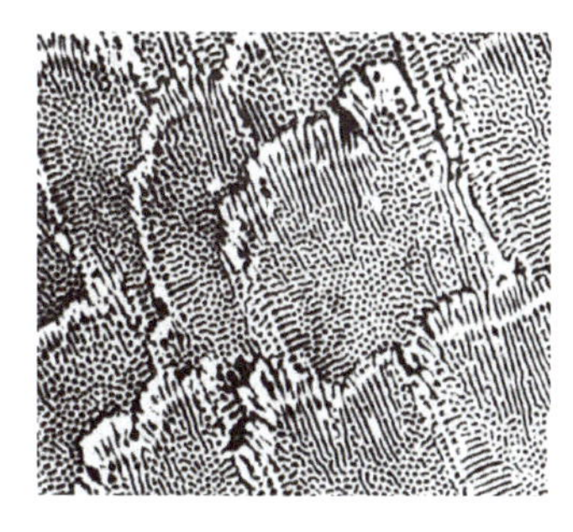
a) 亚共晶白口铸铁

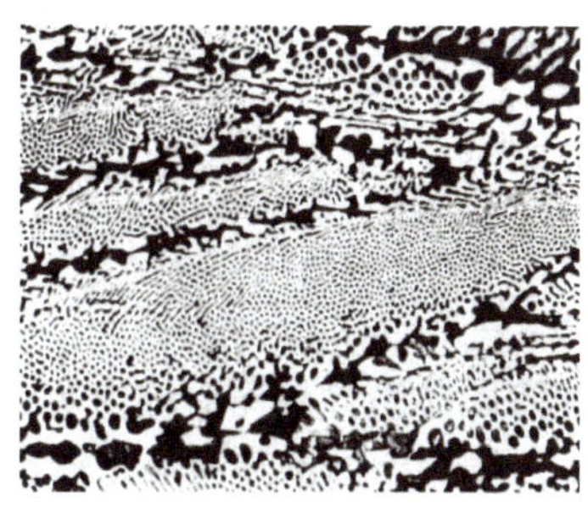
b) 共晶白口铸铁

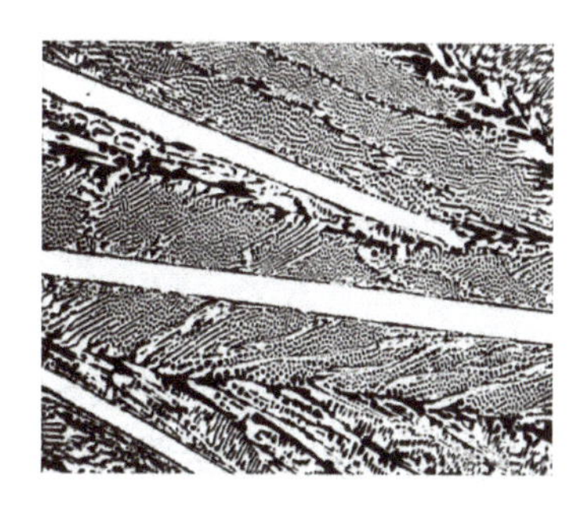
c) 过共晶白口铸铁

图 4-11 三种白口铸铁的室温平衡组织

## 4.4 铁碳合金组织组成物及其含量计算

碳质量分数为 $x$%的铁碳合金室温平衡组织由铁素体（$w_C = 0.0008\%$）和渗碳体（$w_C = 6.69\%$）两相构成，根据杠杆定律，两相含量分别为

$$w_{Fe_3C} = \frac{x - 0.0008}{6.69 - 0.0008} \times 100\% \qquad w_F = 1 - w_{Fe_3C}$$

或

$$w_F = \frac{6.69 - x}{6.69 - 0.0008} \times 100\% \qquad w_{Fe_3C} = 1 - w_F$$

随碳质量分数 $x$%的增加，渗碳体量增加，铁素体量相对减少。

下面重点分析铁碳合金组织组成物及其含量计算。

**1. 碳含量为 0~0.0218%的工业纯铁**

工业纯铁中碳的质量分数为 0~0.0218%，其室温平衡组织由铁素体 F 和少量的三次渗碳体 $Fe_3C_{Ⅲ}$ 组成。

当碳含量为 0.0218%时，工业纯铁（或 F）中 $Fe_3C_{Ⅲ}$ 的含量最大：

$$w_{Fe_3C_{Ⅲ}} = \frac{0.0218 - 0.0008}{6.69 - 0.0008} \times 100\% \approx 0.33\%$$

可见，$Fe_3C_{Ⅲ}$ 的含量较少，一般忽略不计。

**2. 碳含量为 0.0218%~0.77%的亚共析钢**

亚共析钢中碳的质量分数为 0.0218%~0.77%，其室温平衡组织由铁素体 F 和珠光体 P（$w_C = 0.77\%$）组成，组成相为铁素体和渗碳体。

根据杠杆定律，可计算碳质量分数为 $x$%的亚共析钢室温平衡组织中铁素体和珠光体的含量：

$$w_F = \frac{0.77 - x}{0.77 - 0.0218} \times 100\%$$

$$w_P = 1 - w_F \quad 或 \quad w_P = \frac{x - 0.0218}{0.77 - 0.0218} \times 100\%$$

**3. 碳含量为 0.77 %的共析钢**

共析钢平衡组织为珠光体 P，组成相为铁素体 F 和少量的 $Fe_3C$。

根据杠杆定律，可计算碳质量分数为0.77%的共析钢室温平衡组织中铁素体和渗碳体的含量：

$$w_{Fe_3C}=\frac{x-0.0008}{6.69-0.0008}\times100\%=\frac{0.77-0.0008}{6.69-0.0008}\times100\%\approx11.5\%$$

$$w_F=1-w_{Fe_3C}\approx88.5\%$$

故共析钢珠光体P中铁素体和渗碳体的含量比值约为8∶1。

共析钢的组成物全部为珠光体，故共析钢也称为珠光体钢。

**4. 碳含量为0.77%~2.11%的过共析钢**

过共析钢室温平衡组织由渗碳体和珠光体P组成，组成相为铁素体和渗碳体。

根据杠杆定律，可计算碳质量分数为$x$%的过共析钢室温平衡组织中二次渗碳体和珠光体的含量：

$$w_P=\frac{6.69-x}{6.69-0.77}\times100\%$$

$$w_{Fe_3C_{II}}=1-\omega_P \quad 或 \quad w_{Fe_3C_{II}}=\frac{x-0.77}{6.69-0.77}\times100\%$$

由奥氏体中析出的二次渗碳体的含量随奥氏体中碳含量的增加而增多，当奥氏体中的碳含量达到2.11%时，其析出的二次渗碳体量达到最大值。

$$w_{Fe_3C_{II}}=\frac{x-0.77}{6.69-0.77}\times100\%=\frac{2.11-0.77}{6.69-0.77}\times100\%\approx22.6\%$$

**资料卡4-1　白口铸铁平衡组织组成物及其含量计算**

**1. 碳含量为2.11%~4.3%的亚共晶白口铸铁**

亚共晶白口铸铁室温平衡组织由珠光体P、二次渗碳体$Fe_3C_{II}$和低温莱氏体L′d组成，组成相有铁素体和渗碳体。

亚共晶白口铸铁的组成物可认为是由L′d和（$P+Fe_3C_{II}$）组成的，其中P与$Fe_3C_{II}$的相对含量关系和碳含量为2.11%的过共析钢一致，即P与$Fe_3C_{II}$的相对含量分别为77.4%和22.6%。

根据杠杆定律，可计算碳含量为$x$%的亚共晶白口铸铁室温平衡组织中组成物的相对含量：

$$w_{L'd}=\frac{x-2.11}{4.3-2.11}\times100\%$$

$$w_{(Fe_3C_{II}+P)}=1-w_{L'd} \ 或\ w_{(Fe_3C_{II}+P)}=\frac{4.3-x}{4.3-2.11}\times100\%$$

其中，可进一步计算P与$Fe_3C_{II}$的含量分别为

$$w_{Fe_3C_{II}}=w_{(Fe_3C_{II}+P)}\times22.6\%=\frac{4.3-x}{4.3-2.11}\times100\%\times22.6\%$$

$$w_P=w_{(Fe_3C_{II}+P)}\times77.4\%=\frac{4.3-x}{4.3-2.11}\times100\%\times77.4\%$$

**2. 碳含量为 4.3%的共晶白口铸铁**

共晶白口铸铁平衡组织全部为低温莱氏体 L′d，组织组成相为铁素体 F 和较多的 $Fe_3C$。

根据杠杆定律，可计算 L′d 中铁素体和渗碳体的含量：

$$w_{Fe_3C} = \frac{x - 0.0008}{6.69 - 0.0008} \times 100\% = \frac{4.3 - 0.0008}{6.69 - 0.0008} \times 100\% \approx 64.3\%$$

$$w_F = 1 - w_{Fe_3C} \approx 35.7\%$$

**3. 碳含量为 4.3%~6.69%的过共晶白口铸铁**

过共晶白口铸铁室温平衡组织由一次渗碳体 $Fe_3C_Ⅰ$ 和低温莱氏体 L′d 组成。组成相有铁素体和渗碳体。

根据杠杆定律，可计算碳含量为 $x$%的过共晶白口铸铁室温平衡组织中一次渗碳体和低温莱氏体的含量：

$$w_{Fe_3C_Ⅰ} = \frac{x - 4.3}{6.69 - 4.3} \times 100\%$$

$$w_{L'd} = 1 - w_{Fe_3C_Ⅰ} \quad 或 \quad w_{L'd} = \frac{6.69 - x}{6.69 - 4.3} \times 100\%$$

# 4.5 铁碳合金的性能及其相图应用

## 4.5.1 铁碳合金的成分与平衡组织、力学性能的关系

根据铁碳相图可知，合金的成分不同，其组织组成物的种类、数量和分布也不尽相同，从而具有不同的力学性能。铁碳合金室温平衡组织皆由铁素体和渗碳体两相组成，随着碳含量的增加，铁素体数量不断减少，但渗碳体数量则由 0 增至 100%，铁碳合金的室温平衡组织依次为 F→F+P→P→P+ $Fe_3C_Ⅱ$→P+$Fe_3C_Ⅱ$+L′d→L′d→L′d+$Fe_3C_Ⅰ$→$Fe_3C_Ⅰ$（图 4-12）；渗碳体在不同碳含量的铁碳合金中，形貌也不同，有片层状、网状、粗大片状等。因此，铁碳

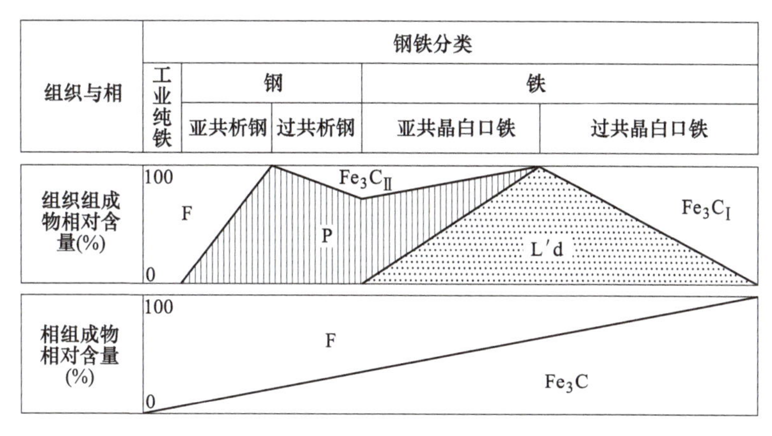


图 4-12　铁碳合金平衡组织的组成相和组成物的相对含量

合金的性能随碳含量的变化，呈一定的变化规律，碳素钢中碳含量对力学性能的影响如图4-13所示。

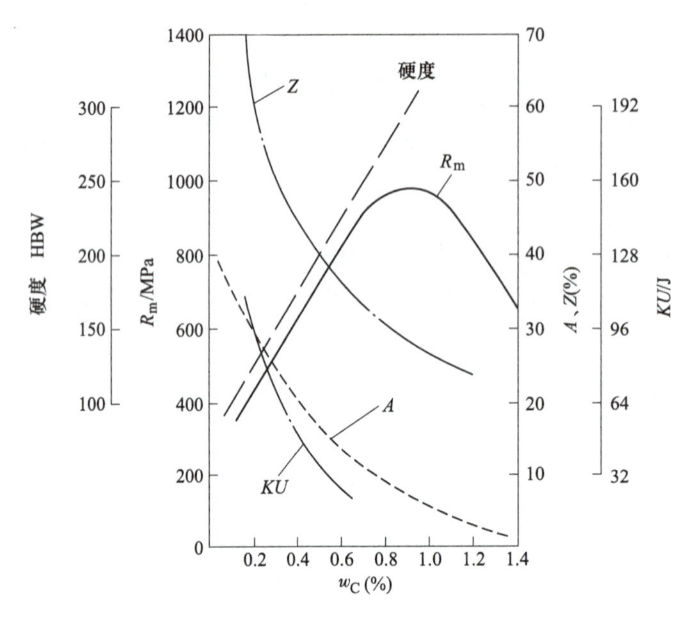


图 4-13　碳素钢中碳含量对其力学性能的影响

强度是一个对组织形态很敏感的性能。随着碳质量分数的增加，亚共析钢组织中的珠光体按比例增多，铁素体相应减少。P 的强度比较高，F 的强度较低。所以亚共析钢的强度、硬度随碳质量分数的增加而升高，但塑性、韧性随之下降。

过共析钢组织中除珠光体外还有二次渗碳体，当 $w_C$<1%时，少量二次渗碳体一般未连成网状，能使钢的强度、硬度继续升高；当 $w_C$>1%时，因二次渗碳体数量增多且在晶界处呈连续网状分布，使钢呈现很大脆性，不仅塑性、韧性很差，强度 $R_m$ 也随之下降。故生产中一般要求碳素钢的 $w_C$<1.35%，且应避免二次渗碳体呈连续网状分布。

当钢中 $w_C$>2.11%时，合金中出现 L′d，强度降到很低。再增加碳质量分数时，由于合金基体逐渐变为脆性很高的 $Fe_3C$，合金强度也因此逐渐趋于 $Fe_3C$ 的强度（20~30MPa）。

硬度主要取决于组织中组成相或组织组成物的硬度和相对数量，而受它们形态的影响相对较小。随碳质量分数的增加，由于硬度高的 $Fe_3C$ 增多，硬度低的 F 减少，因此合金的硬度呈直线关系增大，由约 80HBW（全部为 F 时的硬度）增大到约 800HBW（全部为 $Fe_3C$ 时的硬度）。

铁碳合金中 $Fe_3C$ 是极脆的相，没有塑性，铁碳合金的塑性变形全部由 F 提供。所以随碳质量分数的增大，F 量不断减少时，铁碳合金的塑性连续下降。当合金为白口铸铁时，塑性就近于零值。

### 4.5.2　Fe-$Fe_3C$ 相图的应用

Fe-$Fe_3C$ 相图在生产中具有重要的实际意义，主要应用在钢铁材料的选用和加工工艺的制订两个方面，如钢铁材料选用、铸造工艺制订、热锻及热轧工艺制订、热处理工艺制订等。

**1. 钢铁材料选用**

$Fe\text{-}Fe_3C$ 相图所表明的成分-组织-性能的规律，为钢铁材料的选用提供了理论根据。建筑结构和各种型钢需用塑性、韧性好的材料，因此选用碳质量分数较低的钢材；各种机械零件需要强度、塑性及韧性都较好的材料，应选用碳质量分数适中的中碳钢；各种工具要用硬度高和耐磨性好的材料，则选碳质量分数高的钢种。纯铁的强度低，不宜作为结构材料使用，但由于其磁导率高，可作电磁铁的铁心等；白口铸铁硬度高、脆性大，不能切削加工，也不能锻造，但其耐磨性好，铸造性能优良，适用于制作要求耐磨、不受冲击、形状复杂的铸件，例如拔丝模、冷轧辊、货车轮、犁铧、球磨机的磨球等。

**2. 铸造工艺制订**

根据 $Fe\text{-}Fe_3C$ 相图可以确定合金的浇注温度，浇注温度一般在液相线以上 50~100℃。从相图上可以看出，纯铁和共晶白口铸铁的铸造性能最好。它们的凝固温度区间小，因而流动性好，分散缩孔少，可以获得致密的铸件，所以铸铁在生产上总是选在共晶成分附近。在铸钢生产中，碳的质量分数规定在 0.15%~0.6% 之间，因为这个范围内钢的结晶温度区间较小，铸造性能更好。

**3. 热锻及热轧工艺制订**

钢处于奥氏体状态时强度较低，塑性较好，因此，锻造或轧制用钢材选在单相奥氏体区的适当温度范围内进行。一般始锻、始轧温度控制在固相线以下 100~200℃ 范围内，以使钢易于变形，设备要求的吨位低，节约能源。但始锻、始轧温度也不能太高，否则钢材会出现严重烧损，温度接近固相线时，会发生晶界熔化，造成“过烧”现象；而终锻、终轧温度也不能过高，否则再结晶后奥氏体晶粒粗大，使热加工后的组织也粗大，性能变差；终锻、终轧温度也不能过低，以免钢材因塑性差而发生锻裂或轧裂。

亚共析钢的热加工终止温度多控制在 *GS* 线以上一点，避免变形时出现大量铁素体，形成带状组织而使韧性降低。过共析钢的变形终止温度应控制在 *PSK* 线以上，以便把呈网状析出的二次渗碳体打碎。一般碳素钢始锻温度为 1150~1250℃，终锻温度为 750~850℃。而白口铸铁加热至高温时仍有硬而脆的莱氏体组织，故不能锻造。

**4. 热处理工艺制订**

热处理是通过加热、保温和冷却以改变铁碳合金组织及性能的工艺方法。由相图可知，铁碳合金在固态加热或冷却时均发生组织转变，故铁碳合金可进行热处理。相图中的相变临界温度 $A_1$、$A_3$ 和 $A_{cm}$ 则是确定热处理加热温度的依据。此外，相图也是分析钢焊件焊缝区组织转变及焊接质量的重要工具。

在运用 $Fe\text{-}Fe_3C$ 相图时应注意以下两点：

1）$Fe\text{-}Fe_3C$ 相图只反映铁碳二元合金中相的平衡状态，若含有其他元素，相图将发生变化。

2）$Fe\text{-}Fe_3C$ 相图反映的是平衡条件下铁碳合金中相的状态，若冷却或加热速度较快时，其组织转变就不能只用平衡相图来分析了。

## 习题

1. 简述铁素体、奥氏体和渗碳体的概念及性能特点。

2. 分析碳质量分数为0.45%的钢在平衡条件下从液态冷却至室温的结晶过程；并计算其室温组织中组织组成物和相组成物的含量。

3. 某钢材仓库积压了许多钢材（退火态），由于钢材混杂，钢的化学成分未知，取其中一根经金相组织分析后，判断其组织为 $P+Fe_3C$，P 占93%，试根据铁碳相图计算此钢材碳质量分数大约是多少。

4. 简述钢的成分、室温平衡组织及力学性能之间的关系。

5 采用何种简便方法可将形状、大小相同的低碳钢与白口铸铁材料迅速区别开？

6. 试应用铁碳合金相图知识回答下列问题：

（1）为改变钢的力学性能而进行热处理时，为何一定要加热到 $A_1$ 温度以上？

（2）为何绑扎物体时一般用铁丝（用低碳钢制成），而起重机起吊重物却用钢丝绳（用高碳钢制成）？

（3）钳工锯高碳钢料时为何比锯低碳钢料时费力，且锯条更容易磨损？

（4）为什么铸造合金常选用接近共晶成分的合金，而塑性成形合金常选用单相固溶体成分合金？

# 第 5 章

# 金属的塑性变形、再结晶与强化

纯金属的强度、硬度较低，不能满足机械零件和工具的使用要求，故需要通过各种强化途径提高其强度和硬度。提高金属的塑性变形抗力即提高金属强度的过程，称为金属的强化。要了解金属强化的本质，应先了解金属塑性变形的机理。

## 5.1 金属的变形

金属在外力作用下产生形状和尺寸的变化称为变形，金属在常温下的塑性变形，主要是通过晶体滑移而进行的。单晶体的变形是金属变形的基础。

### 5.1.1 单晶体金属的塑性变形

单晶体受力后，外力 $P$ 在任何晶面上都可分解为垂直于晶面的正应力 $\sigma$ 和平行于晶面的切应力 $\tau$（图 5-1a）。正应力只能引起晶体产生一定角度的转动，只有在切应力的作用下金属晶体才会发生塑性变形。塑性变形的主要形式是滑移和孪生，其中，以滑移最为常见。

在切应力 $\tau$ 作用下，晶体的一部分相对于另一部分产生滑动，称为晶体滑移。图 5-1b 所示为晶体滑移并伴随转动而产生宏观塑性伸长的情况。图 5-1c 所示为锌单晶体宏观塑性伸长情况。

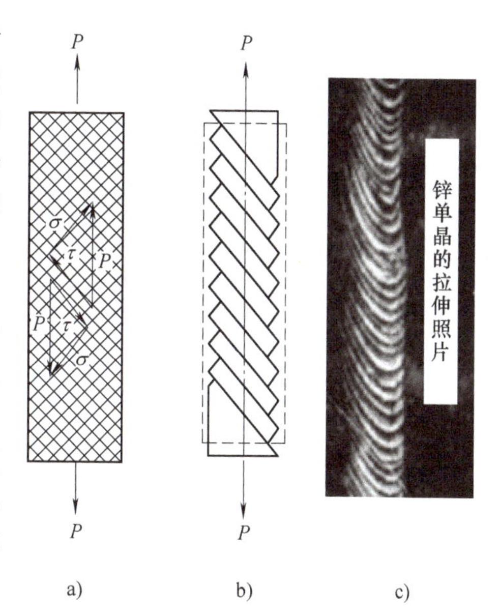

图 5-1 单晶体在切应力作用下的滑移示意图

如图 5-2 所示，在与某一晶面 $MN$ 平行的切应力 $\tau$ 作用下，晶体先产生弹性剪切变形（图 5-2b）；当 $\tau$ 足够大时，晶体的一部分相对于另一部分沿晶面 $MN$ 产生滑动（图 5-2c），即晶体滑移，其滑移距离为原子间距的整数倍；切应力 $\tau$ 去除后，晶体的弹性剪切变形消失而原子处于新的平衡位置（图 5-2d），与滑移前相比晶体已产生了塑性变形。

虽然在一个晶面上滑移的距离不大，但因一个晶体内有许多部分沿一系列平行晶面产生滑移，其总体累计导致晶体的宏观塑性变形。显微镜下可观察到在晶体表面形成台阶，称为滑移线，若干滑移线组成滑移带（图 5-3）；晶体中一个滑移面及其上的一个滑移方向构成一个滑移系，滑移系数量越多，滑移时可供采用的方向越多，金属的塑性就越好。如面心立

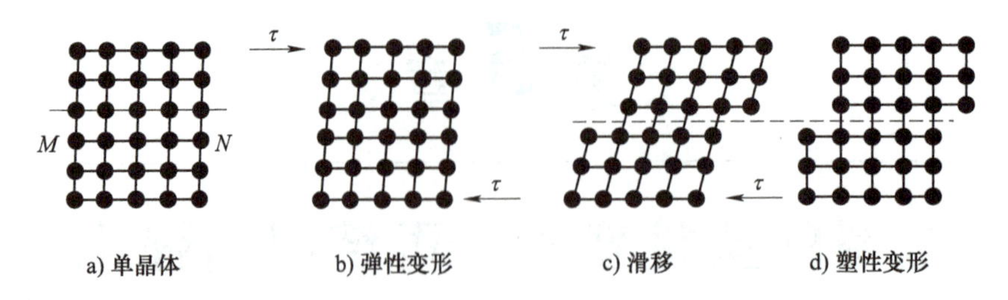


图 5-2 单晶体在切应力作用下滑移示意图

方晶格和体心立方晶格都有 12 个滑移系，由于面心立方晶格每个滑移面上有 3 个滑移方向可选择，因此其塑性好于体心立方晶格。

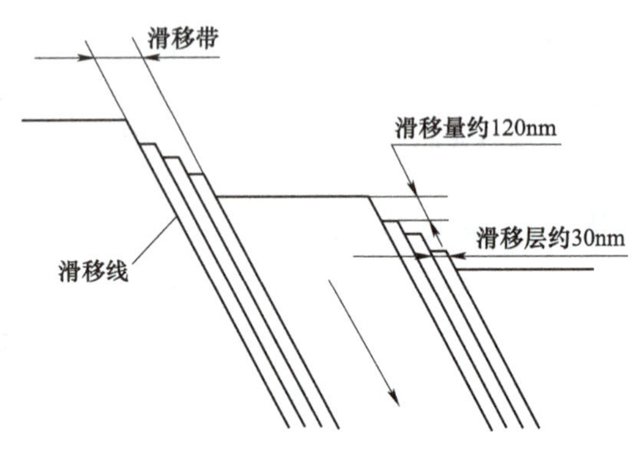


图 5-3 滑移带与滑移线示意图

上述晶体滑移是晶体的一部分相对于另一部分做整体滑动，称为刚性滑移。研究表明：实际的晶体滑移并非刚性滑移，而是在切应力作用下晶体内的位错沿晶面从一端逐步运动至另一端的结果（图 5-4）。由图 5-4 可见，一个位错的运动引起一个原子间距的滑移量，运动的位错越多，引起的晶体总滑移量越大。由此，实际金属晶体塑性变形是通过位错运动实现的，阻碍位错运动即可阻碍金属的塑性变形，从而使强度提高。

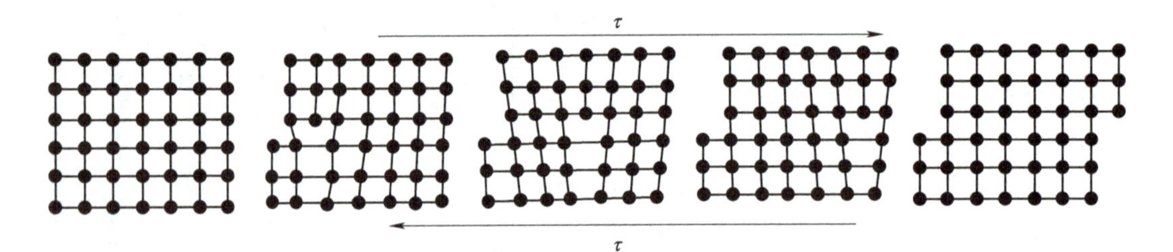


图 5-4 位错运动产生晶体滑移示意图

**瞭望台 5-1 位错理论的提出**

1926 年，苏联物理学家雅科夫 · 弗兰克尔发现，按理想完整晶体模型计算的滑移所需的临界切应力比实测值大 2~3 个数量级。1934 年，泰勒、波朗依、奥罗万几乎同时提出了晶体缺陷中的位错模型，认为滑移是通过位错的运动来实现的，解决了上述理论计算与实际测试结果相矛盾的问题。1939 年，柏格斯提出用柏氏矢量表征位错。1947 年，柯垂耳提出溶质原子与位错的交互作用。1950 年，弗兰克和瑞德同时提出位错增殖机制。1956 年，科学家用透射电镜（TEM）直接观察到了晶体中的位错，证明了位错理论的正确性。位错理论的提出，揭示了晶体滑移的本质，对金属材料的塑性变形、强度、断裂等研究领域产生了巨大的推动作用，是金属材料科学发展过程中的里程碑。

**资料卡 5-1　三种典型晶体晶格的滑移系**

| 晶格 | 体心立方 | 面心立方 | 密排六方 |
| --- | --- | --- | --- |
| 滑移面 | 包含两相交体对角线的晶面×6 | 包含三邻面对角线的晶面×4 | 六方底面×1 |
| 滑移方向 | 体对角线方向×2 | 面对角线方向×3 | 底面对角线×3 |
| 简图 | {110} <111> | {111} <110> | <$\bar{1}\bar{1}20$> {0001} |
| 滑移系数目 | 6×2＝12 | 4×3＝12 | 1×3＝3 |

**微视频 5-1　电子显微镜下的位错运动**

**资料卡 5-2　孪生与孪晶**

除滑移变形（图 1b）外，晶体的另一种塑性变形方式是孪生，是在切应力的作用下晶体的一部分相对于另一部分以一定晶面及晶向产生均匀的剪切变形（图 1c），则该晶面、晶向分别称为孪生晶面和孪生晶向，变形部分称为孪晶带（图 2）。

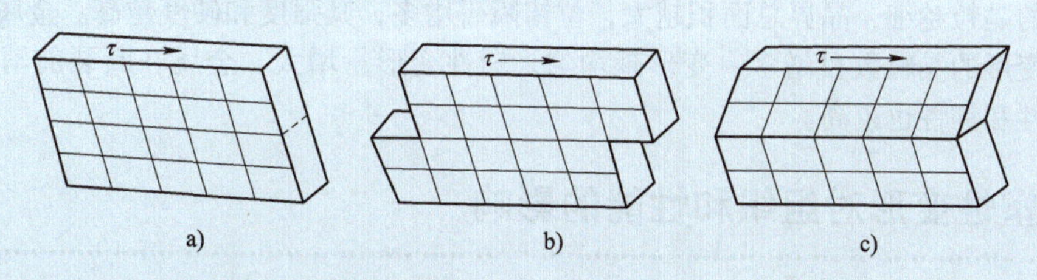


图 1　晶体塑性变形基本方式

孪生使孪生带的位向发生了改变，与未变形部分构成了以孪晶面为对称面的一对晶体，称为孪晶。而滑移变形中，晶体各部分位向不发生改变。

孪生变形所需切应力比滑移变形大得多，故在滑移很难进行的条件下才发生孪生，产生孪晶。

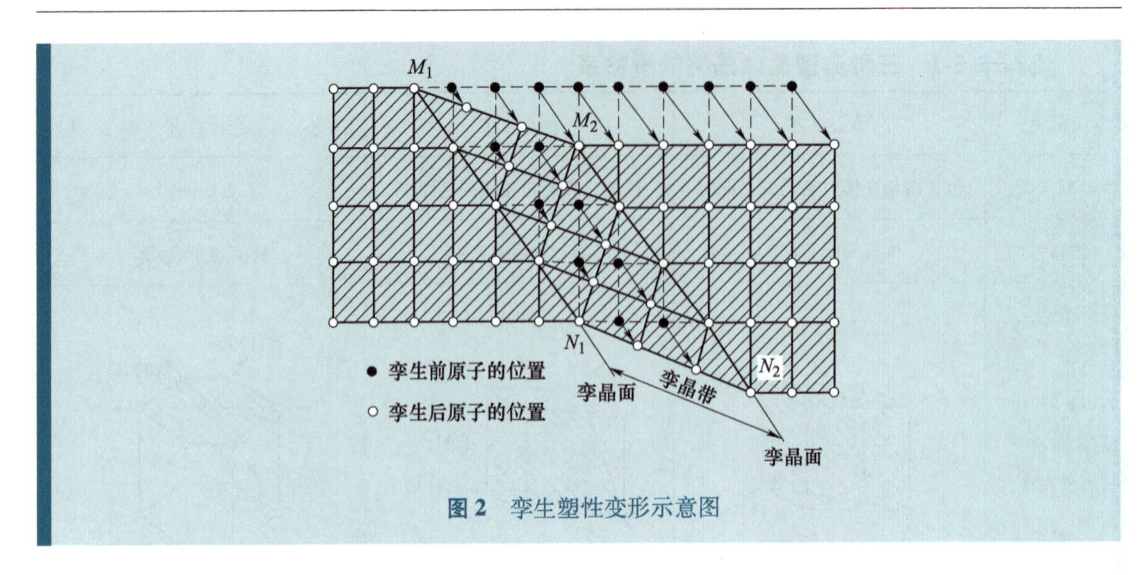


图 2 孪生塑性变形示意图

### 5.1.2 多晶体金属的塑性变形

多晶体的变形比单晶体要复杂，多晶体金属的塑性变形是通过各晶粒的晶体滑移而进行的。多晶体金属塑性变形过程有如下特点：外力较小时仅有少量最易滑移的晶粒产生滑移，随外力增大有越来越多的晶粒产生滑移，由此逐渐显示宏观塑性变形。

多晶体金属塑性变形的主要影响因素有以下三种。

**1. 晶界**

晶界处原子排列比较紊乱，当位错运动到晶界附近时，受到较大阻碍而塞积，要想使变形继续，则必须增加外力，故晶界能提高金属的抗变形能力。

**2. 晶粒位向**

由于各相邻晶粒位向不同，在外力的作用下，处于利于滑移位置的晶粒首先发生滑移，其必然会受到周围其他位向晶粒的约束，使滑移阻力增大，从而使金属的塑性变形抗力提高。

**3. 晶粒度**

金属的晶粒越细，晶界总面积越大，位错障碍增多，其强度和硬度越高。金属的晶粒越细，参与变形的晶粒数目增多，变形越均匀，塑性变形量增大，金属在断裂前消耗的功增大，其塑性和韧性也越高。

## 5.2 塑性变形对组织和性能的影响

塑性变形后材料不仅宏观形状、尺寸发生了改变，材料内部组织和性能也会发生显著的变化。

### 5.2.1 塑性变形对金属组织结构的影响

（1）纤维组织形成　金属在发生塑性变形时，随着变形量的增加，其内部晶粒会沿变形方向被拉长或压扁。当拉伸变形量很大时，晶粒变成细条状，形成纤维组织（图 5-5）。当金属中有夹杂物存在时，塑性杂质沿变形方向也被拉长呈细条状，脆性夹杂破碎，沿变形方向呈链状分布。

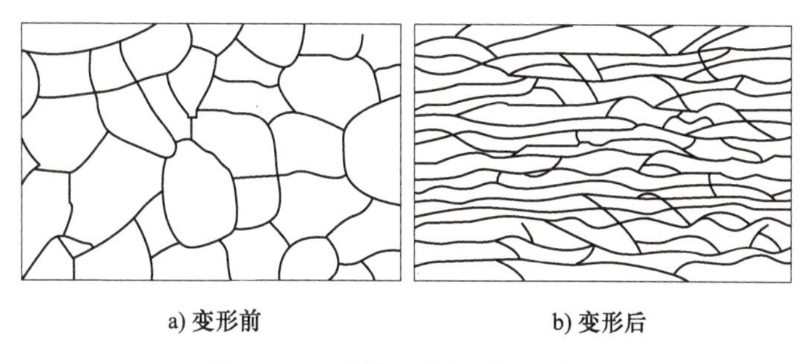


图 5-5　变形前后晶粒形状示意图

（2）亚结构形成　经大量变形后，金属内部位错密度增大，位错分布变得不均匀，局部区域积聚大量位错，将原晶粒分割成许多位向略有差异的小晶块，即亚晶粒。亚晶粒内部位错很少（图 5-6）。

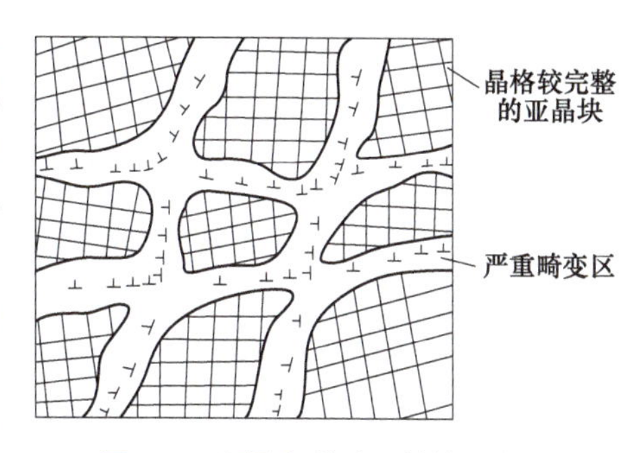


图 5-6　金属变形后亚结构示意图

（3）形变织构形成　金属变形时，晶粒位向会发生转动，当变形量达到一定程度（70%以上）时，会使绝大多数晶粒的某一位向趋于一致，这种有序化的结构称为形变织构。拔丝能使各晶粒的一定晶向平行于拉拔方向，产生丝织构，轧制则能使各晶粒的一定晶面和晶向平行于轧制方向，产生板织构。金属产生的织构甚至经退火也难以消除。

**微视频 5-2　丝织构形成示意**

**微视频 5-3　板织构形成示意**

## 5.2.2　塑性变形对金属性能的影响

（1）产生加工硬化现象　随着变形量的增加，金属的强度、硬度升高，塑性、韧性下降的现象称为加工硬化（或冷变形强化）。因塑性变形时位错密度增加，位错间交互作用增强，相互缠结，对位错运动阻力增大；亚晶界的增多，也会使强度提高。实际生产中常通过冷轧、冷拔等工艺来提高钢材强度。

（2）产生各向异性　纤维组织和织构的形成，都会使金属性能出现各向异性，如沿纤维方向的强度和塑性远大于垂直方向；再如用有织构板材冲制杯型零件时，会使零件边缘不齐，出现“制耳”现象（图 5-7），这是由于材料各方向上塑性不同造成的。

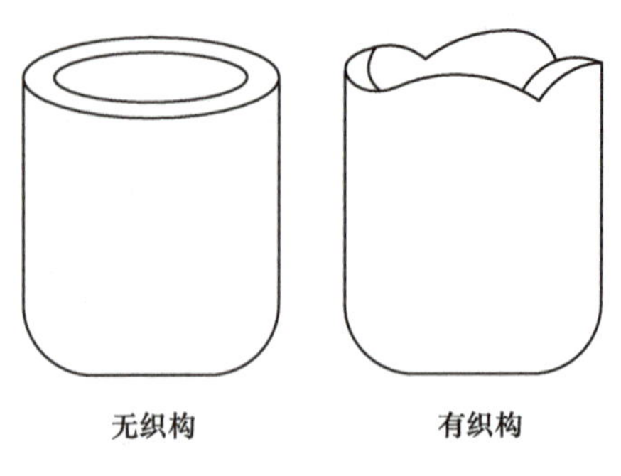

图 5-7 “制耳”现象

（3）影响金属物理性能和化学性能　经塑性变形后，金属晶格发生畸变，点缺陷、位错密度增加，使电阻增大；变形储存的能量增大了原子的活动能力，使之容易扩散，会加快腐蚀速度，使金属耐蚀性降低。

（4）产生残余内应力　金属发生塑性变形时，各部分之间受力不均导致各部分变形不均匀，从而使各部分之间产生或残存相互作用的力，称为内应力。几乎所有机械制造工艺都会由于不均匀变形而引起残余内应力。金属发生塑性变形时，外力所做的功约有 10%转化为内应力残留于金属中，内应力分为三类。

第一类内应力存在于材料各区域之间（宏观内应力），这类应力在总残余内应力中占比不超过 1%。当宏观内应力与工作应力相互叠加时，会使零件的使用性能降低；生产中也常有意控制残余内应力的分布，使其与工作应力相反，以提高工件的力学性能，如滚压、喷丸等工艺，能使金属材料表层产生很高的残余压应力，达到 50~100MPa，有效地提高了零件的弯曲和扭转疲劳强度。如 45 钢曲轴经滚压处理后可使弯曲疲劳强度从 80MPa 提高到 125MPa。

第二类内应力存在于晶粒之间或晶粒内不同区域之间（微观内应力），这类应力在总残余内应力中占比不超过 10%。微观内应力虽然所占比例不大，但有时可达很大数值，甚至造成显微裂纹。同时，微观内应力使晶体处于高能量状态，导致金属易与周围介质发生化学反应而降低其耐蚀性，是金属产生应力腐蚀的重要原因。

第三类内应力是由晶格缺陷（如空位、间隙原子、位错等）引起的畸变应力，通常占总残余内应力的 90%以上。第三类内应力是形变金属中的主要内应力，是金属强化的主要原因，但晶格畸变应力使金属处于不稳定状态，导致金属具有原子重新排列恢复到更稳定状态的自然趋势。

内应力一般是有害的，使金属处于不稳定状态，导致金属耐蚀性下降，引起零件的变形和开裂等。因此，金属在塑性变形后，通常要进行去应力退火处理，以降低或消除内应力。

## 5.3 回复与再结晶

金属经过冷塑性变形后，晶粒沿变形方向变成纤维状，晶格发生畸变，晶粒被破碎，晶界面积大量增加，不均匀的变形也使材料内部存在残余内应力，因此冷变形后的金属内能升高，处于不稳定状态，它有自发向稳定状态变化的趋势，但在室温下原子的扩散能力很弱，变化过程很难进行。如果将冷变形后的金属进行加热，使原子活动能力大大提高，会促使冷变形的金属发生组织和性能的变化。其变化过程可分为回复、再结晶和晶粒长大三个阶段。

### 5.3.1　冷塑性变形金属在加热时组织和性能的变化

**1. 回复**

当加热温度不高时，原子扩散能力低，仅可做短距离的扩散，晶粒内部位错、空位、间隙原子等缺陷通过移动、复合、消失而急剧减少，材料晶格畸变程度大大减弱，内应力大为下降。但由于还不能引起显微组织的变化，此时金属的力学性能变化不大，加工硬化现象基本保留，这就是回复阶段（图 5-8），在热处理工艺上称为去应力退火。

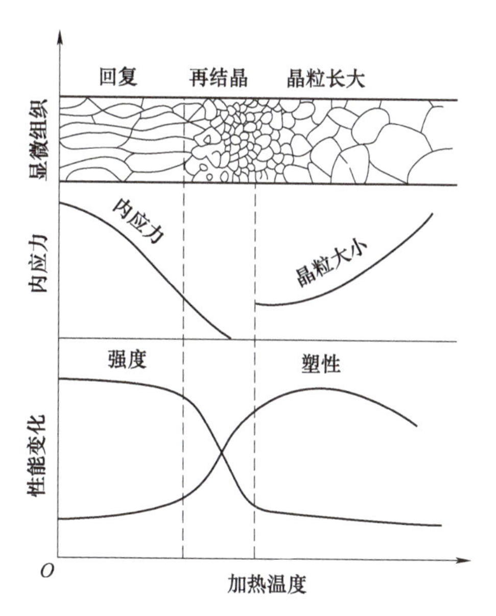


图 5-8　冷塑性变形金属加热时组织和性能的变化

去应力退火的目的是降低内应力，使零件尺寸稳定，或防止应力腐蚀开裂，或提高导电性，并保留加工硬化性能。例如弹簧钢丝经冷卷成型后，由于内外层受力不一致，变形后有较大的残余内应力，弹簧将在该应力下发生变形。如果将弹簧加热至回复温度范围 250～300℃，可消除冷卷时产生的内应力进而使弹簧定型，同时又可保持弹簧钢丝冷拔后的高强度状态。再如机床丝杠等钢制精密零件，在每次车削加工后都要对其进行去应力退火处理，防止因加工产生的内应力而引起零件变形翘曲，保持尺寸精度。去应力退火工艺详见 6.3.1 节。

**2. 再结晶**

冷变形金属加热至较高温度时，原子扩散能力增大，畸变晶粒中的原子可以重新排列，通过形核与长大的方式形成新的无畸变的等轴晶粒，这一过程称为再结晶。

再结晶的核心一般是在变形晶粒的晶界或滑移带等晶格畸变严重的区域形成，晶核逐渐消耗旧晶粒而长大，直到旧的变形晶粒完全被新的等轴晶粒代替。再结晶过程消除了冷变形纤维组织、晶格畸变、残余应力，也消除了加工硬化状态，强度、硬度显著下降，塑性和韧性显著提高。

实际生产中，将消除加工硬化和残余应力的热处理工艺称为再结晶退火。例如，冷拉铜丝时，由于发生加工硬化，不能一次拉到最后尺寸，一般需在大小不同的拉模中分多次拉细。因此需在各次冷拉之间，将铜丝在炉中加热到再结晶温度以上（650～700℃），保温一段时间，然后随炉缓冷或空冷以消除加工硬化，提高塑性，以便下次冷拉时具有继续变形的能力。其中，再结晶温度的确定是关键。

**3. 晶粒长大**

冷变形金属在刚完成再结晶过程时，一般都得到细小而均匀的等轴晶粒。但加热温度过高或保温时间过长，再结晶后的晶粒又会以互相吞并的方式长大，使晶粒变粗，力学性能变差（图 5-8）。

从热力学条件来看，晶粒长大是一种自发的变化趋势。晶界的减少利于系统能量的降低，使金属处于更稳定的状态。在较高的加热温度条件下，原子具有了更强的扩散能力，易实现晶界的迁移、晶粒的长大。

**微视频 5-4 回复与再结晶及其应用**

### 5.3.2 金属的再结晶温度

再结晶退火时，首要的问题是确定加热温度，只有加热到再结晶温度以上才能完成再结晶。

再结晶过程中新旧晶粒的晶格类型是完全相同的，与液体结晶和同素异晶转变不同，并未形成新相；另外，它没有一个随成分而固定的临界点，而是在加热过程中，从某一温度开始，随着温度升高或时间延长，开始形核和长大。金属材料开始再结晶的温度，与它的变形程度、化学成分、杂质含量、原始组织等密切相关。

**1. 变形程度**

金属材料预先冷加工变形的程度对开始再结晶温度的影响很大。变形度越大，再结晶温度越低。这主要是因为变形度越大，组织破碎越严重，金属的晶体缺陷越多，晶格畸变程度越大，金属越不稳定，在随后加热时，会更容易发生再结晶。

从纯铁与纯铝的开始再结晶温度与冷变形度之间的关系图（图 5-9）中可见，当变形程度增加到一定数值后，再结晶温度趋于稳定，这就是最低再结晶温度。

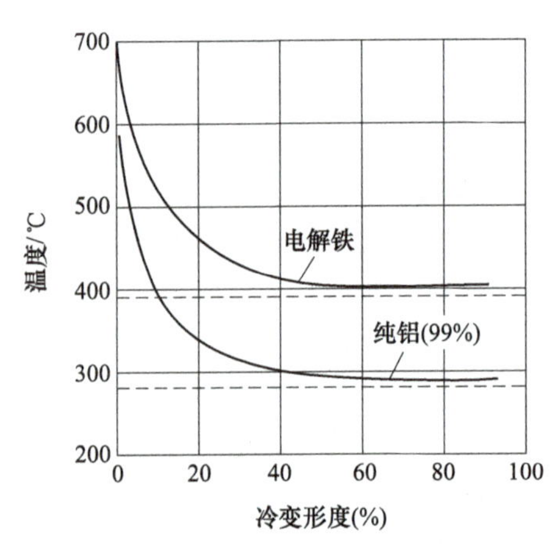


图 5-9 开始再结晶温度与冷变形度的关系

**2. 化学成分**

实验证明，工业纯金属的最低再结晶温度与其熔点之间有如下关系：

$$T_{再结晶} \approx (0.35 \sim 0.40) T_{熔点}$$

式中 $T_{再结晶}$及$T_{熔点}$均按热力学温度计算，保温时间一般是 30~60min。

在实际生产中，为缩短生产周期提高效率，一般采用的再结晶退火温度都要比最低再结晶温度高 100~200℃。常用冷变形金属的再结晶退火温度见表 5-1。

表 5-1 常用冷变形金属的再结晶退火温度

| 常用冷变形金属 | 再结晶退火温度/℃ |
| --- | --- |
| 工业纯铁 | 550~600 |
| 碳素钢及合金结构钢 | 680~720 |
| 工业纯铝 | 350~420 |
| 铝合金 | 350~370 |
| 铜及铜合金 | 600~700 |

**3. 杂质含量**

大多数情况下，纯金属中微量杂质或合金元素倾向于晶界偏聚，阻碍原子扩散和晶界迁移，不利于再结晶形核和长大，会显著提高再结晶温度。如纯铁、碳素钢和合金钢的再结晶温度随碳含量和合金元素含量的提高呈升高趋势。

**4. 原始组织**

原始组织的晶粒越细小，再结晶温度越低。这是因为金属原始晶粒越细小，晶界越多，则其变形阻力愈大，变形后内能积聚较高，故所需再结晶温度更低。此外，由于再结晶时的晶核是在晶界上生成的，原始晶粒越细，则晶界越多，故更易发生再结晶。

### 5.3.3 再结晶退火后的晶粒度

金属材料的晶粒大小对其力学性能有很大的影响，晶粒越细，其强度、塑性及冲击韧性就越好，因此再结晶退火后的晶粒度是一个十分重要的问题。

影响金属材料在再结晶退火后的晶粒度的因素有很多，但最主要的是以下两方面。

**1. 预先冷变形度**

材料再结晶退火后的晶粒大小与预先变形度之间的关系如图 5-10 所示。从图中可以看出，当变形度很小时，晶格畸变小，畸变能小，金属不发生再结晶，因而晶粒大小基本不变；在变形度稍有增加时（一般在 2%~10%），金属晶体只有部分晶粒发生变形，由于变形极不均匀，再结晶时晶核数量少，形核后的晶粒大小相差悬殊，在保温过程中大晶粒容易吞并小晶粒而急剧长大，形成非常粗大的组织，此时所对应的变形度称为临界变形度，故冷压力加工时应注意避免在临界变形度附近的加工。

超过临界变形度后，随着变形程度的增加，变形越来越均匀，再结晶时形核量大而均匀，使再结晶后晶粒细小而均匀，达到一定变形量之后，晶粒度基本不变。对于某些金属（如工业纯铝），当变形量相当大（大于 90%）且变形温度很高时，易于产生二次再结晶，使晶粒又重新出现粗化现象，得到异常粗大的晶粒组织（如图 5-10 虚线所示）。

**2. 加热温度与加热时间**

在一定的预先冷变形度之下，加热温度越高，时间越长，晶粒越粗大，其中加热温度起主要的作用。图 5-11 所示为再结晶退火温度对晶粒大小的影响。

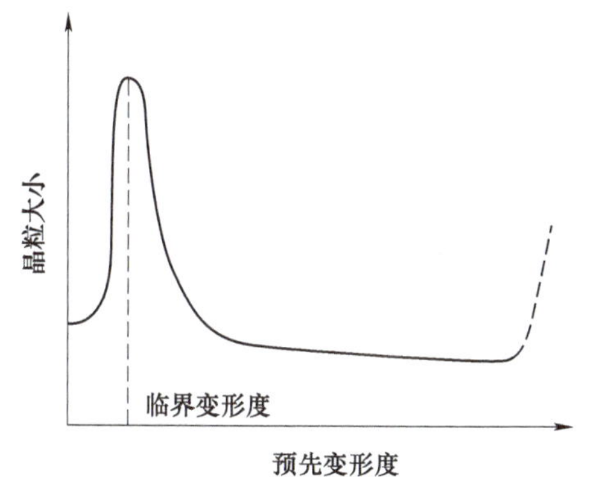


图 5-10 再结晶退火后的晶粒大小与预先变形度的关系

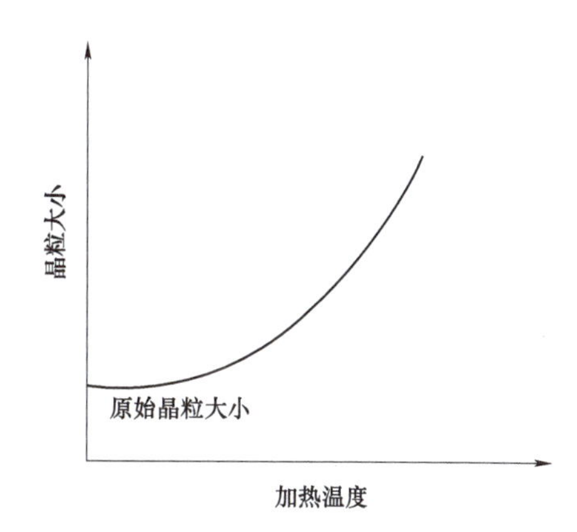


图 5-11 再结晶退火温度对晶粒大小的影响

**资料卡 5-3 二次再结晶**

某些金属材料经严重冷变形后，在较高温度下退火时会出现反常的晶粒长大现象，少数晶粒具有特别大的长大能力，逐步吞并周围的小晶粒，其尺寸超过原始晶粒几十倍到几百倍，比临界变形后的再结晶晶粒还要粗大得多，这个过程称为二次再结晶，相对而言，一般再结晶可以称为一次再结晶。

二次再结晶并不是第二次再结晶，没有第二次重新形核和长大的过程，它是以一次再结晶后的少数特殊晶粒作为核心，在一定条件下异常长大继而吞并周围小晶粒形成的。

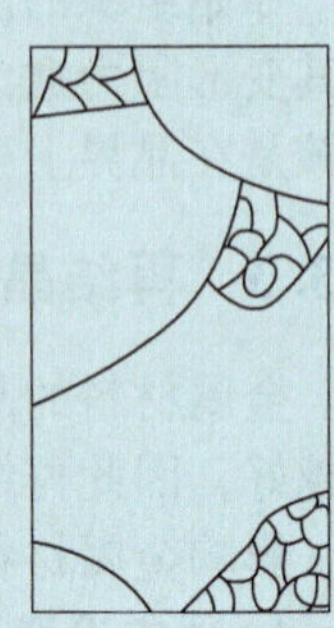

二次再结晶过程示意图

大量试验结果表明：第二相或夹杂物质点对二次再结晶具有重要影响。弥散的第二相或夹杂物质点可阻碍晶粒长大，但当第二相或夹杂物质点分布不均匀时，或温度很高发生偏聚或溶解时，即会造成少数晶粒脱离第二相或夹杂物质点的约束，获得优先长大的机会，为反常长大创造了条件。

二次再结晶形成非常粗大且非常不均匀的组织，降低了材料的强度及塑性、韧性。

**想一想 5-1 某铝板被子弹射穿后经再结晶退火，试分析弹孔及其周围的组织差异**

因靠近弹孔边缘变形最大，晶粒很细小；随着距弹孔越远，晶粒逐渐变粗，在距弹孔边缘一定距离处，在临界变形度范围内，晶粒粗大；离弹孔更远处变形很小，退火后组织无变化，还是原始晶粒大小。

铝板弹孔经再结晶退火后的组织

# 5.4 金属的热塑性变形

## 5.4.1 热塑性变形与冷塑性变形的不同

在工业生产中，常将热塑性变形称为热加工，冷塑性变形称为冷加工。热加工通常是指将金属材料加热至高温进行锻造、热轧等压力加工过程，除了一些铸件和烧结件之外，几乎所有的金属材料都要进行热加工，其中一部分成为成品，在热加工状态下使用；另外一部分为中间制品，尚需进一步加工。无论是成品还是中间制品，它们的性能都受热加工过程所形成组织的影响。

从金属学的角度来看，热加工是指在再结晶温度以上的加工过程；在再结晶温度以下的加工过程称为冷加工。例如，铅的再结晶温度约为-32.6℃，低于室温，因此，在室温下对铅进行加工属于热加工；钨的再结晶温度约为 1200℃，因此，即使在 1000℃拉制钨丝也属于冷加工。

因为热加工是在高于再结晶温度以上的塑性变形过程，所以因热塑性变形引起的加工硬化过程和回复再结晶引起的软化过程几乎同时存在，这时的回复和再结晶称为动态回复和动态再结晶。而把变形中断或终止后在保温过程中或在随后冷却过程中所发生的回复与再结晶，称为静态回复和静态再结晶。

图 5-12 为热轧钢板动态再结晶示意图。当金属变形度大而加热温度低时，由变形引起的硬化过程占优势，因硬化效果可随着塑性变形立即产生，而软化过程需要一定的时间，软化过程来不及将加工硬化现象完全消除，使得金属的强度和硬度上升而塑性下降，变形阻力越来越大，甚至会使金属断裂，故生产中常适当提高热变形加工温度来加速软化过程。当金属变形度较小而变形温度较高时，由于再结晶和晶粒长大占优势，金属的晶粒会越来越粗大，这时会使金属的性能恶化。

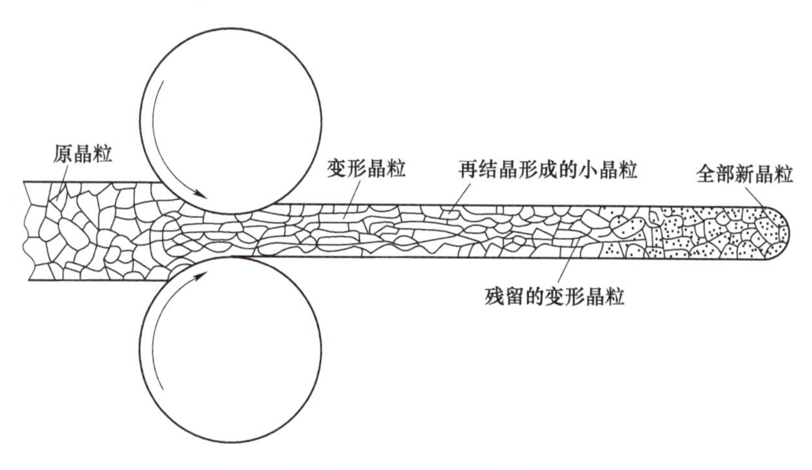


图 5-12　热轧钢板动态再结晶示意图

因此，为获得优质热轧钢板，必须获得再结晶后的细小晶粒。而晶粒最终能否细化还取决于热加工过程中材料的变形量、热加工温度，尤其是终锻温度及锻后冷却速度等因素。一般认为，增大变形量有利于获得细晶粒，当原料的晶粒十分粗大时，只有足够大的变形量才能使其细化。同冷塑性变形一样，需要特别注意不要使变形度处于临界变形度范围，否则同样会得到粗大的再结晶晶粒。例如，锻造零件毛坯时，如果锻造工艺或模具设计不当，使局部区域的变形度在临界范围内，就会造成局部粗晶粒区，零件工作时易在此处产生裂纹，造成早期损坏。

现代轧钢技术中采用了加大热加工变形度、控制恰当的终轧温度、轧后快冷，并在钢中加入微量 V、Nb 等能形成合金碳化物的元素等措施，以有效阻碍奥氏体晶粒长大，而获得极细小的奥氏体晶粒，使轧钢具有了优良的力学性能。

**案例解析 5-1　室温下反复弯曲铅丝和铁丝有什么不同**

铅的再结晶温度约为-32.6℃，低于室温，因此，在室温下对铅丝进行塑性变形属于热加工；纯铁的再结晶温度约为 450℃，在室温下对铁丝进行塑性变形属于冷加工。铅丝在被反复弯曲产生加工硬化的同时，也会发生再结晶过程，从而能及时地消除其加工硬化效应，及时恢复材料的塑性、韧性，不会有因弯曲变得越来越费力的感觉。

但铁丝在反复弯曲中，不会出现再结晶现象，加工硬化效果不断增大，最后将导致铁丝的塑、韧性下降，而出现脆性断裂。

## 5.4.2 热塑性变形对金属组织和性能的影响

### 1. 改善铸锭组织

金属材料在高温下的变形抗力低，塑性好，因此热加工时容易变形，变形量大，一些在室温下不能进行压力加工的金属材料（如钛、镁、钨、钼等）可以在高温下进行加工。通过热加工，铸锭中的组织缺陷得到明显改善，如气泡焊合、缩松压实；金属材料的致密度增加，如铸态钢锭的密度为 6.90g/cm$^3$，经热轧后可提高到 7.85g/cm$^3$。铸态时粗大的柱状晶通过热加工后一般都能变细。某些合金钢中的大块碳化物初晶可在热加工过程中被打碎并较均匀分布。由于在温度和压力作用下原子扩散速度增快，扩散距离减小，因而热加工可部分地消除偏析，使成分比较均匀。这些变化都使金属材料的力学性能有明显提高（表 5-2），因而，工程上受力复杂、载荷较大的工件（齿轮、轴、刃具、模具等）大多要通过热塑性变形来制造毛坯。

**表 5-2　碳素钢（$w_C$=0.3%）锻态和铸态时力学性能的比较**

| 状态 | 力学性能指标 | | | | |
|---|---|---|---|---|---|
| | $R_m$/MPa | $R_{p0.2}$/MPa | $A$(%) | $Z$(%) | $a_K$/J·cm$^{-2}$ |
| 锻态 | 530 | 310 | 20 | 45 | 56 |
| 铸态 | 500 | 280 | 15 | 27 | 28 |

### 2. 热变形纤维组织

在热加工过程中，铸锭中的粗大枝晶和各种夹杂物都要沿变形方向伸长，这样就使枝晶间富集的杂质和非金属夹杂物的分布变得与变形方向一致，一些脆性杂质如氧化物、碳化物、氮化物等破碎成链状，塑性的夹杂物如 MnS 等则变成条带状、线状或片层状，在宏观试样上沿着变形方向变成一条条细线，这就是热变形纤维组织，通常称为“流线”。

纤维组织的出现，将使钢的力学性能呈现各向异性。沿着流线的方向具有较高的力学性能，垂直于流线方向除具有较高抗剪强度外，塑性和韧性等均更低（表 5-3），不同方向的疲劳性能、耐腐蚀性能、机械加工性能和线膨胀系数等也有显著的差别。为此，在制订工件的热加工工艺时，必须合理地控制流线的分布状态，尽量使流线方向与零件工作时承受的拉应力一致，而与切应力或冲击力垂直；如曲轴、吊钩、扭力轴、齿轮、叶片等，尽量通过锻造方法使流线分布形态与零件的几何外形一致而不被切断。图 5-13 所示为两种不同纤维分布的拖钩，图 5-13a 的纤维分布可保证工作时承受的最大拉应力与流线一致，图 5-13b 的纤维分布因流线被切断，易发生断裂。对于在腐蚀介质中工作的零件，还不应使流线在零件表面露头。如果零件的尺寸精度要求很高，在配合表面有流线露头时，将影响机械加工时的表面粗糙度和尺寸精度。

**表 5-3　45 钢（$w_C \approx 0.45\%$）在不同测定方向的力学性能**

| 测定方向 | 力学性能指标 | | | | |
|---|---|---|---|---|---|
| | $R_m$/MPa | $R_{p0.2}$/MPa | $A$(%) | $Z$(%) | $a_K$/J·cm$^{-2}$ |
| 纵向 | 715 | 470 | 17.5 | 62.8 | 53.6 |
| 横向 | 672 | 440 | 10.0 | 31.0 | 24 |

**3. 带状组织**

合金中的各个相在热加工时沿着变形方向交替地呈带状分布，这种组织称为带状组织（图 5-14）。在经过压延的金属材料中经常出现这种组织，具体地说，金属在热加工压延及其随后的冷却过程中，随各相出现的先后顺序将交替地形成不同的带状组织。例如，钢的热加工是在奥氏体状态下进行的，若某一亚共析钢原铸锭组织中存在枝晶偏析或夹杂物，在加工过程中沿变形方向被延伸拉长呈条带状时则形成首批带状组织；随后，当奥氏体冷却至先共析铁素体析出温度时，铁素体优先在这些偏析和夹杂物的条带中形核并长大而形成铁素体带，此后的剩余奥氏体则又在铁素体条带中形成珠光体带，因而呈现出大致平行、交替排列的分布形态。

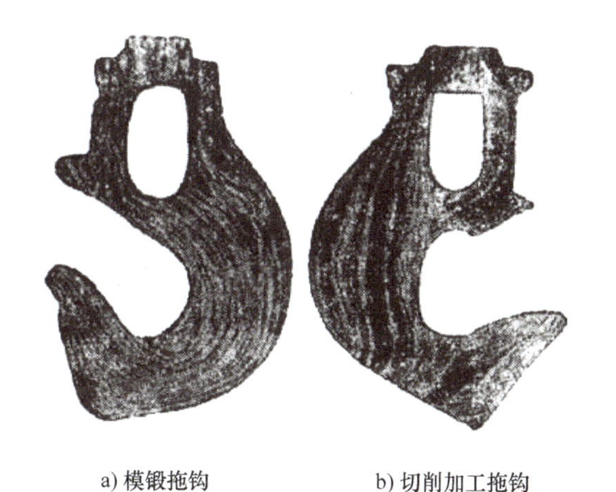

a) 模锻拖钩　　b) 切削加工拖钩

图 5-13　两种不同纤维分布的拖钩

图 5-14　热轧低碳钢板的带状组织

带状组织使金属材料的力学性能呈现各向异性，特别是横向塑性和韧性明显降低，造成冲压不合格、冲压废品率高、热处理容易变形、切削性能恶化等结果。对于在高温下能获得单相组织的材料，带状组织有时可用正火处理来消除，但严重磷偏析引起的带状组织很难消除，需用高温均匀化退火及随后的正火来改善。高碳钢中的碳化物往往也呈带状分布而形成带状组织，需采用锻造方法予以消除。

此外，热塑性变形对材料晶粒大小的影响在 5.4.1 节已有论述，此处不再赘述。

# 5.5 金属强化途径

## 5.5.1 金属强化原理

由前可知，金属的塑性变形是通过位错运动来实现的。金属中含有可运动的位错数目越多，其塑性越好，强度越低。但是，当金属中的位错数目增加到一定量后，由于位错运动相互阻碍，又会使金属的强度提高，图 5-15 所示为金属强度和位错密度间的关系。晶体中的位错数量通常采用单位体积内位错线长度即位错密度来表示。由图可见，强化金属材料主要有两个方向：

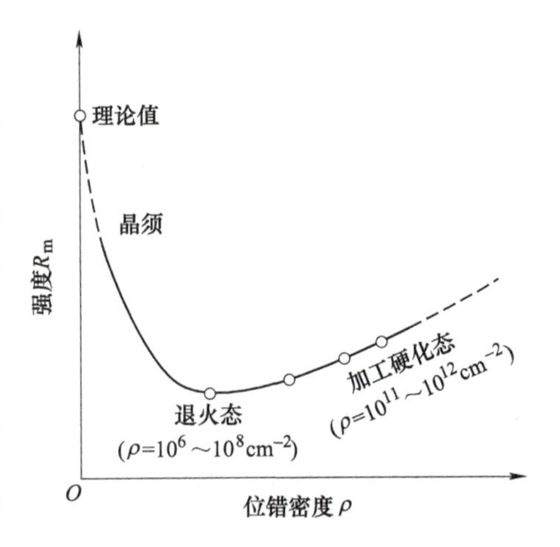


图 5-15 金属强度和位错密度的关系

1）晶体内几乎不存在位错，使其接近于理想晶体。

2）采用适当的方法增加位错密度或位错运动阻力都可以提高材料的强度。

要得到理想的晶体相当困难，所以材料强化途径一般都是通过增大位错运动阻力来实现的。因此，凡是增加位错密度或位错运动阻力的因素，都可以提高金属材料的强度，这就是金属强化的原理。

## 5.5.2 金属的强化途径

**1. 合金化强化**

（1）固溶强化 一种金属与另一种金属（或非金属）形成固溶体，其强度通常高于其组成元素的纯金属强度，称为固溶强化。

溶质原子与溶剂原子的尺寸差别越大，所引起的晶格畸变也越大，强化效果则越好。当溶质原子置换溶剂金属基体中的原子形成置换固溶体（图 5-16a 和图 5-16b），置换原子与溶剂原子半径相近，虽然溶解度可以很大，但造成的溶剂金属晶格畸变程度并不高，属于弱强化。

间隙固溶体的溶解度通常是有限的，但间隙原子造成的晶格畸变比置换原子大（图 5-16c），并随溶质元素溶解量的增加，强度提高（图 5-17），塑性和韧性有所下降。因此，间隙式固溶强化比置换式固溶强化的效果好。

（2）第二相强化 第二相强化是指利用合金中的第二相阻碍位错运动以提高强度。第

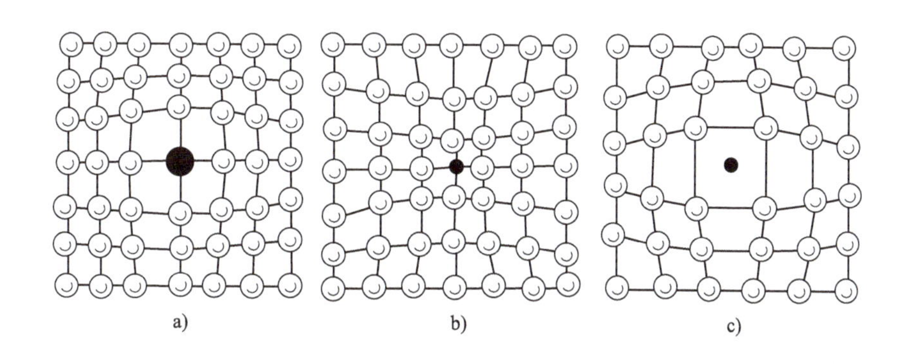


图 5-16　固溶体的晶格畸变

二相多数是化合物，如碳化物、氮化物、氧化物、金属化合物等，可以是由过饱和固溶体中析出而获得（也称沉淀强化），也可以是在粉末冶金时加入而获得。

第二相强化的效果与第二相的数量、形态、分布和大小有关。金属化合物呈片状分布时，合金强度、硬度提高，但塑性、韧性下降；呈粒状分布时，合金强度比片状时更低，而塑性、韧性比片状时好；呈网状分布或大块状时，合金强度低、脆性大。

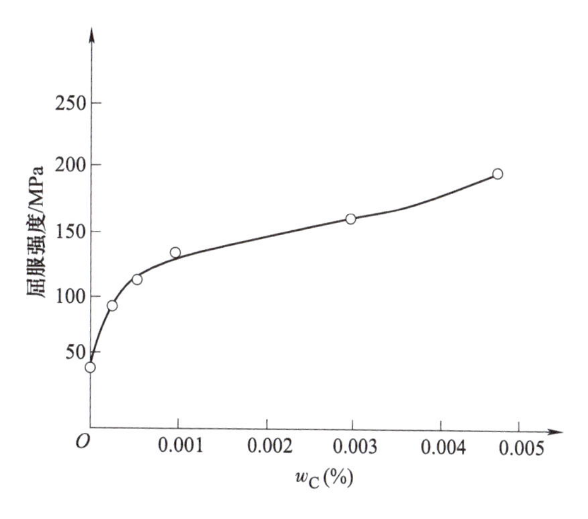


图 5-17　碳元素含量对 α-Fe 固溶强化的影响

两相合金中的金属化合物第二相数量越多，分布越均匀，则合金的强度、硬度越高，塑性、韧性下降却不大。如某些合金钢和某些有色金属，经一定热处理后析出硬度高、弥散分布的第二相，能获得较为理想的强化效果，常称为弥散析出强化。

合金化强化的局限性在于必须引入其他合金元素，因而改变了材料的成分。当要求强化的同时不能改变材料的成分时，合金化强化就显得无能为力了。

**2. 细化晶粒强化**

纯金属和合金一般均为多晶体。多晶体的晶界是面缺陷，原子排列紊乱，晶体滑移时位错运动至晶界处受阻，故晶界有阻碍位错运动的作用。晶粒越细小，多晶体的晶界总面积越大，其阻碍作用就越大，则金属和合金的强度越高；同时，晶粒越细小，位向分布增多，滑移的机会增多，可以分批滑移，金属的塑性提高；晶粒越细小，在突然受载时，变形可迅速分散到更多的晶粒中，使受力更均匀，吸收更多的冲击功，金属的韧性提高。因此，细化晶粒能同时提高金属和合金的强度和塑性。但它的问题在于：晶粒细化后，金属材料的耐蚀性有所降低。细晶强化也不适用于某些高温材料，因为高温蠕变主要沿晶界滑动，过细的晶粒往往降低高温强度。晶粒大小对纯铁强度和塑性的影响见表 5-4。

表 5-4　晶粒大小对纯铁强度和塑性的影响

| 晶粒直径×100/mm | $R_m$/MPa | $A$(%) |
|---|---|---|
| 9.70 | 168 | 28.8 |
| 7.00 | 184 | 30.6 |
| 2.50 | 215 | 39.5 |
| 0.20 | 268 | 48.8 |
| 0.16 | 270 | 50.7 |
| 0.10 | 284 | 50.0 |

生产实际中为了得到细小晶粒的金属材料，可采用控制凝固过程以及热加工、冷加工后热处理等方法。

**3. 加工硬化**（冷变形强化）

因金属、合金冷塑性变形时随变形度增大，位错密度增加，位错间相互缠结，对位错运动阻力增大而使强度、硬度提高，塑性、韧性下降，即发生了加工硬化（图 5-18）。加工硬化对纯金属、不能热处理强化的金属尤为重要，例如，冷拉铝线、铜丝或冷轧不锈钢板，以及滚压、喷丸等工艺都是通过加工硬化作用使金属强化；汽车板簧经喷丸处理后使用寿命可提高 5~6 倍。即使经热处理强化的金属，有的也可再进行加工硬化，例如索氏体化的钢丝（$w_C$=0.8%）经冷拔后强度可达 3000MPa。

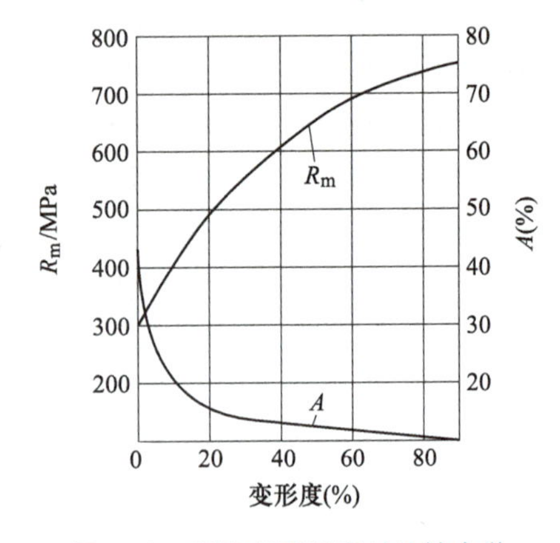


图 5-18　塑性变形程度对纯铁力学性能的影响

加工硬化也并非在任何条件下都适用，如大型工件就难以进行加工硬化。此外，加工硬化对强度的提高也有一定限度，而且在提高强度的同时会造成塑性和韧性的显著下降。

总之，每种强化方法都有各自的局限性，应根据实际情况合理选用。实际材料的强度并非由单一的强化方式决定，多数情况下是几种强化方式共同作用的结果，如热处理强化方式主要有固溶强化、细晶强化和第二相强化。

**微视频 5-5　金属的塑性变形与强化**

## 习题

1. 简述金属在受到一定外力时，为何会发生滑移，其实质是什么？
2. 何为加工硬化？产生加工硬化的原因是什么？加工硬化在金属加工中有什么利弊？

3. 金属经冷塑性变形后，组织和性能会发生什么变化?

4. 在室温下对铅板进行弯折，越弯越硬，而稍隔一段时间后再进行弯折，铅板又像最初一样柔软，这是为什么?

5. 分析金属经细化晶粒以后，不但强度高，而且塑性、韧性也好的原因。

6. 在制造齿轮时有时采用喷丸法（将金属丸喷射到零件表面）使齿面强化，试分析强化原因。

7. 用一冷拉钢丝绳吊装一大型工件入炉，并随工件一起加热到 1000℃，加热完毕再次吊装该工件时，钢丝绳发生断裂，试分析其原因。

# 第 6 章

# 钢的热处理

钢的热处理是将钢采用适当的方式进行加热、保温和冷却，以获得所需结构、组织与性能的一种热加工工艺，也称为钢的改性处理。通常可用“温度-时间”曲线来表示（图 6-1）。

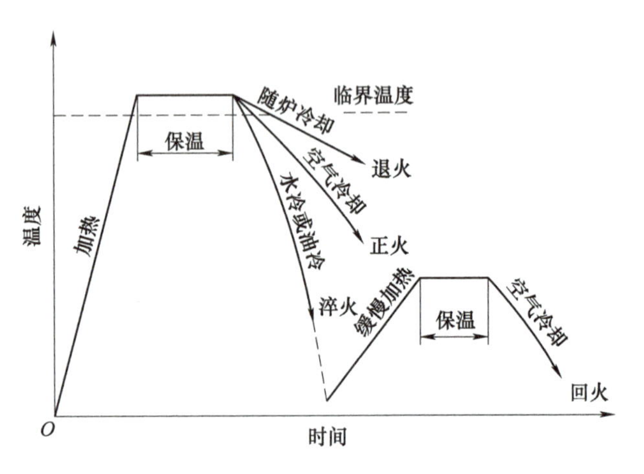

图 6-1　热处理工艺曲线示意图

热处理的特点是改变零件或者毛坯的内部组织，而不改变其形状和尺寸。按照热处理在零件生产过程中的位置和作用，热处理可分为预备热处理和最终热处理，预备热处理的作用是消除如铸件、锻件等毛坯中的某些缺陷，改善毛坯的切削性能，为后续加工做准备；最终热处理能显著提高零件的力学性能，充分发挥材料的性能潜力，延长零件使用寿命，并为减小零件尺寸、减轻零件重量、提高产品质量、降低成本提供了可能性。因此，热处理得到了广泛的应用，汽车、拖拉机制造中 70%～80%的零件需要进行热处理，各种工具、夹具、量具和轴承则 100%需要进行热处理。

根据热处理的目的要求和工艺方法的不同，热处理可分为普通热处理（退火、正火、淬火和回火）、表面热处理（表面淬火、渗碳、渗氮、碳氮共渗等）及特殊热处理（形变热处理等）。但不是所有的材料都能进行热处理强化，能进行热处理强化的材料必须有固态相变，或经冷加工使组织结构处于不稳定状态，或经渗碳、渗氮、碳氮共渗等改变表面化学成分。要了解各种热处理工艺方法，必须首先研究钢在加热和冷却过程中组织转变的规律。

## 6.1 钢在加热时的组织转变

### 6.1.1 奥氏体的形成

钢之所以能进行热处理强化，是由于钢在固态加热和冷却过程中发生了相变。

在 $Fe\text{-}Fe_3C$ 相图中，$A_1$、$A_3$ 和 $A_{cm}$ 是碳素钢在平衡状态时的相变温度（或临界温度）线。在实际生产中，加热和冷却不可能极缓慢，其相变温度不再是平衡相变温度，由于过热或过冷现象，实际加热时相变温度偏向高温，冷却时偏向低温，且加热冷却速度越大，偏离的程度越大。实际加热时相变温度分别为图 6-2 中的 $Ac_1$、$Ac_3$、$Ac_{cm}$线，实际冷却时相变温

度分别为 $Ar_1$、$Ar_3$ 和 $Ar_{cm}$ 线。部分钢的临界加热温度见附表 2。

碳素钢加热到 $A_1$ 以上时，便发生珠光体向奥氏体的转变，这种转变称为奥氏体化。加热时所形成奥氏体的化学成分、成分均匀性、晶粒大小，以及加热后未溶入奥氏体中的碳化物等过剩相的数量与分布状况等，都会对钢的冷却转变过程及转变产物的组织和性能产生重要的影响。奥氏体化后的钢，以不同的方式冷却，便可得到不同的组织，从而使钢获得不同的性能。因此，奥氏体化是钢组织转变的基本条件。

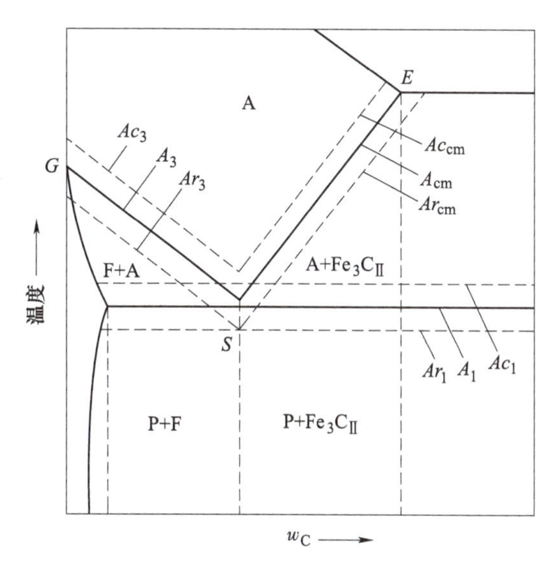


图 6-2　碳素钢在加热和冷却时的相变温度

共析钢室温平衡组织为珠光体组织，当碳钢加热到 $Ac_1$ 以上时，珠光体（P）转变成奥氏体（A）。奥氏体的形成遵循形核和长大的基本规律，该过程可分为奥氏体形核、奥氏体晶核长大、残余渗碳体溶解和奥氏体成分均匀化四个阶段（图 6-3）。

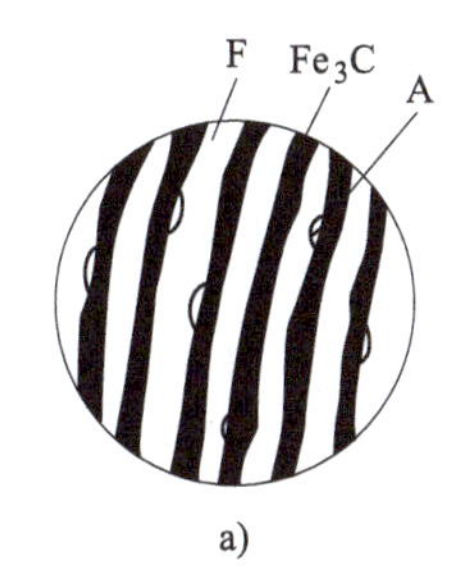

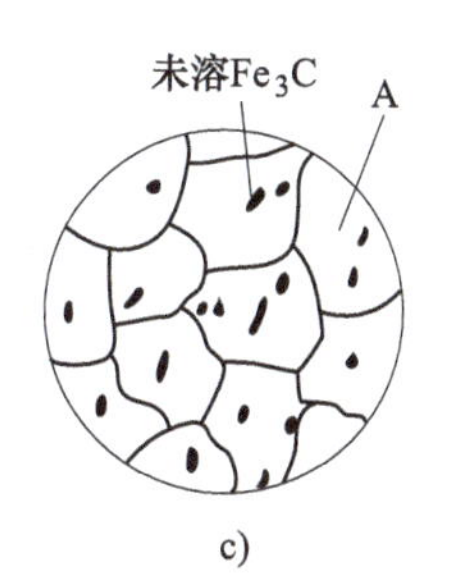


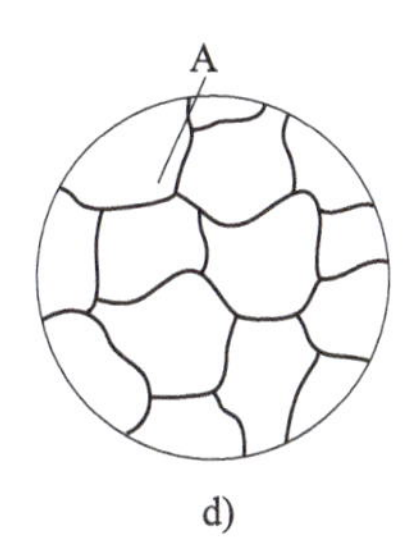


图 6-3　共析钢加热时奥氏体化过程示意图

**1. 奥氏体形核阶段**

奥氏体晶核优先在铁素体和渗碳体的相界面上形成，主要是由于相界面原子排列不规则，空位和位错密度高，成分不均匀，能为新相晶核的形成提供成分和结构的有利条件。

**2. 奥氏体晶核长大阶段**

奥氏体晶核长大是通过铁、碳原子的扩散，渗碳体不断溶解，铁素体晶格转变为面心立方晶格来完成的。在平衡条件下，由于渗碳体的晶体结构和碳质量分数与奥氏体有很大差异，所以当铁素体全部消失后，仍有部分渗碳体尚未溶解，使奥氏体的平均碳浓度低于共析成分。

**3. 残余渗碳体溶解阶段**

铁素体消失后，组织中还有一部分残余渗碳体存在。随着保温时间的延长或继续升温，残余渗碳体通过扩散不断溶入奥氏体，直到全部消失为止。

**4. 奥氏体成分均匀化阶段**

残余渗碳体完全溶解后，奥氏体中碳浓度是不均匀的。这时需继续保温一段时间，通过碳原子的充分扩散实现奥氏体成分的均匀化。

与共析钢相比，亚共析钢或过共析钢加热到 $Ac_1$ 以上时，原始组织中的珠光体转变成奥氏体，而先析铁素体（也称为先共析铁素体）或先析渗碳体尚未完全溶解，称为不完全奥氏体化。只有进一步加热到 $Ac_3$ 或 $Ac_{cm}$ 以上，并保温足够时间，先共析相向奥氏体转变，才能获得均匀的单相奥氏体。

钢的奥氏体化的主要目的是获得成分均匀、晶粒细小的奥氏体组织。所获得的奥氏体晶粒越细小、越均匀，冷却转变产物的组织也越细小，力学性能越好。

### 6.1.2 奥氏体晶粒的长大及其影响因素

奥氏体晶粒大小可用晶粒度来表示。根据国家标准 GB/T 6394—2017《金属平均晶粒度测定方法》，奥氏体晶粒度一般分为 8 级，以 1 级为最粗，8 级为最细。通常，1~4 级为粗晶粒，5~8 级为细晶粒（图 6-4）。

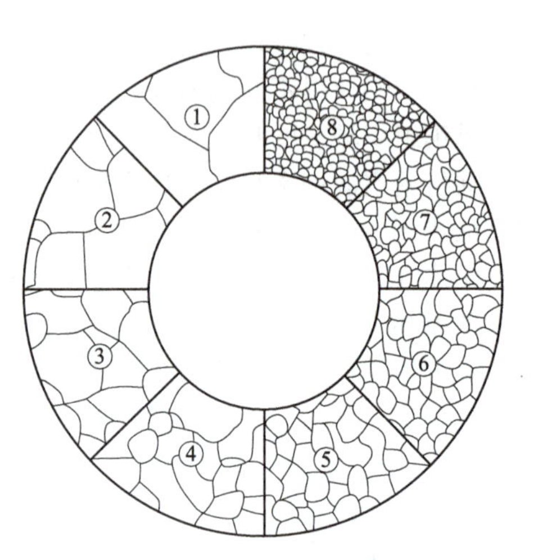

图 6-4 奥氏体标准晶粒度示意图

影响奥氏体转变的因素主要包括加热温度和保温时间、加热速度、化学成分以及原始组织。

**1. 加热温度和保温时间**

奥氏体刚形成时晶粒是细小的，但随着温度的升高，晶粒将逐渐长大。加热温度越高则奥氏体形成的速度就越快，晶粒长大越明显。随着加热温度的继续升高，奥氏体晶粒将急剧长大。这是由于晶粒长大是通过原子扩散进行的，而扩散速度随着温度升高呈指数关系增加。在影响奥氏体长大的诸多因素中，温度的影响最为显著。因此，为了获得细小奥氏体晶粒，热处理时必须规定合适的加热温度范围。一般都是将钢加热到相变点以上某一适当温度。此外，钢在加热时，随着保温时间的延长，晶粒不断长大。但随着时间延长，晶粒长大速度越来越慢，当奥氏体晶粒长大到一定尺寸后，继续延长保温时间，晶粒不再明显长大。

**2. 加热速度**

加热速度越快，发生奥氏体转变时的过热度越大，奥氏体的实际形成温度越高，奥氏体的形核率较长大速率占优势，因此获得细小的起始晶粒。生产中常采用快速加热和短时间保温的方法来细化晶粒。

**3. 化学成分**

钢中碳含量对奥氏体晶粒长大的影响很大。随奥氏体碳含量的增加，铁、碳原子的扩散速度增大，奥氏体晶粒长大倾向增加。但当碳含量超过奥氏体饱和碳浓度以后，由于出现残余渗碳体，阻碍奥氏体晶界的移动，长大倾向减小。

钢中加入适量的强碳化物形成元素，如 Ti、Zr、Nb、V、W、Mo 等，也会阻碍晶粒长大。这些元素与碳化合形成熔点高、稳定性强的碳化物，弥散分布在奥氏体晶粒内，阻碍奥氏体晶界的迁移，使奥氏体晶粒难以长大。不形成碳化物的合金元素，如 Si、Al、Mn 等对奥氏体晶粒长大的影响不明显。而 Co，Ni 等元素溶入奥氏体后，促进奥氏体晶粒快速长大。

**4. 原始组织**

在化学成分相同的情况下，原始珠光体越细，碳化物分散度增大，不仅铁素体和渗碳体相界面增多，增大了奥氏体的形核率；而且由于珠光体片层间距减小，则碳原子扩散距离减小，扩散速度加快，奥氏体形成速度加快。例如，细珠光体比粗珠光体更易获得细小均匀的奥氏体；片状珠光体比球状珠光体获得的奥氏体更粗大。因为片状碳化物表面积大，溶解速度快，奥氏体形成速度也快，奥氏体形成后可较早进入奥氏体长大阶段。

**想一想 6-1　加热时钢所获得的奥氏体的碳含量是否就等于钢本身的碳含量**

以过共析钢为例，当加热温度在 $Ac_1$ 线和 $Ac_3$ 线之间时，获得 A+$Fe_3C$，此时钢的碳含量分为两部分，一部分在 A 中，另一部分在 $Fe_3C$ 中，此时，奥氏体的碳含量小于钢本身的碳含量；当加热温度在 $Ac_3$ 线以上，$Fe_3C$ 全部溶解于 A 中，获得完全 A，奥氏体的碳含量等于钢本身的碳含量。

钢在冷却时所获得的组织是由 A 转变而来的，所以人们更加关注 A 的碳含量。

## 6.2　钢在冷却时的组织转变

钢在奥氏体化后的冷却过程是钢热处理最关键的一步，决定了钢冷却后的组织类型和性能。以共析钢为例，奥氏体稳定存在的温度是在 $A_1$ 线以上，当奥氏体温度降至 $A_1$ 线以下，称为过冷奥氏体，此时的奥氏体处于不稳定状态，组织会发生转变。

过冷奥氏体的冷却方式通常分为两种：一种是连续冷却，即将过冷奥氏体连续冷却到室温；另一种是等温冷却，即将过冷奥氏体冷却到临界温度以下的某一温度进行保温，让奥氏体在等温条件下转变，待组织转变结束后再以某一速度冷却到室温（图 6-5）。

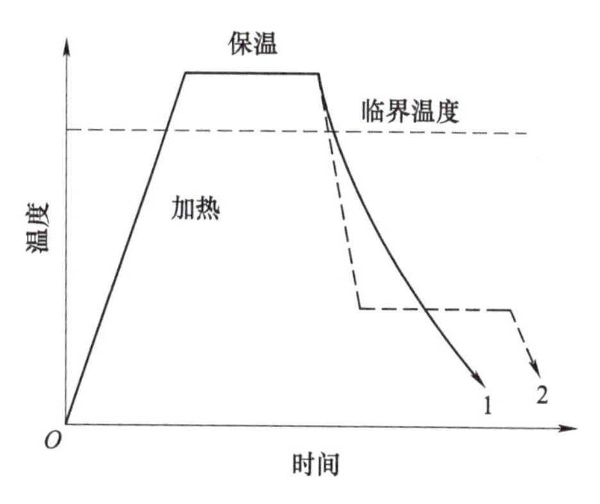


图 6-5　过冷奥氏体的冷却方式示意图
1—连续冷却方式　2—等温冷却方式

### 6.2.1　共析钢过冷奥氏体等温冷却转变

过冷奥氏体等温冷却转变曲线是研究过冷奥氏体等温冷却转变时，转变温度、时间、转变产物组织和转变量之间的关系图，亦称 TTT 曲线，这种曲线具有英文字母 C 的形状，又简称 C 曲线（图 6-6）。

过冷奥氏体等温转变曲线可以采用热分析法、金相法、膨胀法、磁性法、电阻法等测定，以纵坐标为转变温度，横坐标为转变时间，将各个温度下转变产物的转变量、转变开始和转变终了的时间绘入图中。一般将体积分数为 1%~3%的奥氏体转变所需要的时间定为转变开始时间，而把 95%~98%奥氏体转变所需时间视为转变终了时间，然后分别连接转变开始点和转变终了点，就可以得到过冷奥氏体的等温转变曲线。

以共析钢为例，C 曲线上的水平线 $A_1$ 是奥氏体向珠光体转变的平衡温度，C 曲线下方的 *Ms* 温度表示奥氏体向马氏体开始转变温度，*Mf* 温度表示奥氏体向马氏体转变终了温度。

图 6-6 中，由纵坐标轴到转变开始线之间的水平距离表示过冷奥氏体等温转变前所经历

的时间，称为孕育期。过冷奥氏体在不同温度下等温转变所需的孕育期是不同的，孕育期的长短标志着过冷奥氏体的稳定性。以共析碳素钢的C曲线来看，在550℃附近，即C曲线“鼻尖”附近，孕育期最短，过冷奥氏体稳定性最差。

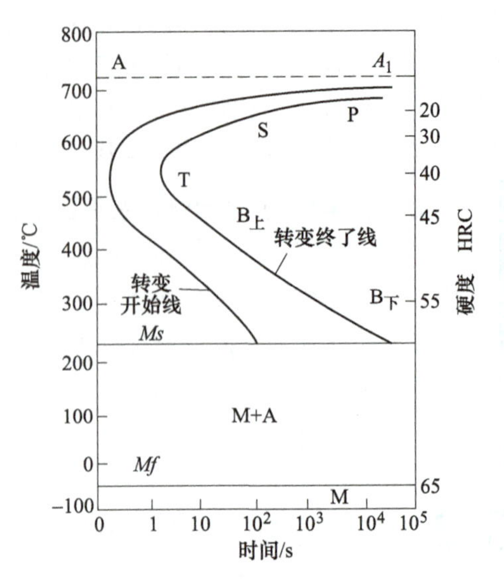


图 6-6 共析钢过冷奥氏体的等温转变曲线

## 6.2.2 共析钢过冷奥氏体等温冷却转变产物的组织与性能

在不同温度下，共析钢过冷奥氏体的等温转变产物不同，可以分成三种类型：“鼻尖”以上的高温转变区为珠光体转变；“鼻尖”至 *Ms* 线（约240℃）之间的中温转变区为贝氏体转变；*Ms* 线至 *Mf* 线（约-50℃）之间的低温转变区为马氏体转变。

### 1. 珠光体转变

将共析钢奥氏体化后冷却至 $A_1$ ~550℃温度范围就会发生珠光体转变。由于转变温度高，铁、碳原子具有充分扩散能力，是全扩散型转变。当温度降到 $A_1$ 线以下时，铁的同素异晶转变决定了奥氏体必然向铁素体的转变，但铁素体溶解碳的能力比奥氏体更低，多余的碳原子则从铁素体形成区域充分扩散出来，这样就形成了与铁素体相邻的渗碳体，铁素体片与渗碳体片交错排列构成了珠光体组织，具有新相形核和长大的过程（图 6-7）。珠光体中铁素体与渗碳体的层片间距离，随转变温度的降低（即过冷度的增大）而减小，组织变得更细。根据片层间距的大小，将珠光体组织分为珠光体、索氏体、屈氏体（托氏体）（图 6-8），

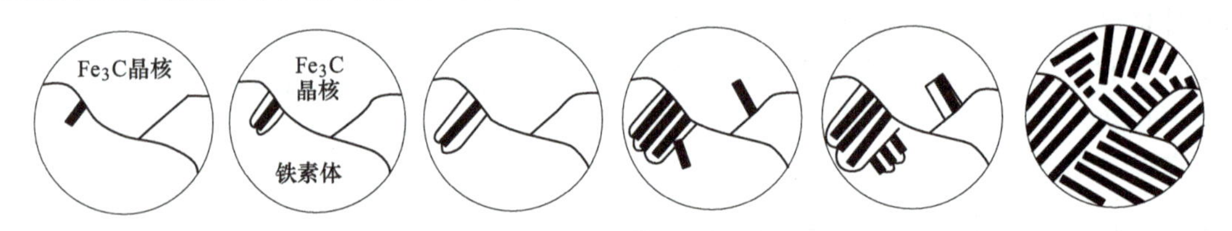


图 6-7 片状珠光体的形成过程示意图

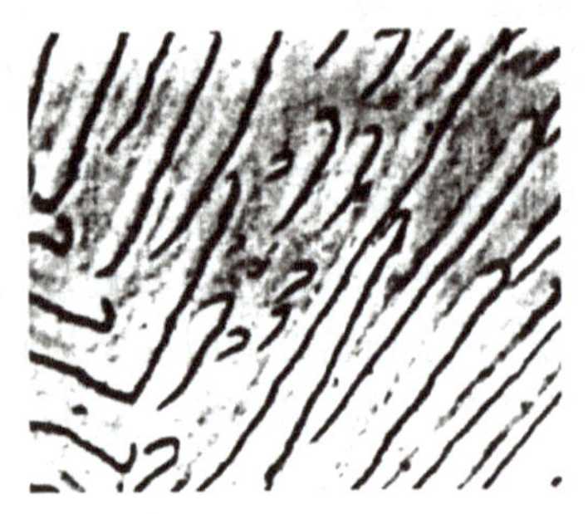

a) 珠光体(700℃等温组织)，3800×

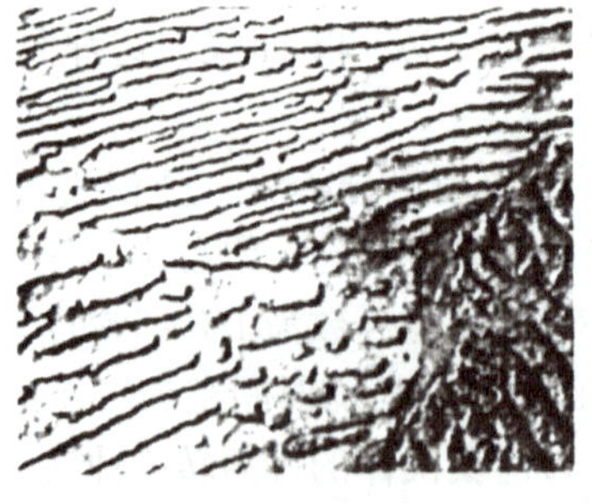

b) 索氏体(650℃等温组织)，8000×

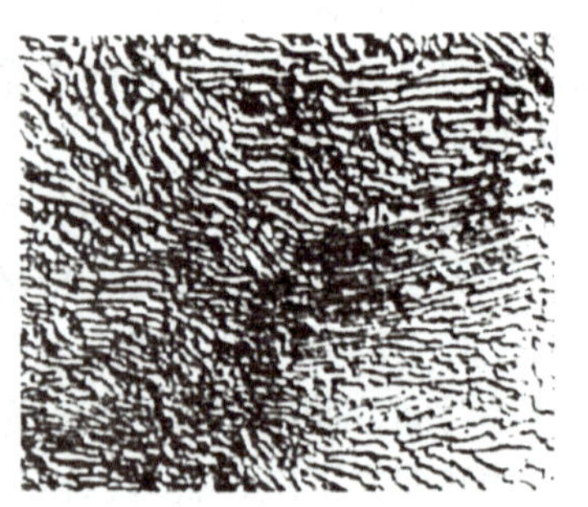

c) 屈氏体(600℃等温组织)，8000×

图 6-8 三种珠光体的组织形态

其组织特点和性能见表6-1。珠光体的强度及硬度随片间距离的减小而升高，塑性、韧性也有所增加。工程中，冷拔钢丝就要求具有索氏体组织才容易变形，而不致因拉拔而断裂。

**表6-1 共析钢三种转变产物的组织特点和性能**

| 组织名称 | | 符号 | 转变温度/℃ | 相组成 | 转变类型 | 形貌特征 | 硬度 HRC |
|---|---|---|---|---|---|---|---|
| 珠光体 | 珠光体 | P | $A_1$~50 | F+ $Fe_3C$ | 扩散型（铁原子和碳原子都能充分扩散） | 粗片状，片层间距约>0.4μm | 10~20 |
| | 索氏体 | S | 650~600 | | | 细片层，片层间距为0.2~0.4μm | 20~30 |
| | 屈氏体 | T | 600~550 | | | 极细片层，片层间距约 <0.2μm | 30~40 |
| 贝氏体 | 上贝氏体 | $B_上$ | 550~350 | F过饱和 +$Fe_3C$ | 半扩散型（铁原子不扩散，碳原子短程扩散） | 羽毛状：大致平行、密排的过饱和F板条间，不均匀分布短杆状碳化物，使条间容易脆性断裂 | 40~50 |
| | 下贝氏体 | $B_下$ | 350~$Ms$ | F过饱和 +ε-$Fe_{2.4}C$ | | 针状（或竹叶状）：在过饱和针状F内均匀分布（与针轴成55°~65°角）平行排列的粒状或短条状ε碳化物。具有较高的强度、硬度、塑性和韧性 | 50~60 |
| 马氏体 | 片状马氏体 | M | $Ms$~$Mf$ | 碳在α-Fe中过饱和固溶体（体心正方晶格） | 非扩散型（铁原子和碳原子都不扩散） | $w_C$≥1.0%时，呈片状（或针状）、互不平行、一定角度分布，亚结构为孪晶（间距为5~10nm），见于中、高碳钢 | 64~66 |
| | 板条状马氏体 | | | | | $w_C$≤0.20%时，相互平行排列的板条，亚结构为位错（密度$10^{11}$~$10^{12}$/$cm^2$），见于低、中碳钢 | 20~50 |

**瞭望台6-1 珠光体的形成过程**

珠光体的形成是形核、长大的结果。由于珠光体是由两个相组成的，因此形核就有领先相问题。一般认为领先相在亚共析钢中常常是铁素体，在过共析钢中常常是渗碳体，在共析钢中则有的是铁素体，也有的是渗碳体。

实验证明，珠光体形成时领先相大多在奥氏体晶界或相界面上形核。因为这些区域缺陷较多，能量较高，原子容易扩散，容易满足新相形核所需要的成分起伏、能量起伏和结构起伏条件。

如果渗碳体为领先相，一旦形成渗碳体晶核，就会依靠附近的奥氏体不断提供碳原子而逐渐长大，形成一小片渗碳体。这就造成其周围奥氏体的碳浓度显著降低，形成贫碳区，为铁素体的形核创造了有利条件。当贫碳区的碳浓度降低到相当于铁素体的平衡浓度时，就在渗碳体片的两侧形成两小片铁素体。铁素体形成后随渗碳体一起向前长大，同时也横向长大。铁素体的长大又使其外侧形成奥氏体的富碳区，促使新的渗碳体晶核形成。如此不断进行，铁素体和渗碳体相互促进、交替形核，并同时平行地向奥氏体晶粒纵深方向长大，形成一组铁素体和渗碳体片层相间、基本平行的珠光体领域，如下图所示。在一个珠光体领域形成的过程中，奥氏体晶粒其他区域也在重复此过程，并形成另一取向的珠光体领域。当奥氏体内各个珠光体领域长大到相互接触时，奥氏体就全部转变为珠光体，珠光体转变过程即告结束，最终得到全部片状珠光体组织。

铁素体作为领先相的形成过程请自行思考。

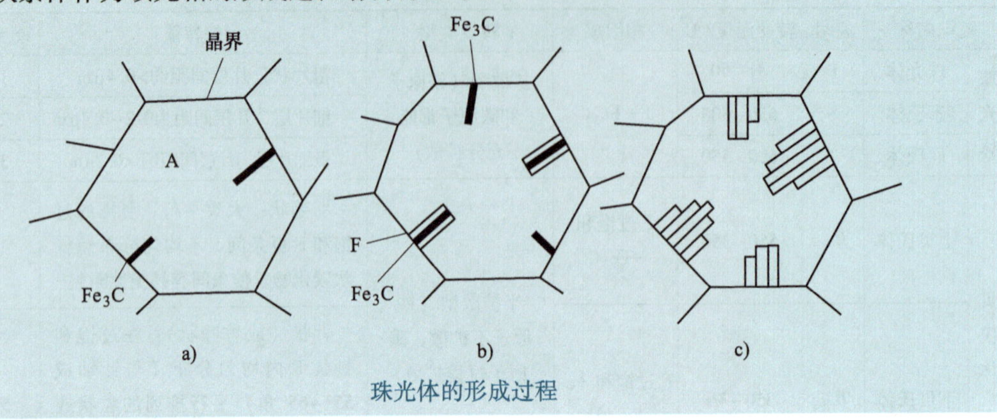


珠光体的形成过程

**2. 马氏体转变**

钢奥氏体化后自 $A_1$ 线以上快速冷却到 *Ms* 以下将发生马氏体转变，由于马氏体转变温度很低，过冷度很大，因此铁、碳原子都不能进行扩散，形成速度极快，这种转变也称为低温无扩散型转变。铁原子沿奥氏体的一定晶面，在不改变原子相邻关系的情况下，做不超过一个原子间距的微小移动，使面心立方晶格向体心立方晶格转变，称为共格切变（图 6-9）。由于溶解在原奥氏体中的碳原子无法析出，从而造成了铁的晶格严重畸变，实际得到的为体心正方晶格，这样奥氏体将直接转变成一种含碳极度过饱和的固溶体，产生很强的过饱和固溶强化，称为马氏体，用符号 *M* 表示。因此，马氏体的碳含量就是转变前奥氏体的碳含量，其组织特点和性能见表 6-1。

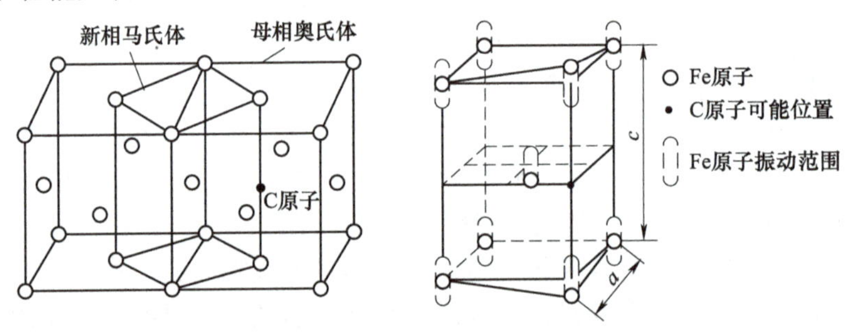


**图 6-9** 马氏体晶格转变示意图

马氏体的组织形态主要有板条状和片状（或针状）两种基本类型，碳含量小于 0.2%的低碳钢，淬火组织几乎全部是板条状马氏体（图 6-10、图 6-11），一个奥氏体晶粒内通常由 3~5 个位向不同的板条束组成，在高倍电子显微镜下，可以看到板条状马氏体内有高密度的位错缠结的亚结构。碳含量大于 1.0%的高碳钢淬火后几乎只形成片状马氏体（图 6-12、图 6-13），其实际的立体形态呈凸透镜状，高倍电子显微镜下，其内部亚结构是微细孪晶。碳含量介于 0.2%~1.0%之间的钢淬火后得到两种马氏体的混合组织，碳含量越高，板条状马氏体量越少，而片状马氏体量越多。

图6-10 $w_C=0.2\%$钢的马氏体组织

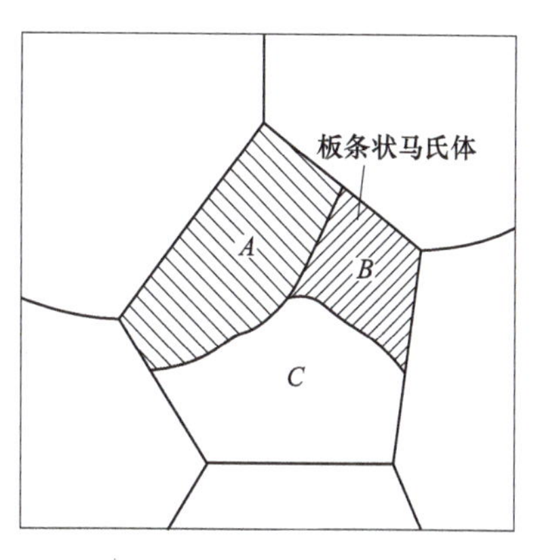


图6-11 板条状马氏体组织示意图

图6-12 $w_C=1\%$钢的马氏体组织

图6-13 片状马氏体组织示意图

**瞭望台6-2 马氏体的形成过程**

由过冷奥氏体等温冷却转变曲线可知，奥氏体转变为马氏体的条件有两个：第一是过冷奥氏体的冷却速度必须大于临界冷却速度；第二是过奥氏体必须深度过冷，低于 *Ms* 点以下才能发生马氏体转变。快速冷却是为了抑制其发生珠光体和贝氏体转变，深度过冷是为了获得足够的马氏体转变的驱动力。

马氏体转变属于低温转变，此时铁原子和碳原子都已经失去扩散能力。因此，马氏体转变是以无扩散的方式进行的。铁原子的晶格改组是通过原子集体的、有规律的、近程的迁动完成的。原来在母相中相邻的原子，转变以后在新相中仍然相邻，它们之间的相对位移不超过一个原子间距，转变前后奥氏体与马氏体的化学成分相同。

马氏体转变是晶格切变的过程，在切变过程中完成晶格重构，由面心立方晶格改组为体心正方晶格。

一般工业用钢马氏体转变是在不断降低温度的条件下进行的。奥氏体以大于临界淬火冷速的速度冷至 *Ms* 点以下，立即形成一批马氏体，相变没有孕育期，随着温度下降，瞬间又出现另一批马氏体，而先形成的马氏体不再长大。这种转变一直持续到 *Mf* 点。降温过程中马氏体的形核及长大速度极快，瞬间形核，瞬间长大。马氏体的长大速度极快，为 $10^2\sim10^6$mm/s，如果在 *Ms*～*Mf* 之间某一温度停留，马氏体的数量基本上不能增加。

**瞭望台 6-3 走近马氏体的显微组织**

（1）板条状马氏体　板条状马氏体是低碳钢、中碳钢、不锈钢中形成的一种典型马氏体组织，由于钢奥氏体碳含量越低，其含量越高，亦称低碳马氏体。板条状马氏体是由成群的马氏体板条集合而成（图 6-10），每一个板条为 1 个单晶体，其立体形态为椭圆断面的柱形晶体，宽度在 0.025~2.2μm 之间。一个奥氏体晶粒可以形成几个位向不同的板条束（图 6-11）。板条状马氏体内有高密度位错，其密度高达$(0.3\sim0.9)\times10^{12}\text{cm}^{-2}$，故板条状马氏体又称为位错马氏体。这些位错分布不均匀，位错缠结形成的位错胞构成板条状马氏体的亚结构。

（2）片状马氏体　片状马氏体是在中、高碳钢及高镍的铁镍合金中形成的一种典型的马氏体组织，由于钢奥氏体碳含量越高，其含量越高，亦称高碳马氏体（图 6-12）。片状马氏体的空间形态呈凸透镜状，由于试样磨面与其相截，因此在光学显微镜下呈针状或竹叶状，故片状马氏体又称针状或竹叶状马氏体（图 6-13）。由于在一个奥氏体晶粒内，形成的第一片马氏体往往贯穿整个奥氏体晶粒将其分割成两半，后续形成的马氏体不能穿过先形成的马氏体而将奥氏体进一步分隔，于是越往后形成的片越小，所以一个奥氏体晶粒中形成的片状马氏体是相互不平行、大小极不均匀的。显然，粗大的奥氏体会得到粗大的马氏体片，使力学性能降低。当最大尺寸的马氏体片细小到光学显微镜下不能分辨时，便称为“隐晶马氏体”，如下图所示。高碳钢通过细化奥氏体晶粒获得隐晶马氏体时，有助于提高其韧性。

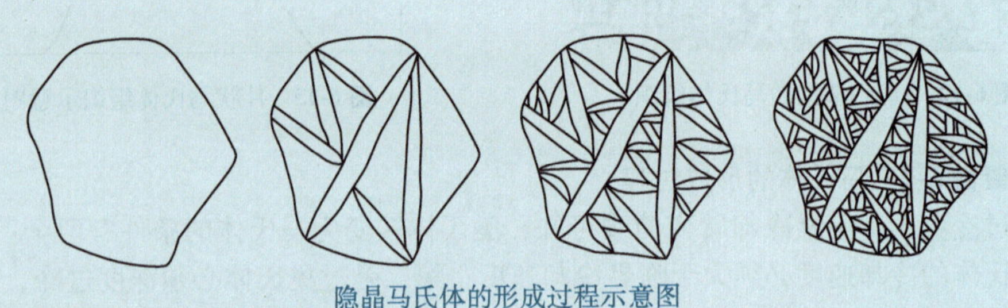

隐晶马氏体的形成过程示意图

通常情况马氏体的硬度、强度随碳含量的增加而升高。当碳含量达到 0.6%时，淬火钢硬度接近最大值；随着碳含量进一步增加，虽然马氏体的硬度会有所提高，但由于残留奥氏体量增加，钢的硬度有所下降，两者综合的结果是当碳含量高于 0.6%后，马氏体的硬度不再增高（图 6-14）。合金元素对马氏体的硬度影响不大，但可以提高其强度。

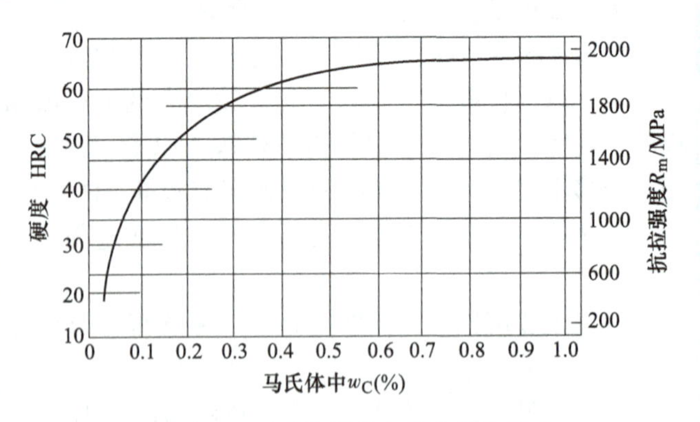


**图 6-14**　马氏体硬度和碳含量的关系

马氏体强度、硬度显著增高的主要原因是极度过饱和固溶强化。马氏体是极度过饱和的固溶体，正方晶格产生强烈畸变，形成了对位错运动的强大阻力；此外，马氏体存在晶格缺陷很高的亚结构，如板条状马氏体的高密度位错网、片状马氏体的微细孪晶等，都将阻碍位错运动，产生相变强化。

马氏体的塑性与韧性随碳含量的增加而急剧降低。片状马氏体碳原子过饱和度大，晶格畸变严重，内应力高，且微细孪晶的存在阻碍了塑性变形，使应力难以松弛；又因马氏体形成速度极快，相互间的猛烈撞击容易形成显微裂纹，在内应力的作用下，易导致工件开裂、疲劳抗力降低。因此片状马氏体在获得高硬度的同时，塑性、韧性都很差，具有硬而脆的性能特点。

而板条状马氏体由于碳原子过饱和度小，晶格畸变程度小，淬火应力小，其亚结构是不均匀分布的高密度位错，存在低密度区，为位错提供了活动的余地；而且彼此相互平行的马氏体板条不致产生撞击而出现显微裂纹，所以板条状马氏体在具有足够高强度和硬度的同时，仍有好的塑性、韧性，具有强而韧的性能特点。

马氏体转变是在低温下进行的，具有以下特点：

（1）在不断降温的过程中形成　马氏体转变是在 $Ms \sim Mf$ 的温度范围内进行的，当钢奥氏体化后温度快速冷却到 $Ms$ 以下，就会迅速形成马氏体。当降温停止，马氏体转变随即停止。

（2）高速长大　马氏体转变速度极快，一般不需要孕育期。低碳板条状马氏体的长大速度约为 100mm/s，而高碳片状马氏体的长大速度可高达 $(1 \sim 2) \times 10^6$mm/s，在 $10^{-7}$s 内就可形成一片马氏体。可以认为，马氏体转变量的增加不是由于已形成马氏体晶体的长大，而是依靠降温过程中新的马氏体片的不断形成。

（3）转变不彻底　常见的高碳钢和许多合金钢的 $Mf$ 点低于室温，在室温下获得马氏体时，将会保留相当数量未转变的奥氏体，称为残留奥氏体，常用 $A'$（或 $A_r$、$\gamma'$）表示，残留奥氏体属于硬度低的不稳定相，它的存在不仅会使钢硬度、耐磨性降低，还会在工件存放或使用过程中发生组织转变，导致工件尺寸发生变化，降低工件的稳定性和精度。高精度零件需继续深冷到零度以下，使残留奥氏体相继续向马氏体转变，生产上称之为“冷处理”。很多情况下，即使钢冷却到 $Mf$ 点温度仍然得不到 100% 的马氏体，这称为马氏体转变的不完全性。

（4）体积膨胀　在钢常见组织中，马氏体的比体积（单位质量物质的体积）最大，奥氏体的比体积最小，而马氏体的比体积又随碳含量的增加而增大。所以，马氏体形成时因其比体积的增大，零件体积膨胀将产生较大的内应力，这就是高碳钢容易变形和开裂的原因。

**3. 贝氏体转变**

过冷奥氏体转变为贝氏体组织是在中温范围内进行的。这时转变温度相对较低，即过冷度较大，铁原子已难以扩散，碳原子也只能短程扩散，所以，贝氏体的组织转变为半扩散型转变。这就决定了贝氏体转变兼有珠光体转变和马氏体转变的某些特点：与珠光体转变相似，贝氏体转变中有碳的扩散，但只能在铁素体内进行；与马氏体转变相似，奥氏体向铁素体转变的晶格改组是通过共格切变方式进行的。

贝氏体是由含碳过饱和的铁素体与渗碳体（或碳化物）组成的两相混合物。根据转变温度和组织形态的不同，贝氏体一般分为上贝氏体（$B_{上}$）和下贝氏体（$B_{下}$）两种（图 6-15），其组织特点和性能见表 6-1。

因过饱和固溶强化和第二相强化，贝氏体的强度和硬度高于珠光体组织。贝氏体的性能主要取决于其组织形态，上贝氏体形成温度较高，铁素体片更粗大，硬脆的渗碳体呈短杆状不均匀地分布在铁素体片之间，易于引起脆断；下贝氏体过冷度较大，铁素体细小，铁素体中碳的过饱和度大，固溶强化效果更明显，细小的碳化物弥散分布在无方向性的针状铁素体内，使得下贝氏体在具有较高强度和硬度的同时，也具有良好塑性和韧性，表现出优良的综合力学性能。获得下贝氏体组织是钢强化的有效途径。

a) 上贝氏体光学显微镜组织，500×

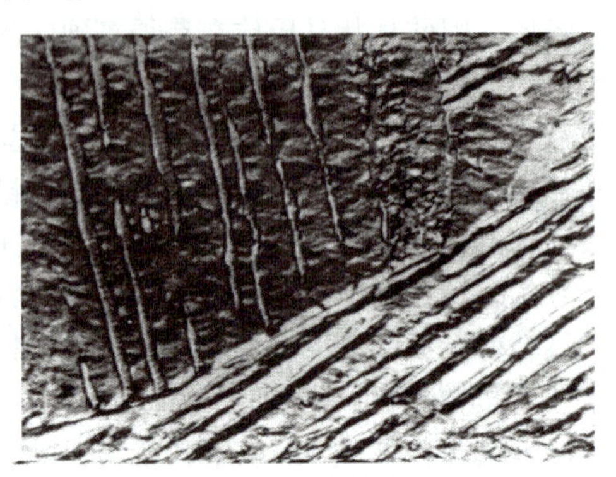

b) 上贝氏体电子显微镜组织，12000×

c) 下贝氏体光学显微镜组织，500×

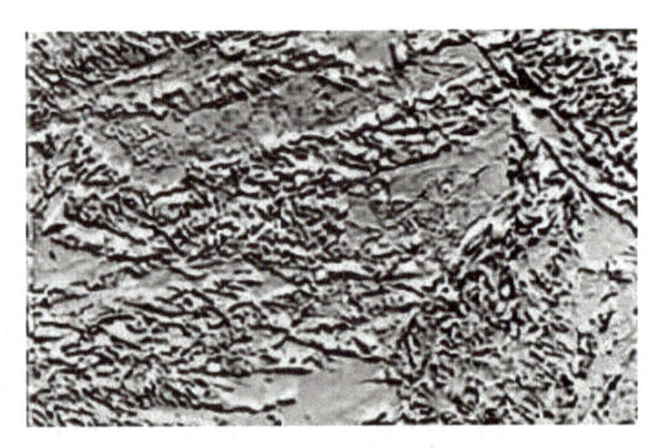

d) 下贝氏体电子显微镜组织，4000×

图 6-15 两种贝氏体的组织形态

**瞭望台 6-4 贝氏体的形成过程**

由于贝氏体转变发生在珠光体与马氏体转变之间的中温区，因此，贝氏体转变是一个有碳原子短距离扩散的共格切变过程。

贝氏体转变也是一个形核、长大的过程，形核需要有一定的孕育期。在孕育期内，由于碳在奥氏体中重新分布，出现贫碳区，在含碳质量分数较低的区域，首先形成铁素体晶核，成为贝氏体转变的领先相。上贝氏体中铁素体晶核一般优先在奥氏体晶界贫碳区形成。在下贝氏体形成时，由于过冷度大，铁素体晶核可以在奥氏体晶粒内形成。

铁素体晶核形成后，在其长大的同时，过饱和的碳从铁素体向奥氏体中扩散，并于铁素体条间或铁素体内部沉淀析出碳化物，因此贝氏体长大速度受碳的扩散控制，贝氏体的转变包括铁素体的成长与碳化物的析出两个基本过程。

上贝氏体的铁素体晶核易于在奥氏体晶界上碳含量较低的地方形成，然后向晶内沿着一定方向成排长大。在上贝氏体转变区域，碳在铁素体和奥氏体中都能扩散，但碳在奥氏体中有较大的溶解度，随着铁素体的长大，碳原子扩散富集到奥氏体中，当铁素体之间的奥氏体碳浓度达到很高时，就析出形成渗碳体并不连续地分布（呈短杆状）在铁素体条之间，如下图所示。

下贝氏体的铁素体晶核多半在奥氏体晶粒内部的贫碳区以及晶界处形成，然后长成针片状。由于奥氏体的致密度比铁素体大，当贝氏体转变温度更低时，碳在奥氏体中的扩散比较困难，而在铁素体中碳的扩散仍可进行，故随着铁素体的长大，碳在铁素体内进行扩散而以 ε 碳化物的形式沉淀析出，从而获得下贝氏体组织。

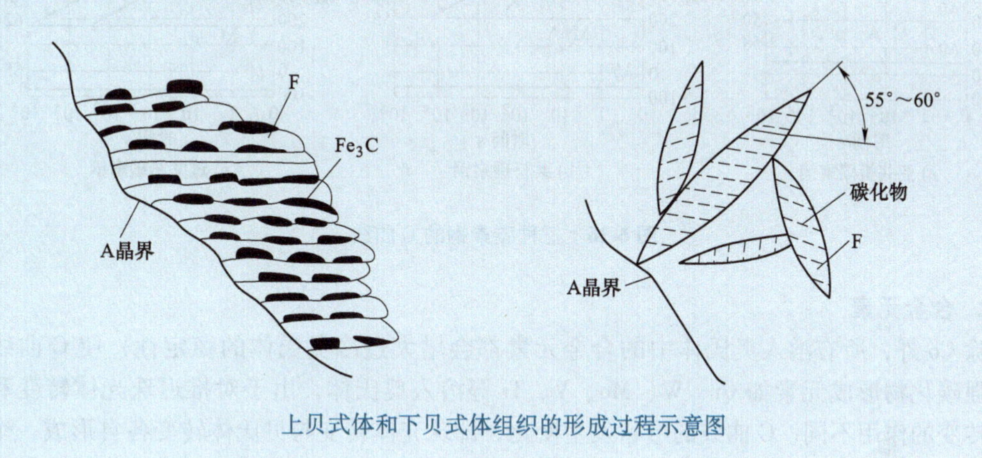


上贝式体和下贝式体组织的形成过程示意图

**微视频 6-1　共析钢过冷奥氏体等温冷却组织转变**

**想一想 6-2　C 曲线与铁碳相图相比，突出的不同之处是什么**

铁碳相图反映的是不同碳含量的铁碳合金在一种冷却方式下（平衡条件）获得不同组织的变化规律；C 曲线反映的是同一种成分的合金，在多种冷却方式下（非平衡条件）获得不同组织的变化规律。

两者相结合，就能完整地反映出不同成分的铁碳合金在不同加热温度和不同冷却方式下，所获得组织的转变规律。

两图相比，能总结出的不同之处还有很多，答案不唯一。

## 6.2.3　影响 TTT 曲线的因素

### 1. 碳含量

与共析碳素钢 C 曲线相比，亚共析或过共析碳素钢的 C 曲线形状也与其相似，只是高温下的单相奥氏体在 $A_3$ 或 $A_{cm}$ 以下等温冷却时会首先析出先析铁素体或先析渗碳体。因此，在 C 曲线上多了一条先析出相的析出线（图 6-16）。另外，亚共析钢中的碳含量越低或过共析钢中的碳含量越高，将会使 C 曲线位置越左移，即过冷奥氏体越易于分解，稳定性越低。

碳素钢中，共析钢 C 曲线鼻尖离纵坐标最远。由图 6-16 还可看出，*Ms* 线随奥氏体碳浓度升高而明显下降，*Mf* 线也随之下降。

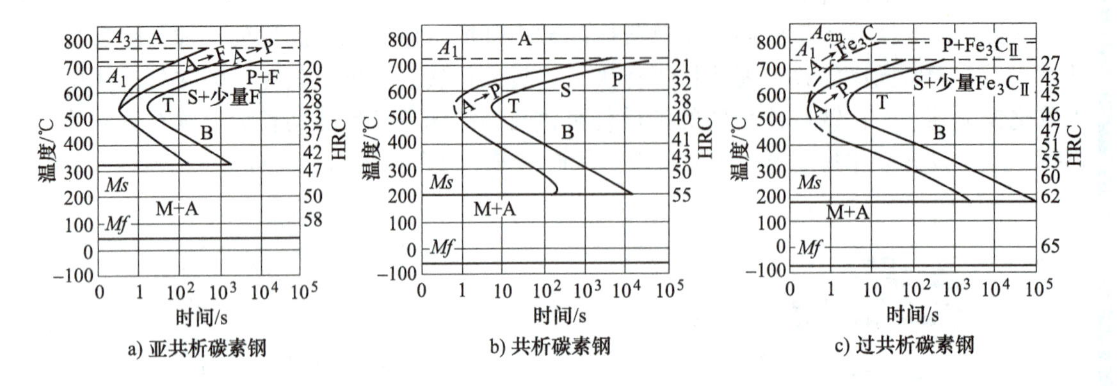


图 6-16　三种碳素钢的 C 曲线

**2. 合金元素**

除 Co 外，所有溶入奥氏体中的合金元素都会增大过冷奥氏体的稳定性，使 C 曲线右移；强碳化物形成元素如 Cr、W、Mo、V、Ti 等溶入奥氏体，由于对推迟珠光体转变和贝氏体转变的作用不同，C 曲线的形状发生变化，即珠光体转变与贝氏体转变各自形成一个独立的 C 曲线，二者之间出现一个奥氏体相当稳定的区域（图 6-17）。

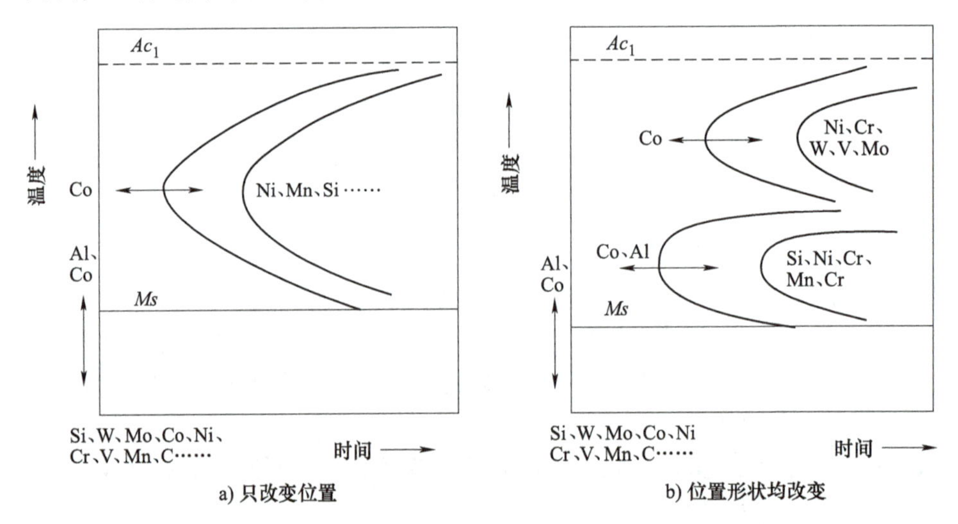


图 6-17　合金元素对碳素钢 C 曲线的影响

**3. 奥氏体化温度和保温时间**

奥氏体化温度的升高或保温时间的延长，会导致奥氏体晶粒长大，晶界减少，奥氏体成分趋于均匀，未溶碳化物数量减少，这些都不利于过冷奥氏体的分解转变，故使 C 曲线向右移动。

### 6.2.4　过冷奥氏体连续冷却转变产物

在实际生产中，过冷奥氏体大多是在连续冷却条件下发生转变的，如在炉内、空气中、油或水槽中冷却。因此，研究过冷奥氏体连续冷却转变对制定热处理工艺具有现实意义。采用类似于测定 C 曲线的原理和方法可测出钢的过冷奥氏体连续冷却转变图（也称 CCT 曲线）。共析碳素钢的 CCT 曲线如图 6-18 所示，CCT 曲线有以下特点：

1）同一成分钢的连续冷却转变曲线较等温冷却转变曲线靠右下方。说明要获得同样的组织，连续冷却转变温度比等温冷却转变曲线温度要低一些，孕育期要长一些。

2）共析钢 CCT 曲线只有上半部分，而没有下半部分。这就是说，共析碳素钢在连续冷却时没有贝氏体转变。在转变中止线 *KK′*线和 *Ms* 线之间的温度区域内不发生相变。

3）CCT 曲线珠光体转变区由三条曲线构成：*Ps* 线为 A→P 转变开始线，*Pf* 为 A→P 转变终了线，*KK′*线为 A→P 转变中止线，它表示当冷却曲线碰到 *KK′*线时，剩余过冷奥氏体就不再发生珠光体转变，而一直保留到 *Ms* 点以下转变为马氏体。可见，连续冷却时，转变是在一个温度范围内进行的，转变产物的类型可能不止一种，有时候是多种组织的混合。

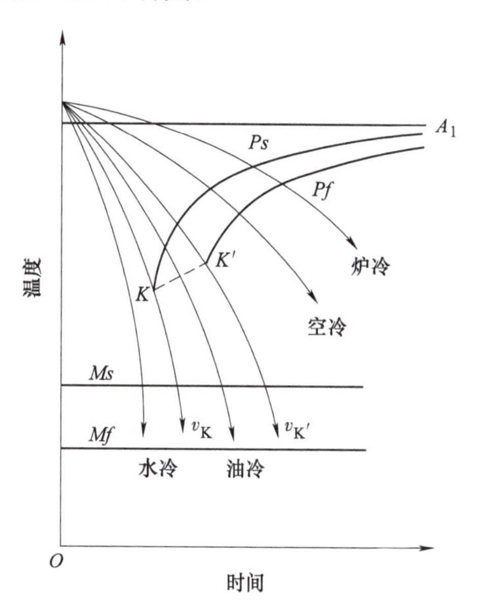


图 6-18　共析碳素钢的 CCT 曲线

4）与 CCT 曲线相切的冷却速度线 $v_K$，称为上临界冷却速度，也称为马氏体临界冷却速度，是获得全部马氏体的最小冷却速度。钢的 $v_K$ 越小，可使奥氏体在更慢的冷却速度下获得马氏体组织。马氏体临界冷却速度对热处理工艺具有十分重要的意义。$v_{K'}$ 为下临界冷却速度，是得到全部珠光体组织的最大冷却速度。当冷速大于 $v_{K'}$ 而小于 $v_K$ 时，连续冷却转变将得到“珠光体+马氏体”组织。

图 6-18 中，炉冷时获得的组织是珠光体，空冷获得索氏体，油冷获得马氏体+托氏体+残留奥氏体，水冷获得马氏体+残留奥氏体。

此外，过共析碳素钢的 CCT 曲线与共析碳素钢相比，除了多出一条先共析渗碳体的析出线外，其他基本相似。但亚共析碳素钢的 CCT 曲线与共析碳素钢却大不相同，它除多出一条先共析铁素体的析出线外，还出现了贝氏体转变区，因此亚共析碳素钢在连续冷却后可以出现由更多产物组成的混合组织。例如，45 钢经油冷淬火后得到铁素体、屈氏体、上贝氏体、下贝氏体、马氏体的混合组织。各钢种（包括合金钢）的 TTT 曲线与 CCT 曲线都可在有关手册中查阅。

## 6.3　钢的退火与正火

一般零件的生产工艺流程大致是热加工（铸造、锻造、焊接）→退火或正火→机械（粗）加工→淬火+回火（或表面热处理）→机械（精）加工等工序。其中淬火+回火是为了达到零件使用要求而进行的最终热处理；退火和正火安排在热加工之后，机械（粗）加工之前进行，属于预备热处理，为消除热加工缺陷或加工硬化，为后续机械加工和最终热处理做准备。材料经热加工以后，存在组织粗大、成分不均匀、内应力较大、硬度偏高、硬度不均匀等现象，严重影响切削加工性能和最终性能，需经过适当退火或正火处理。退火和正火的作用可以归纳为以下几点：

1）细化晶粒、改善组织，以提高力学性能，为最终热处理（淬火和回火）做好组织准备。

2）消除残余应力，稳定工件尺寸，防止变形、开裂。

3）调整硬度，改善材料切削加工性能，达到利于切削加工的硬度范围：160～230 HBW。

4）正火也可作为普通零件的最终热处理。

## 6.3.1 钢的退火

退火是将钢加热至一定温度，保温一定时间后缓慢冷却的热处理工艺。根据退火目的和材料成分的不同可以分为完全退火、等温退火、球化退火、再结晶退火、均匀化退火和去应力退火（图 6-19）。

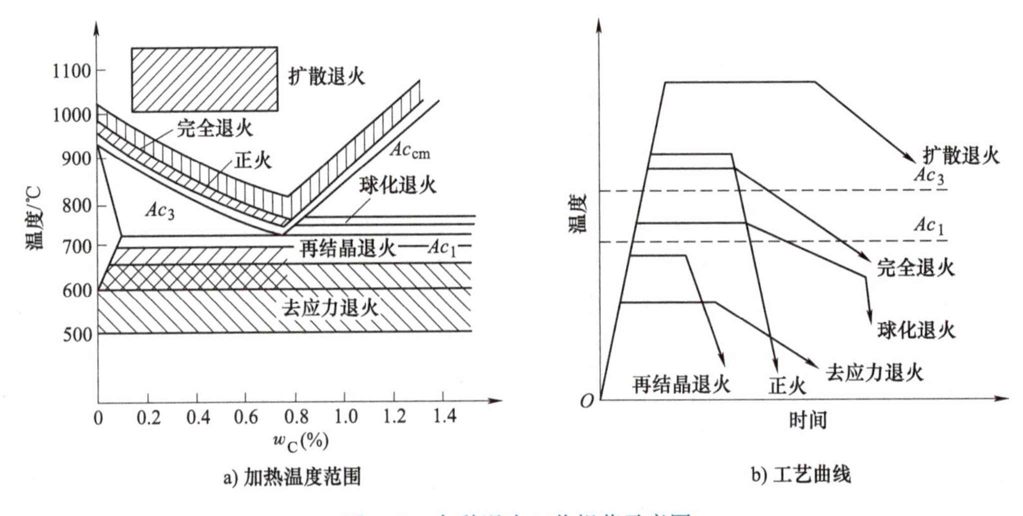


图 6-19 各种退火工艺规范示意图

### 1. 完全退火

完全退火工艺用于亚共析钢（$w_C$=0.3%～0.6%），将其加热至$Ac_3$以上 30～50℃完全奥氏体化后，随炉缓冷（或埋入石灰、砂中冷却），也可冷至 500～600℃后出炉在空气中冷却，以获得成分均匀、晶粒细小、接近平衡状态的组织（珠光体+铁素体），使钢的硬度降低到利于切削加工的范围。

对低碳亚共析钢和过共析钢则不宜采用完全退火。前者因完全退火后硬度过低，易出现“黏刀”现象，导致零件的切削加工表面粗糙度增大，故应选用正火工艺；后者因碳含量高，硬度偏高，不利于切削加工，且缓冷时析出网状二次渗碳体，使钢的脆性增大，故应采用正火+球化退火。

完全退火的保温时间可按钢件的有效厚度计算。在箱式电阻炉中加热时，碳素钢厚度不超过 25mm 需保温 1h，以后厚度每增加 25mm 延长 0.5h；合金钢厚度每 20mm 保温 1h。

完全退火全程所需的时间较长，特别是某些奥氏体比较稳定的合金钢需要数十小时，甚至数天的时间。如果在珠光体转变区进行等温冷却，可以保证获得珠光体型组织，然后在空气中冷却，则可大大缩短退火时间，一般只需完全退火的一半时间左右，这种退火方法称为等温完全退火（图 6-20）。

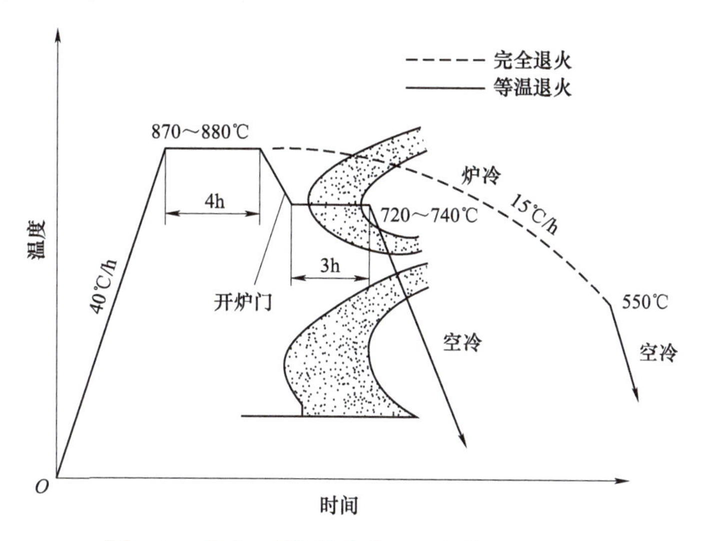


图 6-20　高速工具钢的完全退火与等温完全退火

**练一练 6-1　请在 C 曲线上画出完全退火工艺冷却曲线**

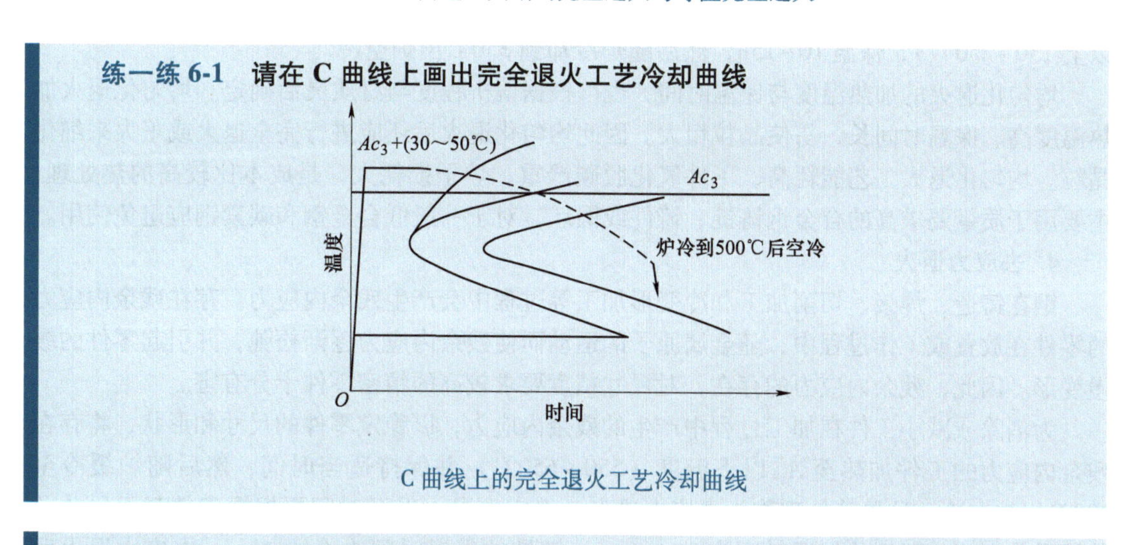


C 曲线上的完全退火工艺冷却曲线

**微视频 6-2　40 钢完全退火工艺**

**2. 球化退火**

球化退火是指将共析钢、过共析钢加热至 $A_1$ 以上 30~50℃（图 6-19），保温一定时间后随炉缓冷或在 $A_1$ 以下较高温度等温冷却后出炉空冷（合金钢），以使钢中碳化物球状化的退火工艺。钢经球化退火后获得铁素体基体上均匀分布着球状渗碳体的组织，称为球状珠光体（图 6-21）。

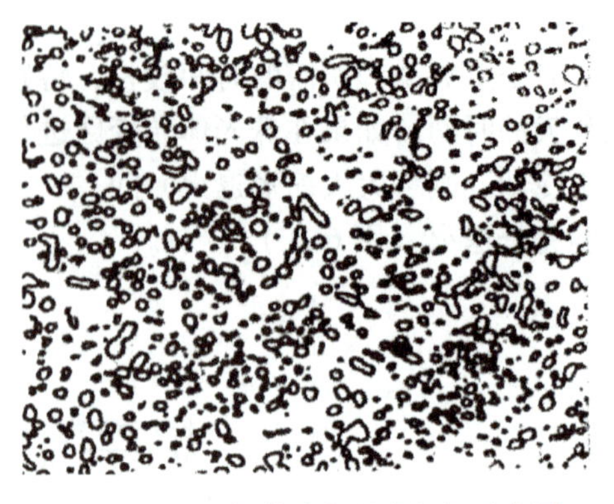

图 6-21　T12 钢的球化退火组织示意图

共析钢、过共析钢热加工后的组织中常出现粗片状的珠光体与网状二次渗碳体，使钢的硬度偏高，脆性增大，这不仅给切削加工带来困难，而且淬火时易变形和开裂。采用球化退火可使珠光体中的层片状渗碳体变成均匀分散的球状（颗粒状）渗碳体，从而可以显著提高钢的塑性、韧性，将钢的硬度降低到合适的切削范围，并减小后续淬火时的过热和变形倾向。

但是球化退火不能消除网状二次渗碳体，对于存在严重网状渗碳体的钢，可在球化退火之前进行一次正火。球化退火主要用于碳素工具钢、合金工具钢、滚动轴承钢等共析或过共析钢件。

**3. 均匀化退火**

均匀化退火也称扩散退火，主要用于合金钢铸锭和铸件，目的是消除铸造过程中产生的枝晶偏析，使合金钢成分均匀。均匀化退火工艺是将钢加热到略低于固相线温度（$Ac_3$或 $A_{cm}$ 以上 150~250℃），保温 10~15h，然后随炉冷却到 350℃出炉空冷。

均匀化退火的加热温度与保温时间，也可根据偏析程度与材质灵活确定。均匀化退火加热温度高、保温时间长，易使晶粒粗大。因此均匀化退火后还应进行完全退火或正火来细化晶粒。均匀化退火工艺能耗高、工件氧化脱碳严重、炉子损耗大，是成本比较高的热处理，主要用于质量要求高的合金钢铸锭、铸件或锻坯，对于一般低合金钢和碳素钢应避免使用。

**4. 去应力退火**

钢在铸造、焊接、切削加工和冷变形加工等过程中会产生残余内应力。存在残余内应力的零件在放置或工作过程中，随金属原子的运动而使残余内应力逐渐松弛，并引起零件的缓慢变形。因此，残余内应力的存在，对尺寸精度要求较高的精密零件十分有害。

为消除或减小工件在加工过程中产生的残余内应力，以稳定零件的尺寸和形状，将存在残余内应力的工件加热至 $A_1$ 以下温度（550~650℃）并保持适当时间，然后随炉缓冷至 200℃出炉空冷，这种热处理称为去应力退火。去应力退火保温时间要根据工件截面尺寸及装炉量确定，一般钢的保温时间为 3min/mm，铸铁的保温时间为 6min/mm。去应力退火后冷却应足够缓慢，以免产生新的应力。

去应力退火在不改变钢组织的条件下，力学性能无明显变化，但通过加剧原子运动可较快地松弛残余内应力，能有效地消除钢的残余内应力。去应力退火主要用于铸件、焊接件或经切削粗加工的退火态在制精密零件，如机床床身、内燃机气缸体、汽轮机隔板焊接件、冷卷弹簧等。

对于一些大型焊接钢结构件，由于体积庞大无法装炉退火，可以采用火焰加热或感应加热方法对焊缝和热影响区进行局部去应力退火；对于经过淬火、回火的在制精密零件，为了不降低零件硬度，其去应力退火温度至少应比回火温度低50℃。

此外，还有再结晶退火，详见5.3.1节冷塑性变形金属在加热时组织和性能的变化。

**微视频6-3 常用退火及其作用**

## 6.3.2 钢的正火

正火也称为“常化”。它是指将钢加热至$Ac_3$或$Ac_{cm}$以上30~50℃（图6-19），经完全奥氏体化后在空气中冷却的热处理工艺。对大型工件或温度较高的夏季，可根据实际情况吹风或喷雾进行冷却，同时注意冷却时散开放置，不能堆放。

正火的作用与完全退火相似，细化晶粒、均匀组织、消除内应力。对于亚共析钢，由于正火的冷速快于退火，正火钢的组织更为细密，因此强度、硬度更高，正火钢的硬度易控制到适合切削的范围，避免“黏刀”现象，提高工件表面质量。正火生产周期短，故对中、低碳的亚共析钢通常采用正火代替完全退火，对于某些要求不高的中碳钢零件，正火可以作为最终热处理。对于过共析钢，正火因冷速快，可以减少二次渗碳体析出量，避免其形成连续网状二次渗碳体。

正火还可消除热加工所造成的魏氏组织、晶粒粗大等缺陷，改善材料力学性能。

## 6.3.3 退火和正火在零件制造中的应用

机械制造最常用的钢件毛坯是轧材、锻件和铸件。轧材是钢厂轧制成形的钢材，热轧材在钢厂一般是经过适当的热处理（如退火）或轧后按规定方法冷却后供应的，故以轧材作为毛坯时可直接切削加工而不再进行退火或正火。当以锻钢件或铸钢件作为毛坯时，应先退火或正火再进行切削加工。

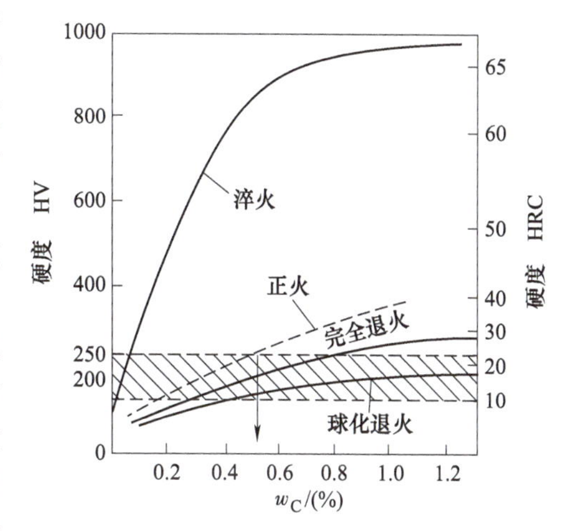


图6-22 碳素钢热处理后的大致硬度

选用退火或正火时，不仅要考虑其热处理工艺能消除铸件或锻件的热加工缺陷，还要考虑能改善钢的切削加工性能。钢的切削加工性能与其硬度有关：钢的硬度过高，切削加工困难，刀具磨损大；硬度过低，则加工表面粗糙度大，钢的硬度约为20HRC或200HV左右时，其切削加工性能最佳（图6-22中剖面线范围）。由图6-22可见：$w_C$=0.2%~0.6%的中、低碳钢锻件和铸件宜采用正火；$w_C$>0.6%的高碳钢锻件宜采用球化退火。对于存在网状二次渗碳体的过共析钢锻件应先正火再球化退火。

## 6.4 钢的淬火与回火

淬火和回火属于最终热处理，是赋予零件最终性能的关键工序，二者密不可分。淬火是钢最重要的强化方法之一，可以很大程度地提高钢的强度、硬度，但脆性增加，也带来了淬火应力。因此，淬火要与不同温度的回火结合，一则消除应力，二则得到不同强度、硬度、塑性、韧性的配合，进而满足不同零件不同的性能需求。

### 6.4.1 钢的淬火

淬火是将钢奥氏体化后快速冷却以获得高硬度的马氏体（或下贝氏体）组织的热处理工艺。为获得马氏体，淬火冷却速度必须大于临界冷速 $v_K$，使得操作难度增大。由于各类钢的临界冷速不同，实际操作中的冷速就有很大差异，如低碳钢因其 C 曲线靠左，水冷往往只得到珠光体类型组织，而高速钢 C 曲线右移，空冷可获得马氏体组织。

**1. 淬火工艺**

确定淬火工艺时，必须恰当选择淬火加热温度、加热保温时间和淬火冷却介质。

（1）淬火加热温度　淬火加热温度主要取决于钢的化学成分。碳素钢的淬火加热温度可根据 $Fe-Fe_3C$ 相图确定（图 6-23）。

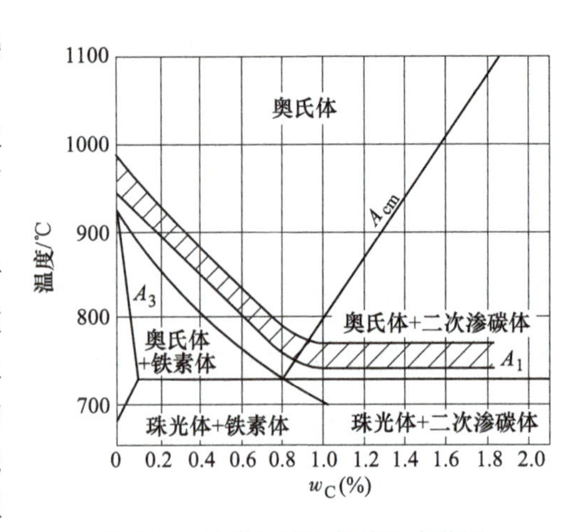

图 6-23　碳素钢淬火加热温度范围

亚共析钢一般加热到 $Ac_3$ 以上 30~50℃进行完全奥氏体化淬火。这是因为亚共析钢如果在 $Ac_1$~$Ac_3$ 加热，其组织是铁素体和奥氏体，淬火后由于铁素体不能转变而被保留下来。块状的铁素体分布在马氏体中，降低了钢的硬度、强度，影响最终的力学性能；当然，淬火加热温度也不能过高，否则奥氏体晶粒粗化，钢的氧化脱碳严重，淬火后会出现粗大的马氏体组织，使钢的性能恶化。

共析钢、过共析钢一般加热到 $Ac_1$ 以上 30~50℃进行不完全奥氏体化淬火，淬火后得到细小的马氏体和少量残留奥氏体，过共析钢还有一部分细粒状渗碳体，这是因为淬火加热前已经球化退火，淬火后，奥氏体转变为马氏体，未溶细粒状渗碳体保留下来，这些渗碳体可以提高钢的耐磨性。对于过共析钢而言，若加热温度高于 $Ac_{cm}$，由于渗碳体全部溶于奥氏体中，奥氏体碳含量提高，$Ms$ 点降低，淬火后残留奥氏体量增多，钢的硬度和耐磨性降低。此外，因温度高，奥氏体晶粒粗化，淬火后得到粗大的高碳马氏体，内应力增大，显微裂纹增多，钢的脆性增大。若加热温度低于 $Ac_1$ 点，组织没发生相变，则达不到淬火目的。

实际生产中，淬火加热温度的确定，尚需考虑工件形状尺寸、淬火冷却介质和技术要求等因素。

常用钢的淬火加热温度参见附表 2。

（2）加热保温时间　加热保温时间应合理。加热保温时间过长，奥氏体晶粒易长大，且零件氧化、脱碳倾向增大；反之，奥氏体化不充分。确定零件的加热保温时间时，应考虑加热方法、钢的种类、工件的形状尺寸和装炉方式等因素。一般可用如下经验公式计算：

$$\tau = \alpha k D$$

式中　$\tau$——加热保温时间（min）；

$\alpha$——加热系数（min/mm）；

$k$——工件的装炉方式修正系数；

$D$——工件的有效厚度（mm）。

加热系数 $\alpha$、工件的有效厚度 $D$ 和装炉方式修正系数 $k$ 的确定，可参见热处理手册。

（3）淬火冷却介质　为获得马氏体组织，淬火冷速必须大于钢临界冷速 $v_K$。零件快冷时，其内层、外层或不同部位的温度差异，导致冷却收缩不一致，会产生热应力；马氏体转变不同时，其体积膨胀不一致也会产生组织应力，两种应力合称为淬火应力。冷速越快越容易获得马氏体，但淬火应力也越大，越易引起零件变形和开裂，这就是淬火操作的难点。因此，在保证淬火获得马氏体的前提下，淬火冷速应越慢越好。

其实，根据碳素钢的奥氏体等温冷却转变曲线，要获得马氏体组织，并不需要在整个冷却过程中都进行快速冷却。关键是在过冷奥氏体最不稳定的C曲线鼻尖附近，即在550~650℃范围内要快速冷却，而在其他温度区间慢冷，尤其是在 $Ms$ 点以下的马氏体转变区慢冷，以尽量减小淬火应力。因此，钢在淬火时最理想的冷却曲线如图6-24所示。但到目前为止，还没有发现符合这一特性要求的理想淬火冷却介质。

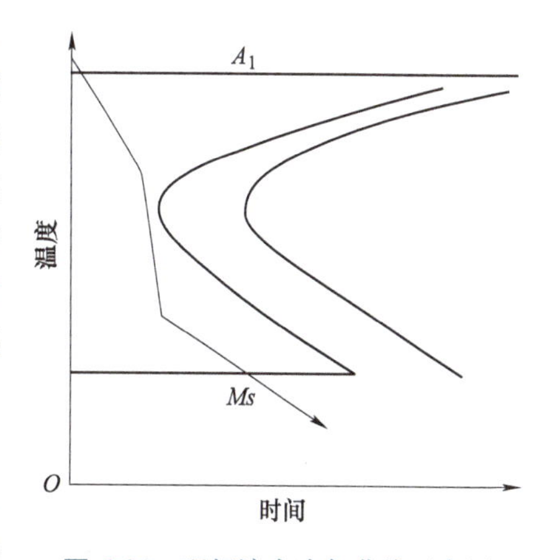


图6-24　理想淬火冷却曲线示意图

生产中最常用的淬火冷却介质是水和油。

水是目前应用最广泛、廉价而安全的冷却介质，不燃烧、无腐蚀，常用于形状简单的碳素钢件。为提高水的冷却能力，常加入少量的盐和碱，如含5%~10%食盐的盐水溶液，常用于低碳钢零件；盐水、碱水有腐蚀作用，淬火后工件需清洗。虽然它们冷却能力强，但易引起零件的淬火变形和开裂。

生产中常采用机油、锭子油、柴油和变压器油等矿物油作为淬火冷却介质。油的冷却能力比水弱得多，一般尺寸的碳素钢零件难以在油中淬成马氏体，故不能用于碳素钢零件的淬火冷却。油主要用于合金钢零件的淬火冷却，零件的淬火变形与淬火开裂倾向较小。用油淬火后的钢件需清洗，油易老化。

熔融状态的盐也可作为淬火冷却介质，称作盐浴，冷却能力介于水、油之间，可减少工件变形，常用于处理形状复杂、尺寸小、变形要求严格的工件。冷却能力介于水、油之间的淬火冷却介质还有水玻璃水溶液、过饱和硝盐水溶液和聚乙烯醇水溶液等，常用钢的淬火冷却介质见附表2。

**2. 常用淬火方法**

为保证零件的淬火质量，除合理选用淬火冷却介质外，还应合理选择淬火冷却方法。常用的淬火冷却方法有以下四种。

（1）单介质淬火法　钢件奥氏体化后，浸入单一淬火冷却介质中冷却至室温或100~

150℃时取出空冷（图 6-25 中曲线 1），如合金钢件的油淬，简单形状碳素钢件的水淬。此方法操作简便，但淬火应力大，零件易变形或易开裂。

（2）双介质淬火法　钢件奥氏体化后，先浸入一种冷却能力较强的淬火冷却介质中快冷至 *Ms* 温度附近（300℃左右），再立即转入另一种冷却能力较弱的淬火冷却介质中冷却至室温（图 6-25 中曲线 2），如碳素钢先水冷后油冷，合金钢先油冷后空冷等。此方法可有效地减小淬火应力，防止变形和开裂，但操作上较难准确地控制由第一种介质转入第二种介质的温度，要求工人必须有丰富的经验和熟练的操作技术，如水淬油冷时，工件入水有嗞嗞声，同时发生振动，当嗞嗞声消失和振动停止的瞬间，立即出水入油；也可按每 5~6mm 有效厚度水冷 1s 的经验公式计算在水中的时间。双介质淬火法常用于形状较复杂的高碳钢件和某些尺寸较大的合金钢件。

（3）马氏体分级淬火法　钢件奥氏体化后，浸入温度在 *Ms* 点附近的液体介质中（盐浴或碱浴）保持适当时间，使工件整体达到介质温度后取出空冷，以获得马氏体组织（图 6-25 中曲线 3）。此方法容易实现，且分级后空冷时工件各部位温差很小，故工件的淬火应力和淬火变形很小。但工件在浴炉中的冷却速度较慢，而等温时间又有限制，因此，只适合形状复杂、截面尺寸较小的工件（一般直径和厚度小于 12mm）。

常用的分级液体介质有 180~200℃的熔融态碱浴和 200~400℃的熔融态硝盐浴。碱浴适用于小型碳素钢件，硝盐浴适用于合金钢件。

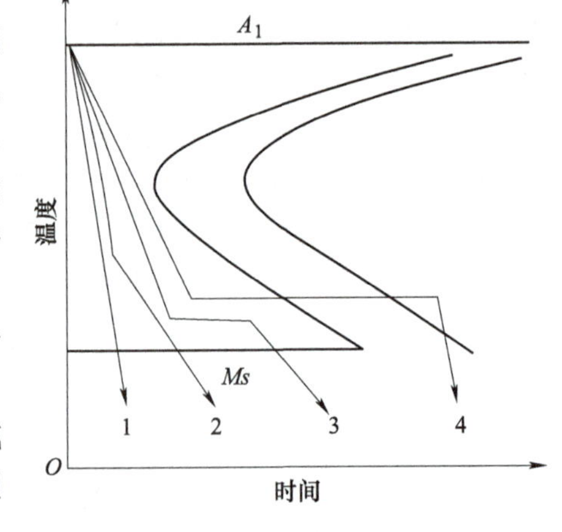

图 6-25　钢的常用淬火方法示意图

（4）贝氏体等温淬火法　钢件奥氏体化后，浸入温度在下贝氏体转变温度区的盐浴或碱浴中等温较长时间，然后空冷（图 6-25 中曲线 4）。此方法使钢在恒温下形成全部或大部分比体积较小的下贝氏体，故工件的淬火应力和淬火变形极小，强韧性较高。

等温淬火法多用于形状复杂、尺寸较小、精度和强韧性要求较高的合金钢件、精密零件。

**微视频 6-4　钢淬火时理想的冷却曲线**

**微视频 6-5　古代宝剑制作中的淬火工艺**

**微视频 6-6　古代唐横刀制作中的淬火工艺**

**历史回望 6-1　蒲元淬刀**

南宋吴曾《能改斋漫录》中蒲元传曰：君性多奇思，于斜谷，为诸葛亮铸刀三千口，刀成，自言汉水钝弱，不任淬，蜀江爽烈，是谓大金之元精，天分其野。乃命人于成都取江水，君以淬刀，言杂涪水，不可用，取水者捍言不杂，君以刀画水，言杂八升，取水者叩头云，于涪津覆水，遂以涪水八升益之。

三国时期蜀国的造刀能手蒲元为诸葛亮造刀 3000 口，刀能劈开装满铁砂的竹筒，被誉为“神刀”。其诀窍是蒲元能识别不同水质对淬火质量的影响，自言“汉水钝弱，不任淬，蜀江爽烈”，乃命人于成都取之。这表明古代已充分认识到不同冷却介质对淬火后工件性能的影响及重要性。

## 6.4.2　钢的回火

钢淬火之后还必须配以适当的回火处理。回火是将淬火钢重新加热至 $A_1$ 以下某预定温度并保温一定时间，然后冷却至室温的热处理工艺。

**1. 淬火钢回火的目的**

（1）消除或减少内应力　钢件淬火后存在很大的内应力，如不及时回火往往会使钢件发生变形甚至开裂。

（2）稳定工件尺寸　淬火马氏体和残余奥氏体在淬火钢中都是极不稳定的组织，它们在室温下会自发地分解，向更稳定的组织转变，从而引起工件尺寸和形状的改变。需经回火促使淬火组织变为更稳定的组织。

（3）获得工件所要求的力学性能　工件经淬火后，具有高的强度和硬度，但塑性、韧性较低，为了满足不同工件不同的性能要求，可以通过适当温度的回火来改变淬火组织，降低脆性，获得不同需求的最终组织和性能。

**2. 淬火钢回火时的组织转变及产物**

在回火加热时，马氏体和残留奥氏体将逐渐向稳定的平衡组织（铁素体+渗碳体）转变。随回火温度的升高，淬火钢的组织转变大致有以下四个阶段。

（1）马氏体的分解（80~200℃）　指马氏体中过饱和的碳以过渡碳化物 $Fe_{2.4}C$ 形式部分析出的过程，降低了马氏体的过饱和度，晶格畸变程度降低，淬火应力有所减小，但分解产物仍为碳在 α-Fe 中的过饱和固溶体，加上其间极细小的 $Fe_{2.4}C$，保持了马氏体高硬度特点，这种组织称为回火马氏体（用符号 M′表示）。

（2）残留奥氏体的转变（200~300℃）　在相同的温度条件下，残留奥氏体的回火转变与原过冷奥氏体的转变相同，当回火温度达到 200~300℃时，残留奥氏体发生明显转变，将转变为下贝氏体。

（3）渗碳体的形成（250~450℃）　$Fe_{2.4}C$ 向更稳定的 $Fe_3C$ 转变，形成弥散分布的、极细小的渗碳体。当温度升至350℃时，因碳化物充分的析出，马氏体中碳的溶解度降至平衡成分而成为针状铁素体，钢的硬度降低，淬火应力基本消除，此时钢具有高强度和足够韧性，称为回火托氏体（用符号 T′表示）。

（4）渗碳体的球化、长大及铁素体的形态变化（>450℃）　随回火温度升高，渗碳体逐渐聚集长大并球化为细粒状。当温度高于550℃时，铁素体发生再结晶，铁素体逐渐由针状转变为细小等轴状晶粒，此时硬度、强度进一步下降，但塑性、韧性进一步提高，性能逐渐均衡，具有良好的综合力学性能，这种组织称为回火索氏体（用符号 S′表示）。

回火温度越高，回火产物越接近于平衡组织，其稳定性也越高。

**3. 淬火钢回火时的性能变化**

淬火钢回火时，随上述组织变化其力学性能的变化趋势为：随回火温度升高，强度、硬度降低，塑性、韧性提高（图6-26）。应当注意，在250~350℃回火时，钢的韧性最低，此现象称为不可逆回火脆性。

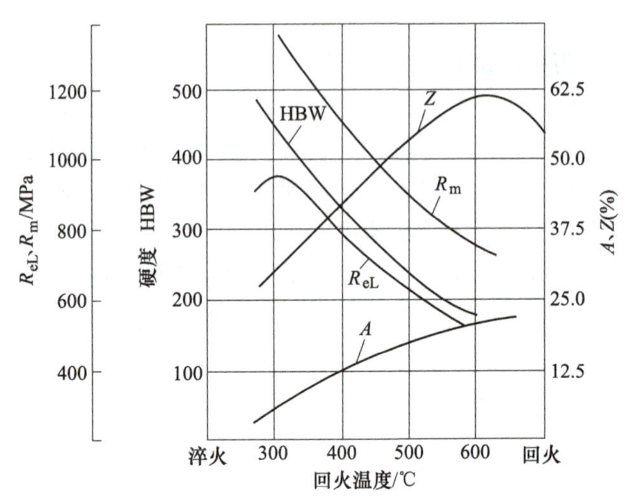


图6-26　淬火钢（$w_C$=0.4%）回火时力学性能的变化

不同 $w_C$ 淬火钢的回火硬度曲线如图6-27所示。由图可见，回火温度一定时，钢的 $w_C$ 越高其回火后硬度越高；回火硬度要求一定时，对 $w_C$ 较高的淬火钢应采用较高的温度回火。各种成分淬火钢的回火硬度曲线可参阅热处理手册。常用淬火钢回火温度与回火后硬度的关系见附表3。

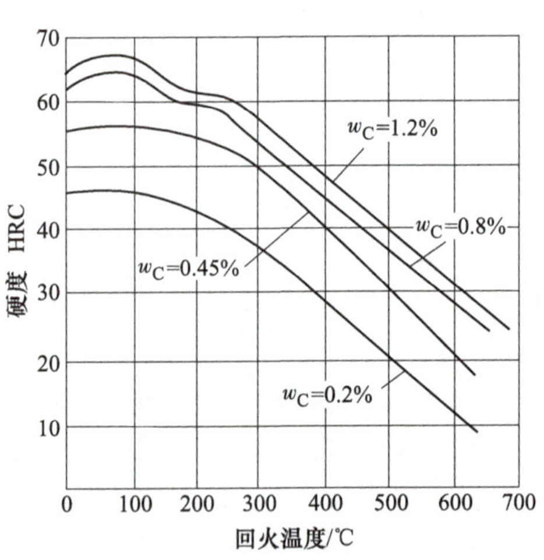


图6-27　不同碳含量淬火钢的回火硬度曲线

**4. 回火的种类及应用**

对力学性能要求不同的淬火件，应采用不同温度的回火。按回火温度不同，回火分为以下三类：

（1）低温回火　回火温度在150~250℃范围，其组织是回火马氏体（M′）及少量残留奥氏体，其作用是在保持淬火钢高硬度和高耐磨性的条件下，降低淬火钢的脆性和内应力，稳定钢的组织和零件尺寸。低温回火常用于高碳钢和高碳合金钢制造的要求高硬度的工模具、滚动轴承以及渗碳淬火和表面淬火零件等，回火后硬度一般为58~64HRC。

（2）中温回火　回火温度在350~500℃范围，其组织是回火托氏体（T′），其作用是使钢获得高的弹性极限、屈服强度和足够韧性。中温回火主要用于 $w_C$ 为0.5%~0.7%的钢，该钢用于制造各种弹簧、热作模具及某些螺钉、销钉等高强度零件，回火后硬度为35~45HRC。

（3）高温回火 回火温度在500~650℃范围，其组织是回火索氏体（S′），其作用是使钢获得强度、硬度、塑性和韧性都较好的力学性能（良好的综合力学性能）。习惯上，将钢的淬火并高温回火称为调质处理，简称调质，主要用于$w_C$为0.3%~0.5%的钢，该钢用于制造受力复杂的连接件和传动件，如主轴、曲轴、连杆、齿轮、螺栓等，回火后硬度为25~35HRC。

应注意，钢经调质处理后的硬度值和正火很相近，但塑性、韧性显著超过了正火状态，这是因为调质处理获得的回火索氏体中渗碳体呈细颗粒状，正火获得的索氏体中渗碳体呈片层状，因此，要求良好综合力学性能的重要结构零件一般都采用调质处理。

另外，回火还需要一定的时间，应保证工件穿透加热，以及组织转变能够充分进行。实际中，组织转变所需时间一般不大于0.5h，穿透加热时间则随加热温度、工件厚度、装炉量、加热方式等有较大波动，一般为1~3h。

**案例解析 6-1 錾子的淬火与回火操作**

錾子常用碳素工具钢T7或T8锻造而成，锻造成的錾子要经过淬火、回火处理后才能使用。

錾子的淬火和回火操作如下：

（1）淬火 用盐浴炉或高频感应加热设备将已磨好的錾子的切削部分（约20mm长的一段）均匀加热到770~790℃后（呈淡樱红色，此时要目测炉温），迅速从炉中取出，并垂直地把錾子放入水中冷却，浸入深度为5~6mm，然后将錾子沿着水面缓缓地移动，由此造成水面波动，加速冷却，提高淬火硬度，并使淬硬与不淬硬部分不致有明显界限，防止在此处断裂，如下图所示。待冷却到錾子露出水面部分呈暗棕色时，将其由水中取出。

（2）余热自回火 由水中取出錾子后迅速擦去刃口处的氧化皮。由于刃口上部未淬水部分的温度高于刃口温度，故热量向刃口传导，刃口部分随即温度升高，观察其颜色变化情况。錾子刚出水时刃口呈白色，随后由白色变为黄色，再由黄色变为蓝色。当刃口变成黄色（约200℃）时，把錾子全部浸入水中冷却，这种回火称为“黄火”；如果在刃口变成蓝色（约300℃）时再把錾子全部浸入水中冷却，这种回火称为“蓝火”。黄火的硬度比蓝火的硬度要高，不易损坏，但黄火的韧性比蓝火差些，所以一般采用两者之间的硬度，即“黄蓝火”，这样既能达到较高的硬度又能保持一定的韧性。

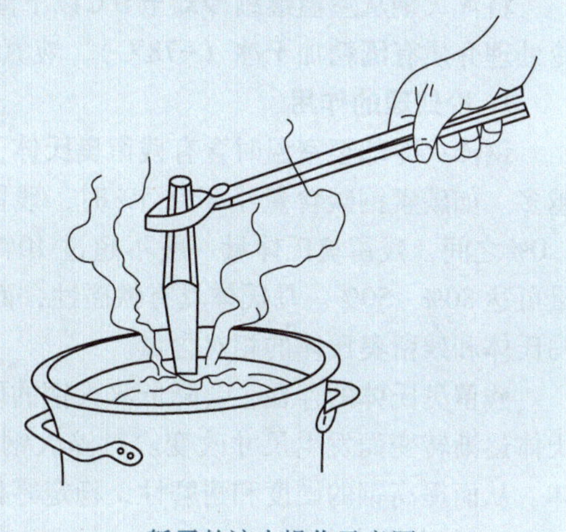

錾子的淬火操作示意图

**5. 回火脆性**

淬火钢回火的目的是稳定组织、降低脆性、提高韧性。但是，淬火钢的韧性并不是随回火温度的上升而一直提高的，在某些回火温度范围回火时，淬火钢会出现冲击韧性显著下降的现象，称为回火脆性（图 6-28）。

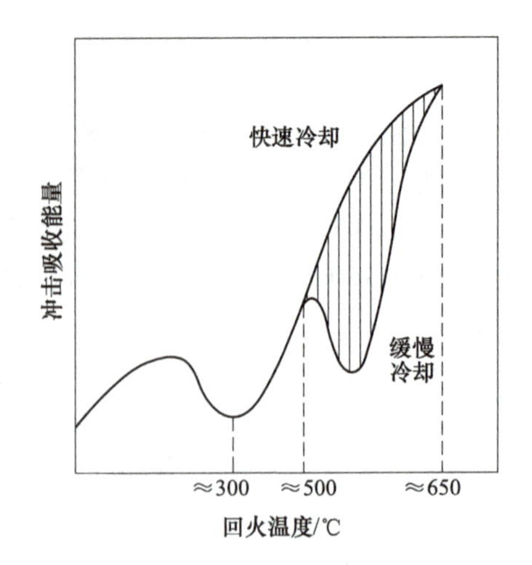


图 6-28 钢的冲击韧性随着回火温度的变化

（1）第一类回火脆性 淬火钢在 250~350℃回火时，碳化物沿马氏体片或马氏体条的界面析出，影响马氏体的连续性，使其韧性降低、脆性增加。第一类回火脆性一旦产生就难以消除，因此也称为不可逆回火脆性或低温回火脆性。几乎所有淬火钢在该温度范围回火后都存在这种脆性，它与冷速无关，需要避开这一回火温度范围。

（2）第二类回火脆性 某些合金钢，尤其含 Cr、Mn、Ni、Si 等元素的合金钢，在 500~650℃温度范围内回火后慢冷时，P、Sb、Sn 等微量杂质元素在晶界上偏聚和析出使晶界变脆。钢中含有 Cr、Mn、Ni 等合金元素时，会促进微量杂质在晶界上偏聚，增大回火脆化倾向。这类回火脆性出现后，可通过再次回火并短期加热、快速冷却的方法消除。已经消除了回火脆性的钢，如果重新加热至 500~650℃温度范围回火，随后慢冷，则脆性还会出现，因此也称为可逆回火脆性或高温回火脆性。

生产中减小或消除第二类回火脆性的方法如下：提高钢的纯净度，减少杂质元素的含量；对小截面工件，宜先回火后快速冷却（油冷或水冷）；大截面工件则需采用含 W 和 Mo 的钢制造，在钢中加入少量的 W（$w_W \approx 0.4\% \sim 1.0\%$）和 Mo（$w_{Mo} \approx 0.2\% \sim 0.5\%$）等合金元素，可有效抑制杂质元素向晶界偏聚，其本身也不向晶界偏聚。

## 6.4.3 淬火钢的冷处理

将淬火钢从室温继续冷却至 0℃以下温度（如-80~-70℃）的工艺称为冷处理。常用的冷处理介质有酒精加干冰（-78℃）、液氮（-196℃）和液氧（-183℃）。

**1. 冷处理的作用**

钢淬火冷却至室温时含有残留奥氏体，且钢中碳含量及合金元素含量越高，残留奥氏体越多。如碳素钢碳含量小于 0.5%时，残留奥氏体量很少，为 1%~2%；碳含量在 0.6%~1.0%之间，残留奥氏体量一般不超过 10%；如果碳含量在 1.3%~1.5%之间，残留奥氏体量可达 30%~50%。马氏体具有铁磁性，而奥氏体是顺磁性的，可利用磁性的变化测定钢中马氏体和残留奥氏体的相对含量。

残留奥氏体的存在，会降低淬火钢的硬度和耐磨性，且零件在长期使用过程中因残留奥氏体逐渐转变而发生尺寸改变。对淬火钢进行冷处理，可使奥氏体最大限度地转变为马氏体，从而提高钢的硬度和耐磨性，稳定零件尺寸。

**2. 冷处理的应用**

冷处理主要用于要求高硬度、高耐磨和尺寸稳定的精密工具和精密零件，如精密量具、高速冲模、拉刀、精密轴承、精密丝杠、柴油机喷油嘴等。此类工具和零件主要采用高碳钢或高碳合金钢制造，并经过淬火、冷处理和低温回火达到其使用要求。但此类淬火钢冷处理后，因有较多残留奥氏体转变为马氏体而产生较大的附加应力，并使淬火钢脆性增大而易于断裂。因此，生产中常采用下列两种工艺方法，以减小冷处理产生的附加应力和脆性。

1）工件淬火后先经 100℃沸水处理 1h，再在液氮或液氧中冷处理 1h，并用 60℃或室温水使工件“解冻”，然后充分低温回火（两次）；

2）工件经淬火低温回火后，在液氮或液氧中冷处理 1h，并用 60℃或室温水使工件“解冻”，然后再次低温回火。

# 6.5 钢的淬硬性与淬透性

## 6.5.1 钢的淬硬性

### 1. 淬硬性

淬硬性指淬火钢获得最高硬度或马氏体硬度的能力。淬火钢的最高硬度越高，其淬硬性越高。钢的淬硬性与合金元素无关，而取决于钢的碳含量。钢的碳含量越高，淬火马氏体的硬度越高，则钢的淬硬性越高（图 6-29）。由于生产中一般难于淬得全部马氏体，故钢的实际淬火硬度往往低于马氏体的硬度。

### 2. 淬硬性的应用

淬硬性是零件选材的重要依据。通常钢件淬火回火后的硬度要求越高，所选用钢的碳含量也越高。例如，对硬度要求为 58HRC 以上的高硬度高耐磨的各种工具，一般选用 $w_C \geq 0.8\%$ 的工具钢；对硬度要求为 44～52HRC 的各种高强度弹簧，一般选用 $w_C = 0.5\% \sim 0.7\%$ 的弹簧钢；对硬度要求为 22～32HRC 的综合力学性能好的轴和部分齿轮等，一般选用 $w_C = 0.3\% \sim 0.5\%$ 的调质钢。

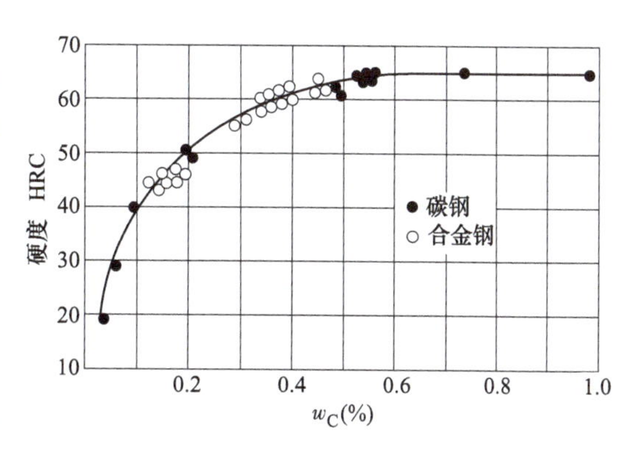


图 6-29　碳素钢获得马氏体后的硬度

## 6.5.2 钢的淬透性

### 1. 淬透性

一定尺寸的工件在某介质中淬火，其淬硬层深度和截面各点的冷却速度有关。工件表层和心部的冷却速度不同，由表层至心部冷却速度递减（图 6-30a）。若表层的冷却速度大于钢的临界淬火速度 $v_K$，则表层能淬硬获得马氏体，若心部冷却速度小于钢的临界淬火速度 $v_K$，则只能获得非马氏体组织（图 6-30b）。

淬透性是指在规定淬火条件（淬火加热温度和冷却介质）下，钢获得高硬度马氏体层（淬硬层）深度的能力。为测试方便，通常以淬硬件表面至半马氏体层（马氏体和非马氏体各占 50%）的深度作为淬硬层深度，当心部能淬成半马氏体时的最大直径称为临界直径（符号为 $d_C$）（图 6-31）。显然，钢的 $d_C$ 值越大，其淬透性越好。淬透性反映了淬火钢的硬度分布特性。

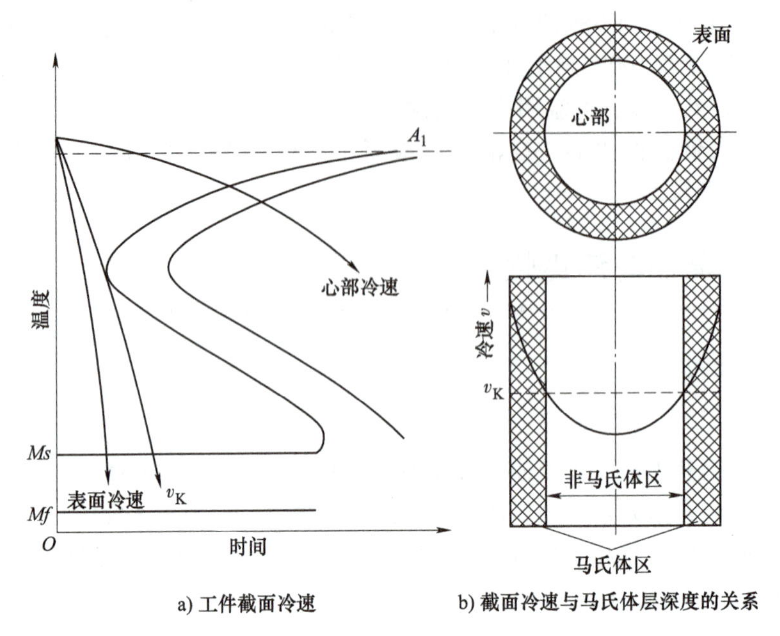


图 6-30 淬火钢实际截面冷速、临界冷速与马氏体层深度的关系

**2. 影响淬透性的主要因素**

影响钢淬透性的最主要因素是钢中的合金元素及其含量。

钢中的合金元素（除元素 Co 外）通过淬火加热溶入奥氏体后，均能使过冷奥氏体稳定性显著增大、C 曲线位置右移、$v_K$大大减小，从而显著提高钢的淬透性（图 6-32）。因此，不同成分的钢具有不同的淬透性。几种常用钢的临界直径 $d_C$ 比较见表 6-2，由表可知，碳素钢的淬透性较差，且碳含量对钢的淬透性影响不大；合金钢的淬透性较好，且合金元素含量越高，其淬透性越好。

图 6-31 $d_C$ 测定示意图

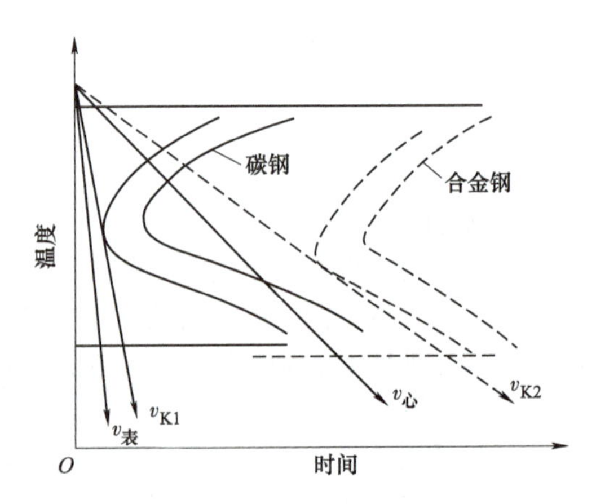


图 6-32 合金元素对钢淬透性的影响示意图

**3. 淬透性的应用**

淬透性属于钢的热处理工艺性能。淬透性高的钢，整个截面均被淬硬，其截面上力学性能分布是均匀的；未被淬透的钢，越靠近心部，力学性能越差，特别是韧性相差更明显。因此，在零件选材和制定热处理工艺时，必须考虑钢的淬透性。

表 6-2　几种常用钢的临界直径 $d_C$ 比较

| 钢的种类 | 钢的牌号 | 临界直径 $d_C$/mm | |
|---|---|---|---|
| | | 水淬 | 油淬 |
| 优质碳素渗碳钢 | 45 | 10~18 | 6~8 |
| 合金结构钢 | 40Cr | 30~38 | 12~24 |
| | 20CrMnTi | 32~50 | 20~30 |
| 碳素工具钢 | T8、T8A、T10、T10A | 15~18 | 5~7 |
| 低合金工具钢 | CrWMn、9SiCr | 50~60 | 40~50 |
| 高合金工具钢 | Cr12、Cr12MoV | — | 200 |

对于大截面的重要零件，以及受力较大并要求截面力学性能均匀的零件，如受拉伸、压缩及冲击载荷的零件，应该选用合金化程度较高的合金钢以增加淬透性，由于其应力分布是均匀的，因此要求整个截面淬透；对于受弯曲、扭转载荷的零件，如多数轴类零件，由于其应力主要分布在表层，因此淬硬层深度一般为工件半径的 1/3~1/2，不必苛求整体淬透，如 45 钢在水中淬火临界直径 $d_C$不到 20mm，但可制造直径为 40~50mm 的车床主轴；对于焊接结构件，不应选用淬透性高的钢，因钢在空冷时容易在焊缝和热影响区形成高硬度的马氏体组织，而诱发焊接冷裂纹。其次，对于受力复杂、要求变形小的高精度零件，可以采用淬透性较高的钢，使其在冷却缓慢的介质中淬火，减少淬火变形；对于要求表硬心韧的零件可以采用低淬透性的钢。

应当指出，零件的实际淬硬层深度不仅与钢的淬透性有关，还与零件截面尺寸和淬火冷却介质有关。零件截面尺寸越大，其热容量越大，在相同淬火冷却介质中冷却后所能获得的实际淬硬层深度越浅，甚至表面也不能淬硬，力学性能将降低，这种随工件尺寸增大，热处理强化效果减弱的现象称为“尺寸效应”。因此，不能将热处理手册中查到的小尺寸试样性能数据照搬于实际生产中大尺寸零件。但是，合金元素含量越高、淬透性越好的钢，尺寸效应越不明显。此外，由于碳素钢的淬透性低，在设计大尺寸零件时，有时用正火比调质更经济，而效果相近。

## 6.6　钢的表面热处理

对于承受弯曲、扭转等交变载荷及冲击载荷并在摩擦条件下工作的零件，如齿轮、轴类、轧辊等，不但要求表面有高的强度、硬度、耐磨性和疲劳强度，还要求零件心部有足够的塑性和韧性，以防止脆断。为使零件的表面和心部实现良好的性能配合，普通热处理不能满足这些性能要求，生产上常用表面热处理。

### 6.6.1　钢的表面淬火

表面淬火是对工件表层进行淬火的工艺。它是将工件表面快速加热，使其奥氏体化并快速冷却获得马氏体组织，而心部仍保持原来塑性、韧性较好的退火、正火或调质状态的组织。表面淬火后需进行低温回火，以减少淬火应力和降低脆性。

目前生产中应用最广泛的是感应加热表面淬火，其次还有火焰加热表面淬火、接触电阻加热淬火、激光淬火、电子束淬火等。

**1. 感应加热表面淬火**

感应加热是将钢件置于通入交变电流的线圈中，由于电磁感应，钢件产生频率相同、方向相反的交变电流，如图 6-33 所示。由于趋肤效应，集中在钢件表层的高密度电流，在具有较大电阻的钢件表层呈涡旋流动（自成回路）并产生热效应，将钢件表层迅速加热至淬火温度；而钢件中心电流几乎为零，温度变化很小处于相变点之下，这时经喷水冷却，钢件表面经快冷淬火，得到一定深度的马氏体层，而心部组织保持不变。淬火后为了消除内应力和淬硬层脆性，应进行 180～200℃、1～2h 低温回火处理，使表层获得回火马氏体，保持高硬度及高耐磨性。

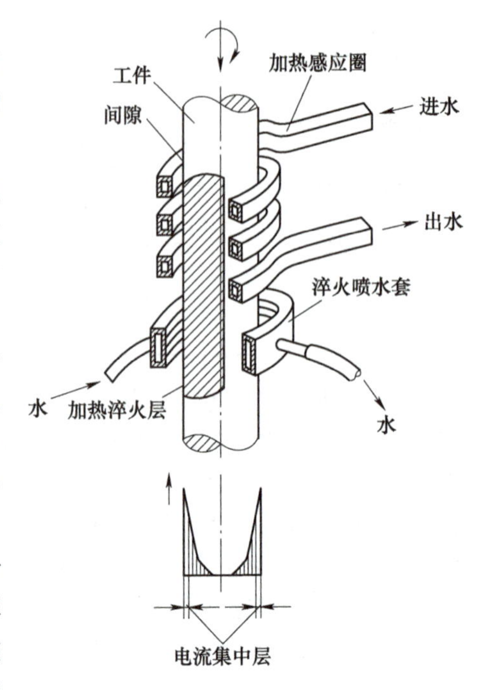

图 6-33 感应加热表面淬火示意图

感应加热时，工件截面上感应电流密度的分布与通入感应线圈中的电流频率有关。电流频率越高，感应电流越集中在工件表面，趋肤效应越明显，淬硬层越薄。因此可通过调节通入感应线圈中的电流频率来获得不同的淬硬层深度。

根据所用电流频率，感应加热分为三种：

（1）高频感应加热 所用电流频率范围为100～500kHz，主要用于要求淬硬层较浅的小型轴类零件、齿轮，其淬硬层深度为 0.5～2mm。

（2）中频感应加热 所用电流频率范围为 500～10000Hz，适用于中、大型零件，如中、大模数齿轮和尺寸较大的凸轮轴、花键轴、曲轴等，其淬硬层深度为 2～10mm。

（3）工频感应加热 电流频率为 50Hz，主要用于大尺寸零件，如直径大于 300mm 的轧辊、火车车轮和大型工模具等，其淬硬层深度为 10～15mm。

感应淬火具有加热速度快（只需几秒、几十秒）、淬火组织细密、零件表面氧化脱碳少、变形小、易实现自动化等优点；由于工件表面残余压应力能部分抵消在交变载荷作用下产生的拉应力，从而可提高零件疲劳强度。但加热设备较贵，形状复杂的零件处理比较困难，故不适合单件、小批量生产。

感应加热表面淬火主要适用于中碳钢和中碳低合金钢，例如 45、40Cr、40MnB 等。若碳含量过高，会增加淬硬层脆性，降低心部塑性和韧性，并增加淬火开裂倾向；若碳含量过低，会降低零件表面淬硬层的硬度和耐磨性。在某些条件下，感应加热表面淬火也应用于高碳工具钢、低合金工具钢、铸铁等工件。

**微视频 6-7 钢的表面淬火**

**2. 火焰加热表面淬火**

火焰加热表面淬火法是用乙炔-氧或其他可燃气体燃烧时形成的高温火焰将工件表面加热到相变温度以上，然后立即喷水淬火冷却的方法，如图 6-34 所示。

火焰加热表面淬火的淬硬层深度一般为 2~6mm，适用于中碳钢、中碳合金钢制成的异型、大型或特大型工件的表面淬火，还可以用于灰铸铁、合金铸铁进行表面淬火，例如对车床床身导轨表面淬火。

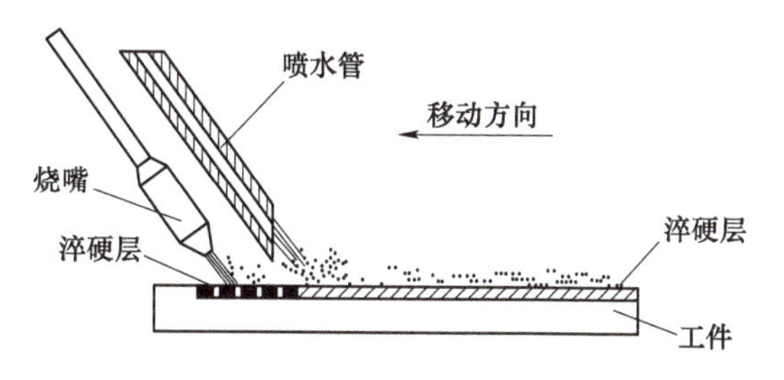


图 6-34　火焰加热表面淬火示意图

火焰表面淬火方法设备简单、操作方便、灵活性强、成本低，适用于单件、小批量生产，或需在户外淬火，或运输拆卸不便的巨型零件，以及需要局部淬火、淬火面积很大、具有立体曲面的淬火零件等，如大型轴类、大模数齿轮、轧辊、导轨和大型工模具等，常用于重型机械、冶金、矿山、机车、船舶等。但火焰加热表面淬火容易过热，淬火质量不稳定，其应用因此受到限制。现代化大规模生产中采用专用火焰淬火机床能有效地稳定淬火质量，进行大批量连续生产。

## 6.6.2　化学热处理

钢的化学热处理是将金属或合金工件置于一定温度的活性介质中保温，使一种或几种元素渗入表层，以改变其表面化学成分、组织和性能的热处理工艺。它与表面淬火不同，表面淬火是通过改变表面层组织的方法来改变表面层的性能，而化学热处理是用改变工件表层化学成分的方法来改变工件表层的组织和性能。化学热处理根据渗入元素的不同可分为渗碳、渗氮、碳氮共渗、渗硼、渗金属等。除了使工件表面硬度、耐磨性提高外，还可以使工件表面获得一些特殊性能，如疲劳抗力、耐热性、耐蚀性等。

**1. 渗碳**

渗碳是提高工件表面碳含量的工艺方法。渗碳有固体渗碳、液体渗碳、气体渗碳三种。由于固体渗碳生产效率低、质量不易控制；液体渗碳环境污染大、劳动条件差，因此生产中很少采用。目前使用最广泛的是气体渗碳。

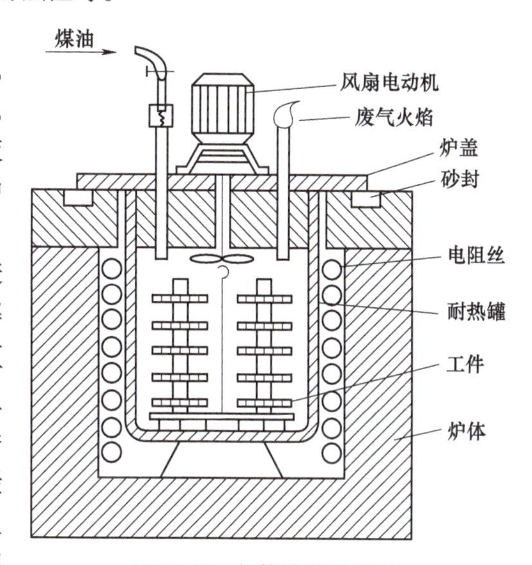


图 6-35　气体渗碳示意图

气体渗碳在井式或箱式可控气氛炉中进行，加热温度为 900~950℃，炉内滴入易分解的有机液体（如煤油、甲醇、丙酮等），或直接通入主要由 CO、$H_2$、$CH_4$、$CO_2$、$H_2O$ 等组成的渗碳气体（如煤气、石油液化气等），渗碳气体通过分解反应产生活性碳原子，然后碳原子向表层深处扩散，被工件吸收，从而使工件在一定深度的表层（0.2~2mm）碳含量达到 0.85%~1.05%，当温度为 930℃时，渗碳速度为 0.20~0.25mm/h，如图 6-35 所示。

渗碳工件一般选用低碳钢（即 $w_C$ = 0.15%～0.25%的低碳钢或低碳合金钢），如 20、20Cr、20CrMnTi、18Cr2Ni4W 等，渗碳后的工件需要进行淬火和低温回火处理，表层获得高碳回火马氏体，具有高硬度（58～64HRC）、高耐磨性；心部获得低碳回火马氏体，具有足够的强韧性（35～45HRC）。此外，由于表层体积膨胀大，心部体积膨胀小，工件表层有残余压应力，从而提高了零件疲劳抗力。渗碳工艺主要用于齿轮、活塞销、轴类、机车轴承等经受严重磨损及较大冲击载荷的重要零件。

**瞭望台 6-5　钢渗碳后的三种淬火法：直接淬火法、一次淬火法、二次淬火法**

钢渗碳以后必须进行热处理才能达到预期目的，常用的热处理方法是淬火+低温回火。

渗碳后可直接淬火，但由于渗碳温度高，奥氏体晶粒粗大，淬火后马氏体较粗，残留奥氏体也较多，因此耐磨性较低，变形较大。为了减少淬火时的变形，同时避免心部析出铁素体渗碳后常将工件预冷到略高于钢的 $Ar_3$（830～880℃）后淬火。

在渗碳缓慢冷却到室温之后，重新加热到临界温度以上淬火的方法称为一次淬火法。心部组织要求高时，一次淬火的加热温度应略高于 $Ac_3$；对于心部受载不大但表面性能要求较高的零件，淬火温度应选在 $Ac_1$ 以上 30～50℃，使表层晶粒细化，而心部组织无大的改善，性能略差一些。

对于力学性能要求很高或本质粗晶粒钢，应采用二次淬火法。第一次淬火是为了改善心部组织和消除表层网状渗碳体，加热温度为 $Ac_3$以上 30～50℃；第二次淬火是为了细化表层组织，获得细马氏体和均匀分布的粒状二次渗碳体，加热温度为 $Ac_1$以上 30～50℃。

渗碳后的三种淬火法工艺如下图所示。

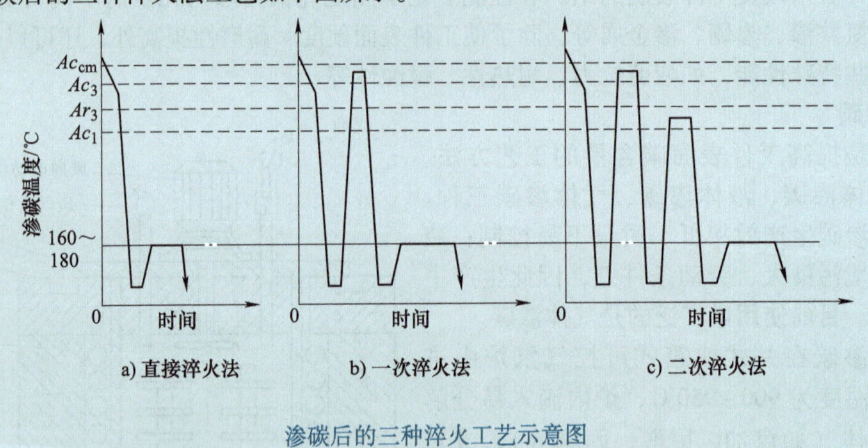


渗碳后的三种淬火工艺示意图

**想一想 6-3　古代鱼钩制作工艺的原理是什么？**

我国古代有一种制作鱼钩的工艺，其具体过程是：先将铁丝弯制成铁钩，和木炭、火硝一同加入陶罐鼓风加热，再将加热好的陶罐置于水池上方，并用铁棒趁热快速打碎陶罐，使鱼钩落入水中；随后将鱼钩从水中捞出，再在铁锅中用油和小米翻炒，或置于另一陶罐中，谷草覆盖，点燃谷草，待谷草燃尽。这样制作出的鱼钩具有很高的锋利度和韧性，可以钓起一百斤重的大鱼。请想一想这样做的道理。

上述鱼钩的热处理工艺是渗碳淬火+低温回火。

**2. 渗氮**

渗氮是指提高钢件表面氮含量的处理工艺。工业中广泛应用的是气体渗氮法，把已脱脂净化的工件放入密封炉内加热，排除空气，通入氨气 $NH_3$，加热到500~600℃，氨气分解出氢气和活性氮原子，活性氮原子渗入钢的表面并向内扩散，形成一定深度的氮化层。氮化层表面硬度很高（65~72HRC），在560~600℃温度下硬度也不降低，所以具有高的耐磨性和热硬性，钢氮化后渗层体积增大，造成表面压应力，使抗疲劳性能大大提高。为了提高心部强韧性，钢在渗氮前需先进行调质处理。

渗氮后工件的性能主要取决于氮和合金元素形成的氮化物，因此渗氮用钢都需含有Al、Cr、Mo、V、Ti等元素，形成的CrN、AlN、MoN等氮化物具有高硬度、高熔点和稳定的化学性能，使渗氮件获得高的表面硬度、耐磨性、抗咬合性、疲劳强度，以及抗大气和过热蒸汽腐蚀能力、抗回火软化能力，缺口敏感性也得以降低。常用的渗氮钢有38CrMoAlA、35CrAlA等。

与渗碳工艺相比，由于渗氮温度低，渗氮后无须淬火获得高硬度，因此渗氮件变形小，例如38CrMoAlA钢制成的螺杆长950mm，外径27mm，渗氮后其弯曲度变形小于5μm。渗氮工艺主要用于耐磨性和精度都要求较高的零件，或要求耐热、抗蚀的耐磨件，如磨床主轴、发动机气缸、排气阀、精密丝杠、镗床镗杆、精密齿轮、量具以及各种切削刀具、冷作模具和热作模具等。

渗氮工艺周期长、成本高，要得到0.3~0.5mm的氮化层，一般需要20~50h，且需专用钢，因此应用受到了一定限制。渗氮钢的渗层较浅、心部硬度较低，一般只能满足承受轻、中等载荷的零件，钢渗碳和渗氮的主要区别见表6-3。

表6-3 钢渗碳和渗氮的主要区别

| 工艺 | 温度/℃ | 时间/h | 渗层厚度/mm | 渗层硬度 | 渗后处理 | 变形量 | 适用材料 |
|---|---|---|---|---|---|---|---|
| 渗碳 | 920~950，高 | 3~9，较短 | 0.5~2.5，较厚 | 56~62HRC，较软 | 淬火+低温回火 | 大 | 低碳钢及低碳合金钢 |
| 渗氮 | 560~600，低 | 20~70，较长 | 0.4~0.6，较薄 | 950~1000HV，较硬 | 不需要 | 小 | 中碳合金钢 |

**3. 碳氮共渗**

碳氮共渗是向零件表面同时渗入碳原子和氮原子的化学热处理工艺。由于碳和氮同时向钢中扩散，因此工件在较低的温度和较短的时间里就能获得相当深的共渗层。虽然碳氮共渗层的碳含量比渗碳低，但因为有氮的存在，碳氮共渗后淬火可获得含氮马氏体和碳氮化合物，共渗层可获得高硬度。

由于固体碳氮共渗、液体碳氮共渗使用的介质氰盐是剧毒物质，会污染环境，故这两种方法逐渐被气体碳氮共渗替代。碳氮共渗可分为高温（900~950℃）、中温（700~880℃）、低温（500~570℃）三种，其中高温碳氮共渗以渗碳为主，又称氰化。目前工业中常用的是中温碳氮共渗和低温碳氮共渗两种。

低温碳氮共渗以渗氮为主，主要提高零件耐磨性、疲劳强度和耐蚀性，而硬度提高不大，故又称软氮化，多用于工具、量具和模具。

生产中习惯所说的气体碳氮共渗就是指以渗碳为主的中温碳氮共渗，向炉内通入氨气和滴入煤油，在一定温度条件下，保温4~6h，即可获得活性碳、氮原子，被工件表面吸收，并逐渐扩散到内部，形成0.2~1mm厚的共渗层，再经淬火和低温回火后即可获得所需性能。中温碳氮共渗多用于结构件，如汽车和机床的各种齿轮、蜗轮、蜗杆以及轴类零件等。

碳氮共渗中碳化物、氮化物的形成可以相互促进碳、氮原子的渗入速度，使得碳氮共渗具有生产周期短、生产效率高的优点，此外，碳在氮化物中还能降低脆性，碳氮共渗后得到的化合物层韧性好，碳氮共渗层比渗碳层有更高的硬度、耐磨性、耐蚀性、抗弯强度和接触疲劳强度；碳氮共渗使用设备简单、投资少、易操作、工件变形小，还能给工件以美观的外表。但一般碳氮共渗层比渗碳层浅（低温碳氮共渗层仅为0.01~0.02mm），所以一般用于承受载荷较轻、形状复杂、要求变形小的耐磨零件。除了20CrMnTi等低碳合金钢外，碳氮共渗还广泛用于中碳钢和中碳合金钢。应注意的是，碳氮共渗分解产生的气体具有一定毒性。

**瞭望台6-6　其他化学热处理方法**

**1. 渗硼**

渗硼就是在高温下使硼原子渗入工件表面形成硼化物硬化层的化学热处理工艺。渗硼使零件表面具有很高的硬度（1200~2000HV）和耐磨性，以及良好的耐蚀性、热硬性和抗氧化性。例如，对履带销、拉伸模等进行渗硼处理，其寿命可提高7~10倍。

渗硼方法有固体渗硼、液体渗硼和气体渗硼三种。其中，液体渗硼法所用的盐主要成分是硼砂，它在熔融状态下发生热分解，然后用活泼元素（Si、Ti、Al、Li、Mg、Ca等）将硼从$B_2O_3$中置换出来，产生活性硼原子即可进行渗硼。

通常渗硼温度为900~950℃，时间为4~6h，渗硼层深度可达0.1~0.3mm。常见的渗硼层硼化物有FeB、$Fe_2B$，由于硼化物硬度与冷速无关，对一些只要求表面耐磨，不要求心部强度的钢件，渗硼后可以不进行淬火，采用空冷以减小变形；对心部强度要求较高的渗硼件，一定要进行淬火，淬火时应先将渗硼后的工件在中温盐浴中预冷以减少应力，然后用油冷或分级淬火，以减少应力，防止渗层开裂，并及时进行回火。

由于渗硼层具有很高的硬度，并经淬火、回火后也不发生变化，因此，渗硼件耐磨性比渗碳和碳氮共渗都高，尤其在高温下的耐磨性更为优越，在800℃以下仍保持很高的硬度和抗氧化性，并在硫酸、盐酸及碱中具有良好耐蚀性（但不耐硝酸腐蚀）。渗硼处理广泛用于在高温下工作的工具、模具及结构零件，使其使用寿命成倍增加。

**2. 渗金属**

渗金属的基本原理和其他化学热处理相似，由含有渗入元素的介质分解产生活性原子而被吸收到基体金属表面，扩散作用使渗入元素向零件内部迁移。因为渗入原子与基体原子半径相差小，原子在晶格中的迁移比较困难，要得到足够的扩散层，就必须有较高的温度和较长的保温时间。

渗金属主要是将钢材表面合金化，使之具有所需要的特殊性能。例如，渗铬可以提高工件的耐蚀、抗高温氧化和耐磨性，并有较好的抗疲劳性能，可代替不锈钢；渗铝可以提高抗高温氧化性，可代替耐热钢；渗锌可以提高正常大气环境中的抗腐蚀性能；渗硅零件对各种介质（海水、硝酸、硫酸、盐酸等）都具有良好的耐蚀性等。

钢件表面同时渗入若干元素的方法称为金属共渗，金属共渗所得到的渗层性能比渗入一种元素要好。例如，铬铝共渗层的高温抗氧化性比渗铬、渗铝都好，而且其表面硬度高于渗铬层，耐磨性也较好；工件经铝硅共渗后，抗氧化性和耐蚀性都有显著提高。而碳氮硼三元共渗能显著提高材料的表面硬度（960~1100HV）、耐磨性和耐蚀性，而且由于处理温度低，零件的热处理变形小。

**3. 发蓝**

发蓝是一种氧化处理，是一种常用的化学表面处理手段，严格来讲不属于热处理。通常将工件浸入加热的强氧化性化学溶液（如温度为 147~152℃ 的 NaOH 溶液）中，经一定时间使表面生成一层美观、较致密的深蓝或黑色氧化铁薄膜，其厚度极薄，为 0.5~1.5μm，不影响工件的精度和力学性能；薄膜还很牢固，不易剥落，能防止工件在空气中生锈。

由于操作步骤及金属化学成分的不同，获得的氧化膜颜色也不同，有蓝黑色、黑色、红棕色等，如碳素钢及一般合金钢的薄膜为黑色，铬硅钢的薄膜为红棕色、黑棕色，高速钢的薄膜是黑褐色，铸铁的薄膜为紫褐色。发蓝有时也称为发黑，广泛应用于钟表、指针、游丝、螺钉、仪表外壳等机械零件。

## 习题

1. 本质细晶粒钢的奥氏体晶粒是否一定比本质粗晶粒钢的细，为什么？

2. 低碳钢板硬度低，可否用淬火方法提高其硬度？用什么办法能显著提高其硬度？

3. 20 钢采用表面淬火是否合适？为什么？45 钢进行渗碳处理是否合适？为什么？

4. 为什么亚共析钢热处理时快速加热并适当保温可提高其屈服强度和冲击韧度？

5. 热轧空冷的 45 钢，组织为什么能细化？

6. 分析图 6-36 所示的试验曲线中硬度随碳含量变化的原因。图中曲线 1 为亚共析钢加热到 $Ac_3$ 以上，过共析钢加热到 $A_{cm}$ 以上淬火后，随钢中碳含量的增加钢的硬度变化曲线；曲线 2 为亚共析钢加热到 $Ac_3$ 以上，过共析钢加热到 $Ac_1$ 以上淬火后，随钢中碳含量的增加钢的硬度变化曲线；曲线 3 表示随碳含量增加，马氏体硬度的变化曲线。

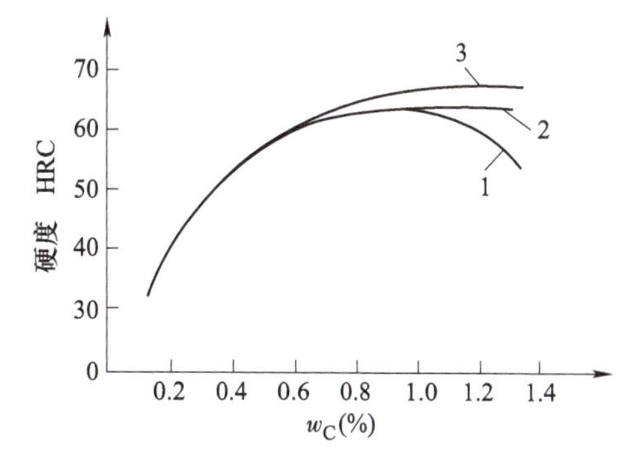


图 6-36　硬度随碳含量的变化曲线

7. 分析将共析钢加热到奥氏体区后，按如图 6-37 所示的冷却转变曲线冷却，各应得到什么组织？各属于何种热处理方法？

8. 将 T12 钢加热到 $Ac_1$ 以上，按如图 6-38 所示各种方法冷却，分析其所得到的组织。

9. 某钢的连续冷却转变曲线如图 6-39 所示，试指出该钢按图中（a）、（b）、（c）、（d）速度冷却后得到的室温组织。

10. 正火与退火的主要区别是什么？生产中应如何选择正火与退火？

11. 确定下列钢件的退火方法，并指出退火的主要目的及退火后的组织：

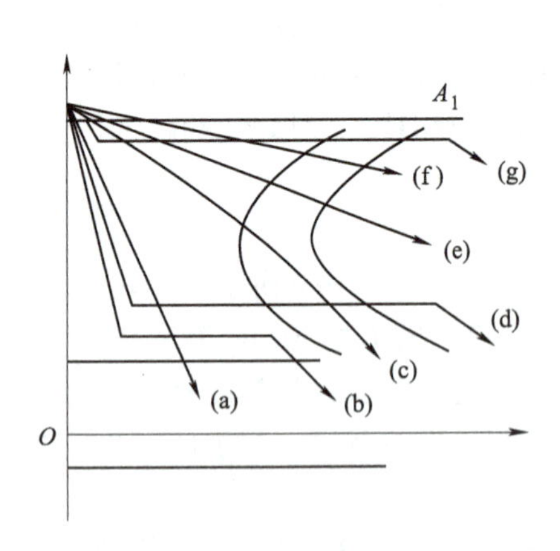


图 6-37　冷却转变曲线（一）

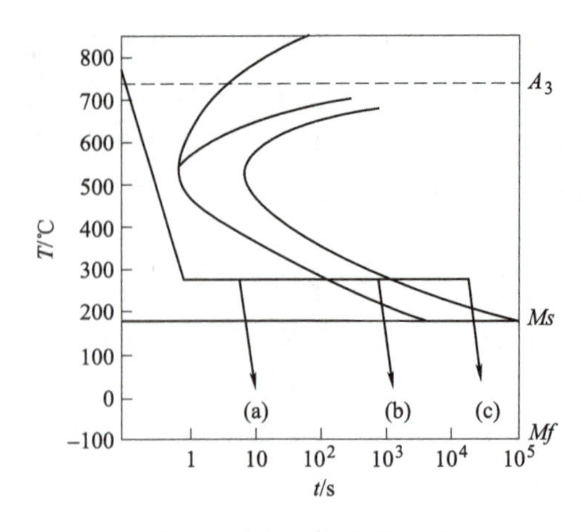


图 6-38　冷却转变曲线（二）

（1）经冷轧后的 15 钢钢板，要求降低硬度；

（2）ZG350 钢的铸造齿轮；

（3）锻造中出现过热的 60 钢锻坯；

（4）改善 T12 钢的切削加工性能。

12. 下列情况该用什么热处理工艺（退火、正火或不需要）？并简述原因。

（1）45 钢小轴轧材毛坯；

（2）45 钢齿轮锻件；

（3）T12 钢锉刀锻件。

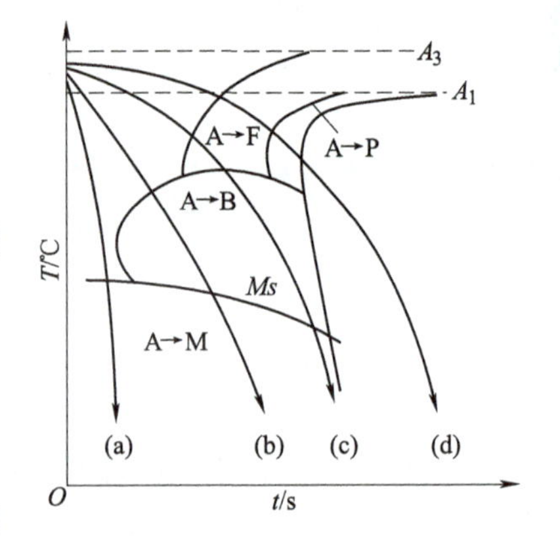


图 6-39　连续冷却转变曲线

13. 试说明直径为 10mm 的 45 钢试样经下列温度加热、保温并在水中冷却得到的室温组织：700℃、760℃、840℃、1100℃。

14. 两个碳含量为 1.2%的碳素钢薄板试样，分别加热到 780℃和 900℃并保温相同时间奥氏体化后，以大于淬火临界冷却速度冷至室温。试分析：

（1）哪个温度加热淬火后马氏体晶粒较粗大？

（2）哪个温度加热淬火后马氏体碳含量较多？

（3）哪个温度加热淬火后残留奥氏体较多？

（4）哪个温度加热淬火后未溶碳化物较少？

（5）哪个温度加热淬火合适？为什么？

15. 指出下列工件的淬火及回火温度，并说出回火后获得的组织：

（1）45 钢小轴（要求综合力学性能好）；

（2）65 钢弹簧；

（3）T12 钢锉刀。

16. 用 T10 钢制造直径较大的钻头。其工艺路线为锻造→热处理→机加工→热处理→磨削加工。

（1）写出其中热处理工序的具体名称及作用；

（2）制订机械加工中钻孔所用钻头的最终热处理（即磨削加工前的热处理）的工艺规范，并指出钻头在使用状态下的组织和大致硬度。

17. 甲、乙两厂生产同一种零件，均选用 45 钢，硬度要求为 220~250HBW，甲厂采用正火，乙厂采用调质处理，均能达到硬度要求，试分析甲、乙两厂产品的组织和性能差别。

18. 试说明表面淬火、渗碳、渗氮三种表面热处理工艺在选用钢种、性能、应用范围等方面的差别。

19. 两个 45 钢工件，一个用电炉加热（加热速度约为 0.3℃/s），另一个用高频感应加热（加热速度约为 400℃/s），试问二者淬火温度有何不同？淬火后组织和力学性能有何差别？

20. 20 钢小件经 930℃、5h 渗碳后，表面碳含量增至 1.0%，试分析以下处理后表层和心部的组织：

（1）渗碳后慢冷；

（2）渗碳后直接水淬并低温回火；

（3）由渗碳温度预冷到 820℃保温后水淬，再低温回火；

（4）渗碳后慢冷至室温，再加热到 780℃保温后水淬，再低温回火。

21. 调质处理后的 40 钢齿轮，经高频加热后的温度分布如图 6-40 所示，试分析高频水淬后，轮齿由表面到中心各区（Ⅰ，Ⅱ，Ⅲ）的组织变化。

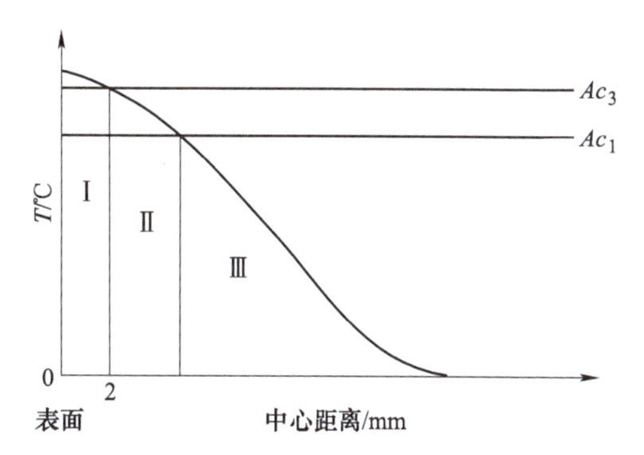


图 6-40　40 钢齿轮经调质再高频淬火加热后的温度分布示意图

22. 将一退火状态的共析钢零件（$\phi10\times100$）整体加热至 800℃后，将其 $A$ 段浸入水中冷却，$B$ 段空冷，冷却后零件的硬度如图 6-41 所示。试判断各点的显微组织，并用 C 曲线分析其形成原因。

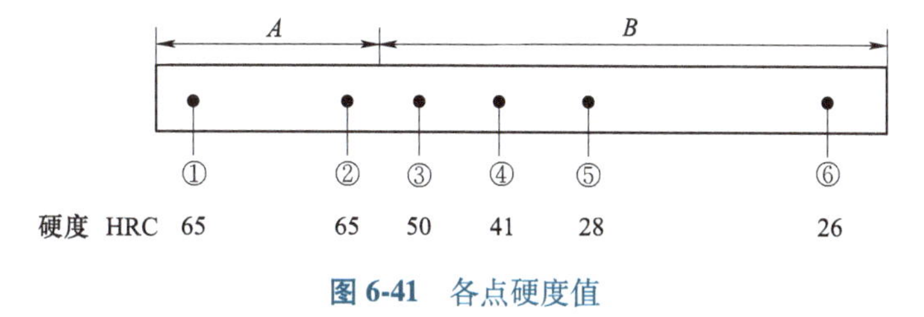


图 6-41　各点硬度值

23. 若仅将题 22 中零件 $A$ 段加热至 800℃，$B$ 段不加热（温度低于 $A_1$），然后整体置于水中冷却。试问冷却后零件各部位的组织和性能如何？写出其大致硬度值并简要分析原因。

24. 分析下列说法在什么情况下正确？在什么情况下不正确？

（1）钢奥氏体化后，冷得越快钢的硬度越高；

（2）淬火钢硬而脆；

（3）钢中含碳或含合金元素越多，其淬火硬度越高。

25. 下列零件的材料、热处理或性能要求是否合理？为什么？

（1）某零件要求硬度达到56~60HRC，用15钢或20钢制造经淬火来达到；

（2）采用工具钢（如T8A、T10A）制作的刀具，要求淬硬至67~70HRC；

26. 将调质后的45钢（22HRC）进行200℃回火，其硬度有何变化？将淬火低温回火后的45钢（58HRC）进行600℃回火，其硬度有何变化？简述理由。

27. 根据下列性能要求，判断零件所用材料和热处理是否正确？应如何修正？

（1）某零件要求表面硬度达到60~64HRC，心部强韧性高（硬度为35~40HRC），用45钢制造经表面淬火低温回火来达到；

（2）某零件要求表面硬度达到54~58HRC，心部综合性能好（硬度为23~27HRC），用T8钢制造经渗碳淬火低温回火来达到；

（3）某零件要求表面硬度达到950~1000HV，心部具有较好的强韧性（硬度为28~32HRC），用20钢制造经渗碳淬火低温回火来达到。

# 第 7 章

# 钢

钢铁材料具有资源丰富、生产规模大、易于加工、性能多样等优点，是结构材料中用途最广、用量最大的一类金属材料。不同的钢材具有不同的使用性能和工艺性能，通过了解工业用钢，可以为正确选用各种钢材，制定合理的加工工艺打下基础。

## 7.1 钢中常存杂质元素的影响

碳素钢的主要成分是 Fe 和 C，由于工业生产对钢提出了更高的要求，如提高力学性能、改善工艺性能、得到某些特殊的物理性能、化学性能等，因此，有目的地向钢中加入某些合金元素而成为合金钢，是有效的方法。合金钢中既含有 Fe 和 C，又含有合金元素。除此之外，钢在冶炼过程中不可避免地会带入一些其他元素（即杂质元素）。杂质元素虽然含量不高，但对钢的性能及质量有很大影响。

**1. S、P 的影响**

S 和 P 由炼钢原料与燃料带入。S 不溶于 Fe，在固态下形成 FeS，FeS 与 Fe 生成低熔点共晶体分布在奥氏体晶界上。当钢在高于 1000℃下进行淬火加热或变形加工时，低熔点的共晶体熔化，钢沿晶界形成热裂纹，产生热脆性。P 在固态下可溶入铁素体起固溶强化作用，提高钢的强度和硬度，并改善铁液的流动性。但 P 在低温下易生成脆性磷化物，致使钢产生冷脆性。因此，S 和 P 在钢中的含量应严加控制，其含量的高低是区分优质钢和普通钢的重要指标。

**2. Si、Mn 的影响**

炼钢时加入硅铁、锰铁脱氧剂而使少量 Si、Mn 残存于钢中。Si 可以消除 FeO 夹杂对钢的不良影响；Mn 可脱氧而使钢材更致密，并能置换 FeS 中的 Fe，形成熔点高达 1620℃的 MnS，防止 S 在钢中产生热脆性。Si、Mn 均可溶入铁素体，起固溶强化铁素体的作用，在不降低塑性、韧性的同时，提高钢的强度和硬度。Mn 还可以溶入渗碳体中形成合金渗碳体，提高强度。因此，Si、Mn 在一定含量范围内是有益的杂质元素。

## 7.2 合金元素在钢中的作用

钢中的合金元素有硼（B）、氮（N）、铝（Al）、硅（Si）、钛（Ti）、钒（V）、铬（Cr）、锰（Mn）、钴（Co）、镍（Ni）、铜（Cu）、锆（Zr）、铌（Nb）、钼（Mo）、钨（W）及稀土元素（RE）等。

合金元素在钢中的作用主要体现在对钢基本相和相变的影响两个方面。

### 7.2.1 合金元素对钢中基本相的影响

在退火、正火及调质状态下，碳素钢的基本相均为铁素体和渗碳体。当合金元素加入后随其性质与含量差异，可对铁素体与渗碳体产生不同影响。

**1. 固溶强化铁素体**

合金元素都能不同程度地溶于铁素体中，起到固溶强化的作用。合金元素的原子半径与铁的原子半径相差越大，两者的晶格结构差异越大，强化效果越明显。

由图 7-1 可见，Si、Mn 的强化效果最显著，且在适当含量范围内，还可提高铁素体的韧性；W、Mo 均使铁素体韧性下降；Cr、Ni 在适当范围能提高铁素体的强度和韧性。因此，钢中加入适量 Si、Mn、Cr、Ni 等合金元素，可以固溶强化铁素体，提高钢的强韧性。

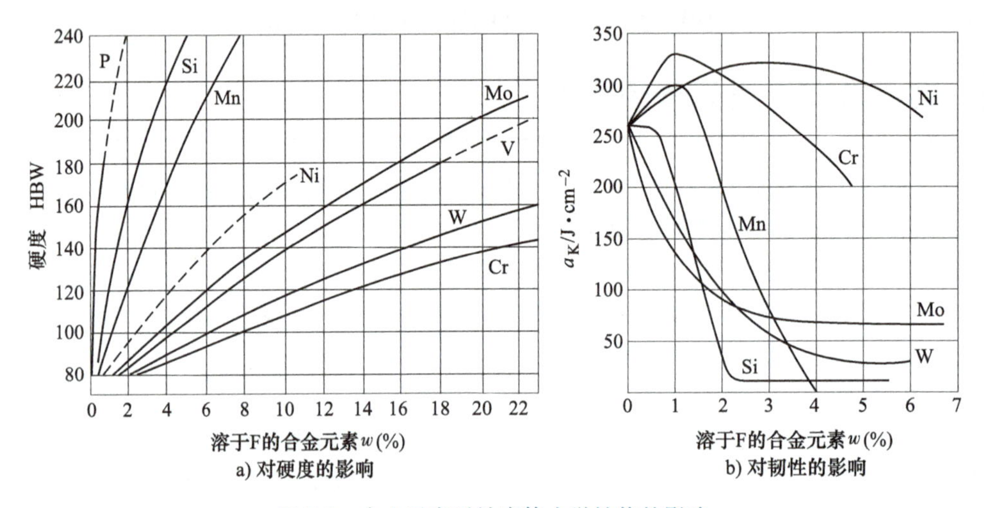


图 7-1 合金元素对铁素体力学性能的影响

**2. 形成合金渗碳体和合金碳化物**

加入钢中的合金元素，除了能与铁形成铁基固溶体外，还能与钢中的碳相互作用形成各类碳化物。合金元素按其与碳的亲和力大小，可分为碳化物形成元素和非碳化物形成元素。

碳化物形成元素有 Ti、Zr、Nb、V、W、Mo、Cr、Mn 等。此外，碳化物形成元素还可细分为强碳化物形成元素（Ti、Zr、Nb、V）、中碳化物形成元素（W、Mo、Cr）和弱碳化物形成元素（Mn、Fe）等三类。合金元素与碳的结合力越大，所形成的碳化物越稳定。

强、中碳化物形成元素 Ti、V、W、Mo、Cr 等基本上均可置换渗碳体中的 Fe 原子而形成合金碳化物，这类碳化物依据碳原子半径与金属原子半径的比值（$R_C/R_M$）分为两类：第一类，当 $R_C/R_M<0.59$ 时，形成具有简单晶体结构的碳化物间隙相（如 TiC、VC、WC、$Mo_2C$ 等），具有高的熔点、硬度和耐磨性，最为稳定；第二类，当 $R_C/R_M>0.59$ 时，形成具有复杂晶体结构的间隙碳化物（如 $Cr_{23}C_6$、$Cr_7C_3$、$Mn_3C$、$Fe_3C$ 等），其熔点、硬度、稳定性比第一类碳化物间隙相低。

弱碳化物形成元素，除大部分溶入铁素体外，还可置换渗碳体内的部分 Fe 原子形成合金渗碳体，如 $(Fe,Mn)_3C$ 等。

合金渗碳体和合金碳化物普遍熔点高、硬度高、稳定性好（表 7-1），难溶入奥氏体，也难聚集长大。在淬火加热时有细化奥氏体晶粒的积极作用，在回火时可提高材料的耐回火性，并在某个回火温度区间弥散析出，使材料硬度不降反升，产生二次硬化现象。碳化物是钢的重要组成相之一，其类型、数量、大小、形态及分布对钢的性能有重要影响。

**表 7-1 钢中常见的碳化物及性能**

| 碳化物 | $Fe_3C$ | $(Fe, Mn)_3C$ | $Cr_{23}C_6$ | $Cr_7C_3$ | $Mo_2C$ | MoC | $W_2C$ | WC | VC | TiC |
|---|---|---|---|---|---|---|---|---|---|---|
| 熔点/℃ | 1650 | ≈1600 | 1550 | 1650 | 2700 | 2700 | 2750 | 2870 | 2830 | 3150 |
| 硬度 HV | ≈860 | — | 1650 | 2100 | 1600 | 1500 | 3000 | 2200 | 2100 | 3200 |
| 稳定性 | 弱——————————————————→强 | | | | | | | | | |

非碳化物形成元素有 Ni、Co、Cu、Si、Al、N 等，它们在钢中基本都溶入铁素体和奥氏体，起固溶强化作用，或形成非金属夹杂物、金属间化合物。

**好书连连 7-1**

合金元素与碳的相互作用。

文九巴．金属材料学［M］．北京：机械工业出版社，2011：10~12.

### 7.2.2 合金元素对铁碳相图的影响

$Fe-Fe_3C$ 相图是研究钢相变和对钢进行热处理时选择加热温度的重要依据，因此在研究合金元素对相变的影响之前，应先了解其对相图的影响（图 7-2）。

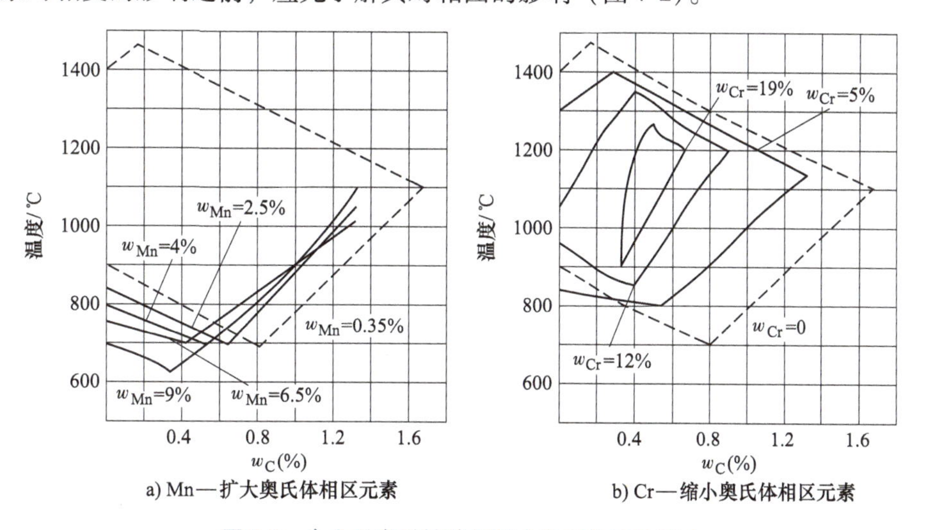


图 7-2 合金元素对铁碳相图中奥氏体区的影响

**1. 改变奥氏体相区的位置**

（1）扩大奥氏体相区 合金元素 Ni、Co、Mn、N、Cu 等与 Fe 相互作用，使 $A_1$、$A_3$、$A_{cm}$温度下降导致奥氏体相区扩大。其中 Ni 和 Mn 的作用最明显，当 Ni 和 Mn 的含量较多时，$A_3$ 温度降至 0℃以下，使钢在室温下得到单相奥氏体组织（称为奥氏体钢），具有耐腐蚀、耐高温、抗磨损的特殊性能。

（2）缩小奥氏体相区 合金元素 Cr、Mo、W、V、Ti、Si、Al 等与 Fe 相互作用，使

$A_1$、$A_3$、$A_{cm}$温度上升导致奥氏体相区缩小。当这类元素含量足够高时，奥氏体相区消失，使钢在室温下获得单相铁素体组织（称为铁素体钢），具有耐腐蚀、耐高温的特殊性能。

**2. 改变 *S* 点和 *E* 点的位置**

绝大部分合金元素均能使 *S*、*E* 点位置左移。扩大奥氏体相区的元素，使 *S*、*E* 点向左下方移动；缩小奥氏体相区的元素，使 *S*、*E* 点向左上方移动。*S* 点左移表明共析体的碳含量减小（$w_C$<0.77%），如碳含量为 0.4%的亚共析钢加入 4%的 Mn 就会变为共析钢；*E* 点左移意味着出现莱氏体的碳含量（2.11%）降低，如高速钢 W18Cr4V，即使其碳含量只有 0.7%~0.8%，也有共晶组织莱氏体存在。

### 7.2.3　合金元素对钢热处理的影响

合金元素对钢热处理的影响主要表现为对钢加热、冷却和回火过程中的相变机制和显微组织的影响。

**1. 对热处理加热转变的影响**

钢的热处理加热转变即奥氏体化过程，包括奥氏体的形核与长大、碳化物的溶解、奥氏体成分均匀化。整个过程中，合金元素主要影响奥氏体形成的速度和奥氏体晶粒的大小。

（1）对奥氏体形成速度的影响　在加热过程中，往往应使更多的合金元素溶于奥氏体，以保证奥氏体成分均匀，充分发挥合金元素的作用。

除 Co 以外，大多数合金元素减缓奥氏体的形成，必须将合金钢加热到更高的温度和保温更长的时间，以获得更高的能量，促进 Fe、C 原子的扩散和碳化物的溶解，形成成分均匀的奥氏体。

（2）对奥氏体晶粒大小的影响　大多数合金元素都有阻碍奥氏体晶粒长大的作用，但影响程度不同。Ti、Zr、Nb、V 等强碳化物形成元素和适量 Al 的阻碍作用最大，它们在钢中形成 TiC、ZrC、NbC、VC、AlN 细微质点，阻碍晶界移动，强烈阻碍奥氏体晶粒长大；W、Mo、Cr 等中强碳化物形成元素也阻碍奥氏体晶粒长大，但影响程度中等；Si、Ni、Cu 等非碳化物形成元素对奥氏体晶粒长大影响不大；Mn、P、N、O、B 等元素在一定含量限度以下时促进奥氏体晶粒长大。

合金元素阻碍奥氏体晶粒长大，使合金钢在加热时不易过热，可以起到细化晶粒、提高钢的强韧性的作用。

**2. 对过冷奥氏体转变的影响**

（1）对 C 曲线位置和形状的影响　大多数合金元素溶入奥氏体后，均可影响过冷奥氏体的稳定性，对 C 曲线形状、位置产生影响。非碳化物形成元素 Ni、Si 以及弱碳化物形成元素 Mn 对碳素钢 C 曲线形状的影响不大，但因不同程度增大过冷奥氏体的稳定性，会使 C 曲线右移。非碳化物形成元素 Co 对 C 曲线形状没有影响，但因降低过冷奥氏体的稳定性，会使 C 曲线左移。强、中强碳化物形成元素，既改变 C 曲线的形状，还会使 C 曲线右移（图 7-3）。

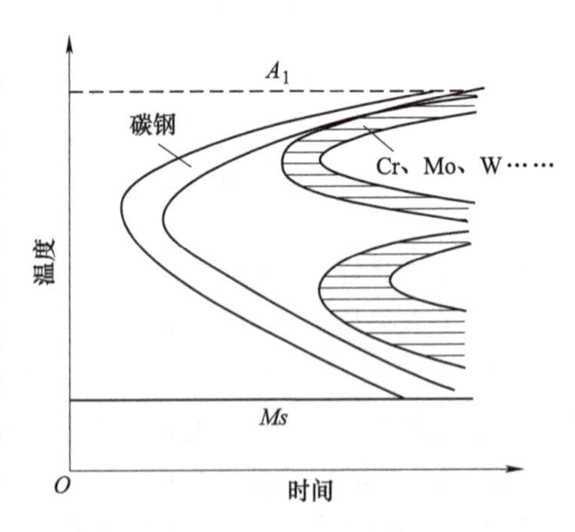

图 7-3　合金元素对 C 曲线的影响

C曲线右移，意味着临界冷却速度$v_K$减小，能提高钢的淬透性，有利于降低淬火应力，减小淬火变形、开裂倾向。实践证明：两种或多种合金元素同时加入钢中，对提高淬透性的作用比单纯加一种合金元素更显著，故生产实际中大多采用“多元少量”的合金化原则来提高钢的淬透性。

（2）对马氏体转变温度的影响　大多数合金元素（除Co、Al外）溶入奥氏体，均使马氏体转变温度$Ms$和$Mf$降低，与合金元素相比，碳的影响最大。合金元素含量与$Ms$温度间的关系可用经验公式表示（元素符号代表该元素的质量分数）：$Ms$（℃）= 539-423C-30.4Mn-12.1Cr-17.7Ni-7.5Mo。$Ms$和$Mf$降低，使淬火钢中残留奥氏体量增加。为消除残余奥氏体带来的不利影响，通常需要进行深冷处理或多次回火处理。

**3. 对淬火钢回火转变的影响**

回火是使钢获得预期性能的关键工序。合金元素在淬火时固溶于马氏体中，能不同程度地阻碍马氏体分解，提高淬火钢的耐回火性，使回火过程各个阶段的转变速度大大减慢，转变温度提高，并使某些高合金钢产生二次硬化和回火脆性。

（1）提高耐回火性　耐回火性（又称回火稳定性）是指淬火钢在回火时抵抗软化的能力。大多数合金元素（尤其是V、W、Mo、Si）在淬火时固溶于马氏体中，会阻碍原子扩散，碳化物不易析出，析出后也较难聚集长大，延缓马氏体的分解，使淬火合金钢回火时的硬度和强度下降速度比相同碳含量的碳素钢更缓慢，从而提高钢的耐回火性。如图7-4所示，相同回火温度下，合金钢比碳素钢的回火硬度要高，耐回火性更好。

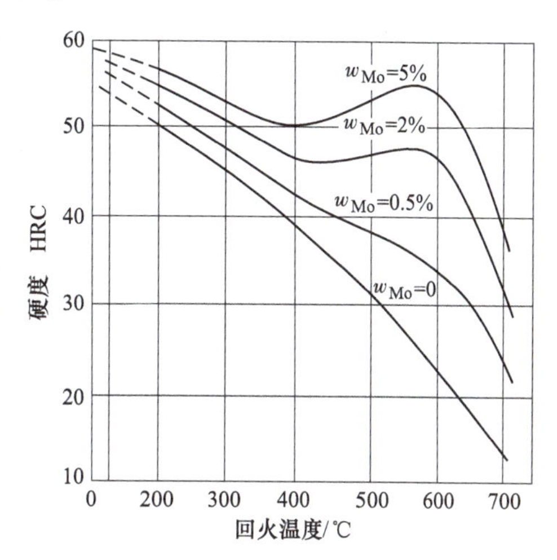


**图7-4**　Mo对钢（$w_C$=0.35%）回火硬度的影响

（2）产生二次硬化和二次淬火　W、Mo、V等含量较高的合金钢在回火时，其回火硬度不是随着回火温度的升高而持续降低，而是达到某一回火温度（约400℃）后不降反而升高，并在更高温度（约550℃）时达到峰值（图7-4）。回火过程中的这种现象称为二次硬化。二次硬化产生的主要原因是，大量W、Mo、V等碳化物形成元素淬火时固溶于马氏体中，强烈阻碍原子扩散，使马氏体的分解需在较高温度下方能充分进行，析出大量高硬度且弥散的稳定合金碳化物（如$W_2C$、$Mo_2C$、VC），产生强烈的弥散强化。

此外，在某些高合金钢的淬火组织中，存在大量的残留奥氏体且十分稳定，当加热至500~600℃时仅析出一些特殊碳化物。特殊碳化物的析出，使残留奥氏体中碳与合金元素含量降低，$Ms$温度升高，在随后的回火冷却过程中出现残留奥氏体转变为马氏体的二次淬火现象。马氏体的二次淬火也可导致二次硬化。二次硬化可使钢在较高温度工作时仍保持高硬度（58~60HRC），这种性能称为热硬性（也称红硬性）。

（3）出现回火脆性　在钢回火过程中，在两个温度区间会出现韧性不升反降的现象，出现回火脆性。中、低碳钢在250~350℃回火时出现第一类回火脆性（低温回火脆性）；含Cr、Mn、Ni、Si等元素的合金钢在500~650℃高温回火后慢冷时，出现第二类回火脆性（高温回火脆性）。详见6.4.2节钢的回火。

综上可知，与碳素钢相比，合金钢性能具有下列优点：

1）具有更好的强韧性。合金元素能强化铁素体，细化奥氏体晶粒，提高淬透性和耐回火性，使合金结构钢热处理后具有比碳素结构钢更高的强度和更好的韧性。

2）具有更高的耐磨性和热硬性。合金工具钢因含有硬度很高的合金碳化物，故具有比碳素工具钢更高的耐磨性，且钢中合金碳化物越多，其耐磨性越高。由于合金元素能阻碍马氏体分解，提高钢的耐回火性及产生二次硬化，合金工具钢（尤其含W、Mo、V较多的钢）具有比碳素工具钢更高的热硬性。

3）具有更好的热处理工艺性能。由于合金元素能稳定奥氏体，提高钢的淬透性，并在淬火时常采用油淬或分级淬火来减小淬火应力，从而降低钢件的淬火变形与淬火开裂倾向。因此，合金钢具有比碳素钢更好的热处理工艺性能。

此外，某些合金钢还具有特殊的物理性能、化学性能，如耐蚀性、耐磨性、耐热性等。

**好书连连7-2**

合金元素对铁碳相图及钢热处理的影响。

文九巴．金属材料学［M］．北京：机械工业出版社，2011：14~21.

**微视频7-1　常用合金元素在钢中的作用（一）**

**微视频7-2　常用合金元素在钢中的作用（二）**

# 7.3　钢的分类与牌号

生产中使用的钢材种类繁多，性能各有不同，为了便于管理、使用和研究，就需要对钢材进行适当分类并编制清晰、适用的牌号或代号。根据不同的标准，有不同的分类方法，常见的有按化学成分、质量、用途分类等方式。其中，按用途进行分类是应用最广泛的分类方式。相关国家标准一般也是按照用途进行分类编制的。

## 7.3.1　钢的分类

### 1. 按化学成分分类

按照化学成分，钢分为非合金钢与合金钢两大类。其中，非合金钢俗称碳素钢[⊖]，简称

⊖　按GB/T 13304.1—2008《钢分类　第1部分　按化学成分分类》中的分类，碳素钢应称为非合金钢，考虑工程应用习惯此书部分内容沿用碳素钢。——编者注

碳钢。

（1）非合金钢

低碳钢——$w_C$<0.25%；

中碳钢——$w_C$=0.25%～0.60%；

高碳钢——$w_C$>0.60%。

（2）合金钢

低合金钢——$w_{Me}$<5%；

中合金钢——$w_{Me}$=5%～10%；

高合金钢——$w_{Me}$>10%。

**2. 按质量分类**

按照钢中 S 和 P 的含量，钢分为普通质量钢、优质钢、高级优质钢和特高级优质钢四大类。

（1）普通质量钢　钢中 S 和 P 含量较高（$w_S$≤0.040%，$w_P$≤0.040%）。

（2）优质钢　钢中 S 和 P 含量较低（$w_S$≤0.035%，$w_P$≤0.035%）。

（3）高级优质钢　钢中 S 和 P 含量很低（$w_S$≤0.020%，$w_P$≤0.030%），在牌号后加“A”表示，如 T12A。

（4）特高级优质钢　钢中 S 和 P 含量极低（$w_S$≤0.015%，$w_P$≤0.025%），在牌号后加“E”表示。

**3. 按用途分类**

按其主要用途，钢分为结构钢、工具钢和特殊钢三大类。

**4. 按脱氧程度分类**

按钢熔炼时的脱氧程度分为特殊镇静钢（TZ）、镇静钢（Z）、沸腾钢（F）。特殊镇静钢脱氧程度最高，沸腾钢脱氧程度最低。符号 TZ、Z 可省略。

镇静钢钢液脱氧充分，在铸锭模内更能平静凝固，所获得的化学成分与性能更加均匀、组织较致密，质量较好，生产成本较高，机械制造中用得多。

沸腾钢由于钢液脱氧不完全，会产生沸腾现象，沸腾钢的质量不如特殊镇静钢和镇静钢，但生产成本较低。

## 7.3.2　钢的牌号

**1. 碳素钢牌号表示方法**

（1）碳素结构钢的牌号　碳素结构钢含 S、P 等杂质元素较多，强度较低，但冶炼工艺简单、价格便宜，一般不进行热处理。其牌号由代表屈服极限的符号、数值、质量等级和脱氧方法四部分组成，质量等级有 A、B、C、D 四个级别，钢中 S、P 含量依次降低。如：Q215-C.F 代表屈服强度 $R_{eL}$≥215MPa，C 级质量的沸腾碳素结构钢，Q 是“屈”的汉语拼音首字母。

（2）优质碳素结构钢的牌号　优质碳素结构钢中有害杂质含量低，非金属夹杂物较少，塑性及韧性较好，价格较低，广泛应用于机械制造，可通过热处理进行强化。其牌号一般以两位数字表示，数字为钢中平均碳含量的万分数。如果 Mn 含量较高在 0.8%～1.2%时，在数字后加写元素符号 Mn。如 45 代表平均碳含量 $w_C \approx 0.45\%$ 的优质碳素结构钢；08F 代表平均碳含量 $w_C \approx 0.08\%$ 的沸腾优质碳素结构钢；65Mn 代表平均碳含量 $w_C \approx 0.65\%$，$w_{Mn} \approx 0.8\% \sim 1.2\%$ 的优质碳素结构钢。

（3）非合金工具钢牌号　非合金工具钢都是优质或者高级优质钢，碳含量均较高（$w_C = 0.7\% \sim 1.35\%$）。其牌号用 T 和一位或两位数字表示。T 是“碳”的汉语拼音首字母，数字为平均碳含量的千倍数；高级优质非合金工具钢的牌号后加字母 A 表示。如 T8 表示平均碳含量 $w_C \approx 0.8\%$ 的优质非合金工具钢；T10A 表示平均碳含量 $w_C \approx 1.0\%$ 的高级优质非合金工具钢。

**2. 合金钢牌号表示方法**

合金钢的牌号均采用“数字+元素符号+数字”的格式来表示。

（1）合金结构钢牌号　其牌号依次用两位数字、元素符号和数字表示。两位数字表示平均碳含量的万分数，元素符号表示钢中所含合金元素，元素符号后面的数字表示该合金元素平均含量的百分数。当合金元素平均含量 $<1.5\%$ 时，元素符号后面不标数字，平均含量为 $1.5\% \sim 2.49\%$、$2.5\% \sim 3.49\%$… 时，则在相应元素符号后标注 2、3…。如 40Cr 代表 $w_C \approx 0.40\%$，$w_{Cr} < 1.5\%$ 的合金结构钢。

（2）合金工具钢牌号　当平均碳含量 $w_C < 1\%$ 时，牌号前面以一位数字表示平均碳含量的千分数；当平均碳含量 $w_C \geqslant 1\%$ 时，牌号前面不标数字。如 9Mn2V 表示 $w_C \approx 0.9\%$、$w_{Mn} \approx 2\%$、$w_V < 1.5\%$ 的合金工具钢。但高速钢的牌号例外，其牌号一般不标注碳含量，只标出合金元素平均含量的百分数（如 W18Cr4V 表示平均 $w_W \approx 18\%$、$w_{Cr} \approx 4\%$、$w_V < 1.5\%$ 的高速钢）。

（3）滚动轴承钢牌号　滚动轴承钢的牌号用汉语拼音字母 G + 主加元素符号 Cr + 数字表示。G 为“滚”的汉语拼音首字母，Cr 为滚动轴承钢主加元素，数字为平均铬含量的千分数（如 GCr15 表示 $w_{Cr} \approx 1.5\%$ 的滚动轴承钢）。

（4）不锈钢、耐蚀钢和耐热钢牌号　此类钢的牌号表示方法与合金工具钢类同。只有当 $w_C \leqslant 0.08\%$ 时及 $w_C \leqslant 0.03\%$ 时，其牌号前面分别以“0”或“00”表示。如 00Cr18Ni9 表示 $w_C \leqslant 0.03\%$、$w_{Cr} = 18.00\%$、$w_{Ni} = 9.00\%$ 的不锈钢。

钢铁材料国内外牌号对照参见附表 4。

**资料卡 7-1　统一数字代号法**

为了便于与国际技术的交流和现代化企业管理，在参考和对比国外材料编号的基础上，我国于 1998 年正式发布了《钢铁及合金牌号统一数字代号体系》国家标准（GB/T 17616—1998），简称 ISC（Iron and Steel Code），并于 2013 年更新为 GB/T 17616—2013。标准规定，凡列入国家标准和企业标准的钢铁及合金产品需同时表明其牌号和统一数字代号，相互对照，并列使用，同时有效。

统一数字代号采用单个大写拉丁字母作为前缀，后面跟有 5 个阿拉伯数字。第一位数字表示分类（见下表），后面数字表示不同分类中的编组和同一编组内不同的顺序号。与牌号表达法相比，统一数字代号表示法发生了较大变化。如：

| 统一数字代号 | 牌号 |
| --- | --- |
| T20103 | 5CrNiMo |
| T51841 | W18Cr4V |
| T30100 | 9SiCr |
| B00150 | GCr15 |

U20452　　45
U20202　　20
A20202　　20Cr

部分钢铁及合金在统一数字代号法中的分类

| 钢铁及合金类型 | 统一数字代号 | 钢铁及合金类型 | 统一数字代号 |
|---|---|---|---|
| 合金结构钢 | A××××× | 杂类材料 | M××××× |
| 轴承钢 | B××××× | 粉末及粉末材料 | P××××× |
| 铸铁、铸钢及铸造合金 | C××××× | 快淬金属及合金 | Q××××× |
| 电工用钢和纯铁 | E××××× | 不锈、耐蚀和耐热钢 | S××××× |
| 铁合金和生铁 | F××××× | 工具钢 | T××××× |
| 高温合金和耐蚀合金 | H××××× | 非合金钢 | U××××× |
| 精密合金及其他特殊物理性能材料 | J××××× | 焊接用钢及合金 | W××××× |
| 低合金钢 | L××××× | | |

**好书连连 7-3**

我国钢铁牌号统一数字代号体系。

文九巴．金属材料学［M］．北京：机械工业出版社，2011：55~57.

# 7.4 结构钢

结构钢是用来制造各种工程构件和各种机器零件的钢种。

工程结构用钢主要用于建筑、桥梁、船舶、车辆等领域，制造各种工程用结构件和普通结构用铆钉、螺钉、螺母、销等零件。这类钢要求有较高的屈服强度、良好的韧性，以保证工程结构的可靠性；有良好的塑性、焊接性等，以满足冷弯、冲压、剪切、焊接等加工工艺的需要。它们多数是普通质量的碳素结构钢和低合金高强度结构钢，通常轧制成型材，一般不做热处理。

在我国的钢产量中，高强度低合金钢占20%左右，碳素工程结构钢占70%，故工程结构钢占钢总产量的90%左右。

机器零件用钢是指用于制造各种机器零件，如轴、齿轮、各种连接件等所用的钢种。机器零件在工作时承受拉伸、压缩、剪切、扭转、冲击、振动、摩擦等力中一种力的作用或多种力的同时作用，零件工作情况不同，其力学性能要求和热处理方法也不同。机器零件用钢多为优质碳素结构钢、优质或高级优质合金结构钢。此类钢制造的零件，一般需经过热处理后使用。按热处理和用途特点，机器零件用钢又分为渗碳钢、调质钢、弹簧钢、滚动轴承钢和耐磨钢等。下面首先介绍常用机器零件用钢的成分、性能和用途。

## 7.4.1 渗碳钢

渗碳钢是指经渗碳处理后使用的钢种，渗碳温度一般在930℃左右，其目的是在低碳钢或低碳合金钢零件的表面得到高的碳含量，经一定热处理后，使零件具有“表硬心韧”的特点。对多数中小型零件来说，渗碳层深度一般为0.7~1.5mm，典型零件如齿轮、凸轮等。

**1. 成分特点**

渗碳钢的碳含量低，一般为0.15%~0.25%。对重载的零部件，可以提高到0.25%~0.30%，碳含量低一方面保证零件心部具有良好的韧性，另一方面也能提高渗碳速度；但碳含量不能过低，否则就不能保证一定的强度。若采用中碳钢渗碳、淬火，则表面和心部性能差异不大，无法达到“表硬心韧”的效果。

低碳钢渗碳后，材料表面碳含量增加到0.7%~0.9%，心部碳含量不变。

合金渗碳钢常加入Cr、Mn、Ni等元素，以固溶强化铁素体，提高钢的力学性能；也可以提高钢的淬透性，使较大截面零件的心部淬火后能获得马氏体组织。高淬透性有利于选择冷却能力较低的淬火冷却介质，减小零件的淬火变形。加入少量W、Mo、V、Ti等元素能形成稳定、细小、弥散的合金碳化物，提高渗碳层的耐磨性，防止奥氏体晶粒在渗碳等高温条件下粗化。细小的晶粒有利于零件渗碳后采用直接淬火，利于节能、高效的生产，如20CrMnTi。

**2. 热处理及性能特点**

渗碳钢零件的热处理是渗碳、淬火及低温回火。经上述热处理后，零件表面获得高碳回火马氏体，具有高的硬度（58~64HRC）和高的耐磨性；如果钢的淬透性好，心部可获得低碳回火马氏体，具有较高的强度（35~45HRC）和好的韧性。渗碳淬火表层的马氏体比体积大于心部比体积，使表层为压应力状态，故零件还具有高的疲劳抗力。

以20CrMnTi制造汽车变速器齿轮为例介绍其工艺路线：

下料→锻造→正火→粗加工→渗碳+淬火+低温回火→精加工→喷丸→成品。

渗碳后淬火处理有直接淬火法、一次淬火法、二次淬火法。详见6.6.2节。

**3. 常用渗碳钢及其应用**

常用渗碳钢的成分、热处理、性能和用途见表7-2。

（1）非合金渗碳钢　由表7-2可见，常用的非合金渗碳钢是20钢。其特点是：淬透性差，较大截面零件难以淬透；缺少合金元素对铁素体产生固溶强化，而使零件心部强度不足；渗碳层不能形成合金碳化物，使零件表层耐磨性不足；因采用水淬使零件淬火变形大。因此，非合金渗碳钢主要用作受力较小、截面尺寸小于10mm、形状简单的渗碳淬硬零件，如小型活塞销、小尺寸链条等。

（2）合金渗碳钢　合金渗碳钢的特点是：淬透性好，较大截面的零件也能淬透；因合金元素能强化铁素体，零件心部有较高的强度；渗碳层能形成合金碳化物，提高零件表面的耐磨性；可采用油淬或熔盐分级淬火，减小零件的淬火变形。钢中的合金元素含量越多，其淬透性越好、心部强度越高、淬火变形越小。

由表7-2可见，常用的低淬透性合金渗碳钢有20Cr、20Mn2等，它们适用于截面尺寸不超过25mm的中等受力的渗碳淬硬零件，如机床齿轮、齿轮轴、凸轮、滑块、螺杆、活塞销、气门顶杆等。常用的中淬透性合金渗碳钢有20CrMnTi、20CrMnMo等，它们适用于截面尺寸为25~60mm、形状复杂、受力较大的渗碳淬硬零件，如汽车、拖拉机、工程机械的变速齿轮、凸轮、活塞销等。常用的高淬透性合金渗碳钢有12Cr2Ni4、18Cr2Ni4WA等，它们适用于截面尺寸大（>100mm）、承受重载与强烈磨损、淬火变形小的渗碳淬硬零件，如坦克、飞机发动机齿轮和曲轴等。

表 7-2 常用渗碳钢的成分、热处理、性能和用途

| 牌号 | 化学成分（质量分数）(%) | | | 试样毛坯尺寸/mm | 热处理 | | | | 力学性能（不小于） | | | | 说明 |
|---|---|---|---|---|---|---|---|---|---|---|---|---|---|
| | | | | | 淬火 | | 回火 | | | | | | |
| | $w_C$ | $w_{Mn}$ | $w_{Cr}$ | | 温度/℃ | 冷却 | 温度/℃ | 冷却 | $R_m$/MPa | $R_{eL}$/MPa | $A$ (%) | $Z$ (%) | |
| 15 | 0.12~0.19 | 0.35~0.65 | | 25 | 920 | 水 | 200 | 水、空气 | ≥490 | ≥294 | 15 | — | 形状简单、受力较小、截面尺寸≤10mm的渗碳淬硬件，如活塞销、链条、套筒等 |
| 20 | 0.17~0.24 | 0.35~0.65 | | 25 | 900 | 水 | 200 | 水、空气 | | | | | |
| 20Cr | 0.18~0.24 | 0.5~0.8 | 0.7~1.0 | 15 | 880 | 水、油 | 200 | 水、空气 | 835 | 540 | 10 | 47 | 用于中等受力、截面尺寸较小渗碳件。如机床变速齿轮、齿轮轴、凸轮、蜗轮、蜗杆等 |
| 20Mn2 | 0.17~0.24 | 1.5~1.8 | | 15 | 880 | 油 | 200 | 水、空气 | 980 | 785 | 10 | 55 | |
| 20CrMnTi | 0.17~0.23 | 0.8~1.1 | 1.0~1.3 | 15 | 880 | 油 | 200 | 水、空气 | 1080 | 835 | 10 | 55 | 受力大、形状复杂、截面尺寸较大的渗碳淬硬件，如汽车、拖拉机、工程机械的传动齿轮、齿轮轴、凸轮、十字头、活塞销等 |
| 20MnVB | 0.17~0.23 | 1.2~1.6 | | 15 | 860 | 油 | 200 | 水、空气 | 1080 | 885 | 10 | 55 | |
| 20CrMnMo | 0.17~0.23 | 0.9~1.2 | 1.1~1.4 | 15 | 850 | 油 | 200 | 水、空气 | 1080 | 885 | 10 | 55 | |
| 18Cr2Ni4WA | 0.13~0.19 | 0.3~0.6 | 1.35~1.65 | 15 | 950 | 空气 | 200 | 水、空气 | 1175 | 835 | 10 | 78 | 高强度、高韧性和良好的淬透性，是渗碳钢中力学性能最好的钢种，用作大截面重要的渗碳零件，如大型齿轮、轴、蜗轮、蜗杆、飞机发动机齿轮等 |
| 20Cr2Ni4 | 0.17~0.23 | 0.3~0.6 | 1.25~1.65 | 15 | 880 | 油 | 200 | 水、空气 | 1175 | 1080 | 10 | 63 | |

碳含量低于0.4%的调质钢；如果零件要求较高的强度与硬度，则用碳含量高于0.4%的调质钢。

合金调质钢中常加入Cr、Mn、Ni等元素，以提高钢的淬透性、固溶强化铁素体、减小零件的淬火变形；加入少量W、Mo、V、Ti等元素能形成稳定的合金碳化物，以细化奥氏体晶粒、提高钢的耐回火性，进一步提高钢的强度、硬度和韧性。W和Mo还具有减小可逆回火脆性的作用。

**2. 热处理及性能特点**

对于表面或局部要求高耐磨的零件（如轴类零件的轴颈和花键部分），还可在调质处理后，采用表面淬火或表面渗氮工艺；对于带缺口的零件，调质后可采用喷丸或滚压等强化措施以提高疲劳强度。调质钢常用的热处理有以下几种：

（1）调质　零件经调质后具有良好的综合力学性能，即高的韧性和足够的强度，其硬度为22~32HRC。根据实际需要，调质钢也可进行中温回火（450℃左右），使钢具有更高的强度、硬度和疲劳强度。

（2）调质+表面淬火+低温回火　如果表面硬度要求在52~58HRC，可用中碳钢调质后进行表面淬火+低温回火。经此热处理后，零件表面具有较高的硬度和耐磨性，心部具有良好的综合力学性能（22~28HRC），零件还具有较高的疲劳抗力。

（3）调质及渗氮 如果表面硬度要求在900HV（约70HRC）以上，可采用渗氮钢（如38CrMoAlA）先调质，然后表面渗氮，使零件表面具有很高的硬度（900~1200HV）和耐磨性，心部有较好的强韧性，零件有较高的疲劳抗力。

**3. 常用调质钢及其应用**

常用调质钢的成分、热处理、性能及用途见表7-3。

（1）非合金调质钢　由表7-3可见，常用的非合金调质钢有45、40Mn等。其特点是：淬透性差，截面较大的零件难以淬透；缺少合金元素对铁素体的固溶强化，零件调质后强度有限；因采用水淬使零件淬火变形大。因此，非合金调质钢主要用于截面尺寸小于20mm、受力不大、形状简单的零件。例如机床中的轴、齿轮，柴油机中的曲轴、连杆及万向接头等。

（2）合金调质钢　合金调质钢的特点是：淬透性好，大截面零件调质后具有均匀、良好的综合力学性能；因合金元素强化铁素体，零件调质后具有较高的强度；可采用油淬或盐浴分级淬火减小零件淬火变形。钢中的合金元素含量越多，其淬透性越好、调质后强度越高、淬火变形越小。

由表7-3可见，低淬透性合金调质钢（如40Cr、40MnB）主要用于中等受力、形状较复杂、截面尺寸为20~40mm的零件，如机床齿轮、轴、连杆螺栓、销子等；中淬透性合金调质钢（如30CrMnSi等）主要用于受力较大、形状复杂、截面尺寸在40~60mm的零件，如大型发动机曲轴、连杆等；高淬透性合金调质钢（如40CrNiMo等）主要用于受力大、形状复杂、截面尺寸大（>60mm）的零件，如汽轮机主轴、压力机主轴、叶轮、航空发动机曲轴等。

渗碳钢、调质钢都可以通过表面处理，使零部件获得“表硬心韧”的性能特点。二者的主要区别在于表面硬度和心部硬度不同。渗碳钢经过最终热处理后，表面硬度为58~64HRC，心部硬度为35~45HRC，主要用于承受重载、要求高速的零件上；调质钢经过表面

表 7-3 常用调质钢的成分、热处理、性能和用途

| 牌号 | 化学成分（质量分数）（%） | | | | 热处理方式 | | | | 力学性能（不小于） | | | | | 说明 |
|---|---|---|---|---|---|---|---|---|---|---|---|---|---|---|
| | | | | | 淬火 | | 回火 | | | | | | | |
| | $w_C$ | $w_{Si}$ | $w_{Mn}$ | $w_{Cr}$ | 温度/℃ | 冷却 | 温度/℃ | 冷却 | $R_m$/MPa | $R_{eL}$/MPa | $A$（%） | $Z$（%） | $a_K$/J·cm$^{-2}$ | |
| 40 | 0.37~0.45 | 0.17~0.37 | 0.50~0.80 | | 840 | 水 | 600 | 水、油 | 570 | 335 | 19 | 45 | 47 | 用于形状简单、受力不大、截面尺寸<20mm 的调质件或表面淬火件，如机床中的轴、曲轴、齿轮、链轮、连杆等 |
| 45 | 0.42~0.50 | 0.17~0.37 | 0.50~0.80 | | 840 | 水 | 600 | 水、油 | 600 | 335 | 16 | 40 | 39 | |
| 40Cr | 0.37~0.44 | 0.17~0.37 | 0.50~0.80 | 0.80~1.10 | 850 | 油 | 520 | 水、油 | 980 | 785 | 9 | 45 | 47 | 淬透性和力学性能比 45 钢好，淬火变形和开裂倾向小。用于尺寸稍大、较重要的调质件或表面淬硬零件，如轴、齿轮、连杆螺栓、进气阀、凸轮、蜗杆等 |
| 40Mn2 | 0.39~0.45 | 0.17~0.37 | 1.40~1.80 | | 850 | 油 | 550 | 水、油 | 885 | 735 | 10 | 45 | 47 | |
| 40MnVB | 0.37~0.44 | 0.17~0.37 | 1.10~1.40 | | 850 | 油 | 520 | 水、油 | 980 | 785 | 10 | 45 | 47 | 用于形状复杂、受力较大、截面较大（40~60mm）的调质件或表面淬硬件，如汽车、拖拉机、机床的轴、齿轮、联轴器等 |
| 30CrMnSi | 0.27~0.34 | 0.90~1.20 | 0.80~1.10 | 0.80~1.10 | 880 | 油 | 520 | 水、油 | 1080 | 885 | 10 | 45 | 89 | |
| 40CrNiMoA | 0.37~0.44 | 0.17~0.37 | 0.50~0.80 | 0.60~0.90 | 850 | 油 | 600 | 水、油 | 980 | 835 | 12 | 55 | 78 | 冲击力大、截面大的高强度零件，如锻压机的偏心轴、压力机曲轴、火车内燃机曲轴、飞机起落架、航空发动机轴等 |
| 40CrMnMo | 0.37~0.45 | 0.17~0.37 | 0.90~1.20 | 0.90~1.20 | 850 | 油 | 600 | 水、油 | 980 | 785 | 10 | 45 | 63 | |
| 38CrMoAlA | 0.35~0.42 | 0.20~0.45 | 0.30~0.60 | 1.35~1.65 | 940 | 油 | 640 | 水、油 | 980 | 835 | 14 | 50 | 71 | 渗氮钢，用作表面硬度>900HV 的精密机件，如镗杆、精密主轴、高压阀门等 |

淬火和低温回火后，表面硬度为52~58HRC，心部硬度在22~28HRC，硬度比渗碳钢低，因此常用于低中载；而需要调质+渗氮的零件，变形小、表面耐磨性高，常用于精密零件。

**好书连连 7-5**

调质钢及其典型零件的热处理。

林约利．热处理工操作技术［M］．上海：上海科学技术文献出版社，2009：163.

**案例解析 7-2 连杆螺栓的选材和热处理**

连杆在发动机中直接与活塞销、连杆轴颈连接，连杆螺栓是活塞销和连杆的连接件。所以，连杆螺栓的受力复杂，既需强度抵抗变形和断裂，又需韧性抵抗冲击，需要具备综合力学性能。因此，40Cr常用于制造连杆螺栓，它的工艺路线为下料→锻造→正火→粗加工→调质→精加工。

正火的目的是消除锻造缺陷，调整硬度；最终组织为铁素体+珠光体；硬度范围为16~23HRC。

调质的目的是获得综合力学性能好的回火索氏体；硬度范围为22~28HRC。

**想一想 7-1 机床齿轮的选材、工序和热处理作用**

机床齿轮要求表硬心韧，因机床齿轮的表面和心部的受力比汽车变速器等重载齿轮更小，且运行平稳，因此，可以采用40Cr调质后表面淬火，增加其表面硬度。它的工艺路线为下料→锻造→正火→粗加工→调质→半精加工→表面淬火+低温回火→精磨→成品。

正火的目的是消除锻造缺陷，调整硬度，利于切削加工；组织为铁素体+珠光体；硬度范围为16~23HRC。

调质的目的是使心部获得综合力学性能好的回火索氏体组织；硬度范围为22~28HRC。

表面淬火的目的是使表面获得高硬度的马氏体组织，硬度为60HRC左右。

低温回火的目的是消除淬火应力、降低脆性，使表面获得回火马氏体组织；硬度范围为52~58HRC。

**想一想 7-2 内燃机曲轴的选材、工序和热处理作用**

内燃机曲轴受力复杂，需要具备综合力学性能，但曲轴轴颈处连接连杆，因此该部位需要高的硬度和耐磨性。按工艺曲轴分为锻钢曲轴和铸造曲轴，锻钢曲轴采用中碳钢或中碳合金钢制造；铸造曲轴主要由铸钢、球墨铸铁、珠光体可锻铸铁等制造。对于高精度轴，采用38CrMoAlA调质后渗氮处理。

1）如38CrMoAlA制造内燃机曲轴，工艺路线为锻造→退火→粗加工→调质→半精加工→渗氮→精磨→成品。

退火的目的是消除锻造缺陷，降低硬度；最终组织为铁素体+珠光体；硬度范围为16~23HRC。

调质的目的是获得综合力学性能好的回火索氏体；硬度范围为28~32HRC。

渗氮的目的是使表面获得高硬度的致密氮化物；表面硬度范围为900~1200HV。

2）如 QT700-2 制造功率不大的曲轴，工艺路线为铸造→高温正火→去应力退火→粗加工→轴颈渗氮→精加工→成品。

高温正火的目的是获得细珠光体的基体组织。

去应力退火的目的是消除正火内应力。

轴颈渗氮的目的是提高轴颈表面硬度和耐磨性。

**瞭望台 7-2　调质钢的取代钢**

近年来为了提高生产效率，节约能源，降低成本，世界各国相继研制了非调质机械结构钢，以取代传统需要进行调质处理的调质钢。

（1）中碳合金钢　在中碳钢中加入微量合金元素 Ti、V、Nb、N 等，通过控制轧制（或锻压）后控温冷却，在铁素体和珠光体组织中弥散析出碳（氮）化合物为强化相，即可获得调质钢所能达到的性能。因不经淬火、回火处理，大大简化了中碳合金钢的生产工序，且易于加工切削。但主要缺点是塑性、韧性偏低，限制了它在强冲击载荷下的应用。

（2）低碳马氏体钢　采用低碳钢或低碳合金钢，如渗碳钢、低合金高强度钢等，经淬火+低温回火后获得低碳马氏体，从而获得比调质钢更加优越的综合力学性能，使钢不仅强度高，而且塑性和韧性好。例如，采用 15MnVB 钢代替 40Cr 制造汽车的连杆螺栓，使螺栓承载能力提高了 45%～70%，可满足大功率新车型设计要求；采用 20SiMnMoV 钢代替 35CrMo 钢制造石油钻井用吊环，使吊环质量由原来的 97kg 减少为 29kg，大大降低了钻井劳动强度。

### 7.4.3 弹簧钢

弹簧钢是指主要用于制造弹性元件的钢种，如机器、仪表中的弹簧，根据弹簧的外形可分为板簧和螺旋弹簧。

弹簧在交变载荷、冲击载荷或振动的作用下工作，通过弹性变形吸收能量，以缓和冲击和振动，起到减振作用，如汽车弹簧、火车弹簧等；或利用弹簧储存的弹性势能驱动机械零件，如气阀弹簧、钟表发条等。因此，为了保证弹簧有高的弹性变形能力而不发生塑性变形，弹簧应有高的弹性极限；还应有一定的韧性，以防止冲击断裂和脆性断裂；应有高的疲劳抗力，以防止弹簧在交变力作用下发生疲劳断裂。

**1. 成分特点**

非合金弹簧钢的碳含量为 0.6%～0.85%，如 65、65Mn 等，因为没有添加合金元素，所以强度和淬透性较低。

合金弹簧钢的碳含量为 0.5%～0.7%，并含某些合金元素，如 60Si2Mn、50CrVA 等。合金弹簧钢中常加的合金元素 Si、Mn 的主要作用是提高钢的淬透性，同时固溶强化铁素体，提高弹簧曲强比。但 Si 在加热时会促进碳的扩散，从而加剧表面脱碳现象；Mn 则使钢易于过热。因此，重要用途的合金弹簧钢中还必须加有少量的 Cr、Mo、V 等元素，以防止表面脱碳及淬火加热时奥氏体晶粒长大，并避免出现可逆回火脆性，使弹簧具有好的耐冲击性能和较高的高温强度。

**2. 热处理及性能特点**

弹簧钢最终热处理一般为淬火+中温回火，获得回火托氏体组织 T′，T′具有高强度足够韧性的特点，非常符合弹簧等弹性零件的性能需求。根据弹簧尺寸的不同，弹簧钢的成形及热处理方法也有所不同。

（1）冷成形弹簧的热处理　对于线径或板厚小于 10mm 的弹簧，常用冷拉弹簧钢丝或冷轧弹簧钢带在冷态下制成。

冷拉弹簧钢丝一般以热处理状态交货，按制造工艺可分为以下三种类型。

1）索氏体化处理冷拉钢丝。将盘条坯料奥氏体化后在 500～550℃ 盐浴中等温冷却得到索氏体或托氏体组织，然后多次冷拔至所需直径，具有高强度（$R_m$＝1300～3000MPa）和较高韧性。用这种钢丝冷卷成弹簧后，只需进行一次 200～300℃ 去应力退火消除冷变形残余内应力后直接使用，而不需淬火与回火。

2）淬火回火钢丝。冷拔到规定尺寸后进行淬火回火处理，其抗拉强度不及冷拉钢丝，但性能更均匀、稳定。用这类钢丝冷卷成弹簧后，只需进行去应力退火。

3）退火状态供应的合金弹簧钢丝。将冷拔钢丝退火后冷卷成形，再进行淬火＋中温回火处理。

（2）热成形弹簧的热处理　线径或板厚大于 10mm 的弹簧，常在热态下制成，热成形结束后经淬火＋中温回火处理。板弹簧还常常利用热成形后的余热直接淬火。

此外，为提高弹簧抗疲劳强度，要严格控制材料内部缺陷，弹簧钢表面不应有脱碳、裂纹、折叠、夹杂等缺陷，并常采用喷丸处理。

**3. 常用弹簧钢及其应用**

常用弹簧钢的成分、热处理、性能和用途，见表 7-4。

**表 7-4　常用弹簧钢的成分、热处理、性能和用途**

| 牌号 | 化学成分（质量分数）（%） | | | 热处理温度 | | 力学性能（不小于） | | | | 用途 |
|---|---|---|---|---|---|---|---|---|---|---|
| | C | Si | Mn | 淬火/℃ | 回火/℃ | $R_m$/MPa | $R_{eL}$/MPa | $A$（%） | $Z$（%） | |
| 70 | 0.65～0.74 | 0.17～0.37 | 0.50～0.80 | 840 油 | 500 | 1000 | 800 | 9 | 35 | 截面<12mm 的一般用途小型弹簧，如调压调速弹簧、测力弹簧、发条等 |
| 65Mn | 0.62～0.70 | 0.17～0.37 | 0.90～1.20 | 830 油 | 540 | 1000 | 800 | 6 | 30 | |
| 60Si2Mn | 0.56～0.64 | 1.50～2.00 | 0.60～0.90 | 870 油 | 480 | 1300 | 1200 | 5 | 25 | 截面在 25～30mm 的弹簧，如汽车板簧、机车螺旋弹簧等，工作温度低于 250℃ |
| 50CrVA | 0.46～0.54 | 0.17～0.37 | 0.50～0.80 | 850 油 | 500 | 1300 | 1150 | 10 | 40 | 截面在 $\phi$30～$\phi$50mm 的承受高载荷的重要弹簧，如阀门弹簧、活塞弹簧、喷油嘴弹簧、安全弹簧等，工作温度低于 400℃ |
| 50SiMnMoV | 0.52～0.60 | 0.90～1.20 | 1.00～1.30 | 880 油 | 550 | 1400 | 1300 | 6 | 30 | 截面<75mm 的重型汽车、越野汽车大截面弹簧 |

注：表中的热处理规范和力学性能数据是出厂时的检验指标，这些数据不能作为设计计算的依据。

（1）非合金弹簧钢　由表 7-4 可见，常用的非合金弹簧钢有 70、65Mn 等。这类钢价格便宜，但淬透性差，缺少合金元素对铁素体的固溶强化，故非合金弹簧钢主要用于强度不很高、截面尺寸小于 12mm 的不重要小型弹簧，经淬火+中温回火处理后其硬度达到 45～52HRC，如钟表、仪表中的螺旋弹簧、发条、弹簧片等。

某非合金弹簧钢制造工艺路线为下料→冷拔钢丝→淬火+中温回火→冷卷→去应力退火→成品。

（2）合金弹簧钢　常用合金弹簧钢有 60Si2Mn、50CrVA 等。这类钢淬透性好、合金元素对铁素体有固溶强化作用，使较大截面弹簧在淬火及中温回火后具有高而均匀的强度，故常用于强度高、截面尺寸较大（>12mm）的弹簧，经淬火和中温回火处理后其硬度达到 45～54HRC。

60Si2Mn 等以 Si、Mn 强化的钢常用于截面尺寸为 12～25mm 的各种弹簧，如汽车、拖拉机、机车上的板簧、螺旋弹簧；50CrVA 等加入了 Cr、V、W 元素的钢常用于截面尺寸为 25～35mm 的重载弹簧，并可承受 350～400℃高温，如阀门弹簧、内燃机气阀弹簧。

采用合金弹簧钢制造弹簧的工艺路线一般为下料→轧制热卷→淬火+中温回火→喷丸→成品。

**微视频 7-3　弹簧的成形**

**瞭望台 7-3　脱碳及其防止措施**

脱碳是钢加热时表面碳含量降低的现象。脱碳后会造成强度、硬度的下降，如弹簧、轴承等零件都需十分注意避免脱碳的问题。

脱碳的过程就是钢中碳在高温下与氢或氧发生作用生成甲烷或一氧化碳的过程。脱碳是扩散作用的结果，脱碳时一方面氧向钢内扩散；另一方面钢中的碳向外扩散。随着加热温度的提高，脱碳层的深度不断增加。一般低于 1000℃时，钢表面的氧化皮可阻碍碳的扩散，脱碳比氧化慢，但随着温度升高，一方面氧化皮形成速度增加；另一方面氧化皮下碳的扩散速度也加快，此时氧化皮失去保护能力，达到某一温度后脱碳反而比氧化快。

加热时间越长，加热次数越多，脱碳层越深。

脱碳的防止措施有如下四种：

1）尽可能地降低加热温度及在高温下的停留时间；合理地选择加热速度以缩短加热的总时间。

2）控制炉内气氛，减少氢气、氧气和二氧化碳等使钢脱碳（而甲烷和一氧化碳则使钢增碳）的气体。在脱氧良好的炉中加热，或中性或采用保护性气体加热。

3）加入阻止碳扩散的元素，即形成合金碳化物的元素，如 V、W、Nb、Mo。

4）增大加工余量。

### 7.4.4 滚动轴承钢

滚动轴承由滚动体（滚珠或滚柱）、内圈和外圈组成。轴承元件一般为点接触或线接触，轴承高速转动中，位于轴承正下方的钢球承受轴的径向载荷最大。由于接触面积很小，接触应力可达1500~5000MPa。因此，轴承钢必须具有高硬度，以保证高抗挤压和高耐磨能力。轴承还承受交变力，交变次数达每分钟数万次。常见失效形式有长期磨损而丧失精度、表面接触疲劳产生麻点或剥落。

此外，轴承钢还应具有足够的韧性和良好的淬透性、对大气和润滑油的耐蚀性和较好的尺寸稳定性。

**1. 成分特点**

滚动轴承钢的碳含量高（$w_C=0.95\%\sim1.05\%$），以保证高的淬硬性和耐磨性；钢中加入少量合金元素Cr（$w_{Cr}=0.4\%\sim1.65\%$），以提高淬透性，并形成细小均匀分布的合金碳化物（Fe，Cr）$_3$C以提高回火稳定性和耐磨性，并有一定的耐蚀性。其缺点是当$w_{Cr}>1.65\%$时，会增大残余奥氏体量，降低硬度和尺寸稳定性。因此，大型轴承还会添加Mn、Si以进一步提高淬透性。一些轴承钢中还加入V、Mo，可阻止奥氏体晶粒长大，防止过热，并可进一步提高耐磨性。钢中有害杂质元素（P、S和非金属夹杂物）应控制严格，以保证钢具有较高的抗接触疲劳能力。

**2. 热处理及性能特点**

滚动轴承零件常用的热处理是淬火+低温回火，硬度一般为62HRC左右。对于精密轴承，保证尺寸稳定性极为重要，淬火后需进行冷处理（-80~-60℃），并在磨削后再进行120~130℃保温5~10h的低温时效处理（也称稳定化处理）。精密滚动轴承加工工艺路线为轧制或锻造→球化退火→机加工→淬火→冷处理→低温回火→时效→磨削→时效→成品。

**3. 常用滚动轴承钢及其应用**

常用滚动轴承钢的成分、热处理及用途见表7-5。

**表7-5 铬轴承钢的牌号、成分、热处理及用途**

| 牌号 | 化学成分（质量分数）（%） | | | | 热处理 | | | 用途 |
|---|---|---|---|---|---|---|---|---|
| | C | Cr | Mn | Si | 淬火温度/℃ | 回火温度/℃ | 回火硬度HRC | |
| GCr6 | 1.05~1.15 | 0.40~0.70 | 0.20~0.40 | 0.15~0.35 | 800~820 | 150~170 | 62~66 | <10mm钢球、滚柱、滚针 |
| GCr9 | 1.0~1.10 | 0.9~1.2 | 0.25~0.45 | 0.15~0.35 | 810~830 | 150~170 | 62~66 | ϕ10~20mm钢球 |
| GCr9SiMn | 1.0~1.10 | 0.9~1.2 | 0.90~1.20 | 0.40~0.70 | 810~830 | 150~200 | 61~65 | 壁厚接近20mm、外径<250mm的中小型套圈；ϕ25~50mm钢球 |
| GCr15 | 0.95~1.05 | 1.4~1.65 | 0.25~0.45 | 0.15~0.35 | 825~845 | 150~170 | 62~66 | |
| GCr15SiMn | 0.95~1.05 | 1.4~1.65 | 0.95~1.25 | 0.45~0.75 | 820~840 | 150~180 | ≥62 | 壁厚>30mm、外径≥250mm的大型套圈，ϕ50~200mm钢球 |

滚动轴承钢虽然是制作滚动轴承的专用钢，但它的成分和性能接近工具钢，也可以制作冷冲模、精密量具和耐磨机械零件（如柴油机喷油嘴、精密淬硬丝杠）。对于承受很大冲击或特大型滚动轴承，不采用传统的滚动轴承钢制作，而采用合金渗碳钢制造，如 20Cr2Ni4 经渗碳+淬火+低温回火处理；对于要求耐腐蚀的滚动轴承，常用不锈钢制造，具体采用何种钢材要根据实际情况合理选用。

**好书连连 7-6**

一般轴承套圈的热处理。

董世柱，徐维良. 结构钢及其热处理［M]. 沈阳：辽宁科学技术出版社，2009：389.

## 7.4.5 其他常用结构钢

**1. 其他机器零件用钢**

（1）易切削钢　易切削结构钢简称易切削钢，主要用于仪器仪表、手表、汽车、机床等各类机器中，对尺寸精度和粗糙度要求严格，而对力学性能要求相对较低的标准件，如齿轮、轴、螺栓、阀门、衬套、销钉、管接头、弹簧坐垫及机床丝杠、塑料成型模具、外科和牙科手术用具等。因此要求钢具备优良的切削加工性，即切削抗力小、排屑容易，从而保证加工表面粗糙度小，同时刀具寿命长。

易切削钢的成分特点是含有一定量的 S、Pb、Ca 等元素。Pb 以极细小的颗粒均匀分布于钢中；S、Ca 形成 MnS、CaS 等化合物，热加工后以细小条状或纺锤状形态存在。这些夹杂物破坏钢的连续性，切削加工时易断屑和减小切削抗力，同时具有润滑减摩作用，从而降低刀具磨损，提高零件表面质量。

易切削钢的牌号由 Y（“易”字汉语拼音首字母）和数字组成，数字代表钢平均碳含量的万倍数。如 Y12 代表平均碳含量为 0.12%的易切削钢。

易切削钢可进行最终热处理，但一般不进行预备热处理，以免破坏其切削加工性。易切削钢的冶金工艺要求比普通钢严格，成本较高，故多用于大批量生产的零件。

（2）冷冲压钢　用于冷态下冲压成形的钢，称为冷冲压钢。此类钢要求高的塑性和低的屈服强度，即良好的冲压工艺性，并要求冲压件有光滑的表面。为此，冷冲压钢的化学成分和组织应具有以下特点：碳含量小于 0.2%~0.3%；对变形量大、轮廓形状复杂的零件，则多用碳含量小于 0.05%~0.08%的钢；硫、磷损害钢的成形性，故硫、磷含量应小于 0.035%；硅和锰使钢的塑性降低，其含量越低越好，如深冲压钢板 08F 不使用硅铁脱氧，而采用沸腾钢。

对冲压变形量大、形状复杂但受力不大的冲压件主要采用冷轧深冲薄钢板，目前生产中应用最广的材料有 08F、08Al 等。其中，对外观要求不高的冲压件可采用价廉的 08F，对冲压性能和外观要求高的冲压件宜采用 08Al。其组织是铁素体基体上分布极少量非金属夹杂物，若钢中存在珠光体时则应为球状珠光体；铁素体晶粒应细小（晶粒度 6 级）而均匀，晶粒过细强度提高会使冲压性恶化，晶粒过粗（或晶粒大小不均匀）在变形过程中，变形量大的部位易产生裂纹，也使钢的冲压性能降低。钢中还应避免出现连续条状非金属夹杂物和沿铁素体晶界分布的三次渗碳体，以防止钢的塑性降低。

对于冲压变形量较大且受力较大的，如汽车车架等，则多选用热轧低合金结构钢或优质碳素结构钢，如 10、15、20 钢板等。

（3）铸钢　一些形状复杂，综合力学性能要求较高的大型零件，由于在工艺上难以用锻造的方法成型，在性能上又不能用力学性能较低的铸铁制造，此时可采用铸钢制造。铸钢与铸铁相比，强度、塑性、韧性较高，但流动性差、收缩性大、熔点高，所以铸造性更差，多用于制造形状复杂，并需要一定强韧性的零件和构件。

铸钢的碳含量为 0.2%~0.6%，碳含量过高塑性不好，在凝固时容易产生裂纹。铸钢的特点是晶粒粗大，偏析严重，内应力大，铸造后需要采用退火或正火。随着铸造技术进步和精密铸造技术的发展，铸钢件可实现无切削或少切削，大量节约钢材、降低成本。

铸钢分为一般工程用碳素铸钢，如 ZG200-400（屈服强度 $R_{eL}$ 值为 200MPa，抗拉强度 $R_m$ 为 400MPa）、ZG340-640 等，其次还有焊接结构用碳素铸钢，如 ZG200-400H，它们主要应用在轧钢机架、连杆、曲轴、制动轮、大齿轮、联轴器、叉头等。为了提高碳素铸钢的力学性能，还可以加入 Mn、Si、Cr、Mo 等合金元素，形成合金铸钢，如 ZG40Cr、ZG35CrMnSi 等，多用于承受较重载荷、冲击和摩擦的零件，如高强度齿轮、水压机工作缸、高速列车车钩等。

**2. 工程构件用钢**

（1）碳素结构钢　碳素结构钢碳含量为 0.06%~0.38%，并含有较多 S、P 有害元素以及金属夹杂物。此类钢的焊接性好、塑性好，常在热轧空冷后以板材、带材、棒材和型钢使用，组织为铁素体和索氏体，用量约占钢材总量的 70%，常用于建筑、铁道和桥梁工程构件。

常用碳素结构钢的成分、性能及用途见表 7-6。此类钢中用得最广的是 Q235 钢。

**表 7-6　常用碳素结构钢的成分、性能及用途**（摘自 GB/T 700—2006）

| 牌号 | 质量等级 | 化学成分（质量分数）（%）（不大于） | | | 脱氧方法 | 钢材厚度/mm | 力学性能 | | | 用途 |
|---|---|---|---|---|---|---|---|---|---|---|
| | | C | Si | Mn | | | $R_{eH}$/MPa | $R_m$/MPa | $A$（%） | |
| Q195 | — | 0.12 | 0.30 | 0.50 | F、Z | ≤16<br>>16~40 | 195<br>185 | 315~430 | 33 | 屋板、铆钉、焊管、地脚螺钉、螺母、开口销、铁丝、薄板，桥梁结构件、钢架和冲压零件等 |
| Q215 | A | 0.15 | 0.35 | 1.20 | F、Z | ≤16<br>>16~40 | 215<br>205 | 335~450 | 31 | |
| | B | | | | | | | | | |
| Q235 | A | 0.22 | 0.35 | 1.40 | F、Z | ≤16<br>>16~40 | 235<br>225 | 370~500 | 26 | 受力不大的心轴、转轴、销子、吊钩、拉杆、机座和冲模柄 |
| | B | 0.20 | | | | | | | | |
| | C | 0.17 | | | Z | | | | | |
| | D | | | | TZ | | | | | |
| Q275 | A | 0.24 | 0.35 | 1.50 | F、Z | ≤16<br>>16~40 | 275<br>265 | 410~540 | 22 | 摩擦离合器、主轴、连杆、制动钢带、链轮、链条和农机零件等 |
| | B | 0.21 | | | Z | | | | | |
| | C | 0.20 | | | Z | | | | | |
| | D | | | | TZ | | | | | |

（2）低合金高强度结构钢　低合金高强度结构钢是在普通碳素结构钢的基础上，添加少量合金元素而发展起来的，合金元素的总质量分数不超过 3.5%，主要元素为 Mn，其他

合金元素有 V、Ti、Nb 等。钢中加入 Mn 以固溶强化铁素体，加入少量 Ti、V 形成 TiC、VC 以细化晶粒并起弥散强化作用，有时还加入少量铜和磷以提高耐大气腐蚀能力。因此，与碳素结构钢相比，低合金高强度结构钢具有更高的强度，通常屈服强度在 295MPa 以上。同时，为了达到更好的韧性、冷成形性能及优良的可焊接性，其碳含量偏低，一般为 0.10%~0.25%，其次，低合金高强度结构钢还具有较低的韧脆转变温度、较好的耐大气腐蚀能力。

低合金结构钢大多数是在热轧正火状态下使用，组织为铁素体+珠光体。由于保证了一定的力学性能，故低合金结构钢一般经焊接、铆接等工艺方法成形，而不进行热处理。对某些重要零件，必要时也可进行锻造，通过正火、调质、渗碳等处理。低合金结构钢常用于建筑、石油、化工、铁路、桥梁、船舶、机车车辆、锅炉、压力容器和农机等领域的各类大型钢结构件。常用低合金结构钢的成分、性能及用途见表 7-7。Q345 钢是目前我国这类钢中用量最多的。

**表 7-7 常用低合金结构钢的成分、性能及用途**（摘自 GB/T 1591—2018）

| 牌号 | 化学成分(质量分数)(%) | | | 钢材厚度 | 力学性能 | | | 用途 |
|---|---|---|---|---|---|---|---|---|
| | C | Si | Mn | | $R_m$/MPa | $R_{eL}$/MPa | A(%) | |
| Q295(09MnV) | ≤0.12 | 0.20~0.55 | 0.80~1.20 | ≤16<br>16~25 | 430~580 | 295 | 23 | 拖拉机轮圈、建筑结构、车辆冲压件、冷弯型钢、中低压化工容器、储油罐等 |
| Q345(16Mn) | 0.12~0.20 | 0.20~0.55 | 1.20~1.60 | ≤16<br>17~25 | 510~660 | 345 | 22<br>21 | 船舶、桥梁、电视塔、汽车的纵横梁、铁路车辆、矿山机械、厂房结构等 |
| Q390(15MnTi) | 0.12~0.18 | 0.20~0.55 | 1.20~1.60 | ≤25<br>26~40 | 540~520 | 390~375 | 20 | 大型桥梁、起重设备、船舶、中高压压力容器、电站设备等 |
| Q460 | 0.12~0.20 | 0.20~0.55 | 1.00~1.70 | ≤40<br>41~63 | 550~720 | 460~440 | 17<br>16 | 大型挖掘机、起重机械、石油化工高压厚壁容器、钻井平台、中温高压容器 <120℃。可经淬火回火后使用 |

为了适应各种专门用途的需要，在低合金高强度结构钢的基础上，发展了一系列专用钢，例如低温用钢、钢轨用钢、锅炉用钢等。

**微视频 7-4 零件结构钢的思考**

**瞭望台 7-4 提高低合金结构钢性能的途径**

目前低合金结构钢具有以下发展趋势：

1）微合金化与轧制控制技术相结合，达到最佳强韧化效果。加入少量形成碳化物的合金元素（V、Ti、Nb 等），在热轧的再结晶过程中阻碍晶粒长大最终获得晶粒细小的组织。

2）合金化改变基体组织，加入能提高淬透性的多元微合金，如 Cr、Mn、Mo、Si、B 等，在热轧空冷时获得下贝氏体组织，甚至马氏体组织，获得理想的强韧性。

3）超低碳化，为进一步提高钢材焊接性和冲压性能，需进一步降低碳的质量分数，此时需结合真空冶炼、真空除气等先进冶炼技术。

**资料卡 7-2 其他常用钢产品名称与表示符号**

常用钢产品的名称与表示符号（GB/T 221—2008）

| 名称 | 汉字 | 符号 | 名称 | 汉字 | 符号 |
|---|---|---|---|---|---|
| 铸造用生铁 | 铸 | Z | 塑料模具钢 | 塑模 | SM |
| 冶炼用生铁 | 炼 | L | 冷镦钢 | 铆螺 | ML |
| 碳素结构钢 | 屈 | Q | 机车车辆用钢 | 机轴 | JZ |
| 低合金高强度钢 | 屈 | Q | 汽车大梁用钢 | 梁 | L |
| 易切削钢 | 易 | Y | 桥梁用钢 | 桥 | Q |
| 碳素工具钢 | 碳 | T | 锅炉用钢 | 锅 | G |
| （滚珠）轴承钢 | 滚 | G | 锅炉与压力容器用钢 | 容 | R |
| 钢轨钢 | 轨 | U | 矿用钢 | 矿 | K |
| 焊接用钢 | 焊 | H | 焊接气瓶用钢 | 焊瓶 | HP |
| 保证淬透性钢 | 淬透性 | H | 地质钻探钢管用钢 | 地质 | DZ |
| 耐候钢 | 耐候 | NH | 船用锚链钢 | 船锚 | CM |

**历史回望 7-1 你听说过的桥和塔**

**1. 埃菲尔铁塔**

巴黎城市地标之一的埃菲尔铁塔矗立在塞纳河南岸法国巴黎的战神广场，于 1889 年建成，用以庆祝法国大革命胜利 100 周年，是当时世界上最高的建筑物。埃菲尔铁塔得名于设计它的著名建筑师、结构工程师古斯塔夫·埃菲尔。

埃菲尔铁塔

铁塔由1500多根巨型梁架和12000个钢铁部件构成，通过250万只铆钉紧紧地铆接成一体，塔高300m，共用去钢铁7000t，极为壮观。

按照原计划，铁塔只是一个临时性的建筑，应该在10年后拆除。就在人们争论是否应该按期拆除铁塔的时候，无线电的发明拯救了铁塔，高高的铁塔成为电台无线电发射站的最佳地点。在其后的岁月里，它陆续被用作气象观测站、航空通信台、电台和电视发射站。

一个多世纪以来，每年大约有300万人登临塔顶，全巴黎尽在脚下，极目可望60km开外。据说它对地面的压强只有一个人坐在椅子上那么大。埃菲尔铁塔成为钢铁时代到来的里程碑。

**2. 武汉长江大桥**

“一桥飞架南北，天堑变通途”。毛泽东主席的这句诗句描绘的是武汉长江大桥。武汉长江大桥是长江上建造的第一座铁路、公路两用桥梁。桥主跨为128m，全长1670m，公路宽约22m，于1955始建，1957年10月15日正式通车。大桥的钢结构采用的是碳素结构钢Q235（旧牌号A3）。60多年过去了，大桥依然英姿挺拔雄风不减。

武汉长江大桥

**3. 南京长江大桥**

1968年建成的南京长江大桥是长江上第一座我国自行设计和建造的公路、铁路两用桥，位处长江下游，江面宽，主跨增加到160m，长约4km，对桥体材料要求更为严苛，桥体钢材选用了低合金高强度结构钢Q345（旧牌号16Mn），其强度比Q235钢提高30%~40%，耐大气腐蚀性能提高20%~38%，可使结构自重减轻，可靠性提高。

南京长江大桥历经10年建设而成，它所应用的新技术达到当时世界先进水平，被称为“争气”桥。

通桥的当天，60万人涌向桥头庆祝。开国上将许世友将军率118辆单重32t坦克，纵向排开，检压大桥，车辆绵延十多里。南京长江大桥成为一个时代的记忆，是中华民族自力更生、自强不息的标志。

南京长江大桥

## 7.5 工具钢

### 7.5.1 刃具钢

刃具钢主要用来制造各种切削刀具，如车刀、铣刀、刨刀、钻头等。刃具钢切削时承受着压力、弯曲力和强烈的摩擦力，因切削发热，刃部温度可达500~600℃，此外，还承受一定的冲击和振动。其常见的失效形式为磨损、崩刃或折断。因此，刃具钢应具有高硬度，一般在60HRC以上；高热硬性，即在高温下保持高硬度的能力；足够的塑性和韧性，防止刀具受冲击振动时断裂和崩刃。

常用的刃具钢有非合金工具钢、低合金刃具钢、高速钢。比这些钢硬度更高、切削速度更高的刀具材料还有硬质合金。

**1. 非合金工具钢**

非合金工具钢碳含量高（$w_C=0.65\%\sim1.35\%$），经淬火+低温回火后具有高硬度（58~60HRC）和高耐磨性；因无合金元素而淬透性低，常需用水作淬火介质，容易产生淬火变形，特别是形状复杂的工具应特别注意；其次是回火稳定性小，热硬性差，刃部温度受热至200~250℃时，其硬度和耐磨性迅速下降而丧失切削能力。因此，非合金工具钢主要用于制造小尺寸、形状简单和切削速度很低的刃具，用以加工软金属或非金属材料。

所有非合金工具钢经淬火后硬度相差不大，但随碳含量增大，组织中粒状渗碳体数量增多，钢的耐磨性增加。常用非合金工具钢的成分、热处理工艺、性能和用途见表7-8。

表 7-8 常用非合金工具钢的成分、热处理工艺、性能和用途

| 牌号 | 化学成分（质量分数）（%） | 淬火 | | | 临界直径 | | 用途 |
|---|---|---|---|---|---|---|---|
| | C | 淬火温度/℃ | 冷却 | 硬度 HRC | $d_{C水}$/mm | $d_{C油}$/mm | |
| T7、T7A | 0.65~0.74 | 800~820 | 水 | ≥62 | — | — | 受冲击力、韧性较好的木工刀具，如冲子、凿子、錾子、手锤、大锤、铁皮剪等 |
| T8、T8A | 0.75~0.84 | 780~800 | 水 | ≥62 | 13~19 | 5~12 | 受冲击力、硬度较高的木工刀具，如冲子、凿子、斧子、圆盘锯、埋头钻、铣刀和压缩空气工具等 |
| T10、T10A | 0.95~1.04 | 760~780 | 水 | ≥62 | 22~26 | 14 | 不受剧烈冲击、耐磨的低速工具，如手用丝锥、手用锯条、麻花钻、车刀、刨刀、拉丝模等 |
| T12、T12A | 1.15~1.24 | 760~780 | 水 | ≥62 | 28~33 | 18 | 不受冲击、耐磨的低速工具，如手用丝锥、锉刀、刮刀、铰刀、丝锥、板牙、量规、截面小的冷切边模、冲孔模等 |

**资料卡 7-3 常用五金工具的选材和硬度要求**

常用五金工具的选材和硬度要求

| 工具名称 | 推荐材料 | 工作部分硬度 HRC | 工具名称 | 推荐材料 | 工作部分硬度 HRC |
|---|---|---|---|---|---|
| 锤子 | 50、T7、T8 | 49~56 | 钢丝钳 | T7、T8 | 52~60 |
| 锯条 | T10、T11 | 60~64 | 民用剪刀 | 50、55、60、65Mn | 54~61 |
| 螺钉旋具 | 50、60、T7 | 48~52 | 美工刀 | T10、30Cr13 | 55~60 |
| 活扳手 | 45、40Cr | 41~47 | 锉刀 | T12、T13 | 64~67 |

**案例解析 7-3 木工刨刀的选材与热处理**

木工刨刀在使用过程中，要求具有高硬度和一定的冲击韧性。一般选用 T7、T8；或 T7、T8 制造刀刃，选用低碳钢（10 钢、15 钢）制造刀背进行双金属焊接而成。

木工刨刀工艺流程为下料→锻造→球化退火→粗加工→淬火+低温回火→精磨。刃部硬度为 55~60HRC，刀体硬度为 25~40HRC。

**2. 低合金刃具钢**

（1）成分特点 低合金刃具钢是在非合金工具钢基础上加入少量合金元素发展起来的，低合金刃具钢的淬透性、耐回火性、耐磨性、韧性均比非合金工具钢好。

低合金刃具钢的碳质量分数多在 0.75%~1.45%，以保证高硬度及形成一定的合金碳化物；合金元素总量在 5%以下，加入合金元素 Cr、Si、Mn 能显著提高淬透性，同时强化马氏体基体提高钢的强度；Cr、Mo、V、W 等元素可形成均匀分散的碳化物（合金渗碳体、

特殊碳化物 $M_{23}C_6$、$M_6C$ 等），提高钢的热硬性和耐磨性并在淬火加热时细化晶粒，从而提高钢的韧性；合金元素的加入能增加过冷奥氏体的稳定性，增加淬火后残余奥氏体量，在一定程度上可减少刃具淬火变形。

（2）热处理特点 低合金刃具钢的热处理工艺是球化退火，最终热处理为淬火+低温回火，其组织为回火马氏体+未熔碳化物+残留奥氏体，硬度为 60~65HRC。若用于尺寸稳定性要求高的量具，钢材淬火后需进行冷处理使残留奥氏体转变为马氏体，然后再进行低温回火；因低合金刃具钢碳含量高、存在合金碳化物，故需多次锻造或轧制，以打碎碳化物网，使碳化物分布均匀，防止粗大碳化物存在于刀刃处，避免淬火时产生应力集中形成微裂纹，降低使用时发生崩刃的风险。

（3）常用低合金刃具钢 低合金刃具钢热硬性高于非合金工具钢，其工作温度在 250~300℃。因此，低合金刃具钢常用于切削软材料、较低切削速度的刀具，如低速切削铝、铜、软钢等材料的车刀、铣刀、刨刀、钻头、机用丝锥和板牙、手用绞刀等。常用低合金刃具钢的成分、热处理工艺、性能和用途见表 7-9。

**表 7-9 常用低合金刃具钢的成分、热处理工艺、性能和用途**

| 牌号 | 化学成分（质量分数）（%） | | | | | | 淬火 | | | 临界直径 | | 用途 |
|---|---|---|---|---|---|---|---|---|---|---|---|---|
| | C | Mn | Si | Cr | V | W | 淬火温度/℃ | 冷却 | 硬度 HRC | $d_{C水}$/mm | $d_{C油}$/mm | |
| 9SiCr | 0.85~0.95 | 0.30~0.60 | 1.20~1.60 | 0.95~1.25 | — | — | 830~860 | 油 | ≥62 | 51 | 40~50 | 丝锥、板牙、铰刀、齿轮铣刀、钻头；冷冲模、轧辊等 |
| Cr2 | 0.95~1.10 | ≤0.4 | ≤0.4 | 1.30~1.65 | — | — | 830~860 | 油 | ≥62 | 51 | 30~40 | 车刀、铣刀、插刀、铰刀；测量工具、样板；偏心轮、凸轮销、轧辊 |
| 9Mn2V | 0.85~0.95 | 1.70~2.00 | ≤0.4 | — | 0.10~0.25 | — | 780~810 | 油 | ≥62 | — | — | 丝锥、板牙、铰刀、剪刀；冲模、落料模、冷压模；量规、样板等 |
| CrWMn | 0.90~1.05 | 0.80~1.10 | ≤0.4 | 0.90~1.20 | — | 1.2~1.6 | 800~830 | 油 | ≥62 | 28 | 50~70 | 长铰刀、长丝锥、拉刀；量规；冲模、丝杆等 |

其中，9SiCr 因合金碳化物细小均匀分布而具有较高的韧性，不易崩刃，主要用作薄刃刃具；CrWMn 钢具有更高的淬透性、硬度（64~66HRC）和耐磨性，W 能细化晶粒，改善韧性，因淬火后残留奥氏体质量分数近 20%，故热处理变形小，称微变形钢，主要用来制造截面较大、较精密的低速刃具。一些精密量具、形状复杂的冷作模具也常用该钢制作。

**资料卡 7-4 9SiCr 钢制板牙的热处理工艺**

9SiCr 钢工艺流程为下料→锻造→球化退火→粗加工→淬火+低温回火→精加工。始锻温度为 1100℃，终锻温度为 800℃；最终硬度为 60~63HRC。

9SiCr 钢临界点：$Ac_1=770℃$；$Ar_1=730℃$；$A_{cm}=870℃$；$Ms=170℃$；$Mf=-60℃$。

右图为9SiCr钢制板牙的热处理工艺曲线。为防止变形开裂，淬火加热时应先在600~650℃盐浴炉中预热，以降低零件内外温差，降低热应力；缩短高温停留时间，降低钢的氧化脱碳倾向。再放入850~870℃盐浴炉中加热；加热后在160~180℃的硝盐浴中进行等温淬火，等温时间为30~45min。等温停留时，一部分过冷奥氏体转变为马氏体，另一部分过冷奥氏体转变为下贝氏体。合金元素Si、Cr的加入，提高了钢的耐回火性，钢经淬火后进行190~200℃低温回火，回火时间为60~90min，最终获得组织为回火马氏体+部分下贝氏体+少量残留奥氏体+细小颗粒状的残余渗碳体，使其达到所要求的硬度，同时有一定韧性。

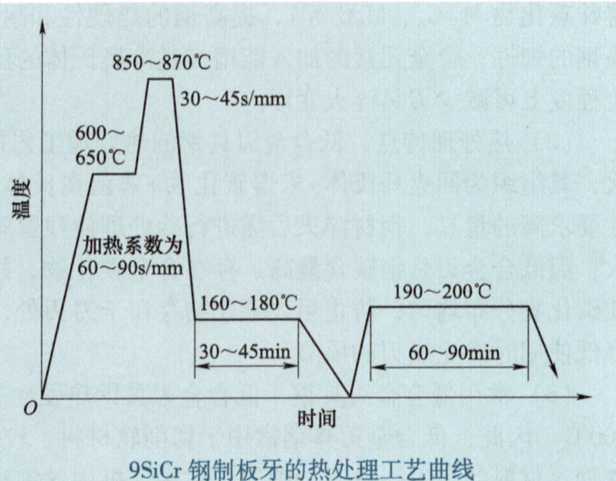

9SiCr钢制板牙的热处理工艺曲线

**案例解析 7-4　圆锥铰刀的选材与热处理**

圆锥铰刀是对孔进行精加工的主要刀具，切削过程中，承受强烈摩擦和材料变形抗力，要求高硬度和一定韧性。

铰刀一般分为手用铰刀和机用铰刀。工作部分硬度为62~65HRC，柄部硬度为30~50HRC。常用材料有9SiCr、CrWMn以及高速钢W6Mo5Cr4V2等。

如采用低合金刃具钢，工艺流程为下料→锻造→球化退火→车加工→去应力退火→铣齿、铣方尾→淬火+低温回火→磨。高速钢最终热处理为高温淬火+多次高温回火。

**3. 高速工具钢**

（1）成分特点　有些刀具在高速切削条件下工作，刃口温度可达600℃以上，低合金刃具钢难以满足高速切削要求，需使用热硬性好的高速工具钢（简称高速钢，俗称锋钢）。

高速钢的碳含量高（$w_C$=0.7%~1.65%）、合金含量高（$w_{Me}$>10%），以保证得到高硬度的马氏体，并形成足够的高硬度合金碳化物。主加合金元素有W、Mo、V、Cr，高速钢淬火后合金元素大量溶在马氏体中，在其后的560℃回火时，从马氏体中弥散析出大量VC（MC型）、$W_2C$、$Mo_2C$（$M_2C$型）以及$Fe_3W_3C$、$Fe_4W_2C$（$M_6C$型）等高硬度碳化物，从而产生二次硬化现象，使钢获得高硬度（65HRC）和高热硬性（600℃时保持硬度60HRC）。其次，VC等合金碳化物颗粒细小、性能稳定，淬火加热时极难溶解，具有细化晶粒改善韧性，同时提高耐磨性的作用；Cr的加入可进一步提高钢的淬透性，减少淬火变形。

（2）热处理特点　由于高速钢中W、Mo等合金元素多，$Fe\text{-}Fe_3C$相图中的$E$点左移，导致高速钢成为莱氏体钢，莱氏体钢的铸态组织中含有大量粗大的鱼骨状共晶莱氏体（图7-5），硬度高（65~67HRC），脆性大，在其后的轧制过程中被破碎成大块、大颗粒并沿轧制方向呈带状或变形网状不均匀分布，显著降低钢的强度、韧性，易引起刀具崩刃和脆断。组织中大而不均匀的共晶碳化物不能用热处理方法消除，一般采用大的锻造比（≥10）并经反复镦粗、拔长（三镦三拔），以破碎碳化物，使其呈小颗粒均匀分布。

高速钢因含有大量合金元素，淬透性好、导热性差，为避免出现马氏体以及因过高应力出现变形、开裂现象，锻、轧后应缓冷（常用灰坑缓冷）或直接入炉退火。

为进一步细化碳化物、降低硬度，改善切削加工性，高速钢还需进行球化退火，生产中常采用等温球化退火（图 7-6），在 860～880℃保温后，迅速冷却至 740～750℃等温，组织转变结束后出炉空冷，退火组织为索氏体+细粒状碳化物。

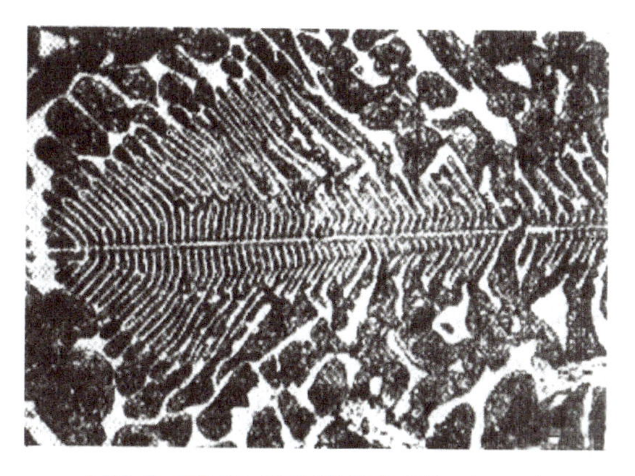

图 7-5　W18Cr4V 钢的铸态组织（400×）

高速钢最终热处理的特点可以归纳为“两高一多”，即淬火温度高、回火温度高、回火次数多（图 7-6）。

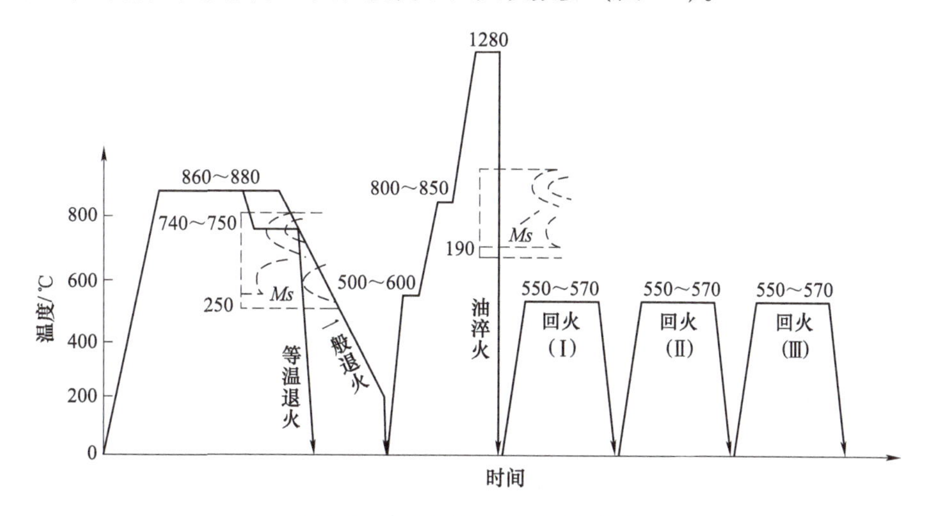


图 7-6　高速钢的热处理工艺曲线

高速钢淬火温度高，是为了使 W、Mo、V 的合金碳化物尽可能多地溶入奥氏体，淬火后获得高合金马氏体，回火时才能充分产生二次硬化现象。例如，VC 非常稳定，即使淬火温度达到 1260～1280℃也不会全部溶解于奥氏体中。但淬火温度不能过高，否则易产生过热甚至过烧，导致性能恶化或工件报废。

高速钢导热性、塑性差，为减少淬火加热时的热应力，必须在 800～900℃进行预热，待工件截面温度均匀后再继续加热，对截面大、形状复杂刃具，可采用两次预热。高速钢淬火一般多采用盐浴分级淬火或油冷淬火，组织为马氏体+大量残留奥氏体（20%～30%）+碳化物。

淬火高速钢在 560℃回火的目的除了包括降低淬火钢的脆性和淬火应力外，主要是从马氏体中析出弥散碳化物，产生二次硬化。同时，该回火温度也使残留奥氏体分解出碳化物，残留奥氏体的 *Ms* 点升高，在回火冷却时转变为马氏体，从而使钢硬度再次升高，此现象为二次淬火。仅一次高温回火无法消除全部残留奥氏体，而且二次淬火再次产生了马氏体。为使残留奥氏体和马氏体的转变充分完成，应多次高温回火（一般三次），最终组织为回火马氏体+残留奥氏体（1%～2%）+粒状碳化物，硬度高达 65～66HRC。W18Cr4V 钢硬度与回火温度关系如图 7-7 所示。

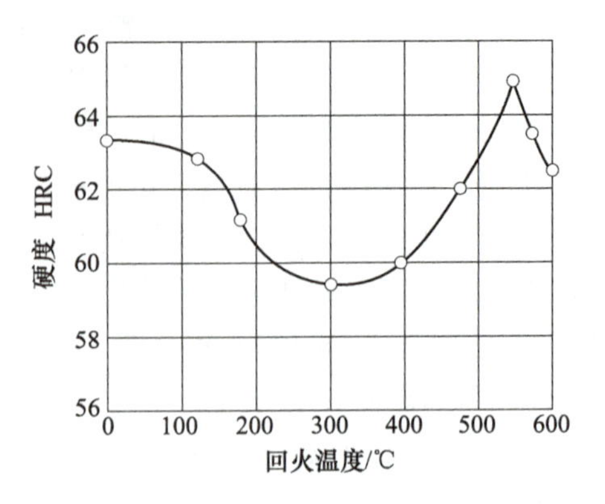


图 7-7　W18Cr4V 钢硬度与回火温度关系

为进一步提高高速钢刀具的使用寿命，还可采用碳氮共渗、离子渗氮、软氮化等化学热处理。

（3）常用高速钢　应用最广的高速钢是 W18Cr4V 和 W6Mo5Cr4V2。前者 W 含量高，其硬度、热硬性、耐磨性较高，但因 W 的碳化物比 Mo 的粗大，所以热塑性、韧性比后者差，不适合制作薄刃刀具、大型刀具及热加工成形刀具。后者碳化物更均匀、细小，具有更好的热塑性和韧性，但含 Mo 高速钢脱碳和过热倾向较大，热硬性稍差，所以应更加严格控制淬火加热时的气氛、温度、时间；W6Mo5Cr4V2 适合制作耐磨性与韧性需较好配合的齿轮铣刀、插齿刀等，以及热加工成形、薄刃刃具，如麻花钻头等。

此外，在高速钢中加入钴（$w_{Co}=5\%\sim2\%$）、铝（$w_{Al}=1\%$）制得的超硬型高速钢，适用于难切削材料（高温合金、钛合金、超高强度钢、不锈钢等）。如 W6Mo5Cr4VAl 钢经热处理后硬度可达 68～69HRC。

**案例解析 7-5　丝锥的选材与热处理**

丝锥是通过人工或机床来加工内螺纹的专用工具，刃部承受极大的磨损和扭力，因此齿部要求具有较高硬度和良好耐磨性；为防止扭断，也要有足够强度和一定韧性。其失效形式主要是磨损、崩刃和折断。

丝锥一般分为手用丝锥和机用丝锥。手用丝锥常采用材料有非合金工具钢 T12A，低合金工具钢 9SiCr、滚动轴承钢 GCr15 等；机用丝锥则常采用高速钢 W18Cr4V、W6Mo5Cr4V2 等制造。

采用高速钢时，工艺流程为下料→锻造→等温退火→粗加工（滚螺纹等)→高温淬火+多次高温回火→精磨。

### 7.5.2　模具钢

用于制造各种冲压、锻造或压铸成形工件模具的钢称为模具钢。常用的模具钢主要有冷作模具钢、热作模具钢和塑料模具钢等。实际工程中，除钢外还有铸铁、有色金属及其合金、硬质合金、非金属材料（陶瓷、橡胶、塑料）可以作为模具的材料。

**1. 冷作模具钢**

用于常温（低于再结晶温度）金属成形的模具用钢称为冷作模具钢。材料的塑性变形方式一般有弯曲、拉拔、冲裁、挤压、冷镦、滚丝和拉丝等，冷作模具包括拉延模、拔丝模、压弯模、冲裁模、冷镦模和冷挤压模等，其工作温度一般不超过 300℃。由于被加工材料的变形抗力较大，模具的工作部分受到强烈的摩擦和挤压，还受弯曲、冲击力、疲劳等作用，其常见的失效形式为磨损、崩刃、疲劳断裂等。因此，冷作模具钢应具有高硬度、高耐磨性、一定的韧性和疲劳抗力，这与刃具钢的性能要求较为相近。形状复杂、精密、大型的模具还要求有较高的淬透性和小的热处理变形。

（1）成分特点 要求以高耐磨性为主的冷作模具钢应具有高的碳含量（$w_C \geqslant 0.8\%$）；常加入碳化物形成元素W、Mo、V等产生二次硬化效果，进一步提高钢回火后的硬度和耐磨性，且能在淬火加热时阻止奥氏体晶粒长大，起到细化晶粒、优化性能的作用；加入合金元素Cr、Mn可以提高钢的淬透性，减少淬火变形；加入Si能起到固溶强化作用，显著提高模具钢的变形抗力。上述合金元素含量越多，钢的耐磨性越高、淬透性越好、淬火变形越小、工作寿命越长。

要求以高耐磨性、高强度和一定韧性为主的冷作模，应具有中等偏高的碳含量（$w_C =0.50\% \sim 0.65\%$）。

（2）热处理特点 冷作模具钢的热处理和刃具钢相似。预备热处理为球化退火，最终热处理一般为淬火+低温回火，得到回火马氏体+粒状碳化物+少量残留奥氏体，硬度为58~62HRC。

（3）常用冷作模具钢 由于冷作模具钢的性能要求和刃具钢较为相近，刃具钢常可用于制作冷作模具，此外还有其他合金模具钢、基体钢和中碳高速钢等。

1）非合金工具钢。非合金工具钢成本低，淬火后硬度高，但淬透性差、淬火变形大，水淬易裂、耐磨性不足、使用寿命低。因此，非合金工具钢主要用于制造冲裁软材料（如硬纸板、铝板等），形状简单、载荷较轻的小截面模具，主要有T7A、T10A、T11A等，以T10A应用最为普遍。碳含量相对较低的非合金工具钢，其韧性相对更好，如T7A适合制作易脆断或冲击载荷较大的模具；T10A可制作一定韧性要求的拉拔、挤压等模具；T12A适合高硬度高耐磨要求的切边模具等。

2）低合金模具钢。常用钢有GCr15、Cr2、9Mn2V、CrWMn、9SiCr、CrMn2Mo等。与非合金工具钢相比，低合金模具钢具有更高的耐磨性、淬透性及更小的淬火变形，硬度在58~64HRC。低合金模具钢主要用作较硬金属（如铜及铜合金），形状较复杂、截面较大的中小型冷冲模、冷挤压模、引深模或成型模等。

9Mn2V钢中不含铬，符合我国资源情况，价格较低；GCr15钢锻造性能较好，网状碳化物倾向小；Cr2适合制造形状复杂、要求变形小的中小型冷冲模；CrWMn是常用低合金模具钢中耐磨性高、淬透性好、淬火变形小的钢，应用广泛。

3）高合金模具钢。典型钢种有Cr12型钢（Cr12、Cr12MoV等）、Cr4W2MoV、高速钢W18Cr4V和W6Mo5Cr4V2等，主要用作形状复杂、截面尺寸大的重载模具，如钢、硅钢等硬金属板冲裁模；铜、软钢、奥氏体不锈钢的引深模；冷挤软金属铝及铝合金等的冷挤模；螺纹辊压模以及复杂模具上的镶块等。

Cr12、Cr12MoV钢因含有高碳高铬，铸态组织中存在大量共晶碳化物，属于莱氏体钢。因轧制或锻造后碳化物分布不匀，残存明显的带状或网状碳化物，产生各向异性，对淬火变形、开裂、力学性能影响极大，故必须对大截面钢坯反复锻造以均匀、细化碳化物。钢经锻造后应缓慢冷却，再进行球化退火。

Cr12型钢的最终热处理有两种，当需要更好韧性时，采用较低温度淬火（约1000℃）+低温回火；当需要高热硬性和耐磨性时，采用较高温度淬火（约1100℃）+高温回火（约510℃），目的是在高温回火时产生二次硬化。

Cr12MoV是高合金模具钢中耐磨性高、淬透性好、淬火变形小的常用钢。因其导热性差，为减少热应力，淬火加热前要在 550～650℃ 和 820～850℃ 进行两次预热。该钢铬含量高，淬透性好，小尺寸模具空冷即可淬火获得马氏体；采用油冷淬火可淬透截面尺寸在 300～400mm² 以下的模具，可减少氧化、脱碳现象。对于形状比较复杂的模具，为了减少变形和开裂倾向，可在硝盐槽中进行 250～300℃ 分级淬火，对于形状特别比较复杂的模具还可采用多次分级淬火。

高速钢 W18Cr4V 和 W6Mo5Cr4V2 用于制造冷作模具时，常采用低温淬火+低温回火，以获得足够韧性。

**资料卡 7-5　Cr12 型钢的退火工艺**

Cr12 型钢能较好地满足冷作模具要求的高硬度、高强度、高耐磨性和淬火变形小的性能要求。Cr12 型钢属于莱氏体钢，铸态存在鱼骨状共晶碳化物，必须经过反复锻造使其分布均匀。Cr12 型钢在锻后应随炉缓慢冷却，冷却至 720～750℃ 进行等温退火，以消除内应力，并使碳化物球化，降低硬度。再经炉冷至 500℃ 出炉空冷，最后获得球状珠光体组织+合金碳化物，硬度在 207～255HBW。其退火工艺曲线如下图所示。

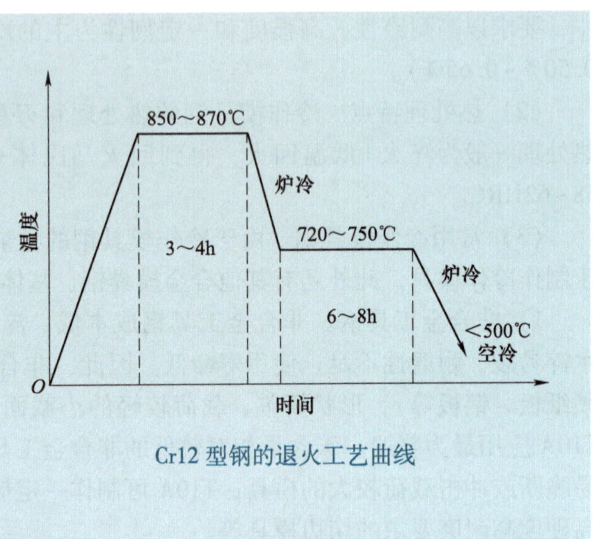

Cr12 型钢的退火工艺曲线

4）基体钢和中碳高速钢。基体钢是指具有高速钢淬火组织中除过剩共晶碳化物外的马氏体基体成分的钢。常用基体钢有 65Cr4W3Mo2VNb（65Nb）、6Cr4Mo3Ni2WV、5Cr4Mo3SiMnVAl 等。基体钢具有高速钢的高硬度和热硬性，又不含大量碳化物，所以其塑性、韧性和疲劳抗力均优于高速钢，适宜于制造形状复杂、冲击载荷较大或尺寸较大的冷作模具，如较高强度和韧性的冷挤模、冷冲模、冷剪模，其工作寿命高于高速钢和 Cr12MoV 钢。

典型的中碳高速钢或降碳高速钢是 6W6Mo5Cr4V2。由于中碳高速钢的碳含量较低，钢中的过剩共晶碳化物减少，其性能与上述基体钢相近，均属于高强韧性钢。

用基体钢或中碳高速钢制造的冷挤模，经高温淬火+多次高温多次回火（560℃）后使用。热处理后表面进行软氮化、离子氮化、物理气相沉积 TiN 等，可进一步提高钢的耐磨性。

此外，对于要求高耐磨性的冷作模，当其加工硬材料并要求使用寿命较长时，宜采用硬质合金。

**微视频 7-5　冷作模具钢的工作情况**

**好书连连 7-7**

冷作模具钢的选用及推荐牌号。

程培源．模具寿命与材料［M］．北京：机械工业出版社，1999：66.

**2. 热作模具钢**

用于高温（高于再结晶温度）金属成形的模具用钢称为热作模具钢。常用热作模具有热锻模、热挤模和压铸模等。热作模具和冷作模具相比，工作时的受力方式是一样的，有摩擦、挤压、弯曲、冲击等。不同之处在于热作模具所加工材料的温度高于再结晶温度，其变形抗力较小，因此对模具的硬度、耐磨性要求有所降低，但冲击韧性要求往往有增无减。由于型腔表面与高温金属接触，可被加热至400~600℃，当成型结束时用水或油冷却润滑快速降温，模具反复经受急热急冷的温度循环，造成热应力引起热疲劳裂纹。其常见的失效方式是磨损、塌陷、崩裂及龟裂等，因此热作模具钢应具有良好的热硬性、耐磨性，高的热疲劳抗力、抗氧化能力以及足够的韧性。尺寸较大的热作模具，还要求具有高的淬透性和导热性。

（1）成分特点　热作模具钢一般采用中碳钢（$w_C=0.5\%\sim0.6\%$）以保证钢强度、硬度和耐磨性的要求，同时要有足够韧性和导热性。加入合金元素Cr、Ni、Mn、Si等提高淬透性，加入Mo、W、V等合金元素可提高耐回火性、产生二次硬化、防止第二类回火脆性、阻止奥氏体晶粒长大等，以提高钢的热耐磨性、热稳定性和高温强度。

（2）热处理特点　硬度对热作模具钢的高温性能有显著影响。硬度越高，热作模具钢的热耐磨性和高温强度越高，但高温韧性和热疲劳抗力越低。因此，热作模具钢的硬度宜为37~52HRC，最终热处理多为淬火+高温回火，回火温度通常在560~640℃范围，以获得良好的综合性能；最终热处理也有淬火+中温回火，以获得更高强度和硬度。

（3）常用热作模具钢　常用热作模具钢的分类方法较多，其分类及常用牌号见表7-10。

**表7-10　热作模具钢分类及常用牌号**

| 按用途分 | 按性能分 | 按工作温度分 | 耐热温度/℃ | 常用牌号 |
|---|---|---|---|---|
| 热锻模 | 高韧性 | 低耐热 | 350~370 | 5CrMnMo、5CrNiMo、4CrMnSiMoV |
| 热挤压模 | 高热强性 | 中耐热 | 550~600 | 4Cr5MoSiV、4Cr5W2Si |
| | | 高耐热 | 580~700 | 3Cr2W8V、4Cr3Mo3W2V、4Cr3Mo3SiV |
| 压铸模 | 高热强性 | 中耐热 | 550~600 | 4Cr5MoSiV1、4Cr4MoWSiV |
| | | 高耐热 | 580~800 | 3Cr2W8V、4Cr3Mo3W2V、5Cr4W5Mo2V |
| 热冲裁模 | 高耐磨性 | 低耐热 | 350~370 | 7Cr3、8Cr3 |
| | 高热强性 | 高耐热 | 580~800 | 3Cr2W8V、5Cr4W5Mo2V |

1）热锻模具钢。5CrNiMo具有优良的淬透性，适于制造形状复杂、受冲击载荷的大型锻模（边长达600mm）；5CrMnMo常用作中、小型锤锻模（边长在400mm以下）；4CrMnSiMoV钢可代替5CrNiMo制造大型锤锻模。不同类型锻模的工作硬度要求不同、见表7-11。

表 7-11 热锻模工作硬度

| 模具类型 | 模具高度/mm | 模面硬度 HRC | 燕尾硬度 HRC |
|---|---|---|---|
| 小型 | <250 | 39~44 或 41~47 | 35~39 |
| 中型 | 250~350 | 37~41 或 39~44 | 33~37 |
| 大型 | 350~500 | 35~39 | 30~35 |
| 特大型 | >500 | 33~37 | 28~35 |

2）热挤压模具钢。热挤压模具钢由于受到的冲击载荷比热锻模小，对冲击韧性、淬透性要求不如热锻模高，但工作时与炽热金属接触的时间比热锻模更长，最高温度可达 850℃左右，热疲劳现象也更严重。

常用几种热挤压凹模的硬度要求如下：挤压钢、钛合金的加热温度为 1000℃，模具硬度在 43~47HRC；挤压铜、铜合金的加热温度为 650~1000℃，模具硬度在 36~45HRC；挤压铝、镁合金的加热温度 350~500℃，模具硬度在 46~50HRC。

中合金热作模具钢 4Cr5MoSiV、4Cr5W2Si 主要用作成形铝合金、铜合金的热挤模和压铸模，也可用作大型压力机锻模；高合金热作模具钢 3Cr2W8V、4Cr3Mo3W2V 具有高的高温强度和热稳定性，但高温韧性较低，常用作成形低碳钢的热挤模、铜合金的热挤模、压铸模和平锻机模具。此外，基体钢和中碳高速钢也可用作成形低碳钢的热挤模和压铸模，其工作寿命高于热作模具钢。在特殊情况下，还可采用奥氏体耐热钢、硬质合金等作为热挤压模具钢。

3）压铸模具钢。主要依据浇注金属的温度和种类选择，压铸温度越高，模具损坏越快。

① 锌合金压铸模。锌合金熔点为 400~430℃，模具表层温度约 400℃，由于工作温度低，除常用模具钢 5CrNiMo、4Cr5MoSiV、3Cr2W8V、CrWMn 等外，还可采用合金结构钢，如 40Cr、30CrMnSi、20（经表面热处理）等。模具硬度为 42~48HRC。

② 铝合金压铸模。铝合金熔液温度通常在 650~700℃，模具内腔表面受高温高速铝液的反复冲刷，产生熔损黏蚀作用和较大应力，因此，铝合金压铸模选材应考虑是否发生黏模和早期开裂。目前我国常用铝合金压铸模具钢有 4Cr5MoSiV1（代号 H13）、4Cr5MoSiV（代号 H11）、3Cr2W8V 等。模具硬度为 40~45HRC。

③ 铜合金压铸模。铜合金熔液温度通常在 870~940℃，模具内腔表面受高温铜液的反复冲刷，易产生热疲劳裂纹，寿命远比铝合金压铸模短。因此，铜合金压铸模应具有较高的热强性、导热性、韧性以及高的抗氧化性、耐蚀性、良好加工工艺性。目前我国常用铜合金压铸模具钢有 3Cr2W8V、4Cr5MoSiV1 等。模具硬度为 33~42HRC。

热冲裁模冲裁切边时，凸模无刃口，只起传力作用，由凹模刃口切去飞边、连皮。凹模硬度为 43~45HRC，凸模硬度为 35~40HRC。

**资料卡 7-6 典型热锻模具钢 5CrNiMo 的热处理工艺**

热锻模在工作时承受很高应力和冲击，应具有均匀组织和性能，尺寸较大的锻模需多向锻造，反复镦粗和拔长，锻后应进行退火。5CrNiMo 钢退火加热温度为 780~800℃，保温 4~6h，炉冷至 500℃左右出炉空冷。5CrNiMo 淬火温度通常为 830~860℃，由于淬透性好，可以采用空冷、油冷、分级淬火或等温淬火。尺寸较大的锻模，为了防止淬火变形或开裂，应先在空气中预冷至750~780℃，然后油冷至150~200℃，再出油空冷。模具淬火后应立即回火。小型模具中温回火组织为回火托氏体，大型模具高温回火组织为回火索氏体。

一般锻模燕尾槽部分的回火温度应比工作部位回火温度高60~80℃，以保持较高的韧性；也可在锻模回火后对燕尾再进行一次600~650℃的高温回火。为减少锻模内应力，回火温度应缓慢升温或预热，回火后应油冷，以防止第二类回火脆性。

**好书连连 7-8**

热作模具工作硬度要求及选用。

程培源．模具寿命与材料［M］．北京：机械工业出版社，1999：75~86.

**3. 塑料模具钢**

用于塑料制品成型的模具用钢称为塑料模钢，塑料模具按塑料成型方法不同有注塑模、挤塑模、吹塑模和压塑模等；按塑料成型固化方式不同分为热固性成型模具和热塑性成型模具，热固性成型模具工作时塑料呈固态粉末或预制坯料加入型腔中经热压成型，受力更大，磨损较大；热塑性成型模具工作时塑料呈黏流状态通过注射、挤压等方法进入型腔，受力、受热、受磨损更小。当加入固体填充料时（如玻璃纤维、石英粉等），磨损会大大增加。

塑料的成型温度不高，一般在250℃以下，塑料模的承载力不大（如热固性塑料压塑模承受的压力一般为160~200MPa），流动的塑料熔体对模腔表面有一定冲击和摩擦作用，部分塑料在加热熔融状态下会分解出腐蚀性气体，对模腔表面有较大腐蚀作用，产生腐蚀磨损而失效。另外，塑料制品一般要求有小的粗糙度和较高的尺寸精度，如精密模要求变形<0.05%，具有优良的抛光性能，镜面抛光可达 $Ra$0.1μm 以下。塑料模具常见的失效形式有磨损、腐蚀、塑性变形、断裂等。

综合塑料模的上述工作特点，塑料模应有足够的强度和韧性，以承受一定的载荷，避免塑性变形和早期脆断；模腔表面应有较高的硬度和耐磨性，一般型面硬度要求为30~60HRC；良好的耐热性，在150~250℃长期工作，不氧化、不变形；良好耐蚀性、尺寸稳定性和足够淬透性。

我国尚未形成独立的塑料模具钢系列。常用塑料模具钢有调质钢、渗碳钢、低合金刃具钢、不锈钢等，塑料模具钢分类及常用牌号见表7-12。

**表7-12　塑料模具钢分类及常用牌号**

| 类别 | 常用牌号 | 硬度　HRC | 性能及用途 |
| --- | --- | --- | --- |
| 预硬型 | 3Cr2Mo、3Cr2MnNiMo、8Cr2MnWMoVS、4Cr5MoSiVS、Y55CrNiMnMoV | 30~46 | 工艺性能优良，镜面抛光性好，可渗碳、渗硼、氮化和镀铬，耐蚀性和耐磨性好，具备塑料模具钢的综合性能，应用最广；主要用于制造形状复杂、精密、大型模具，各种塑料模具和低熔点金属压铸模等 |
| 调质型 | 45、40Cr、50Cr、4Cr5MoSiV、38CrMoAlA | 50~55 | 主要用于制造形状简单、精度要求不高的小型模具；寿命要求不需很长的模具 |

（续）

| 类别 | 常用牌号 | 硬度 HRC | 性能及用途 |
| --- | --- | --- | --- |
| 渗碳型 | 20Cr、12CrNi3、12Cr2Ni4、20CrMnMo、12CrMo | 52~57 | 表面硬度高，心部韧性较好，具有良好的抛光性能；可采用冷挤压成形法制造模具，但热处理工艺复杂、变形大；用于制造受较大摩擦、较大动载荷、生产批量大的模具 |
| 淬硬型 | T7A、T10A、T12；9SiCr、CrWMn、9Mn2V、GCr9、5CrNiMo、3Cr2W8V、Cr4W2MoV、Cr12MoV | 54~58 | 硬度高，耐磨性好，主要用于制造压制热固性塑料模具。其中，非合金钢适用于形状简单的小型模具；合金钢适用于生产批量大、使用寿命要求长的模具 |
| 耐蚀型 | 4Cr13、9Cr18、Cr18MoV、Cr14Mo、1Cr17Ni2 | 45~55 | 用于制造聚苯乙烯塑料模具，以及含有卤族元素、福尔马林、氨等腐蚀介质的塑料制品模具 |

合金元素含量越高，钢的淬透性、耐磨性和热稳定性越好。

合金渗碳钢需对其型腔表面渗碳，适用于冷挤法制造型腔的塑料模。

预硬型模具钢在供货状态时已进行了热处理，其硬度已达到模具使用要求，是只需经切削加工成形和软氮化即可投入使用的模具。这样可以保证模具的制造精度，一般用作形状较复杂、尺寸较大、精度和表面质量要求较高、生产量较大的注塑模。

此外，还有时效硬化型钢 18Ni 类、10Ni3MnCuAl、25CrNi3MoAl18Ni 等，经高温淬火得到单一的过饱和固溶体，即固溶处理，然后加热到某一较低温度进行保温以析出细小弥散分布的金属化合物，即时效硬化。这类钢还可通过镀铬、渗氮等表面处理来提高耐磨性和耐蚀性。

**好书连连 7-9**

塑料模具钢的选用及推荐牌号。

程培源．模具寿命与材料［M］．北京：机械工业出版社，1999：97.

### 7.5.3 量具钢

用于制造量具的用钢称为量具钢，如游标卡尺、千分尺、量块、塞规等。作为量具的材料必须具备非常高的尺寸精度和稳定性；在使用过程中，常受到摩擦与碰撞，因此量具要求具有高硬度（≥60HRC）、高耐磨性、一定的韧性，其性能要求与刃具钢相近。在特殊环境中使用的量具应具有耐蚀性。

**1. 成分特点**

为保证高硬度高耐磨性，量具钢的碳含量高，$w_C=0.9\%\sim1.5\%$，为提高淬透性和耐回火性，常加入的合金元素有 Cr、W、V 等。

**2. 热处理特点**

量具钢热处理与刃具钢基本相同，先进行球化退火再淬火+低温回火。

为提高量具钢的尺寸稳定性和精度，有以下方法：

1）应尽量减少残留奥氏体量，淬火后立即进行-80~-70℃的冷处理，使残留奥氏体尽可能地转变为马氏体，然后进行低温回火。

2）在淬火前进行调质处理，得到回火索氏体，马氏体与回火索氏体之间体积差小，因此可以减小淬火后的变形。

3）对于精度要求高的量具，在淬火、冷处理、低温回火后，尚需在 120～130℃ 环境下进行几小时至几十小时的时效处理，以进一步降低马氏体晶格畸变，消除残余内应力。

**资料卡 7-7　典型量具钢 GCr15 量块的热处理工艺路线**

GCr15 可用于制造高精度量块，其工艺路线为锻造→球化退火→机械加工→粗磨→淬火+低温回火→精磨→时效→涂油。GCr15 量块的热处理工艺曲线如下图所示。

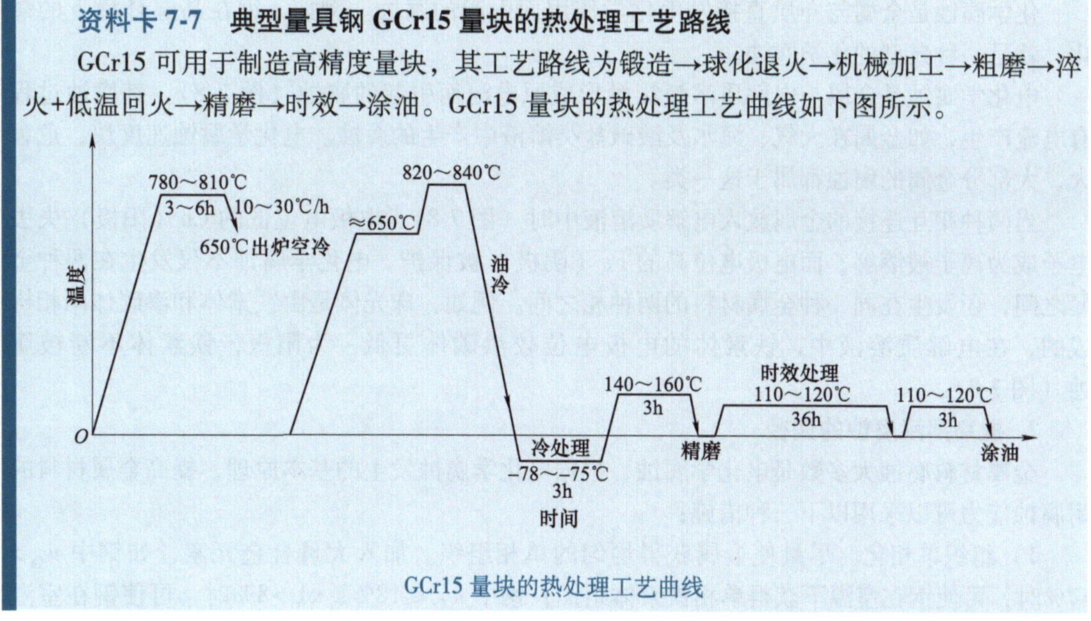

GCr15 量块的热处理工艺曲线

**3. 常用量具钢**

量具钢没有专用钢种，常用非合金工具钢、合金刃具钢、滚动轴承钢、模具钢来制造。常用量具钢见表 7-13。

**表 7-13　常用量具钢**

| 钢的类别 | 常用牌号 | 应　用 |
| --- | --- | --- |
| 非合金工具钢 | T10A、T11A、T12A | 尺寸小、精度不高、形状简单的直尺、卡尺、样板、量规等 |
| 渗碳钢 | 15、20、15Cr | 精度不高、耐冲击及大型的卡板、样板、直尺等 |
| 合金刃具钢 | 9CrWMn、9SiCr、CrMn、Cr2、CrWMn | 高精度量块、塞规、环规、样套、样柱等 |
| 滚动轴承钢 | GCr15 | 高精度量块、塞规、样柱等 |
| 不锈钢 | 40Cr13、95Cr18 | 耐腐蚀的量具 |

# 7.6　特殊性能钢

具有特殊物理性能、化学性能的钢称为特殊性能钢。它的种类很多，本节仅介绍几种常用的不锈钢、耐热钢及耐磨钢。

## 7.6.1　不锈钢

不锈钢是指对外界腐蚀具有很高抗力的钢。有时按耐蚀性又将不锈钢细分为两种：耐大气腐蚀的钢称为不锈钢；而在酸、碱、盐等化学介质中耐腐蚀的钢称为耐酸钢。

**1. 金属的腐蚀**

腐蚀是在外部介质作用下，金属表面逐渐受到破坏的现象。腐蚀有化学腐蚀和电化学腐蚀两大类。

化学腐蚀是金属与介质直接发生化学作用而引起的腐蚀。例如，钢在高温环境下的氧化，就是一种典型的化学腐蚀。

电化学腐蚀是金属与电解质溶液接触形成原电池而引起的腐蚀（图 7-8），其腐蚀过程有电流产生，如金属在大气、海水及酸碱盐类溶液中产生的腐蚀。电化学腐蚀速度快、危害大，大部分金属的腐蚀都属于这一类。

当两种相互连接的金属放入电解质溶液中时（图 7-8），电极电位低的 Cu（阳极）失去电子成为离子被溶解，而电极电位高的 Fe（阴极）被保护。电化学腐蚀不仅发生在两种金属之间，还发生在同一种金属材料的两种相之间。例如，珠光体是由铁素体和渗碳体两相构成的，在电解质溶液中，铁素体的电极电位较渗碳体更低，为阳极，铁素体不断被腐蚀（图 7-8）。

**2. 提高钢耐腐蚀的途径**

金属材料腐蚀大多数是电化学腐蚀，根据电化学腐蚀发生的基本原理，提高金属材料的耐腐蚀能力可以采用以下三种措施：

1）组织单相化。尽量使金属获得均匀的单相组织。加入大量合金元素，如钢中 $w_{Cr}>17\%$时，可使钢在室温下获得单相铁素体组织；钢中 $w_{Cr}\leqslant18\%$、$w_{Ni}>8\%$时，可使钢在室温下获得单相奥氏体组织，消除电极电位差，从而减少形成原电池的可能性。

2）提高基体的电极电位。当钢中 $w_{Cr}>12.7\%$时可显著提高基体电极电位，以保护钢基体不被腐蚀（图 7-9）。常添加的合金元素还有 Ni、Si 等。

3）形成钝化膜。在钢中加入 Cr、Al、Si 等合金元素，使金属表面形成一种致密稳定的钝化膜（如 $Cr_2O_3$、$Al_2O_3$、$SiO_2$ 等），使钢与周围介质隔绝，提高耐腐蚀能力。

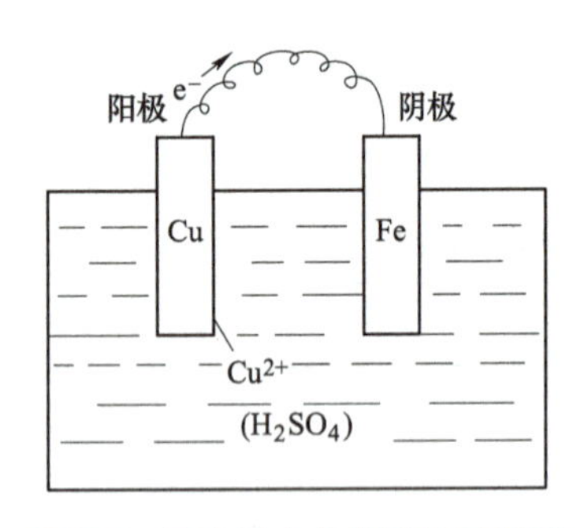


图 7-8 原电池电化学腐蚀示意图

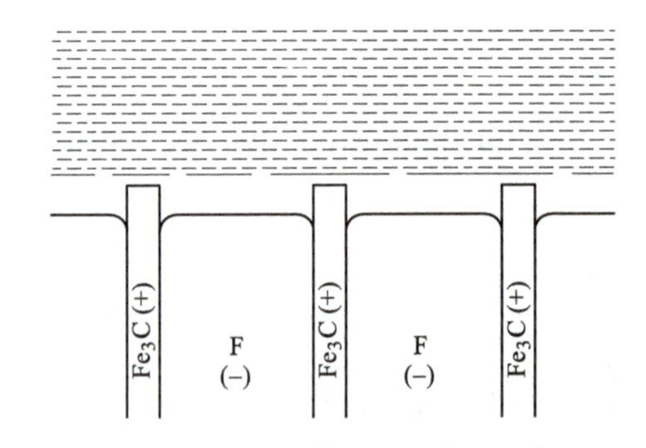


图 7-9 片状珠光体电化学腐蚀示意图

**3. 常用不锈钢**

不锈钢按正火状态的组织可分为马氏体不锈钢、铁素体不锈钢、奥氏体不锈钢和奥氏体-铁素体双相不锈钢。常用不锈钢的牌号、化学成分、热处理工艺、力学性能和用途见表 7-14。

**表 7-14 常用不锈钢的牌号、化学成分、热处理工艺、力学性能和用途**

| 类型 | 新牌号①（旧牌号） | 统一数字代号 | 主要化学成分（质量分数）(%) | | | 热处理工艺及温度冷却剂② | 力学性能（不小于） | | | | 硬度 | 用途举例 |
|---|---|---|---|---|---|---|---|---|---|---|---|---|
| | | | C | Ni | Cr，其他 | | $R_{p0.2}$/MPa | $R_m$/MPa | A(%) | Z(%) | | |
| 奥氏体型 | 12Cr18Ni9*（1Cr18Ni9） | S30210 | ≤0.15 | 8.00~10.00 | 17.0~19.0，其他≤0.10 | 固溶处理 1010~1150℃ 水冷 | 205 | 520 | 40 | 60 | ≤187 HBW | 耐硝酸、冷磷酸、有机酸及盐、碱溶液腐蚀的设备件；建筑装饰件 |
| 奥氏体型 | 06Cr18Ni11Ti（0Cr18Ni10Ti）（1Cr18Ni9Ti） | S32168 | ≤0.08 ≤0.08 ≤0.12 | 9.00~12.00 | 17.0~19.0 | 固溶处理 920~1150℃ 水冷 | 205 | 520 | 40 | 50 60 | ≤187 HBW | 耐晶间腐蚀性能优越，制造耐酸容器、抗磁仪表、医疗器械 |
| 奥氏体型 | 10Cr18Ni12（1Cr18Ni12） | S30510 | ≤0.12 | 10.50~13.0 | 17.0~19.0 | 固溶处理 1010~1150℃ 水冷 | 175 | 480 | 40 | 60 | ≤187 HBW | 适于旋压加工、特殊拉拔，如冷作镦钢等 |
| 铁素体型 | 06Cr13Al*（0Cr13Al） | S11348 | ≤0.08 | ≤0.60 | 11.5~14.5 | 780~830℃ 空冷 | 175 | 410 | 20 | 60 | ≤183 HBW | 石油精制装置、压力容器衬里、蒸汽透平叶片等 |
| 铁素体型 | 10Cr17Mo（1Cr17Mo） | S11790 | ≤0.12 | ≤0.60 | 16.0~18.0 | 780~850℃ 空冷 | 205 | 450 | 22 | 60 | ≤183 HBW | 耐硝酸设备、食品设备、建筑内装饰、汽车外装饰材料；家用电器部件、生活日用品等 |

（续）

| 类型 | 新牌号①（旧牌号） | 统一数字代号 | 主要化学成分（质量分数）(%) | | | 热处理工艺及温度冷却剂② | 力学性能（不小于） | | | | 硬度 | 用途举例 |
|---|---|---|---|---|---|---|---|---|---|---|---|---|
| | | | C | Ni | Cr，其他 | | $R_{p0.2}$ /MPa | $R_m$ /MPa | $A$ (%) | $Z$ (%) | | |
| 马氏体型 | 12Cr13*（1Cr13） | S41010 | 0.08~0.15 | ≤0.60 | 11.5~13.5 | 950~1000℃油淬 700~750℃回火 | 345 | 540 | 25 | 55 | ≥159 HBW | 受冲击韧性要求较高的刃具、叶片、紧固件等 |
| | 20Cr13*（2Cr13） | S42020 | 0.16~0.25 | ≤0.60 | 12.0~14.0 | 920~980℃油淬 600~750℃回火 | 440 | 640 | 20 | 50 | ≥192 HBW | 承受高负荷的零件，如汽轮机叶片、热油泵、叶轮、螺栓等 |
| | 30Cr13（3Cr13） | S42030 | 0.26~0.35 | ≤0.60 | 12.0~14.0 | 920~980℃油淬 600~750℃回火 | 540 | 735 | 12 | 40 | ≥217 HBW | 300℃以下工作的工具、弹簧、阀门；400℃以下工作的轴等 |
| | 40Cr13（4Cr13） | S42040 | 0.36~0.45 | ≤0.60 | 12.0~14.0 | 1050~1100℃油淬 200~300℃回火 | — | — | — | — | ≥50 HRC | 用于外科医疗用具、阀门、轴承、弹簧等 |
| | 95Cr18（9Cr18） | S44090 | 0.90~1.00 | ≤0.60 | 17.0~19.0 | 1000~1050℃油淬 200~300℃回火 | — | — | — | — | ≥55 HRC | 用于耐蚀高强耐磨件，如机械刃具、手术刀片、高耐磨件等。 |

① 标*的钢也可作为耐热钢使用。

② 奥氏体钢和双相钢固溶处理后快冷；铁素体钢退火后空冷或缓冷；马氏体钢淬火冷却介质为油，回火后快冷或空冷；沉淀硬化钢固溶处理后快冷。

（1）马氏体不锈钢　常用马氏体不锈钢一般指 Cr13 型不锈钢，典型牌号有 12Cr13（1Cr13）、20Cr13（2Cr13）、30Cr13（3Cr13）、40Cr13（4Cr13）等。这类不锈钢中 Cr 的质量分数为 12%~18%，这使得它们在氧化性介质（如大气、水蒸气、海水、氧化性酸）中具有良好耐蚀性，但在非氧化性介质（如盐酸、碱溶液等）中不能达到良好的钝化，耐蚀性较低。同时，因淬透性好，不锈钢空冷即可获得马氏体。

**案例解析 7-1 汽车后桥主动锥齿轮的选材和热处理**

汽车后桥主动锥齿轮的主要作用是传递动力，改变运动速度和方向，在各种机械传动中，以弧齿锥齿轮的传动效率为最高。工作时，通过齿面的接触来传递动力，两齿轮在相对运动过程中，既有滚动，又有滑动，因此，齿轮表面受到很大的接触疲劳应力和摩擦力的作用，在齿根部位受到很大的弯曲应力作用；在起动、制动、换挡变速、过载时都会产生振动，齿轮都将承受一定的冲击力。

汽车后桥主动锥齿轮可选用 18CrMnTi 钢。

工艺路线：锻造→正火→机械加工→渗碳→淬火+低温回火→喷丸→磨齿。

工艺分析：采用正火的主要目的是提高硬度，改善切削加工性能，并消除毛坯的锻造应力，均匀组织，同时还为最终热处理做好组织上的准备。淬火和低温回火是在渗碳结束后，工件出炉预冷到 830~840℃，采用油淬，并进行 160℃低温回火。齿面硬度要求为 58~62HRC，心部硬度要求为 33~40HRC。

**瞭望台 7-1 喷丸处理**

喷丸处理是一种表面强化技术，采用压缩空气将直径为 0.3~0.5mm 大小的钢球高速喷射到工件表面，一方面使工件表层发生塑性变形，产生加工硬化和残余压应力，从而有效提高零件的疲劳抗力；另一方面可减少或消除零件表面缺陷，如氧化皮、脱碳层、小裂纹、凹凸缺口等，经喷丸处理后的零件的使用寿命可提高 5 倍以上。

齿轮、弹簧、轴等承受交变载荷的零件都常用喷丸处理，一般在零件成形及最终热处理后进行。

**好书连连 7-4**

选用渗碳钢的基本原则。

董世柱，徐维良．结构钢及其热处理［M］．沈阳：辽宁科学技术出版社，2009：182~183.

## 7.4.2 调质钢

淬火+高温回火称为调质处理，组织为回火索氏体 S′，这种组织是在晶粒细小的铁素体基体上均匀分布着粒状碳化物，粒状碳化物起弥散强化作用，且减少了裂纹的形成。此外，溶于铁素体中的合金元素起固溶强化作用，保证了钢具有较高的屈服强度和疲劳强度。调质钢在具有足够强度的基础上也有良好的塑性和韧性，达到强度、硬度、塑性和韧性的良好匹配、相对均衡，即具有良好的综合力学性能。基于这样的性能特点，调质钢主要应用在受力复杂的零件中，典型零件为各类传动零件，如轴、连杆、螺栓等。这些零件在工作时，常常存在拉伸、压缩、扭转、弯曲和冲击等多种力同时作用的情况，由此必须要求零件具备良好的综合力学性能。

**1. 成分特点**

调质钢的碳含量一般为 0.25%~0.5%。碳含量过低，碳化物数量不足，弥散强化作用小，强度不足；碳含量过高则韧性不足。一般说来，如果零件要求较高的塑性与韧性，则用马氏体不锈钢的碳质量分数在0.1%~1.0%，可以满足不同的力学性能需求，一般用来制作既要承受载荷又要具有耐蚀性的各类零构件。碳在不锈钢中的作用具有双重性，因为碳与铬能形成碳化物 $Cr_{23}C_6$、$(Cr, Fe)_{23}C_6$，并在晶界析出，使晶界附近区域严重贫铬，当 $w_{Cr}$<12%时，该区域电极电位急剧下降（图7-10），耐腐蚀性能大大降低，造成沿晶界发展的晶间腐蚀，并在受力时发生碎裂使金属产生脆断，危害极大。因此，耐蚀性要求越高，碳质量分数应越低。大多数不锈钢的碳质量分数为0.1%~0.2%。用于制造刀具和滚动轴承等高硬度件的不锈钢，其碳质量分数应较高（可达0.85%~0.95%），此时必须相应地提高铬质量分数。

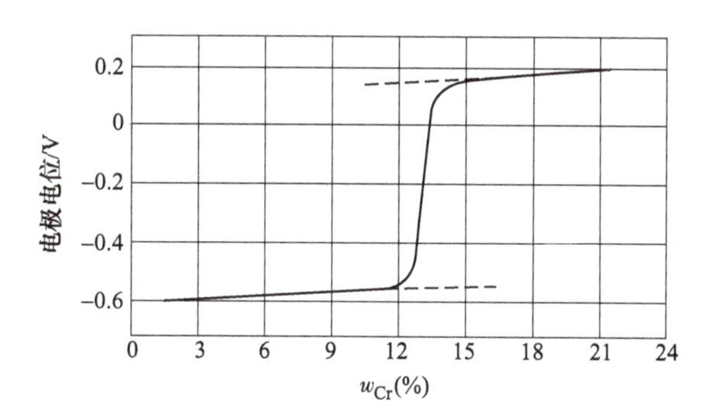


图7-10 铬对Fe-Cr合金电极电位的影响（大气条件）

12Cr13、20Cr13钢耐蚀性较好，一般经调质处理得到回火索氏体，主要用作要求韧性高、承受冲击载荷的耐蚀结构零件，如汽轮机叶片、水压机阀、蒸汽管附件等，当用作弹簧元件时则需进行淬火和中温回火处理；30Cr13、40Cr13钢采用淬火+低温回火处理，获得回火马氏体组织，硬度可达50HRC左右，主要用作防锈的手术器械及日常刃具、阀门、测量工具等；95Cr18钢采用淬火+低温回火获得回火马氏体组织，常用作耐蚀的滚动轴承、刀具等。

（2）铁素体不锈钢 铁素体不锈钢是指在使用状态下以铁素体组织为主的不锈钢。典型牌号是10Cr17(1Cr17)、10Cr17Mo(1Cr17Mo）等，这类钢中铬的质量分数为12%~30%，碳的质量分数低于0.15%，有时还加入其他元素，如Mo、Ti、Si、Nb等。由于铬是缩小奥氏体区的元素，质量分数高，钢从室温加热到1100℃的范围内均为单相铁素体组织，故不能利用马氏体相变来强化；其耐蚀性、塑性、焊接性均比马氏体不锈钢更好，但强度偏低、韧性低、脆性大。这类钢在退火或正火状态下使用。

铁素体不锈钢主要用作耐蚀性要求很高而强度要求不高的构件，例如硝酸吸收塔、磷酸槽等化工设备、容器和食品加工设备、管道，以及建筑和生活用品，如家用餐具、自动洗衣机滚筒、热水器内胆、微波炉内外壳体、电冰箱内衬、汽车排气系统零部件；也可作为高温下抗氧化的材料使用。

**好书连连7-10**

铁素体不锈钢脆性产生原因。

崔忠圻，覃耀春．金属学与热处理［M］.3版．北京：机械工业出版社，2020：355.

（3）奥氏体不锈钢　奥氏体不锈钢是指在常温下具有奥氏体组织的不锈钢，是应用最广泛的耐酸钢。典型牌号有12Cr18Ni9(1Cr18Ni9)、06Cr18Ni11Ti(1Cr18Ni9Ti)，常称为18-8型不锈钢。这类不锈钢碳质量分数低，在0.1%左右，碳质量分数越低，耐蚀性越好；含有较高的铬（$w_{Cr}=17\%\sim25\%$）和较高的镍（$w_{Ni}=8\%\sim29\%$），铬提高基体电极电位，并在钢表面形成致密的钝化膜，镍的加入扩大了奥氏体区，使钢在室温下获得单相奥氏体组织，从而使奥氏体不锈钢的耐蚀性比马氏体不锈钢进一步提高。钢中常加入Ti或Nb，以防晶间腐蚀。

奥氏体不锈钢不仅有高的耐蚀性，还有高的塑性、低温韧性和良好的焊接性，广泛应用于制造硝酸、有机酸、盐、碱等工业领域中，如化工设备及管道、医疗器械等。其变形强化能力比铁素体不锈钢更高，可用冷塑性变形获得显著强化。

奥氏体不锈钢的主要缺点是容易发生晶间腐蚀，需结合以下热处理加以抑制或消除。

1）固溶处理。将钢加热至1050~1150℃使碳化物充分溶解，然后水冷，获得成分均匀的单相奥氏体组织，提高耐蚀性，同时可抑制$Cr_{23}C_6$等碳化物的形成。

2）稳定化处理。用于含钛或铌的不锈钢，一般是在固溶处理后进行。将钢加热到850~880℃保温1~4h后空冷，让碳优先与结合力强的钛或铌结合，析出TiC或NbC，碳将不再同铬形成碳化物，有效地保存了铬，消除了晶界贫铬区，避免了晶间腐蚀的产生。

3）消除应力退火。经冷变形的奥氏体不锈钢必须进行去应力退火。将钢加热到300~350℃保温一定时间后出炉空冷，消除冷加工应力，避免应力腐蚀；加热到850℃以上缓冷，可消除焊接残余应力。

### 7.6.2 耐热钢

耐热钢是指在300℃以上（有时高达1200℃）具有高的热化学稳定性和较高强度的特殊钢，主要用于制造加热炉、锅炉、汽轮机、内燃机、热交换器等高温装置中的零部件。

**1. 耐热性能要求及其提高途径**

钢温度升高一方面会造成钢剧烈氧化，形成氧化皮，材料截面不断缩小；另一方面，会使强度下降而致破坏。因此，钢的耐热性主要包括高温抗氧化性和高温强度（热强性）。

抗氧化性是指金属在高温下的抗氧化能力，是零件在高温下持久工作的基础。金属的氧化是化学腐蚀过程，取决于金属与氧的化学反应能力；而抗氧化能力在很大程度上取决于金属氧化膜的结构和性能，即化学稳定性、致密性和完整性以及与基体的结合能力等。

铁与氧生成一系列氧化物，在560℃以下生成$Fe_2O_3$和$Fe_3O_4$，它们结构致密，性能良好，对钢有很好的保护作用；在560℃以上形成的氧化物主要是FeO，由于FeO的结构疏松，晶体空位较多，氧原子可以不断地通过FeO扩散，钢继续氧化。所以提高钢的抗氧化性，主要途径是改善氧化膜的结构，增加致密度，抑制金属的继续氧化。最有效的办法是加入Cr、Si、Al等元素，它们能形成致密和稳定的$Cr_2O_3$、$Al_2O$、$SiO_2$等氧化膜。如在钢中加入15%Cr，其抗氧化温度可达900℃；加入20%~25%的Cr，其抗氧化温度可达1100℃。

金属在高温下的力学性能与室温下大不相同。当工作温度超过再结晶温度时，在一定应力的作用下，除了产生塑性变形和加工硬化外，还会发生再结晶和软化现象。若此时应力大于金属在该温度下的弹性极限，随时间的延长金属将发生缓慢的变形，称为蠕变。这主要是通过高温下原子扩散实现的。其次高温时晶界强度低，晶粒更容易滑动变形。为了有效防止过量塑性变形或断裂，提高金属热强性，最有效的办法是合金化。

（1）固溶强化　合金元素 Cr、Si、Al 的加入不仅可以提高钢的抗氧化性，还可以固溶强化基体，阻止原子扩散，使蠕变难以发生。

（2）第二相强化　钢中加入 Mo、W、V、Ti 等元素，能形成细小弥散的 VC、TiC 等碳化物，起弥散强化作用，提高热强性。

（3）晶界强化　高温下晶界为薄弱环节，减少晶界，采用粗晶金属或单晶体；加入微量的 B、Zr、Re 等元素，净化晶界，均可提高热强性。

此外，碳对钢有强化作用，但碳质量分数较高时，碳化物在高温下易聚集，使高温强度显著下降；同时，碳也使钢的塑性、抗氧化性、焊接性能降低，所以耐热钢的碳质量分数一般都不高。

**2. 常用耐热钢**

根据热处理特点和组织的不同，常用耐热钢可分为珠光体耐热钢、奥氏体耐热钢、铁素体耐热钢、马氏体耐热钢和沉淀硬化耐热钢。

（1）珠光体耐热钢　常用钢种有 12CrMo、12CrMoV、15CrMo、25Cr2MoVA、35CrMoV 等。此类钢合金元素总量为 3%~5%，属于低合金耐热钢。Cr 主要用以提高钢的抗氧化性，V 的作用是形成细小弥散的碳化物以提高钢的高温强度；Cr、V 均能提高钢的再结晶温度。珠光体耐热钢的热处理工艺是正火，组织是珠光体+索氏体，再经高于使用温度 100℃ 的回火，增强组织稳定性。其使用温度低于 600℃，低碳珠光体钢常用于制作负荷小的锅炉炉管，长期服役在高温、高压的烟气和蒸汽环境中；中碳珠光体钢主要用于耐热紧固件、汽轮机转子、叶轮等。

（2）奥氏体耐热钢　常用钢种有 06Cr18Ni11Ti（006Cr18Ni10Ti）、20Cr25Ni20（2Cr25Ni20）、16Cr23Ni13（2Cr23Ni13）等。钢中含有较多的奥氏体稳定化元素 Ni，经固溶处理后组织为奥氏体。Cr 可以提高钢的高温强度和抗氧化性，故奥氏体耐热钢的热化学稳定性和热强性都比马氏体耐热钢优异，工作温度可达 750~820℃，常用于制造一些比较重要的零件，如燃气轮机轮盘和叶片、发动机排气阀、高压锅炉过热器等。这类钢一般进行固溶处理，也可通过固溶处理+时效处理，获得单相奥氏体+弥散碳化物和金属间化合物组织，提高其强度。

（3）铁素体耐热钢　常用钢种有 06Cr13Al（0Cr13Al）、10Cr17（1Cr17）、16Cr25N（2Cr25N）等。这类钢主要含 Cr，Cr 可扩大铁素体区，通过正火或退火得到铁素体组织。其抗氧化性强，但高温强度不高，多用于工作温度在 900℃ 以下的喷油嘴、炉用部件、散热器、燃烧室等。

（4）马氏体耐热钢　常用钢种为 12Cr13（1Cr13）、20Cr13（2Cr13）、42Cr9Si2（4Cr9Si2）、14Cr11MoV（1Cr11MoV）等。这类钢含有大量的 Cr，抗氧化性及热强性均高，淬透性也很好，经调质处理后组织为回火索氏体，用于制造 600℃ 以下受力较大的零件，如汽轮机叶片、内燃机进气阀、转子、轮盘及紧固件等。

## 资料卡 7-8 常用耐热钢的牌号、化学成分、热处理工艺、力学性能和用途

常用耐热钢的牌号、化学成分、热处理工艺、力学性能和用途（摘自 GB/T 1221—2007）

| 类别[①] | 牌号（旧牌号） | 统一数字代号 | 化学成分（质量分数）（%） | | | | | | | 热处理工艺及温度、冷却剂 | 力学性能（不小于） | | | | 硬度 HBW | 用途举例 |
|---|---|---|---|---|---|---|---|---|---|---|---|---|---|---|---|---|
| | | | C | Si | Mn | Cr | Mo | Ni | 其他 | | $R_{p0.2}$/MPa | $R_m$/MPa | A（%） | Z（%） | | |
| 奥氏体型 | 16Cr23Ni13（2Cr23Ni13） | S20920 | ≤0.20 | ≤1.00 | ≤2.00 | 22.0~24.0 | — | 12.0~15.0 | | 固溶处理 1030~1150℃ 水冷 | 205 | 560 | 45 | 50 | ≤201 | 980℃以下可反复加热，用于制作加热炉部件，重油燃烧器 |
| | 20Cr25Ni20（2Cr25Ni20） | S31020 | ≤0.25 | ≤1.50 | ≤2.00 | 24.0~26.0 | — | 19.0~22.0 | | 固溶处理 1030~1180℃ 水冷 | 205 | 590 | 40 | 50 | ≤201 | 1035℃以下可反复加热，用于制作炉用部件、喷嘴、燃烧室 |
| | 06Cr19Ni13Mo3[②]（0Cr19Ni13Mo3） | S31708 | ≤0.08 | ≤1.00 | ≤2.00 | 18.0~20.0 | 3.0~4.0 | 11.0~15.0 | | 固溶处理 1010~1150℃ 水冷 | 205 | 520 | 40 | 60 | ≤187 | 石油化工及耐有机酸腐蚀的装备 |
| | 06Cr18Ni11Ti[②]（0Cr18Ni10Ti） | S32168 | ≤0.08 | ≤1.00 | ≤2.00 | 17.0~19.0 | — | 9.0~12.0 | Ti 5C~0.70 | 固溶处理 920~1150℃ 水冷 | 205 | 520 | 40 | 50 | ≤187 | 400~900℃腐蚀条件下使用的部件、高温用焊接结构部件 |
| | 06Cr18Ni11Nb[②]（0Cr18Ni11Nb） | S34778 | ≤0.08 | ≤1.00 | ≤2.00 | 17.0~19.0 | — | 9.0~12.0 | Nb 10C~1.1 | 固溶处理 980~1150℃ 水冷 | 205 | 520 | 40 | 50 | ≤187 | |
| | 45Cr14Ni14W2Mo（4Cr14Ni14W2Mo） | S32590 | 0.40~0.50 | ≤0.80 | ≤0.70 | 13.0~15.0 | 0.25~0.4 | 13.0~15.0 | W 2.00~2.75 | 退火 820~850℃ | 315 | 705 | 20 | 35 | ≤248 | 700℃以下内燃机、柴油机重负荷进、排气阀和紧固件 |
| | 12Cr16Ni35（1Cr16Ni35） | S33010 | ≤0.15 | ≤1.50 | ≤2.00 | 14.0~17.0 | — | 33.0~37.0 | | 固溶处理 1030~1180℃ 水冷 | 205 | 560 | 40 | 50 | ≤201 | 1035℃以下可反复加热，用于制作石油裂解装置 |
| | 16Cr25Ni20Si2（1Cr25Ni20Si2） | S38340 | ≤0.20 | 1.50~2.50 | ≤1.50 | 24.0~27.0 | — | 18.0~21.0 | | 固溶处理 1080~1130℃ 水火 | 295 | 590 | 35 | 50 | ≤187 | 适用于制作承受应力的各种炉用构件 |

（续）

| 类别[①] | 牌号（旧牌号） | 统一数字代号 | 化学成分（质量分数）（%） | | | | | | | 热处理工艺及温度、冷却剂 | 力学性能（不小于） | | | | 硬度 HBW | 用途举例 |
|---|---|---|---|---|---|---|---|---|---|---|---|---|---|---|---|---|
| | | | C | Si | Mn | Cr | Mo | Ni | 其他 | | $R_{p0.2}$ /MPa | $R_m$ /MPa | $A$ （%） | $Z$ （%） | | |
| 铁素体型 | 022Cr12[②]（00Cr12） | S11203 | ≤0.03 | ≤1.00 | ≤1.00 | 11.0~13.5 | — | — | | 退火 700~820℃ 空冷 | 195 | 360 | 22 | 60 | ≤183 | 汽车排气处理装置、锅炉燃烧室、喷嘴等 |
| 铁素体型 | 10Cr17[②]（1Cr17） | S11710 | ≤0.12 | ≤1.00 | ≤1.00 | 16.0~18.0 | — | — | | 退火 780~850℃ 空冷 | 205 | 450 | 22 | 50 | ≤183 | 900℃以下耐氧化部件、散热器、炉用部件、喷油嘴等 |
| 铁素体型 | 16Cr25N（2Cr25N） | S12550 | ≤0.20 | ≤1.00 | ≤1.50 | 23.0~27.0 | — | | N≤0.25 | 退火 780~880℃ 空冷 | 275 | 510 | 20 | 40 | ≤201 | 常用于抗硫气氛，如燃料室、退火箱、玻璃模具、阀等 |
| 马氏体型 | 12Cr5Mo（1Cr5Mo） | S45110 | ≤0.15 | ≤0.50 | ≤0.60 | 4.0~6.0 | 0.4~0.6 | ≤0.60 | | 900~950℃ 油淬 600~700℃ 回火 | 390 | 590 | 18 | — | 退火 ≤200 | 用于制作再热蒸汽管、石油裂解管、锅炉吊架、泵的零件等 |
| 马氏体型 | 12Cr12Mo（1Cr12Mo） | S45610 | 0.10~0.15 | ≤0.50 | 0.30~0.50 | 11.5~13.0 | 0.30~0.60 | 0.30~0.60 | | 950~1000℃ 油淬 700~750℃ 回火 | 550 | 685 | 18 | 60 | 217~248 | 用于制作汽轮机叶片等 |
| 马氏体型 | 14Cr11MoV（1Cr11MoV） | S46010 | 0.11~0.18 | ≤0.50 | ≤0.60 | 10.0~11.5 | 0.50~0.70 | ≤0.60 | V 0.25~0.40 | 1050~1100℃ 油淬 720~740℃ 回火 | 490 | 685 | 16 | 55 | 退火 ≤200 | 热强性较高，减振性良好，用于制作透平叶片及导向叶片 |
| 马氏体型 | 15Cr12WMoV（1Cr12WMoV） | S47010 | 0.12~0.18 | ≤0.50 | 0.50~0.90 | 11.0~13.0 | 0.50~0.70 | 0.40~0.80 | W 0.70~1.10 V 0.15~0.30 | 1000~1050℃ 油淬 680~700℃ 回火 | 585 | 735 | 15 | 45 | — | 热强性较高，减振性良好，用于制作透平叶片、紧固件、转子及轮盘 |
| 马氏体型 | 42Cr9Si2（4Cr9Si2） | S48040 | 0.35~0.50 | 2.00~3.00 | ≤0.70 | 8.0~10.0 | — | ≤0.60 | | 1020~1040℃ 油淬 700~780℃ 回火 | 590 | 885 | 19 | 50 | 退火 ≤269 | 用于制作内燃机进气阀、轻负荷发动机的排气阀 |

① 珠光体型耐热钢：12CrMo、15CrMo、12CrMoV、12Cr1MoV、25Cr2MoVA。

② 可作不锈钢使用。

### 7.6.3 耐磨钢

耐磨钢是指具有高耐磨性的钢种。这些钢种有高碳铸钢、硅锰结构钢、高碳工具钢以及轴承钢等。高锰钢是目前最主要的耐磨钢，用于制作承受严重磨损和强烈冲击的零件，如车辆履带、挖掘机铲斗、破碎机腭板和铁轨分道岔等。

**1. 高锰钢的性能及成分特点**

高锰钢由于具有很高的加工硬化能力，机械加工困难，采用铸造成形，其牌号为ZGMn13-1、ZGMn13-2 等（表 7-15）。高锰钢碳含量高（$w_C = 0.9\% \sim 1.4\%$）、锰含量高（$w_{Mn} = 11\% \sim 14\%$），含适量的硅（$w_{Si} = 0.3\% \sim 0.8\%$）、少量的硫（$w_S < 0.05\%$）、少量的磷（$w_P < 0.10\%$）。

高碳可以保证钢的耐磨性和强度，但碳质量分数过高时，易在高温时析出碳化物，使钢韧性下降。因此，其碳质量分数一般不超过 1.4%。

锰是扩大奥氏体相区的元素，和碳配合，经高温加热快速冷却可获得单相奥氏体组织。锰元素含量的高低取决于钢碳含量和耐磨性要求，一般锰和碳的质量分数比值为 10~12。如当碳质量分数为 0.9%~1.3%时，锰质量分数为 11%~14%。对于耐磨性要求高、冲击韧性要求低的薄壁件，锰碳比可取下限值。反之，对于耐磨性要求低、冲击韧性要求高的厚壁件，可适当提高锰碳比。

硅可改善钢液的流动性，并起固溶强化的作用。但当硅质量分数太高时，容易导致晶界出现碳化物，引起开裂。

**2. 高锰钢的热处理**

高锰钢在铸造成形的冷却过程中，沿奥氏体晶界会析出碳化物，使钢产生很大的脆性，不能直接使用。铸造后必须进行水韧处理，即将钢加热到 1000~1100℃保温一定时间，使碳化物全部溶解入奥氏体中，然后在水中快冷，使碳化物来不及析出，在室温获得均匀单一的奥氏体组织。此时钢的硬度很低（约为 210HBW），而韧性很高。当工件在工作中受到强烈冲击或强大压力而变形时，表面层产生强烈的加工硬化，并且还发生马氏体转变，可使硬度显著提高至 550HBW，心部则仍保持原来的高韧性状态。

应当指出：水韧处理后不再回火，因重新加热至 350℃以上时，有碳化物析出，会降低钢的韧性；高锰钢的耐磨性主要是通过产生加工硬化获得的，如高锰钢在工作中受力不大时，高锰钢的耐磨性便发挥不出来。

除高锰钢以外，20 世纪 70 年代初由我国发明的 Mn-B 系空冷贝氏体钢是一种很有发展前途的耐磨钢。Mn-B 系贝氏体钢经热加工后空冷得到贝氏体或贝氏体+马氏体复相组织，硬度可达 50HRC。由于该钢种免除了淬火过程中产生的变形、开裂、氧化和脱碳等缺陷，而且产品能够整体硬化，强韧性好，综合力学性能优良，因此，得到了广泛的应用，如贝氏体耐磨钢球、工程锻造用耐磨件、耐磨传输管材等。当然 Mn-B 系贝氏体钢的应用不限于在耐磨方面，还可制造高强结构件，是一种适合我国国情、具有性能和价格优势的钢种。

**表7-15　常见高锰钢牌号、化学成分、力学性能和用途**

| 牌号 | 化学成分（质量分数）（%） | | | | | | | 力学性能 | | | 用途 |
|---|---|---|---|---|---|---|---|---|---|---|---|
| | C | Si | Mn | P≤ | S≤ | Cr | Mo | $R_m$ /MPa | $A$（%） | 硬度 HBW⊖ | |
| ZGMn13-1 | 1.00~1.45 | 0.3~1.0 | 11~14 | 0.09 | 0.04 | — | — | ≥635 | ≥20 | — | 低冲击耐磨件，齿板、衬板、铲齿等 |
| ZGMn13-2 | 0.90~1.35 | 0.3~1.0 | 11~14 | 0.07 | 0.04 | — | — | ≥685 | ≥25 | ≤300 | |
| ZGMn13-3 | 0.95~1.35 | 0.3~0.8 | 11~14 | 0.07 | 0.04 | — | — | ≥735 | ≥30 | ≤300 | 承受强烈冲击的零件，斗前壁、履带板等 |
| ZGMn13-4 | 0.90~1.35 | 0.3~0.8 | 11~14 | 0.07 | 0.04 | 1.5~2.5 | — | ≥735 | ≥20 | ≤300 | |
| ZGMn13-5 | 0.75~1.30 | 0.3~1.0 | 11~14 | 0.07 | 0.04 | | 0.9~1.2 | — | | | 特殊耐磨件，磨煤机衬板等 |

注：牌号中“-”后面数字表示品种代号；力学性能为经水韧处理后试样的数值。

## 习题

1. 试比较20CrMnTi与T10钢的淬透性和淬硬性。

2. 试述渗碳钢的合金化作用及热处理特点。

3. 为什么调质钢多为中碳钢？调质钢中主要含有哪些合金元素？它们在钢中的作用是什么？

4. 简述刀具对钢的性能要求；并比较非合金工具钢、低合金刃具钢、高速钢的性能特点，分析三类钢各适合于制作什么样的刀具。

5.（1）请说明W18Cr4V钢中各合金元素的作用是什么？（2）有人说“由于高速钢含有大量合金元素，故淬火后其硬度比其他工具钢高，正是由于硬度高才适合高速切削”。这种说法是否正确，为什么？

6. 按要求填表。

| 材料 | 类别 | 划线部分含义 | 最终热处理工艺 | 典型应用 |
|---|---|---|---|---|
| 08F | | | | |
| Q235-A | | | | |
| 20Cr | | | | |
| 40Cr | | | | |
| 65Mn | | | | |
| T10A | | | | |
| GCr15 | | | | |

⊖ 现行标准GB/T 231.1—2018《金属材料　布氏硬度试验　第1部分：试验方法》已取消了HBS这个硬度单位。——编者注

（续）

| 材料 | 类别 | 划线部分含义 | 最终热处理工艺 | 典型应用 |
|---|---|---|---|---|
| 9SiCr | | | | |
| Cr12MoV | | | | |
| 5CrNiMo | | | | |
| W18Cr4V | | | | |
| 12Cr18Ni9 | | | | |

7. 工艺分析与应用。

（1）直径为25mm的40CrNiMo棒料毛坯，经正火后硬度高很难切削加工，这是什么原因？试设计一个最简单的热处理方法以提高其可加工性。

（2）钳工用废的锯条（T8、T10A）烧红（600~800℃）后空冷即可变软，而机用锯条（W18Cr4V）烧红（900℃）后空冷却仍然相当硬，为什么？

（3）某厂在用Cr12型钢制造冷作模具时，首先用原材料直接进行机械加工，然后经热处理送交使用，经使用后用户反映寿命一般都比较短。改进后的措施是将毛坯充分锻造，使得模具寿命明显提高，这是什么原因？

（4）下列零件或构件要求材料具有哪些主要性能？应选用何种材料（写出典型材料牌号），应采用何种热处理工艺？

①大桥钢结构；②汽车齿轮；③镗床镗杆；④汽车发动机气阀弹簧；⑤凸轮轴；⑥收割机刀片；⑦汽轮机叶片；⑧硫酸、硝酸容器。

# 第 8 章

# 铸　铁

铸铁是 $w_C$>2.11%的铁碳合金。它以铁、碳、硅为主要组成元素，并比碳素钢含有更多的锰，且硫、磷等杂质元素也更多。铸铁件生产工艺简单，成本低廉，并且具有优良的铸造性、切削加工性、耐磨性和减振性等。铸铁件广泛应用于机械制造、冶金、矿山及交通运输等部门，如汽车、拖拉机中的铸铁件占到总重量的50%～70%，机床中铸铁件占60%～90%。

## 8.1 铸铁的分类

铸铁中的碳除极少量溶入铁的晶格中，大部分以两种形式存在：一是碳化物状态，如渗碳体（$Fe_3C$）；二是游离状态的石墨（G）。渗碳体是具有复杂晶体结构的金属化合物，石墨的晶体结构为简单六方晶格，如图 8-1 所示。石墨晶体中碳原子呈层状排列，同一层上的原子间为共价键结合，原子间距为 0.142nm，结合力强；层与层之间为分子键，间距为 0.340nm，结合力较弱，故石墨层间容易滑动，其强度、硬度、塑性、韧性均极低，抗拉强度 $R_m$ < 19.6MPa，硬度为 3～5HBW，伸长率 $A \approx 0$。

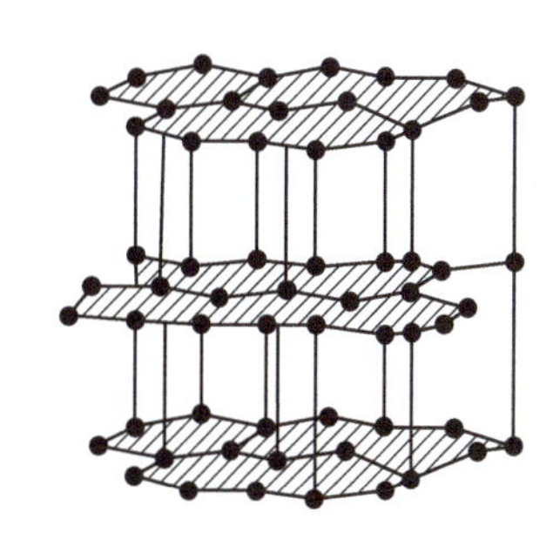

图 8-1　石墨晶体结构示意图

若将渗碳体加热到高温，则可分解为铁素体（或奥氏体）与石墨，即 $Fe_3C \rightarrow F(A)+G$。这表明石墨是稳定相，而渗碳体是介（亚）稳定相。

铸铁按其中碳存在的主要形式分为白口铸铁、灰口铸铁、麻口铸铁。

**1. 白口铸铁**

白口铸铁的碳几乎全部以 $Fe_3C$ 形式存在，断口白亮。此类铸铁组织中存在大量莱氏体，性能硬而脆，切削加工较困难，主要用作炼钢原料，少数用来制造不需加工的高硬度、高耐磨零件，如球磨机的衬板、磨球，磨粉机的磨盘、磨轮。

**2. 灰口铸铁**

灰口铸铁的碳主要以石墨形式存在，断口呈暗灰色，是工业上应用最多最广的铸铁。

**3. 麻口铸铁**

麻口铸铁的一部分碳以石墨形式存在，另一部分以 $Fe_3C$ 形式存在，断口呈黑白相间构成麻点。该铸铁中渗碳体较多，性能与白口铸铁相似，硬而脆、切削加工困难，故工业上使用也较少。

# 8.2 铸铁中的石墨化过程

铸铁组织中石墨的形成过程称为石墨化。

## 8.2.1 影响石墨化的因素

影响铸铁石墨化的主要因素是化学成分和结晶冷却速度。

**1. 化学成分的影响**

(1) 碳和硅 碳和硅是强烈促进石墨化的元素，随铸铁碳含量的增加，液态中石墨晶核数量增多，便越容易石墨化。硅与铁原子的结合力较强，硅溶于铁素体中，不仅会削弱铁、碳原子间的结合力，而且会使共晶点的碳含量降低，共晶温度提高，这都有利于石墨的析出。

实践表明：铸铁中硅的质量分数每增加 1%，共晶点碳的质量分数相应降低 0.33%。为了综合考虑碳和硅的影响，通常把硅含量折合成相当的碳含量，并把碳的总量称为碳当量 $w_{CE}$，即

$$w_{CE} = w_C + 1/3w_{Si}$$

用碳当量代替 Fe-G 相图横坐标中对应的碳含量，就可以近似地估算出铸铁成分在 Fe-G 相图上的实际位置。碳当量越高越易石墨化，碳当量低则容易出现白口组织，但碳当量过高将导致石墨数量多且粗大，力学性能下降。由于共晶成分的铸铁具有最佳的铸造性能，一般将铸铁的碳当量控制在共晶成分附近，约 4%。

(2) 硫 硫是强烈阻止石墨化的元素，硫不仅增强铁、碳原子的结合力，促进形成渗碳体使铸铁白口化；而且硫化物常以共晶体形式分布在晶界上，促使高温铸件开裂。所以硫是有害元素，铸铁中硫含量越低越好。

(3) 磷 磷是微弱促进石墨化的元素，形成的 $Fe_3P$ 分布在晶界上，增加了铸铁的脆性，使铸铁在冷却过程中易于开裂，铸铁中磷含量也应严格控制。

(4) 锰 锰是阻止石墨化的元素。锰与硫能形成硫化锰，减弱硫的有害作用，可间接地起着促进石墨化的作用，因此，铸铁中锰含量要适当。

工业上常用铸铁的成分（质量分数）一般为含碳 2.5%~4.0%、含硅 1.0%~3.0%、含锰 0.5%~1.4%、含磷 0.01%~0.5%、含硫 0.02%~0.2%。为了提高铸铁的力学性能或某些物理、化学性能，还可以添加一定量的 Cr、Ni、Cu、Mo 等合金元素，得到合金铸铁。

**2. 结晶冷却速度的影响**

铸铁在高温、慢冷的条件下结晶时，碳原子有充分扩散能力，碳易以石墨析出。但快冷、低温时，易析出渗碳体，因为形成渗碳体需要的碳含量（6.69%）远小于形成石墨需要的碳含量（100%）。

在实际生产中，同一铸件的厚壁处往往存在灰铸铁，而薄壁处却出现白口铸铁。

**微视频 8-1 铸铁的成分**

**微视频8-2 铸铁的分类及石墨化影响因素**

## 8.2.2 铸铁的石墨化过程与组织、特点

### 1. 铸铁的石墨化过程与组织

描述铁碳合金结晶过程的相图有两个（图8-2），其中，实线表示Fe-$Fe_3C$相图，虚线表示Fe-G相图，重合部分只标实线，图8-2称为铁碳合金双重相图。

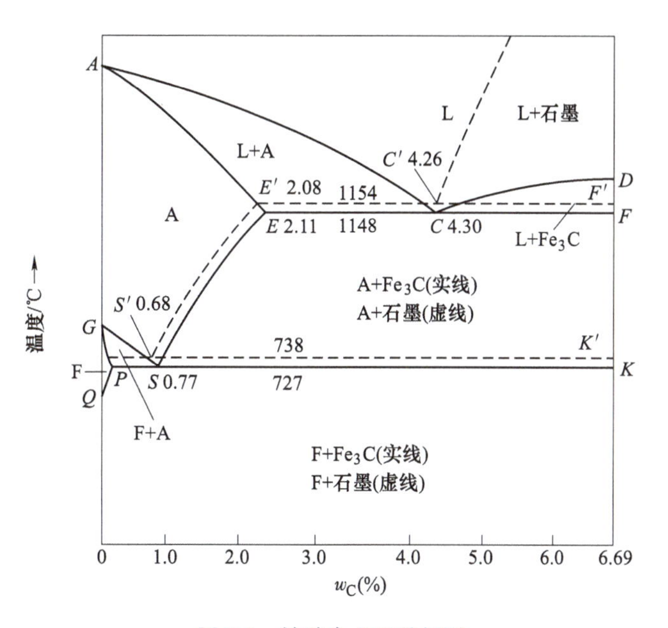


图8-2 铁碳合金双重相图

现以过共晶成分的铁液为例，当它以极缓慢的速度冷却，并全部按Fe-G相图进行结晶时，铸铁的石墨化过程可分为三个阶段。

第一阶段（液相~共晶阶段）：包括从液相析出的一次石墨$G_I$，以及在1154℃发生共晶转变时形成的共晶石墨$G_{共晶}$，共晶转变反应式为

$$L_{C'} \rightarrow A_{E'} + G_{共晶}$$

第二阶段（共晶~共析阶段）：在738~1154℃范围内冷却，奥氏体沿着$E'S'$线析出二次石墨$G_{II}$。

第三阶段（共析阶段~室温）：在共析转变温度738℃时，由共析成分奥氏体转变为铁素体和共析石墨$G_{共析}$，其反应式为

$$A_{S'} \rightarrow F_{P'} + G_{共析}$$

这个阶段也包括在共析温度以下冷却至室温时，从铁素体中析出极少量三次石墨，常忽略不计。

石墨化过程是碳原子扩散过程，在实际生产中，由于碳原子扩散受到化学成分、冷却速度的影响，各阶段石墨化过程进行程度不同，则铸铁可获得各种不同基体的铸铁组织（表8-1）：

**表8-1 铸铁石墨化程度与组织的关系**

| 铸铁名称 | 石墨化进行程度 | | | 铸铁的显微组织 |
|---|---|---|---|---|
| | 第一阶段 | 第二阶段 | 第三阶段 | |
| 灰口铸铁 | 完全石墨化 | | 完全石墨化 | F+G |
| | | | 部分石墨化 | F+P+G |
| | | | 未石墨化 | P+G |
| 白口铸铁 | 未石墨化 | | 未石墨化 | L′d+P或$Fe_3C$ |
| 麻口铸铁 | 部分石墨化 | | 未石墨化 | L′d+P+G |

第一、第二阶段由于温度较高，利于碳原子的扩散，石墨化容易进行；第三阶段由于温度较低，碳原子扩散能力弱，石墨化相对较难进行。

由表可见，铸铁中最常用的灰口铸铁的基体主要有珠光体、铁素体、珠光体+铁素体三种。而钢中的基体组织也是这三种。因此，铸铁的组织可以看作是在钢的基体上分布着不同形态的石墨。基体中珠光体含量越高，铸铁的抗压强度、硬度与耐磨性也越高。

**微视频 8-3　铸铁组织的形成**

综上所述，碳硅含量增加、结晶冷却速度较慢时，易得到灰口组织；反之，易得到白口组织。图 8-3 综合反映了铸铁化学成分和铸件壁厚（冷却速度）对铸铁组织的影响。

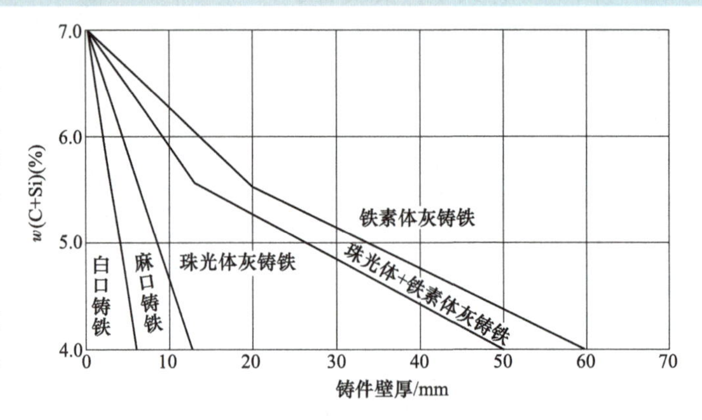


图 8-3　铸铁化学成分和铸件壁厚（冷却速度）对铸铁组织的影响

**2. 灰口铸铁的分类**

根据灰口铸铁组织中石墨存在的形态不同，可将灰口铸铁分为以下四种。

（1）灰铸铁　石墨呈片状。其力学性能不高，但生产工艺简单，价格低廉，工业上应用最广。

（2）可锻铸铁　石墨呈团絮状。其力学性能好于灰铸铁，但生产工艺较复杂，成本高，故只用来制造一些重要的小型铸件。

（3）球墨铸铁　石墨呈球状。生产工艺比可锻铸铁简单，且力学性能更好，故得到广泛应用。

（4）蠕墨铸铁　石墨呈短小的蠕虫状。蠕墨铸铁的强度和塑性介于灰铸铁和球墨铸铁之间。此外，它的铸造性、耐热疲劳性比球墨铸铁好，因此可用来制造大型复杂的铸件，以及在温度梯度下工作的铸件。

铸铁中石墨存在的主要形态如图 8-4 所示。

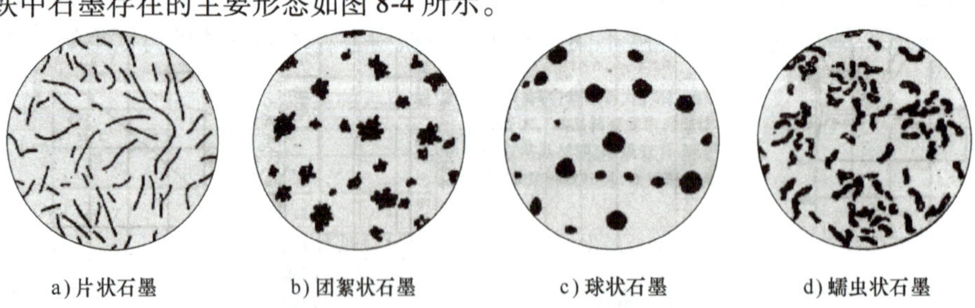


图 8-4　铸铁中石墨存在的主要形态

**3. 铸铁的特点**

由于石墨的存在，铸铁的力学性能整体比钢更低，同时具有了一些碳素钢所没有的性能。

（1）力学性能　由于石墨的力学性能约等于零，石墨的存在相当于钢的基体中分布着孔洞或裂缝，割裂了基体的连续性，减少了铸件的有效承载面积；铸铁在受力时石墨边缘易产生应力集中，因此，铸铁力学性能主要取决于铸铁的基体组织及石墨的数量、形状、大小和分布。因在压缩载荷下石墨产生的裂纹不易扩展，故铸铁的抗压强度与钢相差不多，例如灰铸铁的抗压强度一般是其抗拉强度的 3~4 倍。

（2）其他性能

1）铸造性能良好。由于铸铁的液相线比钢低，因此流动性更好。铸铁凝固时能析出比体积较大的石墨，减小了收缩率，因此铸铁具有更好的铸造性能。

2）减摩性好。石墨本身具有润滑作用，石墨掉落后留下的孔隙具有储存润滑油的能力，因此铸铁具有良好的减摩性。多应用于机床导轨、气缸体等零件。

3）减振性强。石墨松软，能阻止振动的传播，起缓冲作用。例如，灰铸铁的减振能力约比钢大 10 倍，故常用作承受压力和振动的机床底座、机架、机床床身和箱体等零件。

4）切削加工性良好。由于石墨割裂基体，切削时容易断屑和排屑，且石墨对刀具具有一定润滑作用，可减少刀具磨损。

5）缺口敏感性小。铸铁中石墨的存在相当于在金属基体中形成了大量缺口或孔洞，因此铸铁对缺口敏感性小。

# 8.3 灰铸铁

## 8.3.1 灰铸铁的成分、组织与性能特点

灰铸铁是价格便宜、应用最广泛的铸铁材料，占铸铁总产量的 80%以上。其成分大致范围为 $w_{C}=2.5\%\sim4.0\%$，$w_{Si}=1.0\%\sim3.0\%$，$w_{Mn}=0.25\%\sim1.0\%$，$w_{S}\leqslant0.2\%$，$w_{P}\leqslant0.3\%$。灰铸铁成分接近共晶成分，其铸造性能好。

由于第三阶段石墨化程度的不同，生产中可以获得三种不同基体组织的灰铸铁（图 8-5）。灰铸铁受片状石墨的影响，基体利用率仅为 30%~50%，片状石墨的尖角处容易造成应力集中，在拉应力作用下裂纹容易迅速扩展而发生脆性断裂，灰铸铁是典型的脆性材料。灰铸铁的抗拉强度、塑性、韧性和弹性模量远比相应基体的钢低。

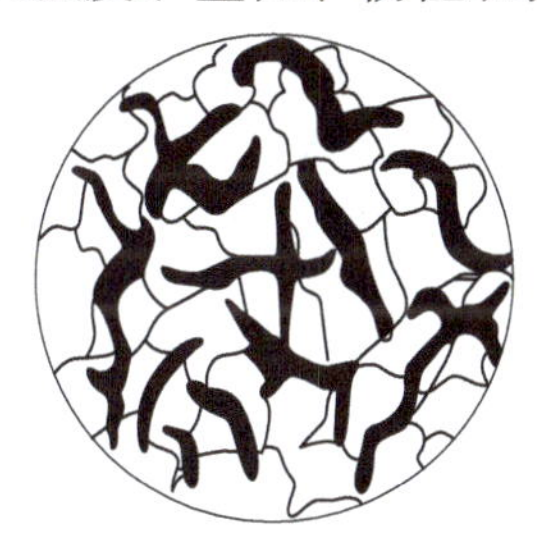

a) 铁素体基体

b) 铁素体+珠光体基体

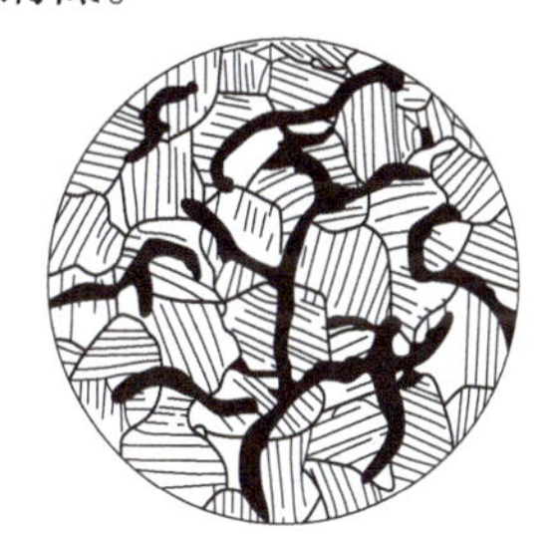

c) 珠光体基体

图 8-5　不同基体的灰铸铁显微组织示意图

**瞭望台 8-1　提高灰铸铁力学性能的措施——孕育处理**

灰铸铁组织中石墨片比较粗大，因而它的力学性能较低。为了提高灰铸铁的力学性能，生产上常进行孕育处理。孕育处理（inoculation）就是在浇注前往铁液中加入少量孕育剂，以获得大量人工晶核，从而获得细珠光体基体加细小均匀分布的片状石墨的组织。降低碳硅成分和经过孕育处理后的铸铁称为孕育铸铁。

生产中常先熔炼出含碳（2.7%~3.3%）、硅（1%~2%）均较低的铁水，然后向出炉的铁水中加入孕育剂，经过孕育处理后再浇注。常用的孕育剂为含硅 75%的硅铁或含硅60%~75%的硅钙合金，加入量一般为铁水重量的 0.25%~0.6%。

因孕育剂增加了石墨结晶的核心，故经过孕育处理的铸铁中石墨细小、均匀，并能获得珠光体基体。孕育铸铁的强度、硬度较普通灰铸铁均高，如 $R_m$=250~400MPa，硬度达 170~270HBW。

### 8.3.2　灰铸铁的牌号和应用

灰铸铁的牌号以 HT+三位数字来表示，其中 HT 表示灰铸铁，数字为其最低抗拉强度值（MPa），如 HT200 表示最低抗拉强度为 200MPa 的灰铸铁。灰铸铁常用牌号、性能和应用见表 8-2。

**表 8-2　灰铸铁常用牌号、性能和应用**

| 牌号 | 铸铁类别 | 铸件壁厚/mm | 最小抗拉强度 $R_m$/MPa | 应用 |
|---|---|---|---|---|
| HT100 | 铁素体灰铸铁 | 2.5~10 | 130 | 主要用于低载荷和无特殊要求的一般零件，如盖、防护罩、手柄、支架、重锤等 |
| | | 10~20 | 100 | |
| | | 20~30 | 90 | |
| | | 30~50 | 80 | |
| HT150 | 铁素体+珠光体灰铸铁 | 2.5~10 | 175 | 适用于中等载荷的零件，如支架、底座、齿轮箱、刀架、床身、飞轮、管路、泵体等 |
| | | 10~20 | 145 | |
| | | 20~30 | 130 | |
| | | 30~50 | 120 | |
| HT200 | 珠光体灰铸铁 | 2.5~10 | 220 | 用于大载荷和较重要的零件，如气缸体、齿轮、齿轮箱、机座、飞轮、缸套、活塞、联轴器、轴承座等 |
| | | 10~20 | 195 | |
| | | 20~30 | 170 | |
| | | 30~50 | 160 | |
| HT250 | | 4~10 | 270 | |
| | | 10~20 | 240 | |
| | | 20~30 | 220 | |
| | | 30~50 | 200 | |
| HT300 | 孕育铸铁 | 10~20 | 290 | 用于承受高载荷的重要零件，如重要设备床身、机座、受力较大的齿轮、凸轮、高压油缸、滑阀壳体等 |
| | | 20~30 | 250 | |
| | | 30~50 | 230 | |
| HT350 | | 10~20 | 340 | |
| | | 20~30 | 290 | |
| | | 30~50 | 260 | |

### 8.3.3　灰铸铁的热处理

**1. 去应力退火**

铸件在冷却过程中容易产生内应力，为防止变形开裂，对机床床身、柴油机气缸体等大型复杂的铸件往往需要进行消除内应力的退火处理（又称人工时效）。工艺规范一般为：加热温度 500～600℃，加热速度一般在 60～120℃/h。温度不宜过高，以免发生共析渗碳体的球化和石墨化；保温时间则取决于加热温度和铸件壁厚，一般壁厚≤20mm 时，保温时间为 2h，壁厚每增加 25mm，保温时间需增加 1h；最后炉冷到 150～220℃ 出炉空冷。

**2. 消除白口组织的退火**

灰口铸铁的表层及一些薄截面处，由于冷速较快，可能产生白口组织，脆性、硬度增加，切削加工困难，故需要进行退火以降低硬度，其工艺规程是将铸件加热至 850～900℃，保温 2～5h，使渗碳体分解为石墨，而后随炉缓慢冷却至 250～500℃ 后再空冷。若需要提高铸件的耐磨性，则宜采用空冷，可得到以珠光体为主要基体的灰铸铁。

**3. 表面淬火**

表面淬火的目的是把铸铁基体淬火成马氏体，以提高灰铸铁件的表面硬度和耐磨性，如机床床身导轨表面、气缸套内壁等。机床导轨表面采用高频淬火时，淬硬层深度为 1.1～2.5mm，硬度可达 50HRC 以上。

**瞭望台 8-2　接触电阻加热表面淬火法**

铸铁表面淬火的加热方法除感应加热法外，还可以采用接触电阻加热法。图示为机床导轨进行接触电阻加热表面淬火方法的示意图。其原理是用一个电极（紫铜滚轮）与欲淬硬的工作表面紧密接触（工件为另一极），接触面积小于 1mm$^2$，通以低压（2～5V）大电流（400～750A）的交流电。操作时，电极（滚轮）在机床导轨上以 2～3m/min 的线速度移动，利用滚轮与工作接触处的电阻热将工件表面迅速加热到淬火温度，工件依靠本身的散热而冷却下来。

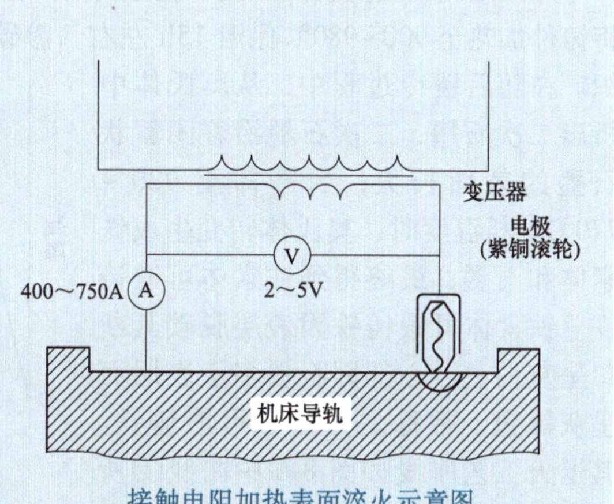

接触电阻加热表面淬火示意图

工件表面淬火层的深度可达 0.20～0.30mm，组织为极细的马氏体（或隐针马氏体）+片状石墨，硬度达 59～61HRC，导轨经表面淬火后，寿命能提高 1.5 倍以上。这种表面淬火方法设备简单，操作方便，且工件变形很小。为了保证工件淬火后获得高而均匀的表面硬度，铸铁原始组织应是珠光体基体+细小均匀的石墨。

**案例解析 8-1　机床床身的选材与热处理**

机床有很多种类，车床是机床中应用最广泛的切削加工设备，尤其是普通车床，如图所示。车床的床身为车床的基础零件，床身的材料和加工工艺应根据其使用功能和使用要求来选择。

（1）床身的功能　车床的床身用来支撑和安装车床的各部件，如主轴箱、

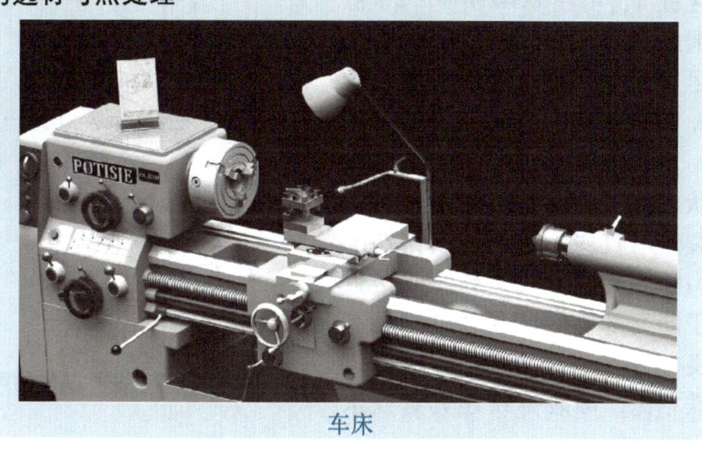

车床

进给箱、溜板箱、尾座等，并保证其相对位置。

（2）床身的设计　车床的床身主要承受压应力和加工零件时的振动，因此要求床身具有足够的刚度和强度。

（3）床身的选材和热处理　材料一般选 HT200 或 HT250，采用表面淬火处理达到最终性能要求。

加工工艺路线一般为：铸造→粗刨基准→人工时效（或自然时效）→粗加工→（人工时效）→半精加工→导轨表面淬火→精加工。

## 8.4 可锻铸铁

先采用碳硅当量较低的铁水浇注出白口铸铁坯件，再经石墨化退火即可获得可锻铸铁。将铸件加热至 900~980℃ 保温 15h 左右，渗碳体发生分解，得到奥氏体和团絮状的石墨组织。在随后缓冷过程中，从奥氏体中析出二次石墨，二次石墨沿着团絮状石墨的表面长大；当冷却至 720~770℃共析温度时，奥氏体转变生成铁素体和石墨，最终得到铁素体可锻铸铁。铁素体可锻铸铁因表层脱碳其断口呈灰白色，心部因石墨多于表层而呈灰黑色，常称之为黑心可锻铸铁。其退火工艺曲线如图 8-6 中曲线①所示，如果在共析转变过程中冷却速度较快（100℃/h），最终将得到珠光体可锻铸铁，如图 8-6 中曲线②所示。目前我国以生产黑心可锻铸铁为主。

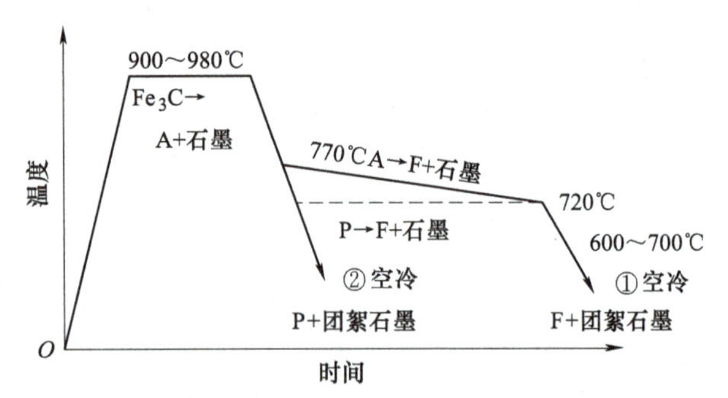


图 8-6　可锻铸铁的石墨化退火工艺曲线

### 8.4.1 可锻铸铁的成分、组织与性能特点

目前生产中，可锻铸铁的碳含量为 $w_C$=2.2%~2.6%，硅含量为 $w_{Si}$=1.1%~1.6%。锰含量 $w_{Mn}$ 可在 0.42%~1.2% 范围内选择。硫含量与磷含量应尽可能降低，一般要求 $w_P$<0.1%、$w_S$<0.15%。

可锻铸铁中石墨呈团絮状（图 8-7），石墨对基体的割裂作用较弱，因此可锻铸铁的力学性能优于灰铸铁，并接近于同类基体的球墨铸铁，具有良好的塑性与韧性，与球墨铸铁相比，可锻铸铁还具有铁水

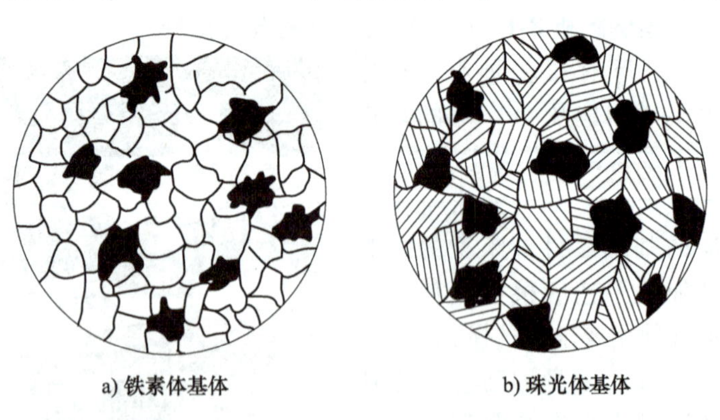

a) 铁素体基体　　b) 珠光体基体

图 8-7　两种基体的可锻铸铁显微组织示意图

处理简易、质量稳定、废品率低等优点。生产中常用可锻铸铁制作一些截面较薄而形状较复杂，工作时受振动，强度、韧性要求较高的零件，这些零件若用灰铸铁制造，则不能满足力学性能要求；若用球墨铸铁铸造，易形成白口；若用铸钢制造，则因铸造性能差，而不易保证质量。

### 8.4.2　可锻铸铁的牌号与应用

牌号中 KT 表示“可锻铸铁”，KTH 表示“黑心可锻铸铁”，KTZ 表示“珠光体可锻铸铁”。符号后面的两组数字分别表示其最小的抗拉强度值（MPa）和最低塑性伸长率值（%）。可锻铸铁的牌号、力学性能与应用见表 8-3。

**表 8-3　可锻铸铁的牌号、力学性能与应用**

| 种类 | 牌号 | 试样直径 /mm | $R_m$ /MPa | $R_{p0.2}$ /MPa | $A$ (%) | 硬度 HBW | 应用 |
|---|---|---|---|---|---|---|---|
| | | | ≥ | | | | |
| 黑心可锻铸铁 | KTH300-06 | 12 或 15 | 300 | — | 6 | ≤150 | 弯头，三通管件，中低压阀门，扳手，犁刀，犁柱，车轮壳，汽车、拖拉机前后轮壳、减速器壳、转向节壳、制动器等 |
| | KTH330-08 | | 330 | — | 8 | | |
| | KTH350-10 | | 350 | 200 | 10 | | |
| | KTH370-12 | | 370 | — | 12 | | |
| 珠光体可锻铸铁 | KTZ450-06 | 12 或 15 | 450 | 270 | 6 | 150~200 | 载荷较高及耐磨损的零件，如曲轴、凸轮轴、连杆、齿轮、活塞环、轴套、棘轮、扳手、传动链条等 |
| | KTZ550-04 | | 550 | 340 | 4 | 180~250 | |
| | KTZ650-02 | | 650 | 430 | 2 | 210~260 | |
| | KTZ700-02 | | 700 | 530 | 2 | 240~290 | |

## 8.5　球墨铸铁

球墨铸铁是经过球化处理及孕育处理获得的。在浇注前，向一定成分的铁水中加入纯镁、稀土或稀土镁等球化剂促进石墨结晶时成球状，即球化处理（图 8-8）；随后立即加入孕育剂（硅含量为 75% 的硅铁）进行孕育处理，促进石墨化，防止球化元素所造成的白口倾向。此外，球墨铸铁较灰铸铁容易产生缩孔、缩松、皮下气孔和夹渣等缺陷，在工艺上要采取防范措施，出炉的铁水温度必须高于 1400℃。

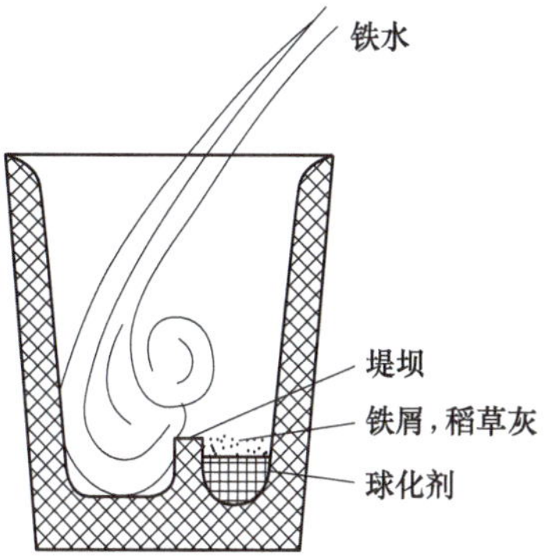

铁水
堤坝
铁屑，稻草灰
球化剂

图 8-8　冲入法球化处理

### 8.5.1　球墨铸铁的成分、组织与性能特点

**1. 球墨铸铁的成分**

球墨铸铁的化学成分比灰铸铁严格，球化剂中的镁和稀土元素都具有阻止石墨化的作用，并使共晶点右移，所以球墨铸铁的碳当量较高。其特点是碳含量与硅含量高，锰含量较

低，硫含量与磷含量低，一般 $w_C = 3.6\% \sim 3.9\%$、$w_{Si} = 2.2\% \sim 2.7\%$、$w_{Mn} = 0.6\% \sim 0.8\%$、$w_{Mg} = 0.03\% \sim 0.05\%$、$w_{Re} = 0.02\% \sim 0.04\%$、$w_S \leq 0.07\%$、$w_P \leq 0.1\%$。

**2. 球墨铸铁的组织**

球墨铸铁铸态下的金属基体可分为铁素体、铁素体+珠光体、珠光体三种（图 8-9）。

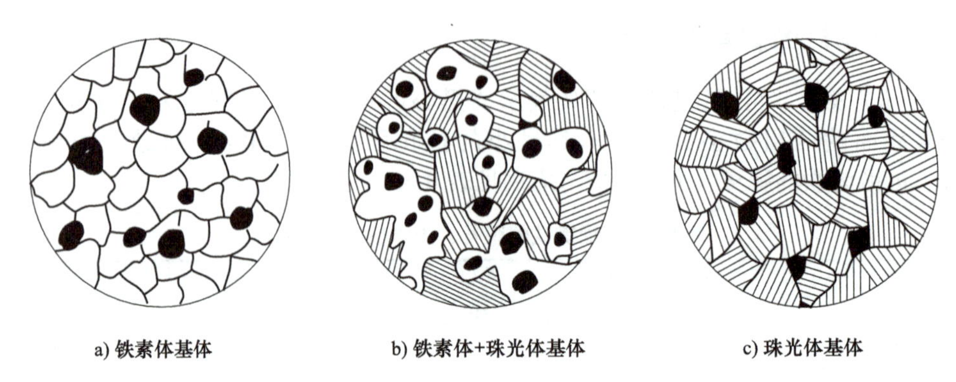

a) 铁素体基体　　b) 铁素体+珠光体基体　　c) 珠光体基体

图 8-9　不同基体的球墨铸铁显微组织示意图

**3. 球墨铸铁的性能特点**

与片状石墨和团絮状石墨相比，球状石墨对基体的割裂作用和应力集中作用更小，球墨铸铁的力学性能最好，基体强度的利用率高达 70%~90%。球墨铸铁的力学性能可与相应基体组织的铸钢媲美。对于承受静载荷的零件，用球墨铸铁代替铸钢，适用于形状复杂零件的成型，但球墨铸铁的塑性与韧性都低于钢。与可锻铸铁相比，球墨铸铁还具有生产周期短、不受铸件尺寸限制等特点。球墨铸铁中的石墨球越小、越分散，球墨铸铁的强度、塑性、韧性越好，反之则差。

球墨铸铁同样具有与灰铸铁相近的优良性能，如铸造性能、减摩性、切削加工性等。但球墨铸铁的过冷倾向大，易产生白口现象，铸件也容易产生缩松等缺陷。

## 8.5.2　球墨铸铁的牌号与应用

球墨铸铁的牌号由 QT+两组数字组成。QT 表示“球墨铸铁”，第一组数字代表最低抗拉强度值（MPa），第二组数字代表最低塑性伸长率值（%）。球墨铸铁的牌号、力学性能与应用如表 8-4 所列。

表 8-4　球墨铸铁的牌号、力学性能与应用

| 牌号 | 基体组织 | $R_m$ /MPa | $R_{p0.2}$ /MPa | $A$ (%) | 硬度 HBW | 应用 |
|---|---|---|---|---|---|---|
| | | ≥ | | | | |
| QT400-18 | 铁素体 | 400 | 250 | 18 | 130~180 | 承受冲击、振动的零件，如汽车、拖拉机的轮毂、驱动桥壳、拨叉，压缩机高低压气缸，电机外壳，齿轮箱，机器底座，电动机架等 |
| QT400-15 | 铁素体 | 400 | 250 | 15 | 130~180 | |
| QT450-10 | 铁素体 | 450 | 310 | 10 | 160~210 | |

（续）

| 牌号 | 基体组织 | $R_m$ /MPa | $R_{p0.2}$ /MPa | $A$ (%) | 硬度 HBW | 应用 |
|---|---|---|---|---|---|---|
| | | ≥ | | | | |
| QT500-7 | 铁素体+珠光体 | 500 | 320 | 7 | 170~230 | 载荷较大、受力复杂的零件，如桥式起重机的大小滚轮、内燃机的油泵齿轮、机车车辆轴瓦等 |
| QT600-3 | 珠光体+铁素体 | 600 | 370 | 3 | 190~270 | 载荷大、受力复杂的零件，如汽车与拖拉机的曲轴、连杆、凸轮轴，部分磨床、铣床的主轴，小型水轮机主轴等 |
| QT700-2 | 珠光体 | 700 | 420 | 2 | 225~305 | |
| QT800-2 | 珠光体或回火组织 | 800 | 480 | 2 | 245~335 | |
| QT900-2 | 贝氏体或回火马氏体 | 900 | 600 | 2 | 280~360 | 高强度齿轮，如汽车后桥弧齿锥齿轮，大减速齿轮，内燃机曲轴、凸轮轴等 |

注：表中牌号及力学性能均按单铸试块的规定。

由上表可见，珠光体球墨铸铁的抗拉强度比铁素体球墨铸铁的抗拉强度高 50%以上，而铁素体球墨铸铁的塑性是珠光体球墨铸铁塑性的 3~5 倍。

### 8.5.3　球墨铸铁的热处理

球墨铸铁基体利用率高，可以像钢一样进行各种热处理，使其力学性能进一步扩大。常用的热处理方法有退火、正火、等温淬火、调质处理等。

**1. 退火**

（1）去应力退火　球墨铸铁的弹性模量以及凝固时收缩率比灰铸铁高，故铸造内应力比灰铸铁约大 2 倍。对于不再进行其他热处理的球墨铸铁铸件，特别是形状复杂、壁厚差异较大的零件，都应进行去应力退火。

将铸件缓慢加热到 500~620℃，保温 2~8h，然后随炉缓冷，可消除 90%~95%残余应力。

（2）石墨化退火　石墨化退火的目的是消除白口，降低硬度，改善切削加工性，以及获得塑性、韧性较高的铁素体球墨铸铁。根据铸态基体组织不同，分为高温石墨化退火和低温石墨化退火两种。

1）高温石墨化退火。当铸态组织中既有珠光体，也有自由渗碳体时，采用高温石墨化退火。将铸件加热至共析温度以上，即 900~950℃，保温 2~4h，使自由渗碳体石墨化，然后随炉缓冷至 600℃，使铸件发生第二和第三阶段石墨化，再出炉空冷（图 8-10）。

2）低温石墨化退火。当铸态基体组织为珠光体或珠光体+铁素体，而无自由渗碳体存在时采用低温石墨化退火。把铸件加热至共析温度范围附近，即 700~760℃，保温 2~8h，使铸铁发生第二阶段石墨化，然后随炉缓冷至 600℃，再出炉空冷（图 8-11）。

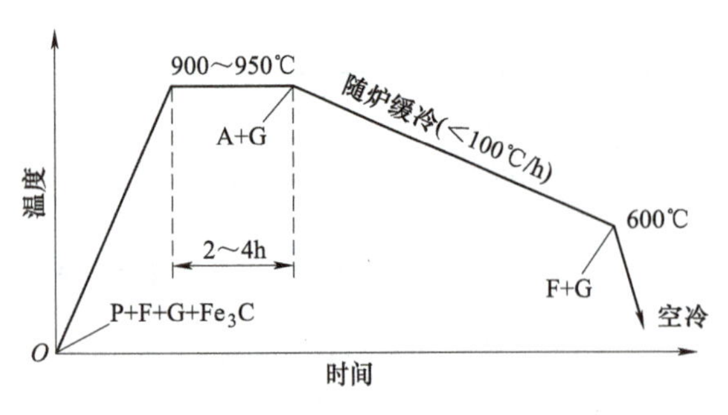

图 8-10　球墨铸铁高温石墨化退火工艺曲线

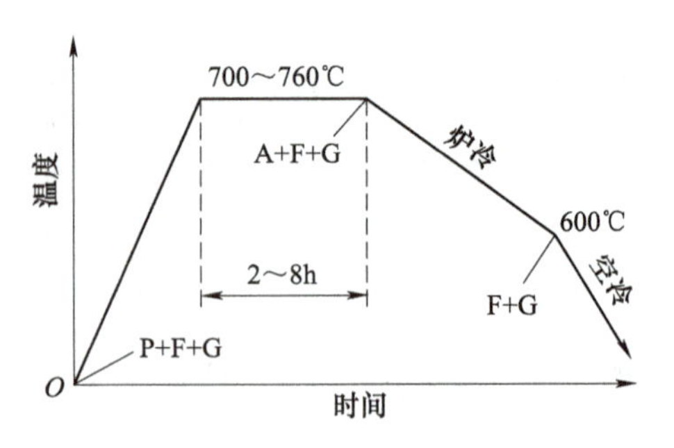


图 8-11　球墨铸铁低温石墨化退火工艺曲线

**2. 正火**

球墨铸铁正火是为了获得珠光体基体（珠光体占 70%以上），并使晶粒细化、组织均匀，从而提高零件的强度、硬度和耐磨性，并可作为表面淬火的预先热处理工艺。正火可分为高温正火和低温正火。

（1）高温正火　把铸件加热至共析温度范围以上，一般为 900~950℃，保温 1~3h，使基体组织全部奥氏体化，然后出炉空冷，使其在共析温度范围内快冷而获得珠光体基体（图 8-12）。对硅含量高的厚壁铸件，则应采用风冷、喷雾冷等加快冷却速度的方法，以保证正火后能获得珠光体球墨铸铁。

（2）低温正火　低温正火工艺是把铸件加热至共析温度范围内，即 840~880℃，保温 1~4h，使基体组织部分奥氏体化，部分保留铁素体，然后出炉空冷（图 8-13）。低温正火后获得珠光体+分散铁素体的基体，可以提高铸件的塑性与韧性。

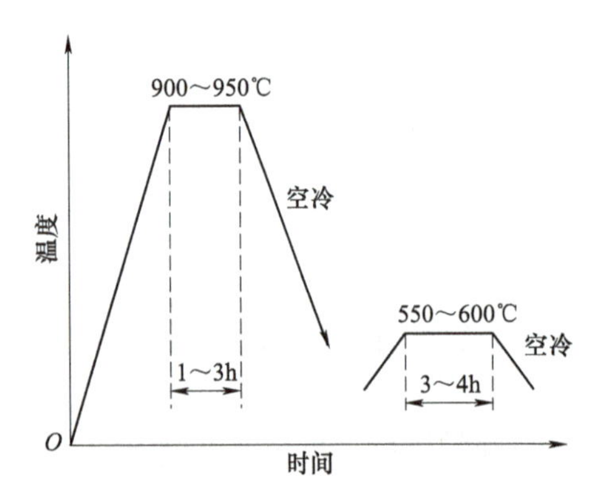


图 8-12　球墨铸铁高温正火工艺曲线图

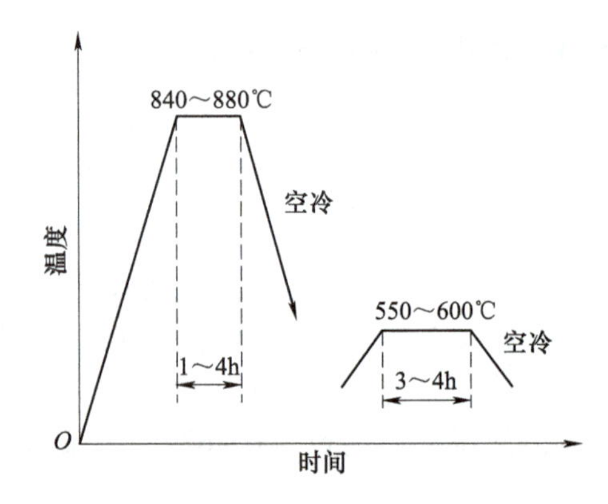


图 8-13　球墨铸铁低温正火工艺曲线

由于球墨铸铁导热性较差，弹性模量较大，正火后铸件内有较大的内应力，因此多数工厂在球墨铸铁正火后，还对其进行一次去应力退火（常称回火），即加热到 550~600℃，保温 3~4h，然后出炉空冷。

**3. 等温淬火**

球墨铸铁等温淬火工艺是把铸件加热至 860~900℃，保温一定时间，然后迅速放入温度为 250~300℃的等温盐浴中进行 0.5~1.5h 的等温处理，然后取出空冷。等温淬火后的球墨铸铁组织为下贝氏体+少量残留奥氏体+少量马氏体+球状石墨。等温淬火后球墨铸铁具有良好综合性能：强度可达 1200~1450MPa，冲击韧性为 300~360kJ/$m^2$，硬度为 38~51HRC，可用于高速、大马力机器中受力复杂件，如齿轮、曲轴、凸轮轴等。

**4. 调质处理**

调质处理的淬火加热温度和保温时间，基本上与等温淬火相同，即加热温度为860~900℃，保温2~4h。除形状简单的铸件采用水冷外，一般都采用油冷。淬火后组织为细片状马氏体和球状石墨。淬火后再加热到550~600℃回火2~4h。

球墨铸铁经调质处理后，获得回火索氏体和球状石墨组织，硬度为250~380HBW，具有良好的综合力学性能，故常用调质处理来处理柴油机曲轴、连杆等重要零件。

球墨铸铁除能进行上述热处理外，还有淬火+低温回火用以制造轴承的内外套圈等。淬火+中温回火用于铣床主轴等。为了提高球墨铸铁零件表面的硬度、耐磨性、耐蚀性及疲劳极限，还可以进行表面淬火、渗氮等表面热处理。

**微视频8-4 常用铸铁性能的比较**

# 8.6 蠕墨铸铁

蠕墨铸铁是将铁水经过蠕化处理，即加蠕化剂（镁或稀土）所获得的一种具有蠕虫状石墨组织的铸铁。蠕虫状石墨实际上是球化不充分的缺陷形式。蠕墨铸铁作为一种新型铸铁材料，出现在20世纪60年代，我国是最早研究蠕墨铸铁的国家之一。

## 8.6.1 蠕墨铸铁的成分、组织与性能特点

**1. 蠕墨铸铁的成分**

蠕墨铸铁的化学成分一般为：$w_C=3.4\%\sim3.6\%$，$w_{Si}=2.4\%\sim3.0\%$，$w_S<0.06\%$，$w_{Mn}=0.4\%\sim0.6\%$，$w_P<0.07\%$。蠕墨铸铁的石墨形态在光学显微镜下看起来像片状，但不同于灰口铸铁的是其片短而厚、头部较圆（形似蠕虫），可以认为蠕虫状石墨是一种过渡型石墨（图8-14）。

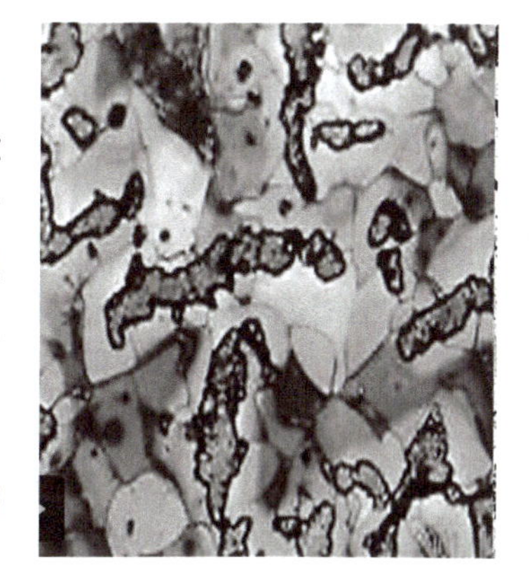

图8-14 蠕墨铸铁的显微组织

**2. 蠕墨铸铁的组织**

蠕墨铸铁的显微组织由金属基体和蠕虫状石墨组成。金属基体比较容易获得铁素体基体。在大多数情况下，蠕虫状石墨总是与球状石墨共存。

**3. 蠕墨铸铁的性能特点**

蠕虫状石墨的形态介于片状与球状之间，所以蠕墨铸铁的力学性能介于灰铸铁和球墨铸铁之间。蠕墨铸铁的抗拉强度、延伸率、弹性模数、弯曲疲劳强度均优于灰铸铁，接近于铁素体基体的球墨铸铁。蠕墨铸铁的导热性、铸造性、可切削加工性均优于球墨铸铁，与灰铸铁相近。因此，蠕墨铸铁是一种具有良好综合性能的铸

铁，主要用于一些承受热循环载荷的铸件和组织致密铸件等。

### 8.6.2 蠕墨铸铁的牌号与应用

蠕墨铸铁的牌号为 RuT+数字。RuT 表示蠕墨铸铁，后面的数字表示最低抗拉强度。例如，牌号 RuT300 表示最低抗拉强度为 300MPa 的蠕墨铸铁。蠕墨铸铁根据强度可分为 4 个等级，其牌号、性能及应用见表 8-5。

表 8-5 蠕墨铸铁的牌号、性能及应用

| 牌号 | 基体组织 | 力学性能（不小于） | | | 硬度 HBW | 应用 |
|---|---|---|---|---|---|---|
| | | $R_m$ /MPa | $R_{p0.2}$ /MPa | $A$ (%) | | |
| RuT260 | 铁素体 | 260 | 195 | 3 | 121～195 | 增压器废气进气壳体、汽车底盘零件等 |
| RuT300 | 珠光体+铁素体 | 300 | 240 | 1.5 | 140～217 | 排气管、变速箱体、气缸体、液压件、纺织机零件、钢锭模等 |
| RuT340 | 珠光体+铁素体 | 340 | 270 | 1.0 | 170～249 | 重型机床、大型齿轮的箱体、机座、飞轮、起重机卷筒等 |
| RuT380 | 珠光体 | 380 | 300 | 0.75 | 193～274 | 活塞环、气缸体、制动盘、制动鼓、吸淤泵体、玻璃模具等 |

**案例解析 8-2 蠕墨铸铁在发动机中的应用**

**1. 发动机新技术应用与材料发展趋势**

发动机的比功率（kW/L）越来越大，增加了蠕墨铸铁的应用机会。例如现在柴油机增压的比功率（每升排量所达到的功率数）已达到 60~65kW/L，不久的将来将到 80kW/L，甚至 100kW/L。升扭矩将达到 200N · m。同时其点火压力随着排放要求的提高而提高。这导致发动机气缸体与气缸盖的载荷越来越重、工作温度越来越高，两零件的很多部位的温度已超过 200℃，如图所示，在此工作条件下，铝合金的强度迅速下降，已不足以承受所受的机械负荷和热负荷，而对于铸铁则毫无影响。

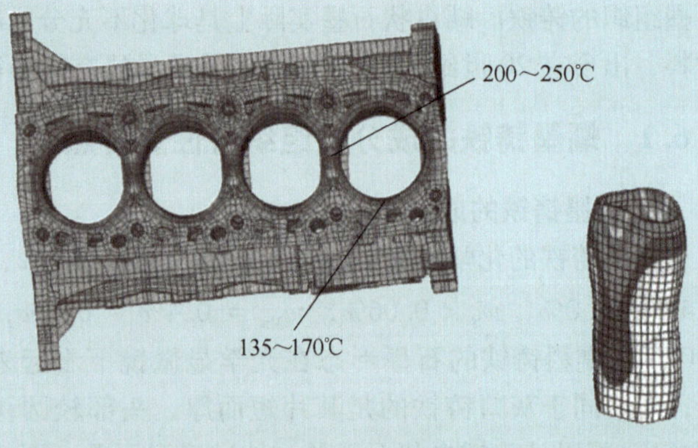


发动机气缸体内温度分布及构件变形

**2. 轿车发动机缸体面临的挑战**

1）随着发动机强化程度越来越高，气缸体承受的机械负荷应力越来越高。

2）随着发动机功率密度的提高以及尺寸越来越紧凑，气缸体承受的热负荷也越来越高，特别是连体缸套缸体和相邻两缸之间的热负荷越来越高。

3）由于爆发压力高、热负荷大，对于缸筒磨损和变形的控制也越来越困难。

4）由于发动机设计越来越紧凑，对气缸体毛坯尺寸精度的要求越来越高，特别是镶缸套的铝气缸体。

5）由于机械负荷和热负荷的提高，对气缸体关键部位（如两缸之间、主轴承座）的铸造质量要求越来越高。

6）由于节能的需要，气缸体的自重应不断减轻，其铸造工艺变得困难。

7）满足低成本要求。

发动机缸体多用珠光体基体蠕墨铸铁（欧标 GJV450，最低抗拉强度为 450MPa），它比一般灰铸铁和铝合金的抗拉强度要高出 75%以上，弹性模量高 40%以上，而疲劳强度要高出近 100%。

# 8.7 特殊性能铸铁

在普通铸铁基础上加入某些合金元素可使铸铁具有某种特殊性能，如耐磨性、耐热性或耐蚀性等，从而形成一类具有特殊性能的合金铸铁。合金铸铁可用来制造在高温、高摩擦或耐蚀条件下工作的机器零件。

## 8.7.1 耐磨铸铁

根据工作条件的不同，耐磨铸铁可以分为减摩铸铁和抗磨铸铁两类。减摩铸铁用于制造在润滑条件下工作的零件，如机床床身、导轨和气缸套等。这些零件要求较小的摩擦系数。抗磨铸铁用来制造在干摩擦条件下工作的零件，如轧辊、球磨机磨球等。

**1. 减摩铸铁**

提高减摩铸铁耐磨性的途径主要是合金化和孕育处理。常用的合金元素为 Cu、Mo、Mn、P、稀土元素等，常用的孕育剂是硅铁。减摩铸铁中应用最多的是高磷铸铁，其化学成分与应用见表 8-6。

表 8-6　常用几种高磷合金铸铁的化学成分与应用

| 名称 | 化学成分（质量分数）(%) | | | | | | | | | 应用 |
|---|---|---|---|---|---|---|---|---|---|---|
| | C | Si | Mn | Cr | Mo | Sb | Cu | P | S | |
| 磷铬钼铸铁 | 3.1~3.4 | 2.2~2.6 | 0.5~1.0 | 0.33~0.55 | 0.15~0.35 | — | — | 0.55~0.80 | <0.10 | 气缸套 |
| 磷铬钼铜铸铁 | 2.9~3.2 | 1.9~2.3 | 0.9~1.3 | 0.90~1.30 | 0.30~0.60 | — | 0.80~1.50 | 0.30~0.60 | ≤0.12 | 活塞环 |
| 磷锑铸铁 | 3.2~3.6 | 1.9~2.4 | 0.6~0.8 | — | — | 0.06~0.08 | — | 0.30~0.40 | ≤0.08 | 气缸套 |

**2. 抗磨铸铁**

抗磨铸铁在干摩擦条件下工作，要求它的硬度高且组织均匀，金相组织通常为莱氏体、贝氏体或马氏体。其化学成分与应用见表 8-7。

表 8-7 常用抗磨铸铁的化学成分与应用

| 名称 | 化学成分（质量分数）（%） | | | | | | 硬度 HRC | 应用 |
|---|---|---|---|---|---|---|---|---|
| | C | Si | Mn | P | S | 其他 | | |
| 普通白口铁 | 4.0~4.4 | ≤0.6 | ≥0.6 | ≤0.35 | ≥0.15 | | >48 | 犁铧 |
| 高韧性白口铁 | 2.2~2.5 | <1.0 | 0.5~1.0 | <0.1 | <0.1 | | 55~59 | 犁铧 |
| 中锰球墨铸铁 | 3.3~3.8 | 3.3~4.0 | 5.0~7.0 | <0.15 | <0.02 | | 48~56 | 球磨机磨球、衬板、煤粉机锤头 |
| 高铬白口铁 | 3.25 | 0.5 | 0.7 | 0.06 | 0.03 | Cr15.0<br>Mo3.0 | 62~65 | 球磨机衬板 |
| 铬钒钛白口铁 | 2.4~2.6 | 1.4~1.6 | 0.4~0.6 | <0.1 | <0.1 | Cr4.4~5.2<br>V0.25~0.30<br>Ti0.09~0.10 | 61.5 | 抛丸机叶片 |
| 中镍铬合金激冷铸铁 | 3.0~3.8 | 0.3~0.8 | 0.2~0.8 | ≤0.55 | ≤0.12 | Ni1.0~1.6<br>Cr0.4~0.7 | 表层硬度≥65 | 轧辊 |

## 8.7.2 耐热铸铁

铸铁在高温条件下工作，通常会产生氧化和生长等现象。氧化是指铸铁在高温下受氧化性气氛的侵蚀，在铸件表面发生的化学腐蚀的现象。由于表面形成氧化皮，减少了铸件的有效断面，因而降低了铸件的承载能力。生长是指铸铁在高温下反复加热冷却时发生的不可逆体积长大（可增大 10%左右）的现象。这是由于氧渗入金属内部，发生内部氧化，而氧化物的体积大于金属本身，故引起铸件体积的不可逆膨胀，氧化是生长的主要原因，其次铸铁中的渗碳体在高温下发生分解，析出密度小而体积大的石墨，也会造成零件尺寸增大，并使力学性能降低。铸件在高温和负荷作用下，氧化和生长最终导致零件变形、翘曲、产生裂纹甚至断裂。耐热铸铁是指在高温条件下具有一定的抗氧化和抗生长性能，并能承受一定载荷的铸铁。

提高铸铁耐热性的途径：

（1）合金化　在铸铁中加 Si、Al、Cr 等合金元素，通过高温下的氧化，在铸铁表面形成一层致密的、牢固的、完整的氧化膜，阻止氧化气氛进一步渗入铸铁的内部产生氧化，并抑制铸铁的生长。

（2）提高铸铁金属基体的连续性　对于普通灰口铸铁，由于石墨呈片状，外部氧化性气氛容易沿石墨片边界和裂纹渗入铸铁内部，产生内氧化，因此灰口铸铁仅能在 400℃左右的温度下工作。通过球化处理或变质处理的铸铁，由于石墨呈球状或蠕虫状，相对孤立分布，石墨互不相连，减少了外部氧化性气氛渗入通道，因此球墨铸铁和蠕墨铸铁的耐热性比灰铸铁好。

我国耐热铸铁合金化系列有硅系、铝系、铝-硅系及铬系等。表 8-8 列出了常用耐热铸铁的化学成分、性能及应用。

表 8-8　常用耐热铸铁的化学成分、性能及应用

| 名称 | 化学成分（质量分数）（%） | | | | | | $R_m$ /MPa 最小值 | 硬度 HBW | 耐热温度 /℃ | 应用举例 |
|---|---|---|---|---|---|---|---|---|---|---|
| | C | Si | Mn | P | S | 其他 | | | | |
| HTRCr | 3.0~3.8 | 1.5~2.5 | ≤1.0 | ≤0.10 | ≤0.08 | Cr:0.5~1.00 | 200 | 189~288 | 550 | 炉条、高炉支梁式水箱、金属型、玻璃模等 |
| HTRSi5 | 2.4~3.2 | 4.5~5.5 | ≤0.8 | ≤0.10 | ≤0.08 | Cr:0.5~1.00 | 140 | 160~270 | 700 | 炉条、煤粉烧嘴、锅炉用梳形定位板、换热器针状管、二硫化碳反应甑等 |
| QTRSi5 | 2.4~3.2 | 4.5~5.5 | ≤0.7 | ≤0.07 | ≤0.015 | — | 370 | 228~302 | 800 | 煤粉烧嘴、炉条、辐射管、烟道闸门、炉中管架等 |
| QTRAl5Si5 | 2.3~2.8 | 4.5~5.2 | ≤0.5 | ≤0.07 | ≤0.015 | Al:5.0~5.8 | 200 | 302~363 | 1050 | 制作焙烧机篦条、炉用件等 |

**资料卡 8-1　铸铁在高温下发生生长的原因**

在高温下工作的铸铁件，其尺寸发生的不可逆膨胀现象即生长。生长不仅使铸铁失去强度，甚至还会破坏与之接触的其他构件。铸铁的生长在一氧化碳/二氧化碳气氛中最严重，其次是在空气中。在真空及氢气氛中也会发生少量生长。

关于生长的原因，有以下几点：

（1）内氧化　氧渗入金属内部，发生内氧化，由于氧化物的体积大于金属本身，故引起铸件体积的不可逆膨胀。氧渗入的通道是氧化膜中金属与石墨边界的微裂纹、金属中的微孔隙、石墨烧去后留下的孔洞等，故氧化是生长的主要原因。当反复加热与冷却时，特别是通过相变点时，相变应力使石墨与金属之间产生微裂纹，内氧化加剧，此时生长特别剧烈。

（2）渗碳体分解　高温下渗碳体分解形成石墨，体积增大。

（3）循环相变　加热时石墨溶于奥氏体中，冷却时石墨又从奥氏体中析出，但不在原地析出，因此每加热冷却循环一次就留下许多空隙，铸铁体积就会增加。另外，相变应力也促使生长增加

（4）气氛中碳沉积　在一氧化碳/二氧化碳气氛下工作的铸铁件，生长特别剧烈。这主要是由于一氧化碳分解成二氧化碳+碳，其中碳沉积于石墨上，铸铁体积增大，基体产生微裂纹，氧更容易渗入内部氧化。

## 8.7.3　耐蚀铸铁

普通铸铁的耐蚀性是很差的，这是因为铸铁本身是一种多相合金，在电解质中各相具有不同的电极电位，其中以石墨的电极电位最高，渗碳体次之，铁素体最低。电位高的相是阴

极，电位低的相是阳极，这样就形成了一个微电池，于是做阳极的铁素体不断被消耗掉，一直深入到铸铁内部。

提高铸铁耐蚀性的措施主要是：加入合金元素以得到有利的组织和形成良好的保护膜；铸铁的基体组织最好是致密、均匀的单相组织，即 A 或 F；石墨则以球状或团絮状、中等大小又不相互连续的形态对耐蚀性更有利。

加入合金元素主要从以下三方面提高铸铁的耐蚀性：

1）提高铸铁基体的电极电位，如加入 Mo、Cu、Ni、Si 等元素。降低原电池电动势，使耐蚀性提高。

2）改善铸铁基体组织和石墨形状、大小和分布，减少原电池数量和电动势，提高铸铁的耐蚀性。

3）使铸铁表面形成一层致密完整而牢固的保护膜，如加入 Si、Al、Cr 分别形成 $SiO_2$、$Al_2O_3$、$Cr_2O_3$ 氧化膜，阻隔与电解质溶液的接触。

我国耐蚀铸铁以 Si 为主要合金元素，有时也加入 Al、Cu、Mo、Cr 等。目前应用较多的为高硅耐蚀铸铁、高铬耐蚀铸铁、铝耐蚀铸铁和高镍耐蚀铸铁，典型耐蚀铸铁的化学成分、性能及应用见表 8-9。

**表 8-9 典型耐蚀铸铁的化学成分、性能及应用**

| 名称 | 化学成分（质量分数）（%） | | | | | | $R_m$ /MPa | 硬度 | 应用 |
|---|---|---|---|---|---|---|---|---|---|
| | C | Si | Mn | Cr | Ni | 其他 | | | |
| 高硅耐蚀铸铁 | ≤1.2 | 10.00~14.75 | ≤0.5 | — | — | RE：≤0.10 | 140 | 48HRC | 用于除还原性以外的酸类介质的零件，如离心泵、阀、旋塞、容器等 |
| 铝耐蚀铸铁 | 2.7~3.4 | 1.4~2.0 | 0.6~0.8 | 0.5~1.0 | — | Al：4~6 | 180~210 | 220~230 HBW | 用于碱类溶液介质的泵、阀等零件，也能耐热 |
| 高铬耐蚀铸铁 | 1.5~2.2 | 1.3~1.7 | 0.5~0.8 | 32~36 | — | — | 300~420 | 250~320 HBW | 多用于氧化性酸环境，如浓硝酸、浓硫酸、盐酸、磷酸、醋酸，以及海水、大气等介质 |
| 高镍耐蚀铸铁 | <3.0 | 1.0~2.5 | 0.8~1.5 | 1.75~2.5 | 18~22 | Cu：<0.5 | 170~210 | 130~160 HBW | 多用于还原性介质，如烧碱、盐卤、海水、还原性无机酸等 |

## 习题

1. 铸铁和碳素钢相比，在成分、组织和性能上有什么主要区别？

2. C、Si、Mn、P、S 元素对铸铁石墨化有什么影响？为什么三低（C、Si、Mn 含量低）

一高（S 含量高）的铸铁易出现白口？

3. 石墨形态是影响铸铁性能特点的主要因素，试分别比较说明不同的石墨形态对灰铸铁和球墨铸铁力学性能及热处理工艺的影响。

4. 在灰铸铁石墨化过程中，若第一、第二阶段完全石墨化，试分析第三阶段石墨化完全进行、部分进行、没有进行时，分别获得什么组织的铸铁？

5. 球墨铸铁的性能特点及用途是什么？

6. 和钢相比，球墨铸铁的热处理有什么异同？

7. HT200、HT350、KTH300-06、QT400、QT600 各是什么铸铁？各具有什么样的基体和石墨形态？说明它们的力学性能特点及用途。

# 第 9 章

# 有色合金及硬质合金

工业上使用的金属材料，可分为黑色金属和有色金属两大类。有色金属是指除了钢和铸铁之外的其他金属及其合金，也称为非铁合金。有色合金的用量相比黑色金属的用量少，但其因优良的性能，如高比强度、导电性、导热性、耐蚀性等，成为现代工业不可或缺的金属材料。本章将介绍工业生产上广泛应用的铝、铜、镁、钛及其合金以及轴承合金、硬质合金的成分、性能特点和使用范围。

## 9.1 铝及铝合金

铝是地壳中存储量最多的金属元素，铝合金是用量仅次于钢铁的非铁金属材料。铝合金的应用领域广泛（图 9-1），约有 23%用于建筑业、22%用于运输业、21%用于容器和包装，电气工业的使用量也占铝合金总用量的 10%。在航空工业中，铝合金的用量占绝对优势。

a) 高压锅　b) 座椅架　c) 窗框

d) 汽车轮毂　e) 飞机起落架

图 9-1　常见的铝合金的应用领域

## 9.1.1　纯铝的特点及应用

**1. 纯铝的特点**

纯铝是一种银白色的轻金属，具有面心立方晶格，没有同素异构转变。它的熔点约为660℃，密度只有 2.72g/cm$^3$，密度约为铁的 1/3；导电性和导热性好，仅次于 Ag、Cu 和 Au，导电能力约为铜的 60%，导热能力约为银的 50%（比铁几乎大 3 倍）；纯铝化学性质活泼，在大气中极易与氧作用，在表面形成一层牢固致密的氧化膜 $Al_2O_3$，使它在大气和淡水中具有良好的耐蚀性，但纯铝不耐酸、碱、盐等介质的腐蚀；纯铝在低温下，甚至在超低温下都具有良好的塑性和韧性，在-253~0℃之间塑性和冲击韧性不会降低。

**2. 纯铝的用途**

纯铝具有一系列优良的工艺性能，易于铸造和切削，也易于通过压力加工制成各种规格的半成品。所以纯铝主要用于制造电缆电线的线芯、导电零件，换热器、冷却器，化工设备，食品与药物包装用品，耐蚀器皿，生活器皿，以及配制铝合金和制造铝合金的包覆层，还可制造建筑屋面板、顶棚、间壁墙、绝热材料等。由于纯铝的强度和硬度低，其抗拉强度仅有 90~120MPa，但塑性很好，伸长率 $A$ 达 35%~40%，所以一般不宜直接作为结构材料和用于制造机械零件。纯铝不能通过热处理强化，一般通过加工硬化来提高强度。

**3. 纯铝的牌号**

纯铝按其纯度分为高纯铝、工业纯铝，同时含有少量 Fe、Si、Cu 等杂质。工业纯铝的铝含量大于 99.00%，纯铝的旧牌号有 L1、L2、L3、L4、L5 等（对应的新牌号为 1070、1060、1050、1035、1200），L 是“铝”字的汉语拼音字首，其后面的数字表示纯度，数字越大纯度越低。高纯铝的铝含量在 99.85%~99.99%之间，旧牌号有 LG1、LG2、LG3、LG4 和 LG5（对应的新牌号为 1A85、1A90、1A93、1A97、1A99），G 是“高”字的汉语拼音字首，其后面的数字越大，纯度越高。

**历史回望 9-1　昂贵的铝**

1854 年，法国化学家德维尔通过实验得到了金属铝，这时的铝十分珍贵。据说在一次宴会上，法国皇帝拿破仑独自用铝制刀叉，其他人用银制餐具。当时泰国国王曾用过铝制表链。1855 年巴黎国际博览会上展出了一小块铝，标签为“来自黏土的白银”，并将其放在最珍贵的珠宝旁。1889 年，俄国沙皇赐给门捷列夫铝制奖杯，以表彰其编制化学元素周期表的贡献。1886 年，人们发明了熔盐电解法炼制铝，奠定了当今大规模生产铝的基础，铝才变得便宜。

## 9.1.2　铝合金的分类与时效强化

纯铝不能通过热处理进行强化，冷变形和合金化是提高其强度的主要途径。向铝中加入适量 Si、Cu、Mg、Zn、Mn 等元素（主加元素）和 Cr、Ti、Zr、B、Ni 等元素（辅加元素），形成固溶强化和第二相强化而得到铝合金，质量轻，强度高，具有高的比强度和比刚度。

**1. 铝合金的分类**

二元铝合金大都具有与图 9-2 类似的相图。根据铝合金的成分、组织和工艺特点，可以将其分为变形铝合金与铸造铝合金两大类。

（1）变形铝合金　铝合金铸锭通过压力加工（轧制、挤压、模锻等）制成半成品或模锻件，所以要求其有良好的塑性变形能力。凡位于相图上 $D'$ 点成分以左的合金，在加热至高温时能形成单相固溶体组织，合金的塑性较高，适用于压力加工，称为变形铝合金。

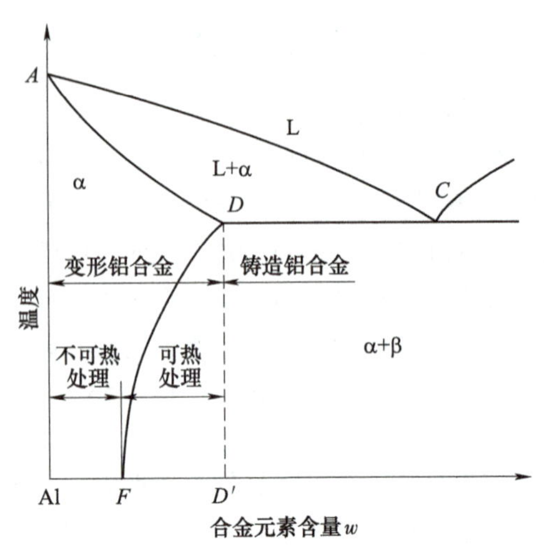


图 9-2　铝合金分类示意图

变形铝合金又可分为两类：成分在 $F$ 点以左的合金，其固溶体成分不随温度而变化，故不能用热处理使之强化，属于不可热处理强化铝合金，但能通过形变强化（加工硬化）和再结晶处理来调整其组织和性能，这类单相组织的合金具有优良的防锈性能，故又称防锈铝合金；成分在 $F$ 点和 $D'$ 点之间的铝合金，其固溶体成分随温度而变化，可经热处理改变性能，属于可热处理强化铝合金。工程中常用的硬铝、超硬铝等属于这类合金。

（2）铸造铝合金　凡位于 $D'$ 点成分以右的合金，因含有共晶组织，合金塑性较差，不宜压力加工，但其液态流动性较好，适用于铸造，称为铸造铝合金。铸造铝合金中也有成分随温度而变化的固溶体，故也能用热处理强化。但合金含量距 $D'$ 点越远，合金中固溶体相对含量越低，强化效果越不明显。铝合金的分类及主要性能特点见表 9-1。

**表 9-1　铝合金的分类及主要性能特点**

| 分类 | | 名称 | 合金系 | 主要性能特点 | 示例 |
|---|---|---|---|---|---|
| 变形铝合金 | 不可热处理强化铝合金 | 防锈铝 | Al-Mn<br>Al-Mg | 强度低，耐蚀性好，压力加工与焊接性能好 | 3A21<br>5A05 |
| | 可热处理强化铝合金 | 硬铝 | Al-Cu-Mg | 强度高 | 2A11 |
| | | 超硬铝 | Al-Cu-Mg-Zn | 室温强度最高 | 7A04 |
| | | 锻铝 | Al-Mg-Si-Cu<br>Al-Cu-Mg-Fe-Ni | 锻造性能好，耐热性好 | 2A50<br>2A14 |
| 铸造铝合金 | | 铝硅铸造合金 | Al-Si<br>Al-Si-Mg<br>Al-Si-Cu | 铸造性能、耐蚀性和力学性能好，不能进行压力加工 | ZL102<br>ZL104<br>ZL107 |
| | | 铝铜铸造合金 | Al-Cu | 耐热性好，铸造性和耐蚀性差 | ZL201 |
| | | 铝镁铸造合金 | Al-Mg | 耐蚀性好，力学性能和机加工性好 | ZL301 |
| | | 铝锌铸造合金 | Al-Zn | 铸造性和机加工性好，能自动淬火，耐蚀性差 | ZL401 |

**2. 铝合金的时效强化**

铝无同素异构转变，加热时晶体结构不发生变化，将图 9-2 中 $F$、$D'$ 两点之间的合金加

热到图中 $DF$ 线以上，保温获得单相固溶体 α 后，在水中快速冷却，使第二相 β 来不及析出，得到过饱和、不稳定的单相固溶体，这种热处理称为固溶处理（或淬火）。由于硬脆的第二相 β 消失，铝合金组织出现过饱和固溶体，虽有一定的强化作用，但单纯的固溶强化有限，故固溶处理后铝合金的强度和硬度并没有得到明显提高，而塑性却有明显提高。由于固溶处理后获得的过饱和 α 固溶体是不稳定的，将合金放置在室温或加热到某一温度时，随时间的延长，过饱和 α 固溶体将逐渐向稳定状态转变，首先形成众多的溶质原子局部富集区（称为 GP 区），进而析出细小弥散分布且与母相（α 相）共格的第二过渡相 θ″，使母相产生晶格畸变，阻碍位错运动，引起强度和硬度显著增高，塑性、韧性则降低，这个过程称为时效或沉淀强化（图 9-3）。例如，$w_{Cu}=4\%$ 的铝合金，在退火状态下 $R_m=180\sim220$MPa，$A=18\%$；经固溶处理后，$R_m=240\sim250$MPa，$A=20\%\sim22\%$；室温下经 4~5 天的放置（自然时效），$R_m=420$MPa，$A=18\%$。

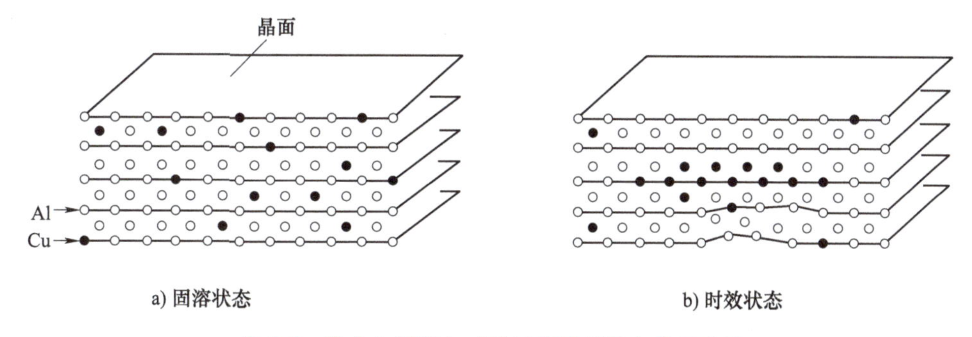


图 9-3 铝合金固溶与时效过程的组织变化示意图

时效强化是铝合金最主要的强化。室温下进行的时效称为自然时效，低温加热下进行的时效称为人工时效。自然时效强化是逐渐进行的，在自然时效的最初一段时间，强度变化不大，这段时间称为孕育期。在此期间，铝合金保持良好塑性，可进行冷加工（如铆接、弯曲、校直等）。随着时间的延长，铝合金逐渐被显著强化，在 5~15h 内强化速度最快，4~5 天时强化效果达到峰值（图 9-4a）。

一般来说 α 固溶体的浓度越高，时效效果越好。铝合金时效强化效果与加热温度和保温时间有关，时效温度越高，时效速度越快（图 9-4b）。每一种铝合金都有最佳时效温度和时效时间，若时效温度过高或保温时间过长，过渡相 θ″最终转变成稳定的化合物 θ，并从固溶体中析出、长大，晶格畸变减弱，此时铝合金反而会软化，这种现象称为过时效。

### 9.1.3 变形铝合金

我国传统变形铝合金是依据其性能特点来分类的，分为四类，即防锈铝合金（代号 LF）、硬铝合金（代号 LY）、超硬铝合金（代号 LC）和锻铝合金（代号 LD）。为了与世界各国的铝合金牌号标识接轨，我国制订了新的铝合金四位字符牌号标记方法。牌号的第一个数字表示铝及铝合金的组别，1 表示纯铝，2~9 表示合金（表 9-2）；第二位为英文大写字母，A 表示原始纯铝或铝合金，B~Y 表示铝或铝合金的改型情况，相互间元素含量略有变化；最后两个数字对于纯铝表示不同纯度，即纯铝最低质量分数（百分数）×100 后的小数点后面两位数字；对于铝合金，则用以标识同一组中不同的铝合金。

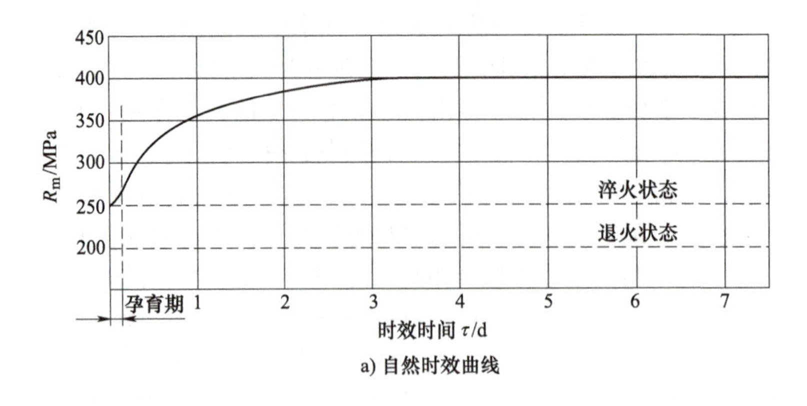

a) 自然时效曲线

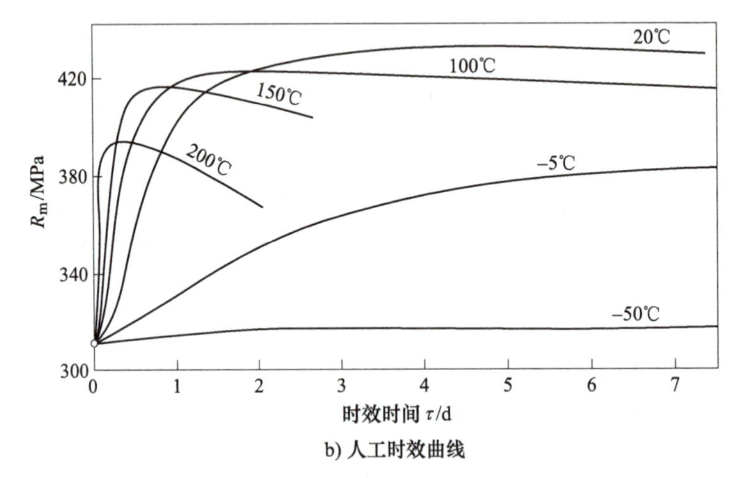

b) 人工时效曲线

图 9-4　$w_{Cu}=4\%$铝合金的时效曲线

表 9-2　变形铝合金系列及其牌号标记方法

| 牌号标记 | 主要合金元素 | 备注 |
| --- | --- | --- |
| 1××× | 工业纯铝，铝含量大于 99.00%，高纯铝，铝含量大于 99.85% | 不可热处理强化 |
| 2××× | Al-Cu 合金，Al-Cu-Li 合金 | 可热处理强化 |
| 3××× | Al-Mn 合金 | 不可热处理强化 |
| 4××× | Al-Si 合金 | 若含镁，则可热处理强化 |
| 5××× | Al-Mg 合金 | 不可热处理强化 |
| 6××× | Al-Mg-Si 合金 | 可热处理强化 |
| 7××× | Al-Zn-Mg 合金 | 可热处理强化 |
| 8××× | Al-Li，Al-Sn，Al-Zr 或 Al-B 合金 | 可热处理强化 |
| 9××× | 备用合金系列 | — |

**1. 防锈铝合金**

防锈铝合金包括 3000 系 Al-Mn（如 3A21）、5000 系 Al-Mg 合金（如 5A05），Mn 的主要作用是提高铝合金耐蚀能力，同时 Mn、Mg 对铝合金都具有强化作用。其主要性能特点是具有很高的塑性、较低或中等的强度、优良的耐蚀性能和良好的焊接性能。防锈铝合金只能用冷变形来强化，一般在退火态或冷作硬化态使用。防锈铝合金由于切削加工工艺性差，一般适用于制造需深冲、弯曲、焊接和在腐蚀性介质中工作的零件，如油罐、壳体、管道、低压容器、热交换器、铆钉以及其他冷变形零件。

**2. 硬铝合金**

硬铝合金主要是 2000 系 Al-Cu-Mg 合金（如 2A11），也是使用最早、用途最广、最具有代表性的一种铝合金。该合金经时效处理后具有高的强度和硬度，故称为硬铝合金，又称杜拉铝。各种硬铝合金的铜含量相当于图 9-2 所示相图的 *FD'*范围内，属于可热处理强化的铝合金，因人工时效比自然时效具有更大的晶间腐蚀倾向，其热处理为固溶处理+自然时效，也可进行形变强化。

合金中加入 Cu 和 Mg 是为了形成强化相 θ($CuAl_2$) 和 S($CuMgAl_2$)，少量的 Mn 可提高其耐蚀性能，但 Mn 的析出倾向小，对时效强化不起作用。

硬铝合金有两个重要的特性在使用或加工时必须注意：一是耐蚀性差，易产生晶间腐蚀，尤其在海水中，因此需要耐蚀防护的硬铝部件的外部都包一层高纯度铝，制成包铝硬铝材，但其热处理后的强度比未包铝时要低；其二是固溶处理温度范围很窄，如 2A11 的固溶处理温度范围为 505~510℃，2A12 的固溶处理温度范围为 495~503℃，且淬火温度范围一般不超过±5℃。低于此温度范围进行固溶处理时，固溶体的过饱和度不足，不能发挥最大的时效效果；超过此温度范围进行固溶处理时，则易发生晶界熔化产生过烧。

**3. 超硬铝合金**

超硬铝合金为 7000 系 Al-Zn-Mg-Cu 合金，是变形铝合金中强度最高的一类铝合金，因其强度高达 588~686MPa，超过硬铝合金，故而得名。如 7A04(LC4)、7A09(LC9) 等属于这类合金。由于超硬铝合金中加入锌，除时效强化相 θ 和 S 外，合金中还有强化效果很大的 $MgZn_2$(η 相) 及 $Al_2Mg_2Zn_3$(T 相)。经过适当的固溶处理和 120℃左右的人工时效后，超硬铝的抗拉强度可达 600MPa，断后伸长率为 12%。

超硬铝合金具有良好的热塑性，但疲劳性能较差，耐蚀性也不高，应力腐蚀开裂倾向大，一般也需在表面包覆一层纯铝；当温度升高时，超硬铝中的固溶体迅速分解，强化相聚集长大，强度急剧降低，因此，其耐热性较低，只能在 120℃以下使用。超硬铝合金可用作受力大又要求重量较轻的零构件，如飞机蒙皮、翼梁、翼肋、起落架部件等（图 9-5、图 9-6）。

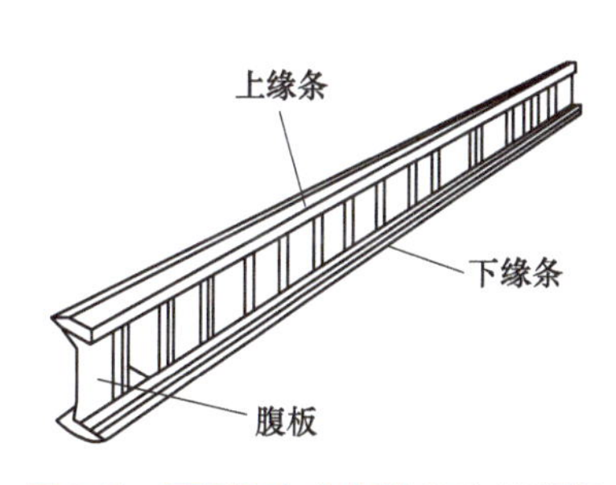


图 9-5　超硬铝合金制造的飞机翼梁

图 9-6　飞机翼肋

### 4. 锻造铝合金

锻造铝合金包括 Al-Si-Mg-Cu 合金和 Al-Cu-Ni-Fe 合金，常用的锻造铝合金有 2A50（LD5）、2A14（LD10）等。它们含合金元素种类多，但合金含量少。

锻造铝合金的热塑性好，故锻造性能甚佳，称为“锻铝”。其力学性能也较好，可用锻压方法来制造形状较复杂的零件，通常采用固溶处理和人工时效的方法来强化。这类合金主要用于航空及仪表工业中各种形状复杂、中等强度、高热塑性和耐热性的锻件、模锻件，如喷气发动机的压气机叶轮、导风轮、接头、支杆；也可用于制作在 200~300℃以下温度工作的零件，如内燃机活塞、气缸等。

此外，铝锂合金是一种新型的变形铝合金，它具有密度低、比强度高、比刚度大、疲劳性能良好、耐蚀性及耐热性高等优点，已用于制造飞机构件、火箭和导弹的壳体、燃料箱等。

表 9-3 列出了常用变形铝合金的牌号、化学成分、力学性能及用途。

**表 9-3 常用变形铝合金的牌号、化学成分、力学性能及用途**

| 类别 | 牌号 | 旧牌号 | 化学成分（质量分数）（%） | | | | | | 状态 | 力学性能 | | | 用途举例 |
|---|---|---|---|---|---|---|---|---|---|---|---|---|---|
| | | | Si | Fe | Cu | Mn | Mg | 其他 | | $R_m$/MPa | A（%） | 硬度HBW | |
| 防锈铝合金 | 5A05 | LF5 | 0.5 | 0.5 | 0.10 | 0.3~0.6 | 4.8~5.5 | Si0.5 Fe0.5 | 退火 | 280 | 20 | 70 | 焊接油箱、油管、焊条及中等载荷零件及制品 |
| | 3A21 | LF21 | 0.6 | 0.7 | 0.20 | 1.0~1.6 | 0.05 | Si0.6 Fe0.7 | | 130 | 20 | 30 | 焊接油箱、油管、焊条以及轻载荷零件及制品 |
| 硬铝合金 | 2A01 | LY1 | 0.50 | 0.50 | 2.2~3.0 | 0.20 | 0.2~0.5 | Si0.5 Fe0.5 | 淬火+自然时效 | 300 | 24 | 70 | 主要用于工作温度小于100℃的结构用中等强度铆钉 |
| | 2A11 | LY11 | 0.7 | 0.7 | 3.8~4.8 | 0.4~0.8 | 0.4~0.8 | Si0.7 Fe0.7 Ni0.1 | | 420 | 18 | 100 | 中等强度、足够韧性的结构零件，如骨架、螺旋桨叶片、螺栓 |
| | 2A12 | LY12 | 0.5 | 0.5 | 3.8~4.9 | 0.3~0.9 | 1.2~1.8 | Si0.5 Ni0.1 Fe0.5 | | 470 | 17 | 105 | 高强度结构零件，如骨架、蒙皮、肋、梁、重要销和轴等在150℃以下温度工作的零件 |
| 超硬铝合金 | 7A04 | LC4 | 0.5 | 0.5 | 1.4~2.0 | 0.2~0.6 | 1.8~2.8 | Si0.5 Fe0.5 Cr 0.1~0.25 | 淬火+人工时效 | 600 | 12 | 150 | 结构中主要受力件，如飞机大梁、桁架、加强框、蒙皮、接头及起落架 |
| | 7A09 | LC9 | 0.5 | 0.5 | 1.2~2.0 | 0.15 | 2.0~3.0 | Cr 0.16~0.30 | | 680 | 7 | 190 | |

（续）

| 类别 | 牌号 | 旧牌号 | 化学成分（质量分数）（%） | | | | | | 状态 | 力学性能 | | | 用途举例 |
|---|---|---|---|---|---|---|---|---|---|---|---|---|---|
| | | | Si | Fe | Cu | Mn | Mg | 其他 | | $R_m$/MPa | $A$（%） | 硬度HBW | |
| 锻铝合金 | 2A50 | LD6 | 0.7~1.2 | 0.7 | 1.8~2.6 | 0.4~0.8 | 0.4~0.8 | Ni0.10 | 淬火+人工时效 | 420 | 13 | 105 | 形状复杂中强度的锻件及模锻件 |
| | 2A70 | LD7 | 0.35 | 0.9~1.5 | 1.9~2.5 | 0.20 | 1.4~1.8 | Ni0.9~1.5 | | 415 | 13 | 120 | 高温下工作的复杂锻件、板材 |
| | 2A14 | LD10 | 0.6~1.2 | 0.7 | 3.9~4.8 | 0.4~1.0 | 0.4~0.8 | Ni0.1 Fe0.7 Si0.6~1.2 | | 480 | 19 | 135 | 承受高载荷锻件及模锻件 |

**科技动态 9-1　21 世纪航天材料——铝锂合金**

在铝中加入锂元素，就形成了铝锂合金（8000 系列）。加入金属锂之后，可以降低合金的密度，增加刚度，同时仍然保持较高的强度、较好的耐蚀性、较好的抗疲劳性及适宜的塑性。在铝合金中每加入 1%的锂，合金密度就降低 3%，刚度就提高 6%。用 Al-Li 合金制作飞机结构材料，可使飞机减重达 20%，提高了飞机的飞行速度。早在 20 世纪 70 年代苏联就用 Al-Li 合金制造雅克-36 飞机的主要构件，包括机身蒙皮、尾翼、翼肋等，该飞机在恶劣的海洋气候条件下使用，性能良好。Al-Li 合金被认为是 21 世纪航空航天及兵器工业最理想的轻质高强度结构材料。

**想一想 9-1　飞机油箱及螺旋桨叶片分别用什么材料制造?**

飞机油箱采用退火态铝合金 5A05（LF5）制造。压力成形后经焊接制成，油箱轻便，耐蚀性好。

飞机螺旋桨叶片用铝合金 2A11（LY11）制造。压力成形后经 505~510℃加热、水冷固溶处理后采用自然时效强化，其抗拉强度高，可达 420MPa。

### 9.1.4　铸造铝合金

很多重要的零件是用铸造的方法生产的。一方面因为这些零件形状复杂，用其他方法（如锻造）不易制造；另一方面由于零件体积庞大，用其他方法生产也不经济。

铸造铝合金按主加合金元素的不同分为 Al-Si 系、Al-Cu 系、Al-Mg 系和 Al-Zn 系四大类。合金牌号用“铸铝”二字的汉语拼音首字母 ZL+三位数字表示。第一位数表示合金系列，1 为 Al-Si 系合金，2 为 Al-Cu 系合金，3 为 Al-Mg 系合金，4 为 Al-Zn 系合金；第二、三位数字表示合金顺序号。铸造铝合金的牌号也可以“铸”的汉语拼音首字母 Z+主加合金元素符号+主加元素的百分含量组成，如 ZL102 是 Si 元素含量约 12%的铸造铝合金，可表示为 ZAlSi12。

对于铸造铝合金，除了要求必要的力学性能和耐蚀性外，还应具有良好的铸造性能。在铸造铝合金中，铸造性能和力学性能配合最佳的是 Al-Si 合金。

**1. Al-Si 合金**

仅由 Al、Si 两组元组成的二元合金称为简单硅铝明。如其中含硅 10% ~ 13% 的 ZAlSi12(ZL102) 是典型的铸造用铝硅合金，对于 Al-Si 二元合金相图，ZAlSi12 位于共晶点成分（$w_{Si}$ = 11.7%）附近，其熔点低，结晶温度范围小，流动性好，收缩与热裂倾向小，具有优良的铸造性能；其次，焊接性能较好，耐蚀性及耐热性尚可。

因为 Si 在 Al 中的固溶度较小，共晶温度时固溶度只有 1.65%，因而从固溶体中再析出 Si 的数量很少，时效处理时几乎不产生强化作用，因此简单硅铝明认为是不可热处理的铝合金。铸造后其铸态组织为粗大针状的硅（硬脆相）分布在铝基 α 固溶体基体中构成的共晶体，其间有少量板块状的初晶硅。Al-Si 合金的力学性能低，抗拉强度小于 140MPa，断后伸长率 $A$ 仅为 1%左右，必须经变质处理细化组织以提高合金性能。经变质处理后共晶点右移，可获得亚共晶组织，粗大针状的共晶硅细化成短条状或点状，组织由细小共晶体和块状初生 α 固溶体组成（图 9-7），合金强度提高到 170~180MPa，塑性提高到 3%~8%。

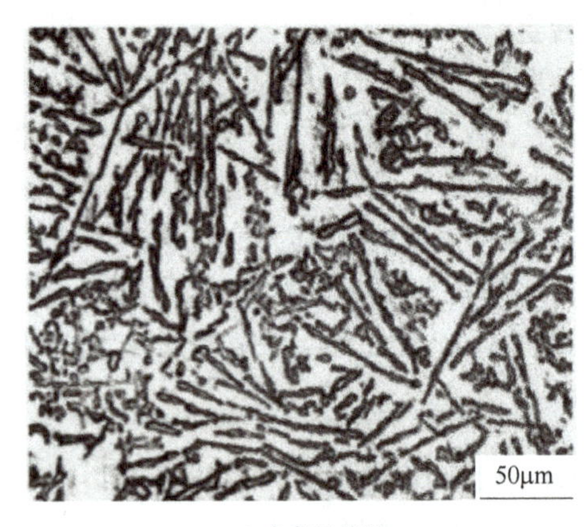


a) 未变质处理

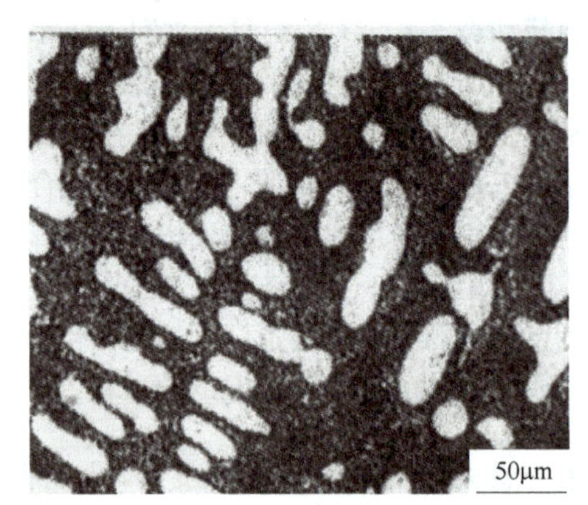


b) 变质处理

图 9-7 ZL102 铝合金变质处理前后的铸态组织

它的主要缺点是结晶时易出现大量分散性缩孔，铸件致密度较低，强度不够高。一般用于制造形状复杂、质轻、壁薄，且强度要求不高的耐蚀、耐热、耐磨铸件，如内燃机缸体及缸盖、仪表支架、壳体等。

简单硅铝明中加入 Cu、Mn、Mg 等合金元素时就构成复杂硅铝明，组织中出现了更多的强化相，如 $CuAl_2$、$Mg_2Si$、$Al_2CuMg$ 等，在变质处理和时效强化的综合作用下，合金强度得到很大提高。复杂硅铝明常用来制造发动机气缸体、风扇叶片等。

**2. Al-Cu 合金**

Al-Cu 合金的优点是强度高，稍低于 Al-Si 系合金，加工性能好，表面粗糙度小，耐热性好，可进行时效强化，但它的铸造性能和耐蚀性差，有热裂和疏松倾向。常用牌号有 ZAlCu5、ZAlCu4 和 ZAlCu3 等。ZAlCu5Mn(ZL201) 是典型的铸造铝铜合金。由于铜和锰的加入，所形成固溶体的溶解度变化较大，时效后可成为铸铝中强度最高的一类，具有较高的耐热强度，适于制作内燃机气缸盖、活塞、支臂等在高强度、高温（低于 300℃）条件下工作的构件。

**3. Al-Mg 合金**

Al-Mg 合金是密度最小（约为 2.55g/$cm^3$）、耐蚀性最好、强度最高的铝合金，且塑性、韧性、切削加工性能和焊接性能良好；但耐热性低、铸造性能差，铸造工艺复杂，操作麻烦，且铸件易产生疏松、热裂等缺陷。

Al-Mg 合金可进行时效处理，通常采用自然时效。常用牌号为 ZAlMg10、ZAlMg5Mn 等。ZAlMg10(ZL301) 是典型的铸造铝镁合金，常用作承受冲击载荷、振动载荷，耐海水或大气腐蚀，且形状较简单的零件，如氨用泵体、船舰配件等。因其切削加工后具有低的表面粗糙度值，故适宜制作承受中等载荷的光学仪器零件。

**4. Al-Zn 合金**

Al-Zn 合金价格便宜，铸造性能好，缩孔和热裂倾向小，焊接和切削加工性能好，经变质处理和时效处理后强度较高，具有较好的力学性能，但密度大，耐蚀性、耐热性差（低于 200℃）。常用牌号为 ZAlZn11Si7(ZL401)、ZAlZn6Mg(ZL402) 等，ZAlZn11Si7 是典型的铸造铝锌合金，主要用于制造受力较小、形状复杂的汽车、飞机、仪器零件等。

表 9-4 列出了常用铸造铝合金的牌号、化学成分、力学性能和用途。

**表 9-4　常用铸造铝合金的牌号、化学成分、力学性能和用途**

| 牌号 | 主要成分（质量分数）(%) | | | | | 状态 | 力学性能 | | | 应用举例 |
|---|---|---|---|---|---|---|---|---|---|---|
| | Si | Cu | Mg | Mn | 其他 | | $R_m$/MPa | $A$ (%) | 硬度 HBW | |
| ZAlSi7Mg (ZL101) | 6.0~8.0 | | 0.2~0.4 | | | T5<br>T6 | 210<br>230 | 2<br>1 | 60<br>70 | 复杂的中等负荷零件 |
| ZAlSi12 (ZL102) | 10.0~13.0 | | | | | T2<br>T2 | 140<br>150 | 4<br>3 | 50<br>50 | 形状复杂的低负荷零件，在 200℃ 以下温度工作的高气密性零件 |
| ZAlSi9MgMn (ZL104) | 8.0~10.5 | | 0.17~0.3 | 0.2~0.5 | | T6<br>T6 | 240<br>230 | 2<br>2 | 70<br>70 | 在 200℃ 以下温度工作的气缸体、机体等 |
| ZAlSi5Cu1Mg (ZL105) | 4.5~5.5 | 1.0~1.5 | 0.35~0.6 | | | T5<br>T5 | 200<br>240 | 1<br>0.5 | 70<br>70 | 在 225℃ 以下温度工作的风冷发动机气缸头、油泵壳体等 |
| ZAlSi8Cu1Mg (ZL106) | 7.0~8.5 | 1.0~2.0 | 0.2~0.6 | 0.2~0.6 | | T6 | 250 | 1 | 90 | 在较高温度下工作的零件 |
| ZAlCu6Si5Mg (ZL110) | 4.0~6.0 | 5.0~8.0 | 0.2~0.5 | | | T1 | 150 | | 80 | 在较高温度下工作的零件，如活塞等 |
| ZAlCu5Mn (ZL201) | | 4.5~5.3 | | 0.6~1.0 | Ti0.15~0.35 | T4<br>T5 | 300<br>340 | 8<br>4 | 70<br>90 | 在 175~300℃ 以下温度工作的零件，如内燃机气缸头、活塞 |
| ZAlCu4 (ZL203) | | 4.0~5.0 | | | | T5 | 220 | 3 | 70 | 中等负荷、形状简单的零件 |

（续）

| 牌号 | 主要成分（质量分数）（%） | | | | | 状态 | 力学性能 | | | 应用举例 |
|---|---|---|---|---|---|---|---|---|---|---|
| | Si | Cu | Mg | Mn | 其他 | | $R_m$/MPa | $A$（%） | 硬度HBW | |
| ZAlMg10（ZL301） | | | 9.5~11.5 | | | T4 | 280 | 9 | 60 | 能承受较大振动载荷的零件 |
| ZAlMg5Mn（ZL302） | 0.8~1.3 | | 4.5~5.5 | 0.1~0.4 | | | 150 | 1 | 55 | 耐腐蚀的低载荷零件，如船舰配件、氨用泵体 |
| ZAlMg5Si1（ZL303） | 0.8~1.3 | | 4.5~5.5 | 0.1~0.4 | | F | 145 | 1 | 55 | 承受冲击载荷、在大气或海水中工作的零件，如水上飞机、舰船配件 |
| ZAlZn11Si7（ZL401） | 6.0~8.0 | | 0.1~0.3 | | Zn9.0~13.0 | T1 | 245 | 1.5 | 90 | 承受高静载荷或冲击载荷、不能进行热处理的铸件，如仪表零件、医疗器械 |
| ZAlZn6Mg（ZL402） | | | 0.5~0.65 | | Cr0.4~0.6<br>Zn5.0~6.5<br>Ti0.15~0.25 | T1 | 235 | 4 | 70 | |

注：F表示铸态；T1表示人工时效；T2表示退火；T4表示固溶处理；T5表示固溶处理+部分人工时效；T6表示固溶处理+完全人工时效。

**微视频9-1 铝及铝合金**

**案例解析9-1 铝合金汽车轮毂的性能要求及选材**

铝合金轮毂以其美观大方、安全舒适等特点博得了越来越多的私家车主的青睐。现在几乎所有的新车型都采用了铝合金轮毂。A356合金（美国铝业协会标准牌号，相当于我国的ZL101系列，ZAlSi7MgA）是汽车铸造铝合金轮毂的首选材质。A356是在Al-Si二元合金中添加Mg形成的Al-Si-Mg系三元合金，不仅具有很好的铸造性（流动性好、线收缩小、无热裂倾向），可铸造薄壁和形状复杂的铸件，而且能进行时效强化，强化相为$Mg_2Si$，通过热处理可达到较高的强度、良好的塑性和高冲击韧性的综合力学性能。

铝合金汽车轮毂

**资料卡 9-1 铝合金的加工状态和热处理状态符号**

铝合金的加工状态和热处理状态可用规定符号标注在牌号或代号后面表示，见表1和表2。

**表1 变形铝合金加工状态表示方法**

| 代号 | 加工状态 | 代号 | 加工状态 |
| --- | --- | --- | --- |
| O | 退火态 | T4 | 固溶处理，自然时效 |
| H | 加工硬化态 | T5 | 自热加工温度冷却，人工时效 |
| W | 固溶处理态 | T6 | 固溶处理，人工时效 |
| T | 时效硬化态 | T7 | 固溶处理，过时效稳定化 |
| T1 | 自热加工温度冷却，自然时效 | T8 | 固溶处理，冷加工，人工时效 |
| T2 | 自热加工温度冷却，冷加工，自然时效 | T9 | 固溶处理，人工时效，冷加工 |
| T3 | 固溶处理，冷加工，自然时效 | T10 | 自热加工温度冷却，冷加工，人工时效 |

**表2 铸造铝合金的铸造方法和热处理状态代号**（摘自 GB/T 1173—2013）

| 代号 | 铸造方法 | 代号 | 热处理状态 | 代号 | 热处理状态 |
| --- | --- | --- | --- | --- | --- |
| S | 砂型铸造 | F | 铸态 | T6 | 固溶处理+完全人工时效 |
| J | 金属型铸造 | T1 | 人工时效（不固溶处理） | T7 | 固溶处理+稳定化处理 |
| R | 熔模铸造 | T2 | 退火 | T8 | 固溶处理+软化处理 |
| K | 壳型铸造 | T4 | 固溶处理+自然时效 | | |
| S | 变质处理 | T5 | 固溶处理+不完全人工时效 | | |

# 9.2 铜及铜合金

铜在自然界中既以矿石形式存在，也以纯金属形式存在，铜及铜合金是人类历史上使用最早的金属材料。我国青铜时代主要从夏、商开始直至秦、汉，时间跨度约为2000年。随着科学技术的发展，铜的年产量位列铁、铝之后，是广泛应用于日常生活和工业生产的基础金属材料（图9-8）。

## 9.2.1 纯铜的特点及应用

铜及铜合金是人类历史上使用最早的金属材料。纯铜是玫瑰红色金属，其表面易氧化形成紫红色氧化膜，纯铜因此常称为“紫铜”。纯铜密度为8.96g/cm$^3$，熔点为1083.5℃。

纯铜最显著的特点是导电性、导热性好，仅次于银；在大气、淡水中具有良好的耐蚀性。纯铜具有面心立方晶格，无同素异构转变，强度不高（$R_m$ = 230~250MPa），硬度低（40~50HBW），塑性优良（$A \approx 50\%$，$Z \approx 70\%$），易冷、热压力加工，受打击碰撞时不易产生火花。此外，纯铜无磁性，对于制造不允许受磁性干扰的磁学仪器具有重要价值，如罗盘、航空仪表、炮兵瞄准环等。

纯铜的代号有T1、T2、T3、T4四种，代号中数字越大，杂质含量越高，导电性越差，

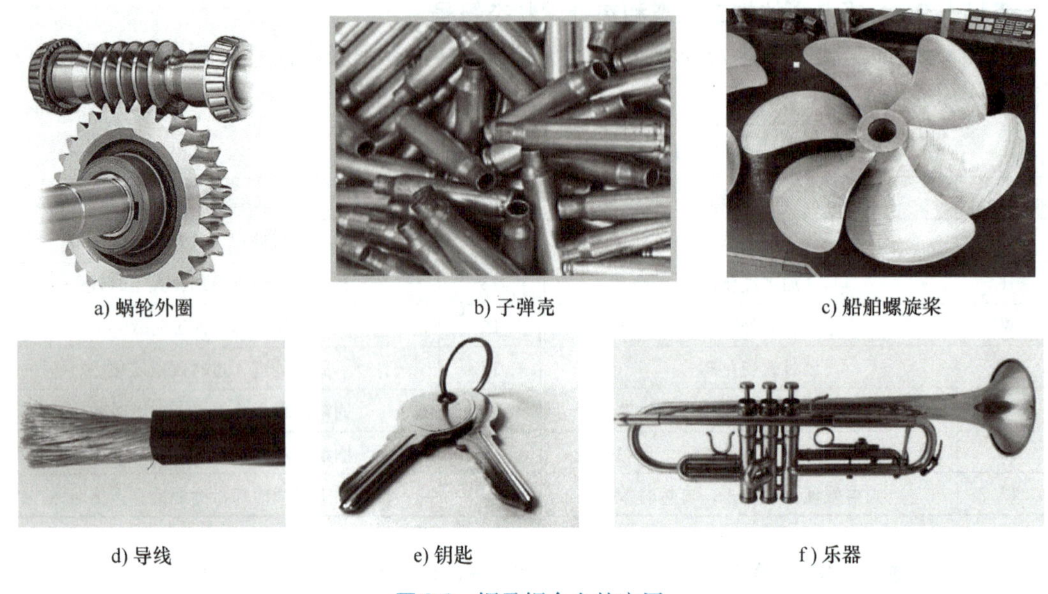

a) 蜗轮外圈　　b) 子弹壳　　c) 船舶螺旋桨

d) 导线　　e) 钥匙　　f) 乐器

**图 9-8　铜及铜合金的应用**

铜锭中杂质元素主要有铅、铋、氧、硫、磷等。纯铜主要用于制作导电、导热及兼具耐蚀性的器材，如电线、电缆、铜管、散热器和冷凝器等。

### 9.2.2　铜合金

纯铜不宜直接用作结构材料，将其进行冷加工变形强化时，抗拉强度可提高到 400～450MPa，但断后伸长率会急剧下降到 2%左右，因此，铜的强化方式主要是合金化强化。根据化学成分，铜合金可以分为黄铜、青铜、白铜三类；根据加工方法，铜合金可分为变形铜合金和铸造铜合金。

**1. 黄铜**

黄铜是以锌作为主要添加元素的铜合金。黄铜色泽美丽，具有较高的强度，同时也保留了较好的塑性，以及良好的导电性、导热性、耐蚀性。黄铜按化学成分分为普通黄铜和特殊黄铜。压力加工普通黄铜牌号以“黄”的汉语拼音首字母 H+数字表示，数字表示平均铜含量，如 H62 表示 $w_{Cu}\approx62\%$的普通黄铜。

（1）普通黄铜　铜锌二元合金称为普通黄铜。Zn 含量对普通黄铜力学性能的影响（退火）如图 9-9 所示。锌在铜中的含量不同，黄铜中存在的固溶体类型就不同。当 $w_{Zn}<39\%$时，锌能全部溶入铜中，室温组织为单相固溶体 α，α 相是锌在铜中的固溶体，具有面心立方晶格，称为单相黄铜。随锌含量增加，其固溶体强度、硬度增加，同时保持较好的塑性，可进行冷、热变形加工，适于制作冷轧板材、冷拉线材、管材及形状复杂的深冲零件。当 $39\%<w_{Zn}<45\%$时，普通黄铜的室温组织为 α 固溶体和 β′固溶体双相组成，称为双相黄铜。其中 β′是由 β 相（以电子化合物 CuZn 为基的固溶体，具有体心立方晶格）在 456～468℃时发生有序化转变而形成的有序固溶体，属于硬脆相。随锌含量增加，合金强度继续增加而塑性下降，故双相黄铜适合热变形加工，通常热轧成棒料和板材，再经机加工制成各种零件。当 $w_{Zn}>45\%$时，黄铜组织全部为 β′相，其强度和塑性均急剧下降而无使用价值。

（2）特殊黄铜　在普通黄铜中加入其他元素来提高黄铜的力学性能和物化性能，则形成各种特殊黄铜。如加入 Al、Sn、Mn、Si 可提高黄铜的耐蚀性和耐磨性；加入 Si、Al、Mn 可降低季裂倾向；加入 Si 可改善铸造性能；加入 Pb、Mn 可改善切削加工性能。因此，特殊黄铜具有比普通黄铜更高的强度、硬度、耐蚀性和良好的铸造性能。

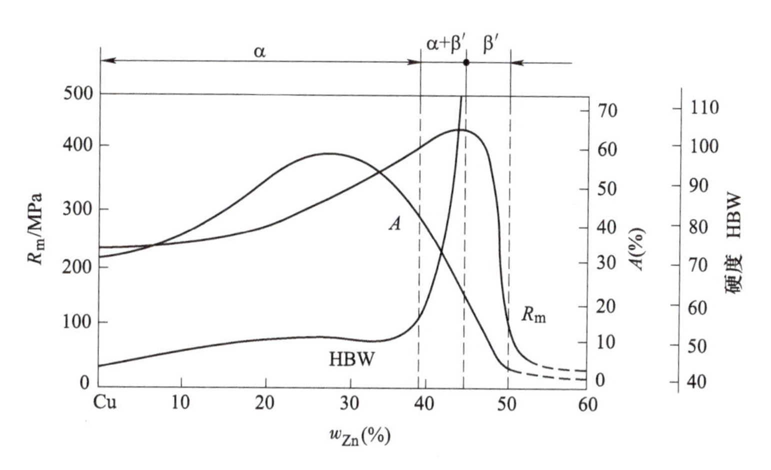


图 9-9　Zn 含量对普通黄铜力学性能的影响（退火）

压力加工特殊黄铜牌号以“黄”的汉语拼音首字母 H+主加合金元素符号+铜的含量+主要添加元素的含量组成。如 HMn58-2 代表 $w_{Cu}$≈58%、$w_{Mn}$≈2%的锰黄铜。

铸造黄铜的牌号由 Z（“铸”的汉语拼音首字母）+Cu+合金元素符号+合金元素含量组成。例如，ZCuZn38 表示 $w_{Zn}$≈38%、其余为铜的铸造普通黄铜；ZCuZn31Al2 表示 $w_{Zn}$≈31%、$w_{Al}$≈2%，其余为铜的铸造铝黄铜。

常用黄铜成分、力学性能和用途见表 9-5。

**表 9-5　常用黄铜成分、力学性能和用途**

| 类别 | 合金牌号 | 主要成分（质量分数）（%） | | 力学性能[①] | | | 主要特性 | 应用举例 |
|---|---|---|---|---|---|---|---|---|
| | | Cu | 其他 | $R_m$/MPa | A（%） | 硬度 HBW | | |
| 普通黄铜 | H95 | 94~96 | 余量 Zn | 240/450 | 50/2 | 45/120 | 优良的冷、热压力加工性能，无自裂倾向 | 导管、冷凝管、散热器、导电件等 |
| | H90 | 88~91 | 余量 Zn | 260/480 | 45/4 | 53/130 | 优良的冷、热压力加工性能，无自裂倾向 | 双金属片、供水排水管；奖章、艺术品（又称金色黄铜） |
| | H68 | 67~70 | 余量 Zn | 320/660 | 55/3 | —/150 | 强度、塑性较好，耐蚀性较高，有自裂倾向 | 冷冲及冷挤零件（如弹壳、散热器外壳）、导管、波纹管、轴套等（又称弹壳黄铜） |
| | H62 | 60.5~63.5 | 余量 Zn | 330/600 | 49/3 | 56/164 | 有足够强度和耐蚀性，有自裂倾向 | 销钉、铆钉、螺钉、螺母、垫圈、弹簧；水管、油管等（又称商业黄铜） |

（续）

| 类别 | 合金牌号 | 主要成分（质量分数）（%） | | 力学性能[①] | | | 主要特性 | 应用举例 |
|---|---|---|---|---|---|---|---|---|
| | | Cu | 其他 | $R_m$/MPa | $A$（%） | 硬度HBW | | |
| 特殊黄铜 | HSn62-1 | 61~63 | Sn0.7~1.1<br>余量 Zn | 400/700 | 40/4 | 50/95 | 强度高，在海水中有高的耐蚀性 | 耐蚀零件（如与海水和汽油接触的船舶零件，又称海军黄铜） |
| | HPb59-1 | 57~60 | Pb0.8~1.9<br>余量 Zn | 400/650 | 45/16 | 44/80 | 切削性能好，较好强度和耐蚀性 | 用于热冲压和切削加工零件，如销钉、螺母、衬套、垫圈、轴套等（又称切削黄铜） |
| | HMn58-2 | 57~60 | Mn1~2<br>余量 Zn | 400/700 | 40/10 | 85/175 | 强度高、切削加工性能好，耐蚀性好 | 船舶和弱电流工业用耐磨件 |
| | HAl59-3-2 | 57~60 | Al2.5~3.5<br>Ni2.0~3.0<br>余量 Zn | 380/650 | 50/15 | 75/155 | 高强度与良好耐蚀性 | 齿轮、涡轮、轴、螺旋桨、衬套等高强度耐蚀零件 |

①力学性能中的数字，分子为退火状态（600℃）的数值，分母为硬化状态（变形度50%）的数值。

**瞭望台 9-1　黄铜的腐蚀形式——脱锌与季裂**

黄铜在大气与淡水中具有良好的耐蚀性，但在海水、氨、铵盐和酸类存在的介质中耐蚀性较差。黄铜最常见的腐蚀形式是脱锌和季裂。

黄铜在酸性或盐类溶液中，由于锌优先溶解而受到腐蚀，零件表面残存一层多孔海绵状的纯铜，呈紫红色，铜合金的这种腐蚀称为脱锌。因此，锌含量高的变形加工黄铜零件不宜在真空炉中退火，易发生脱锌。

季裂指的是经冷变形后的黄铜在材料内部残存较大内应力的情况下，又处于特定腐蚀环境中所发生的断裂，如黄铜在潮湿大气中，特别在含铵盐的大气、汞及汞盐溶液中，容易发生。因其一般发生在多雨的春季而称为季裂。黄铜发生季裂的原因是，潮湿大气中含有的微量氨和雨季的水汽在黄铜表面冷凝成氨水溶液层，黄铜在氨水溶液的腐蚀和内部存在的残余应力的共同作用下发生了断裂，又称为应力腐蚀断裂，也是锌含量超过15%的黄铜所具有的一种特殊腐蚀现象。

防止措施是对加工后的黄铜零件及时进行260~300℃去应力退火，或对零件进行表面镀锌、镀锡处理，否则黄铜零件在潮湿的空气中存放易引起季裂。

**案例解析 9-2　子弹壳的选材及热处理**

子弹壳结构如下图所示。子弹壳主要用于盛装弹药、密封防潮，子弹发射时，要求弹壳能密封住火药燃气，承受火药气体压力和枪械推动力，因此要求材料具有较高强度以抵抗变形和断裂；同时要求保护枪膛不被烧蚀，要求材料具有良好的导热性、迅速散热降温的能力。

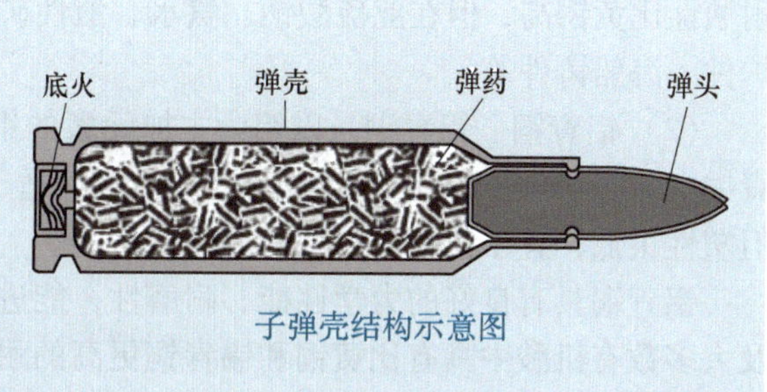


子弹壳结构示意图

子弹壳在制造时，要求材料具有良好塑性以完成引伸、挤口、扩口等多道冷挤压变形工序，因此子弹壳材料适合选用具有导热性好、耐蚀性好、强度较高，同时又具有较好变形能力的普通黄铜 H68 制造。经冷加工变形后，由于加工硬化效果，材料的强度将进一步提高；为了防止季裂现象，子弹壳在成形后应立即安排去应力退火。

**2. 青铜**

除黄铜和白铜（铜镍合金）外的其他铜合金称为青铜，青铜因青黑色而得名。青铜是人类应用最早的合金，大量出土的古代青铜器说明我国在商代（公元前 1562—1066 年）就具有了工艺先进的青铜加工技术，我国使用铜的历史有 5000 多年。

青铜可分为锡青铜（又称普通青铜）和无锡青铜（又称特殊青铜），常见的无锡青铜有铝青铜、铍青铜、铅青铜和锰青铜等。按工艺特点不同，青铜又可分为压力加工青铜和铸造青铜。压力加工青铜的牌号由 Q（“青”的汉语拼音首字母）+主加元素符号及其含量+其他合金元素含量组成，如 QSn4-3 代表 $w_{Sn}\approx4\%$，$w_{Zn}\approx3\%$的锡青铜。铸造青铜的牌号表示法与铸造黄铜相似，在牌号前加 Z，如 ZCuAl9Mn2 表示 $w_{Al}\approx9\%$、$w_{Mn}\approx2\%$，其余为铜的铸造铝青铜。

（1）锡青铜　锡青铜是以锡为主加元素的铜合金。锡青铜 Sn 含量与力学性能的关系如图 9-10 所示。当 $w_{Sn}<6\%$时，室温组织为单相 α 固溶体，为面心立方晶格，具有良好的塑性，适于塑性变形加工，随着 Sn 含量的增多，合金的强度和塑性均上升；$w_{Sn}>6\%$时，因组织中出现 δ 相，δ 相是以电子化合物 $Cu_{31}Sn_8$为基的固溶体，具有复杂立方晶格，性能硬而脆。虽然强度随锡含量继续升高，但塑性迅速降低；当 $w_{Sn}>20\%$时，合金中的 δ 相过多，其强度急剧下降，完全变脆。因此，一般常用锡青铜的锡含量约 3%～14%，压力加工锡青铜的锡含量小于 7%，锡含量大于 10%的锡青铜适于铸造。

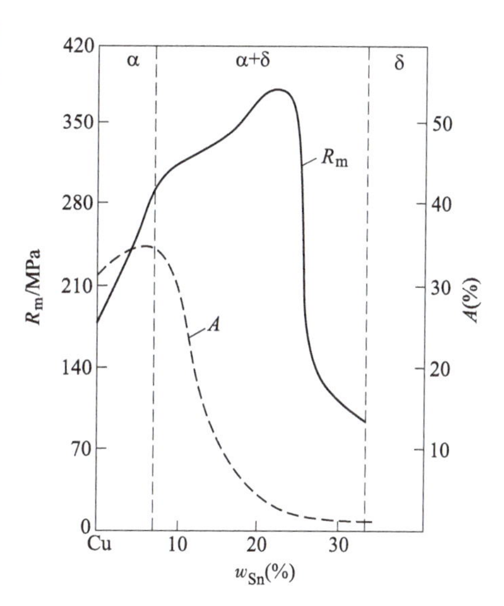


图 9-10　锡青铜 Sn 含量与力学性能的关系

锡青铜结晶温度范围大，流动性差，易产生偏析或分散性缩孔，但其铸造收缩性小，可用来生产形状复杂、气密性要求不高的铸件和艺术品等。锡青铜在大气、淡水、蒸汽、海水中的耐蚀性比黄铜高，但在亚硫酸钠、氨水、酸性矿泉水中极易被腐蚀。锡青铜广泛用于蒸汽锅炉件、海船铸件等。

（2）铝青铜　铝青铜是以铝为主加元素的铜合金，一般铝的添加量为5%~11%。当铝青铜中 $w_{Al}$≈5%~7%时，铝青铜塑性最好，适于冷加工；当 $w_{Al}$≈7%~11%时，强度最高，但塑性很低，宜于铸造等热加工成形。

铝青铜具有良好的力学性能、耐磨性，能进行热处理强化。铝青铜在大气、海水、碳酸及大多数有机酸中具有比黄铜和锡青铜更高的耐蚀性。铝青铜液相线与固相线之间的间隔很小，具有良好的铸造性能，缩孔集中，容易获得致密铸件，常用作机械、化工、造船、汽车工业中重要的耐磨、耐蚀的轴套、齿轮、蜗轮、管路配件等零件。

铝青铜铸件内易产生难熔的氧化铝，钎焊性能差，在过热蒸汽中不稳定。

（3）铍青铜　铍青铜是以铍为主加元素的铜合金。铍青铜的强度和硬度随铍含量的增加而很快提高，但铍含量超过2%后强度增加缓慢，塑性却显著降低。因此，常用铍青铜的铍含量为1.7%~2.5%。铍青铜能通过固溶热处理和人工时效进行强化。例如，QBe2经780℃水冷的固溶处理后，获得过饱和铍的α固溶体，其强度低、塑性高，便于塑性加工成形；加工后的铍青铜制件需置于300~320℃人工时效，使其强度和硬度分别升至 $R_m$≈1250MPa和350HBW以上，其力学性能远远超过其他铜合金。铍青铜具有高的弹性极限、疲劳抗力和耐蚀性、耐磨性及耐低温特性，且导电性、导热性优良，无磁性。

铍青铜广泛用于精密仪器的重要弹簧、弹性零件，如仪表齿轮、高速高压下工作的轴承、衬套，以及航海罗盘仪、电焊机电极等主要机件。此外，铍青铜受打击时不易产生火花，可以用于制作天然气、煤矿、油田、火药等领域用的榔头、扳手、钳子等防爆工具。其主要缺点是价格贵，生产过程有污染，应用受到很大限制。铍青铜一般在压力加工后固溶处理状态供货，使用时可不再进行固溶处理而仅进行时效即可。

常用青铜的合金牌号、成分、力学性能和用途见表9-6。

**表9-6　常用青铜的合金牌号、成分、力学性能和用途**

| 类别 | 合金牌号 | 主要合金元素成分（质量分数）（%） | | 力学性能 | | | 用途举例 |
|---|---|---|---|---|---|---|---|
| | | 主加元素 | 其他 | $R_m$/MPa | $A$(%) | 硬度HBW | |
| 锡青铜 | QSn4-3 | Sn 3.0~4.5 | Zn 2.7~3.3 | 350/550 | 40/4 | 60/160 | 弹性元件、管配件、化工设备的耐蚀件、耐磨件、抗磁零件 |
| | QSn7-0.2 | Sn 6~8 | P 0.1~0.25 | 360/500 | 64/15 | 75/180 | 中等载荷、中等滑动速度下的耐磨零件，如轴套、蜗轮等 |
| | ZCuSn10Pb1 | Sn 9~11 | P 0.8~1.1 | 220/250 | 3/5 | 79/89 | 高载荷、高滑动速度下的耐磨零件，如轴瓦、齿轮、蜗轮等 |

（续）

| 类别 | 合金牌号 | 主要合金元素成分（质量分数）（%） | | 力学性能 | | | 用途举例 |
|---|---|---|---|---|---|---|---|
| | | 主加元素 | 其他 | $R_m$ /MPa | A(%) | 硬度 HBW | |
| 特殊青铜 | QAl7 | Al 6~8 | — | 470/980 | 70/3 | 70/154 | 重要用途的弹簧、弹性元件 |
| | ZCuAl9Mn2 | Al 8~10 | Mn 1.5~2.5 | 390/440 | 20/20 | 83/93 | 耐磨、耐蚀零件，形状简单的大型铸件、气密性要求高的铸件 |
| | ZCuAl9Fe4Ni4Mn2 | Al 8.5~10 Fe4~5 Ni4~5 | Mn 0.8~2.5 | 630/— | 16/— | 157/— | 耐磨件，如螺母、轴承、蜗轮、齿轮等；蒸汽、海水中高强度耐蚀件 |
| | QBe2 | Be 1.9~2.2 | Ni 0.2~0.5 | 500/850 | 40/3 | HV90/250 | 重要的弹簧、弹性元件、耐磨件，如高速、高压、高温下工作的轴承 |
| 硅青铜 | QSi3-1 | Si 2.75~3.5 | Mn 1~1.5 | 375/675 | 55/3 | 80/180 | 弹簧，在腐蚀介质中工作的蜗轮、蜗杆、齿轮、衬套、制动销等 |

注：力学性能中的数字，分子为退火状态的数值，分母为硬化状态的数值；铸造青铜分子为砂型铸造的数值，分母为金属型的数值。

**案例解析 9-3　蜗轮蜗杆的选材及热处理**

蜗杆传动由蜗杆、蜗轮组成，用于传递空间两轴间的运动和动力，通常两轴交错角为 90°，一般用作减速传动，蜗杆为主动件，蜗轮为从动件，如下图所示。

由于蜗杆齿呈连续的螺旋状，与蜗轮的啮合是连续的，同时啮合的齿数较多，其传动平稳、噪声小，但蜗轮蜗杆间存在较大摩擦、发热量大，失效形式主要有磨损、胶合、点蚀。实践证明，在润滑良好的闭式传动中，不能及时散热，则胶合是主要失效形式；而采用不同材料来制造相互摩擦的零件可以有效减少胶合的发生。

蜗轮蜗杆传动示意图

其次，加工蜗轮滚刀的轮齿尺寸不可能做得和蜗杆绝对相同，则被加工出来的蜗轮齿形难以和蜗杆齿精确共轭，必须经一段时间的跑和才能逐渐理想。因此，材料副的组合必须要具有良好的减摩、跑合性能以及抗胶合性能。

由于上述原因，蜗轮常采用具有自润滑作用的青铜或铸铁制造齿圈，与淬硬钢制蜗杆相匹配。这种组合可以保证蜗杆具有更高的强度。蜗杆作为主动件一般都与电机相连，万一设备发生故障时，可以牺牲质地更软的蜗轮，从而保护蜗杆、电机及其与之相连的其他传动设备不被损坏。

蜗杆常用材料举例：

低速低载：45 钢，调质处理；

中速中载：45、40Cr、42SiMn，调质+表面淬火处理；

高速重载：15Cr、20Cr、20CrMnTi，渗碳+淬火+低温回火处理。

蜗轮常用材料举例：

滑动速度低：当滑动速度≤2m/s 时，可选用灰铸铁 HT200 等；

滑动速度较低：当滑动速度≤4m/s 时，可选用铸造铝青铜，如 ZCuAl9Mn2 等；

滑动速度较高：当滑动速度≥3m/s 时，可选用铸造锡青铜，如 ZCuSn10Pb1 等。

**3. 白铜**

白铜是以镍作为主要添加元素的铜合金，呈银白色而色泽美丽。铜镍元素彼此可无限固溶形成单相固溶体合金，具有优良的冷、热加工性能，可焊接，不能进行热处理强化，主要通过固溶强化和加工硬化来提高力学性能；具有高的抗海水冲蚀性和抗有机酸的腐蚀性，常用于制造在蒸汽、淡水、海水中工作的精密仪器、仪表零件、冷凝器、蒸馏器、热交换器，以及医疗器械、装饰工艺品等。

白铜分普通白铜和特殊白铜。普通白铜牌号以“白”的汉语拼音字首 B+数字表示，数字表示平均镍含量，如 B5 表示平均 $w_{Ni}\approx5\%$的白铜。在铜镍二元合金中加入其他合金元素的铜基合金，称为特殊白铜，牌号为 B+主加元素符号（Ni 除外）+镍平均百分含量+主加元素平均百分含量，如 BMn40-1.5 为 $w_{Ni}\approx40\%$、$w_{Mn}\approx1.5\%$的锰白铜。

**资料卡 9-2　白铜与白银的鉴别方法**

由于白铜饰品在颜色、做工等方面和纯银饰品差不多，少数不法商家利用消费者对银饰不了解的心理，把白铜饰品当成纯银饰品来卖，从中获取暴利。那么，怎样来辨别是纯银饰品还是白铜饰品呢？据了解，一般纯银饰品都会标有 S925、S990、××足银等字样，而白铜饰品没有这样的标记或标记很不清楚；用针可在银的表面划出痕迹，而白铜质地坚韧，不容易划出伤痕；银的色泽呈略黄的银白色，这是银容易氧化的缘故，氧化后呈暗黄色，而白铜的色泽是纯白色，过一段时间后会出现绿斑；另外，在银首饰的内侧滴上一滴浓盐酸，会立即生成白色苔藓状的氯化银沉淀，而白铜则不会出现这种情况。

**微视频 9-2　铜及铜合金**

## 9.3 镁及镁合金

### 9.3.1 纯镁的特点及应用

纯镁具有密排六方结构，其熔点为 650℃，密度为 1.736g/cm³。纯镁密度小，约为铝密度的 2/3，钢密度的 1/4，是最轻的金属结构材料；镁的化学活性很强，纯镁容易自燃，极易与氧生成 MgO，MgO 不致密，很难阻挡金属进一步氧化，因此其耐蚀性很差，在潮湿空气中容易氧化和腐蚀，镁制品需经化学处理或涂漆；镁的滑移系少，塑性低；其强度也较低，与纯铝相当，因此纯镁很少作为结构材料在工业上应用。镁具有很好的阻尼性能、较高的负电性和低燃点，常用作功能材料。纯镁可用以制造化工槽罐、地下管道及船体等的保护牺牲阳极材料及化工、冶金的还原剂，还可用于制作照明弹、燃烧弹、镁光灯、隔振膜、谐振器和闪光粉等。

我国工业纯镁的旧牌号用汉语拼音字母 M+序号表示，如 M1、M2、M3 等，序号越大，纯度越低。根据国家标准《变形镁及镁合金牌号和化学成分》（GB/T 5153—2016），纯镁的新牌号以 Mg+数字表示，其中数字代表镁的质量分数，如 Mg99.9，表示 Mg 的纯度为 99.9%。

## 9.3.2　镁合金的分类、牌号和热处理强化

镁的合金化原理基本上与铝的合金化原理相似，主要通过加入铝、锰、锌、锆和稀土等合金元素，提高合金的耐蚀性和耐热性能；强化的方式有固溶强化、第二相强化、细晶强化，某些镁合金还可以通过热处理强化进一步提高强度。

镁合金的比强度（强度/密度）、比刚度（刚度/密度）很高，可以与高强度合金结构钢媲美；镁合金的阻尼性能好（用阻尼来吸能减振的性能好），可承受较大冲击载荷；切削加工性能良好；电磁屏蔽能力强；镁合金还有良好吸热性能，是制造飞机、汽车轮毂的理想材料；在汽油、煤油、润滑油中能保持性能稳定，适于制造发动机齿轮机匣、油泵、油管等；在旋转和往复运动中产生的惯性力较小，适合制作摇臂、舱门等活动零件。镁合金作为重要的结构材料广泛应用于航空航天、石油化工、现代汽车和通信等领域（图 9-11），主要可归纳为壳体类、支架类零件。

a) 汽车

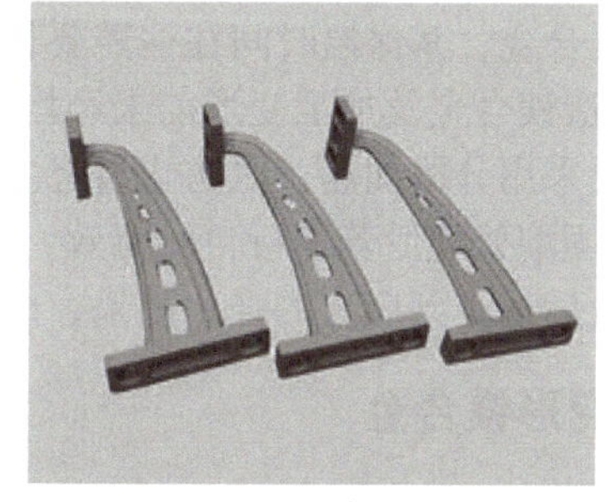

b) 飞机产品

c) 计算机

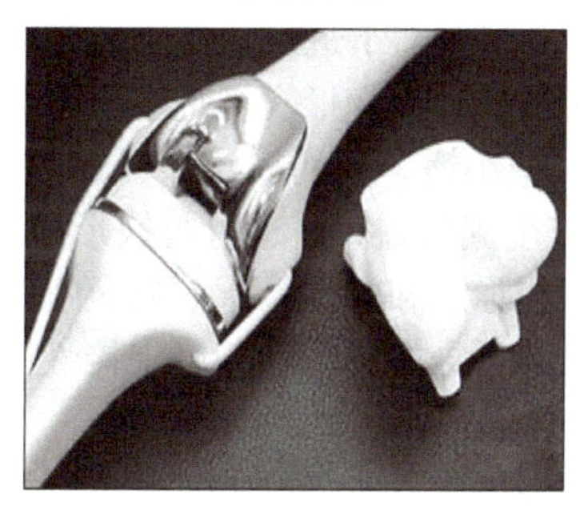

d) 人工关节

图 9-11　镁合金产品

**1. 镁合金的分类和牌号**

镁合金按照成形工艺不同可分为变形镁合金和铸造镁合金。

我国的镁合金牌号由两个汉语拼音和序号组成，如 MB1 表示 1 号变形镁合金，ZM2 表示 2 号铸造镁合金。

国际上最常用的是美国牌号——美国材料实验协会 ASTM（American Society of Testing Materials）标准。按 ASTM 规定：镁合金名称由字母+数字+字母三部分组成，第一部分为所加入的合金元素代号，见表 9-7；第二部分为合金元素的质量分数；第三部分由指定的字母如 A、B、C 和 D 等组成，表示合金发展的不同阶段。例如：AZ91D 中“A”代表“铝”，“Z”代表“锌”，铝和锌的含量经四舍五入后分别为 9%和 1%，D 表示是第四种等级的具有这种标准组成的镁合金。

表 9-7 镁合金牌号中的元素代号

| 元素代号 | 元素名称 | 元素代号 | 元素名称 | 元素代号 | 元素名称 | 元素代号 | 元素名称 |
|---|---|---|---|---|---|---|---|
| A | 铝 Al | F | 铁 Fe | M | 锰 Mn | S | 硅 Si |
| B | 铋 Bi | G | 钙 Ca | N | 镍 Ni | T | 锡 Sn |
| C | 铜 Cu | H | 钍 Th | P | 铅 Pb | W | 钇 Y |
| D | 镉 Cd | K | 锆 Zr | Q | 银 Ag | Y | 锑 Sb |
| E | 稀土 Re | L | 锂 Li | R | 铬 Cr | Z | 锌 Zn |

**2. 镁合金的热处理**

镁合金的热处理强化方法和铝合金相似，也是固溶处理（或淬火）+时效。由于镁的组织结构不同于铝，因此镁合金的热处理工艺与铝合金相比较，具有以下特点：

1）组织一般比较粗大，淬火加热温度比较低。合金元素在镁中的扩散速度非常慢，过剩相的溶解速度亦比较缓慢，所以镁合金固溶处理加热的保温时间比铝合金长得多，特别是铝含量较高的镁合金，其保温时间往往需要长达十几个小时。

2）对于铸造镁合金及加工变形前未经均匀化退火的变形镁合金，其固溶加热速度不宜太快，通常需要采用分段加热，以防止过烧。

3）镁合金固溶处理后若进行自然时效，则由于过饱和固溶体沉淀析出强化相的速度极缓慢，自然时效后达不到应有的强化效果，故镁合金一般都采用人工时效处理。

## 9.3.3 常用变形镁合金

变形镁合金可以进行变形加工。为提高形变加工能力，变形镁合金的合金元素含量相对较低，一般在 300~500℃下进行热加工。其分类依据一般有两种：合金化学成分、是否可热处理强化。按化学成分，变形镁合金主要可分为 Mg-Li 系、Mg-Mn 系、Mg-Al-Zn 系、Mg-Zn-Zr 系等。Li 可以减小镁合金的质量；Mn 可提高合金耐热性、耐蚀性，改善焊接性能；Al、Zn 固溶于镁可产生固溶强化，也可与镁形成强化相 $Mg_{17}Al_2$ 和 MgZn，通过时效强化和第二相强化提高镁合金强度和塑性；Zn、Zr 可以细化镁合金晶粒，提高合金强度和塑性，并减少热裂倾向，改善合金的铸造性能、焊接性能。

**1. Mg-Li 系合金**

该合金系的美国牌号主要有 LA141A、LS141A，是迄今为止最轻的金属结构材料。在镁中加入锂元素，可使镁的性质发生特殊的改变，随着锂含量的增加，合金的密度降低，塑性增加。Mg-Li 系合金主要应用于民用和航空领域，如计算机壳体材料、环形组件的外罩、加速箱箱体材料和导弹发射装置上部分瞄准装置材料、人造卫星及航空器部件。

**2. Mg-Mn 系合金**

该合金系的美国牌号主要包括 M1、ZM21、ZM31 等，国内牌号有 MB1、MB8 等。该类合金具有较高的耐蚀性能，无应力腐蚀倾向，焊接性能良好。Mg-Mn 系合金可以加工成各种不同规格的管、棒、型材和锻件，其板件可用于飞机蒙皮、壁板及内部构件；模锻件可制作外形复杂构件；管材多用于汽油、润滑油等要求抗腐蚀性的管路系统。

**3. Mg-Al-Zn 系合金**

Mg-Al-Zn 系合金属于中等强度、塑性较高的变形镁合金。该合金系的美国牌号主要包括 AZ31、AZ61、AZ63、AZ80 等，国内牌号主要有 MB2、MB3、MB5 等。此类合金具有较好的室温力学性能和良好的焊接性能，可制成形状复杂的锻件和模锻件，用于制造飞机内部构件、舱门、壁板及导弹蒙皮等。

**4. Mg-Zn-Zr 系合金**

这类镁合金是热处理强化变形镁合金。该合金系的美国牌号主要包括 ZK60、ZK61 等，国内牌号主要是 MB15，合金经固溶处理、时效后，可与一些高强度的铝合金相当，耐蚀性好，无应力腐蚀倾向，常用于挤压件的生产，能制造形状复杂的大型构件，如飞机上的机翼、翼肋等。

### 9.3.4　常用铸造镁合金

铸造镁合金主要有不含 Zr 的 Mg-Al 系合金，以及含 Zr 的 Mg-Zn-Zr 系和 Mg-Re-Zn-Zr 系合金。

**1. Mg-Al 系合金**

Mg-Al 系合金是典型的不含 Zr 的镁合金，包括以 Mg-Al 为基础发展出的 Mg-Al-Zn、Mg-Al-Mn、Mg-Al-Si 和 Mg-Al-Re 等多种多元镁合金系列，是目前应用最广泛、种类最多的合金系。Mg-Al 系合金的力学性能在铝含量低于极限固溶度时，随铝含量的增加而增强。当铝含量大于 9%时，固溶体 α 相中开始析出化合物 β 相，β 相倾向于沿晶界析出使得力学性能急剧下降。因此，兼顾力学性能和铸造性能的镁合金的铝含量一般为 8%~9%。此时，合金具有较高的比强度、良好的铸造性能和焊接性能。Mg-Al 系合金主要用于制造飞机、发动机、仪表等承受较高载荷的结构体或壳体等。

**2. 含 Zr 镁合金**

Zr 有很好的细化镁合金晶粒的作用。美国牌号 ZK51 和 ZK61 合金，即 Mg-Zn-Zr 系镁合金是铸造镁合金中抗拉强度和屈服强度最高的一种合金，其耐蚀性良好，但铸造工艺性能差。若加入稀土元素，则形成 Mg-Re-Zn-Zr 系镁合金，铸造性能得以改善，但强度、塑性下降，适合铸造在 170~200℃温度下工作的发动机机匣、整流舱、电机壳体等零件。

### 9.3.5　镁合金的防腐及表面处理

镁的化学性质非常活泼，也很容易钝化，其钝化性能仅次于铝，但镁的氧化膜比较疏松，因此，镁及其合金的耐蚀性极差。目前，表面处理是提高镁合金耐蚀性能、改善外观的最有效手段。一般需根据使用要求、合金成分、组织以及外观要求，选择不同的表面处理方法。表面的处理方法包括涂油和涂蜡、化学转化膜、阳极氧化膜、粉末涂层和金属覆盖层等。

# 9.4 钛及钛合金

## 9.4.1 纯钛的特点及应用

钛是银白色金属，具有同素异构体，熔点为1668℃，在低于882℃时呈密排六方晶格结构，称为α-Ti；在882℃以上呈体心立方晶格结构，称为β-Ti。工业纯钛的牌号以“钛”的汉语拼音首字母T开头，如TA0、TA1、TA2、TA3。其中A表示α-Ti，后面的数字表示纯度，数字越大杂质含量越高，强度越高，塑性越低。

钛的塑性很好（$A$=40%），弹性模量低，退火状态下的力学性能与纯铁相近，具有良好的加工成型能力和焊接性能，可制成细丝和薄片；但钛的密度较小（4.54g/cm$^3$），因此其比强度（强度/密度）远大于其他金属结构材料，可制作质轻零件；导热系数小，导热性仅为铁的1/5，摩擦系数大，切削加工性能差，容易升温、黏刀，降低切削速度，影响零件表面粗糙度；由于钛的熔点高、再结晶温度也高，钛合金耐热性能好，钛合金可在500℃以下温度长期工作；耐低温性能好，在-253℃下仍具有较好的综合力学性能；钛的化学性质很强，在600℃以上极易与氧、氢、氮、碳等发生作用，因此，钛的熔炼及其热加工工艺过程应在真空或惰性气体中进行；钛表面能形成一层致密、牢固的氧化物和氮化物保护膜，所以钛具有耐大气、海水及耐大多数酸、碱腐蚀的性能，其抗氧化能力优于大多数奥氏体不锈钢。钛被誉为继铁、铝之后的“第三金属”“未来金属”和“全能金属”。

纯钛的力学性能与其纯度有很大关系，少量的杂质能使钛的强度激增，塑性、韧性急剧下降。纯钛主要用于350℃以下温度工作、强度要求不高的低载荷零件及冲压件，如超音速飞机蒙皮、交换器、海水净化装置等。

## 9.4.2 钛合金的分类、牌号及热处理

钛合金主要用于制作飞机发动机压气机部件，其次为火箭、导弹、高速飞机、宇宙飞船的结构件，例如，美国B-1轰炸机的机体结构材料中，钛合金约占21%，F-51战斗机的机体结构材料中，钛合金用量达到7000kg，约占结构质量的34%，SR-71高空高速侦察机使用的钛占飞机结构质量的93%，号称“全钛飞机”。20世纪60年代中期，钛及其合金已在一般工业中应用，用于制作电解工业的电极、发电站的冷凝器、石油精炼和海水淡化的加热器以及环境污染控制装置等（图9-12）。钛及其合金已成为一种耐蚀结构材料，此外还用于生产储氢材料和形状记忆合金等。

根据退火状态的组织不同，通常将钛合金分为三类：α钛合金、β钛合金、（α+β）钛合金，分别以TA、TB、TC加上序号表示。钛合金也可以按成型工艺、应用温度范围和应用性能进行分类。

合金元素影响钛的同素异构转变温度，如图9-13所示。铝、碳、氮、硼能提高转变温度，使α相区扩大；钼、铬、锰、钒能降低转变温度，使β相区扩大。

**1. α钛合金**

当钛中加入扩大α相区的Al、C、N、B等元素时，合金易获得单相α固溶体，故称为α钛合金。在室温或较高温度下，α钛合金均保持单相固溶体，组织稳定，因此α钛合金的

a) 飞机发动机压气机

b) 火箭中的结构件

c) 眼镜框

d) 战斗机中的结构件

**图 9-12**　钛合金的应用

室温强度低于 β 钛合金、(α+β) 钛合金，但其抗氧化、抗蠕变性能强，在 500～600℃下，其高温强度高于后两种钛合金，具有热稳定性、热强性，同时具有良好的耐蚀性和焊接性能。这类合金不能进行热处理强化，其强化机制主要是合金元素的固溶强化，通常在退火状态下使用。

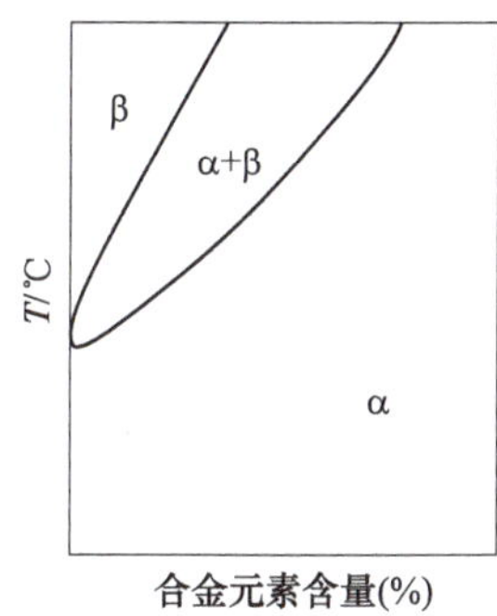


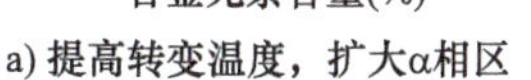

a) 提高转变温度，扩大α相区

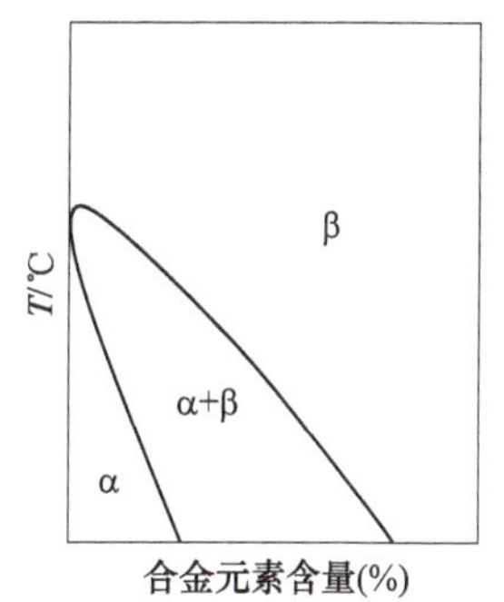


b) 降低转变温度，扩大β相区

**图 9-13**　合金元素对钛同素异构转变温度的影响

α 钛合金的牌号用“TA+序号”表示，如 TA4～TA8 等。TA4～TA6 常用作钛合金的焊丝材料；TA7 是常用的 α 钛合金，该合金除上述性能特点外，还具有优良的低温性能，在−253℃下 $R_m$ = 1575MPa、$A$ = 12%，主要用于制造使用温度不超过 500℃的零件，如飞机发动机压气机盘和叶片、导弹的燃料罐、超音速飞机的涡轮机匣、火箭及飞船上的高压低温容器等。TA8 常用于发动机叶片。

**2. β 钛合金**

当钛中加入扩大 β 相区的 Fe、Mo、Mg、Cr、V 等元素时，合金经淬火后易获得介稳定的单相 β 固溶体，故称为 β 钛合金。

β 钛合金的牌号用“TB+序号”表示，如 TB2 是其中的典型代表，经淬火后强度不高，具有良好的塑性（$R_m$≈850~950MPa、$A$≈18%~20%），可进行冷变形加工。再经时效处理后，获得β相中弥散分布着细小α相粒子的组织，合金强度明显提高（480℃时效后 $R_m$≈1300MPa、$A$≈5%）。

β钛合金虽有较高的强度，但因其组织不够稳定、耐蚀性较差、熔炼工艺复杂，主要用于350℃以下使用的重载荷回转件，如压气机叶片，轮盘等；还可用于制造结构件和紧固件，如轴、弹簧等。此外，β钛合金的焊接性能较好。

**3. （α+β）钛合金**

当钛中同时加入稳定α相与β相的元素时，合金获得α+β的双相组织，故称为（α+β）钛合金，通常在退火后使用。（α+β）钛合金兼具α钛合金和β钛合金的优点，强度高，塑性好，具有良好的压力加工性能、热强性、耐蚀性和低温韧性。这类合金可进行淬火和时效强化，合金强度大幅度提高，但其热稳定性较差，焊接性能不如α钛合金。

（α+β）钛合金的牌号用“TC+序号”表示，应用于高、低温工作条件下的零构件。其中TC4合金的应用最广，占航空工业使用钛合金的70%以上，该合金主要用于制造400℃以下和低温下工作的零件，如火箭发动机外壳、火箭和导弹的液氢燃料箱部件等，是低温和超低温的重要结构材料。

**瞭望台 9-2　第三金属——钛**

为了纪念人类首次登月，宇宙征服者纪念碑用金属钛制造而成，这是因为登月飞船就是用钛合金制造的。钛密度小，强度高，耐高温，耐蚀性强，是一种非常理想的金属。

随着航空工业的发展，飞机的飞行速度越来越快。速度越快，飞机跟空气摩擦产生的飞机表面温度就越高，当飞行速度达到2.2倍声速时，铝合金外壳将不能胜任，而用钢又太重。火箭、人造卫星和宇宙飞船在宇宙航行中，飞行速度要比飞机快得多，并且工作环境变化更大，所以对材料的要求也更高、更严格。神舟六号宇宙飞船从地面到太空，再从太空返回地面的过程中，飞行速度要经历从超低进入超高、从超高到超低的过程，表面温度变化剧烈，如飞船进入大气层的时候，外壳表面温度将迅速上升到540~650℃。

制造宇宙飞船的材料，必须适应温度的剧烈变化，钛合金能满足这些要求，因此，航天工业中很重视钛这种材料。纯净的钛是银白色的金属，约在1725℃熔化，其主要特点是密度小而强度大，兼有铝和钢的特点。自20世纪50年代以来，钛一跃成为突出的稀有金属，从1957开始，钛材料大量在宇宙航行中使用。钛的硬度与钢铁差不多，而它的重量几乎只有同体积钢铁的一半；钛虽然比铝重一点，但它的硬度却比铝大两倍。现在，在宇宙火箭和导弹中，大量用钛代替钢铁，极细的钛粉还是火箭的良好燃料。由此，钛被誉为“宇宙金属”“空间金属”。人们还用钛制造了超过声速3倍的高速飞机，这种飞机有95%的结构材料是用钛做的。钛合金在550℃以上仍保持良好的力学性能。目前，有人将钛称为“时髦金属”，也有人根据钛在工业上发挥的重要作用及其未来发展趋势，将其称为“第三金属”或“未来的钢铁”。

目前，钛合金主要用来制造火箭的发动机壳体，以及人造卫星外壳、紧固件、燃料储箱、压力容器等，还有飞船的船舱、骨架、内外蒙皮等。在宇宙航行中，钛的使用可大大减轻飞行器的重量。从经济效果来看，结构重量的减轻，能够大量节省燃料，同时可大大降低火箭和导弹的建造和发射费用。如每减少1kg重量，可以节约3万美元成本；航天飞行中，每减少1kg重量，可以减少200kg的燃料，减少20kg重量则可少携带4t的燃料。

钛在强酸、强碱溶液中可以安然无恙，甚至王水也奈何不得。有人曾把一块钛沉入海底，5 年以后取上来发现，上面粘了许多小动物和海底植物，却一点也没有生锈。用钛制造的潜艇，不仅不怕海水，而且能够承受高压，钛潜艇可在深达 4500m 的深海中航行，而普通潜艇无法承受深海海水的高压。钛在医疗上也有良好应用，在人体骨头损坏的地方，填进钛片和钛螺钉，几个月后，骨头就会重新生长在钛片的小孔和螺钉中，新的肌肉纤维就包在钛片上面，这种“钛骨”可替代真的骨头。

## 9.5 轴承合金

机械工程中使用的轴承有滚动轴承和滑动轴承（图 9-14），用以支撑轴做旋转运动。与滚动轴承相比较，滑动轴承具有承压面积大、工作平稳，无噪声及拆卸方便等优点，滑动轴承主要由轴承座和轴瓦组成，用于制造滑动轴承轴瓦及内衬的耐磨合金称为轴承合金。

### 9.5.1 轴承合金的性能和组织特点

滑动轴承支撑着轴进行工作，当轴旋转时，轴瓦与轴颈间产生强烈摩擦、周期性载荷和冲击振动。因此，轴承应具有较小的摩擦系数和膨胀系数，减摩性好，良好的磨合性和抗咬合能力，足够的抗压强度、韧性和疲劳抗力，良好的导热性和耐蚀性，以避免材料软化或熔化。为满足这些性能要求，轴承合金的组织宜是在软基体上分布硬质点。当轴运转时，软基体磨损快而凹陷成为储油窝，它能储存润滑油而利于形成油膜，从而具有减小摩擦系数和振动的作用；凸起的硬质点起支撑作用（图 9-15）。属于这类组织的轴承合金有低熔点的锡基轴承合金和铅基轴承合金（又称巴氏合金）。同理，轴承合金的组织也可以是在硬基体上分布软质点，属于这类组织的轴承合金有铝基轴承合金和铜基轴承合金。

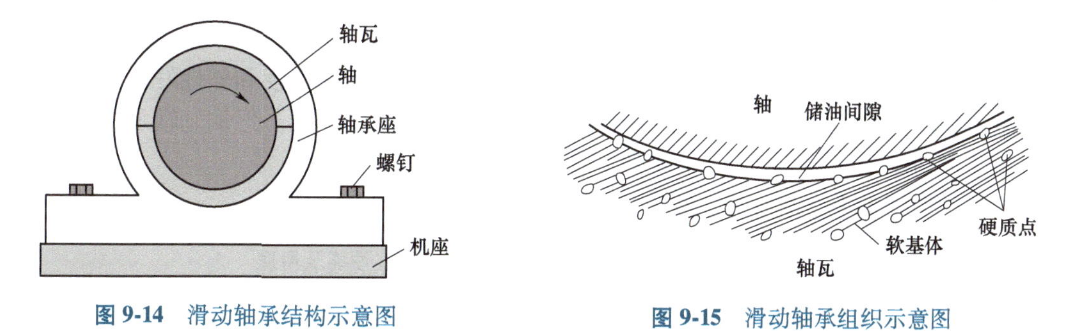


图 9-14　滑动轴承结构示意图

图 9-15　滑动轴承组织示意图

### 9.5.2 常用轴承合金

常用轴承合金有锡基、铅基、铝基和铜基轴承合金，它们一般在铸态下使用。

**1. 锡基轴承合金**

锡基轴承合金是在锡中加入锑、铜等合金元素组成的合金。其组织是在锡基固溶体上分布着 SnSb 和 $Cu_3Sn$ 金属化合物硬质点（图 9-16）。图中暗色基体为固溶体软基体，方块状为 SnSb 硬质点，白色针状或星状的为 $Cu_3Sn$ 硬质点。

锡基轴承合金具有膨胀系数小，耐蚀性、热导性和韧性好等优点，也具有疲劳抗力低、耐热性差（工作温度<150℃）、价格贵等缺点。它主要用于重型、高速工作的滑动轴承，如汽轮机、涡轮压缩机和高速内燃机的滑动轴承。

锡基轴承合金的牌号由 Z（“铸”的汉语拼音字首）、基体元素（Sn）和主加元素符号（Sb）、附加合金元素含量组成，如 ZSnSb11Cu6。

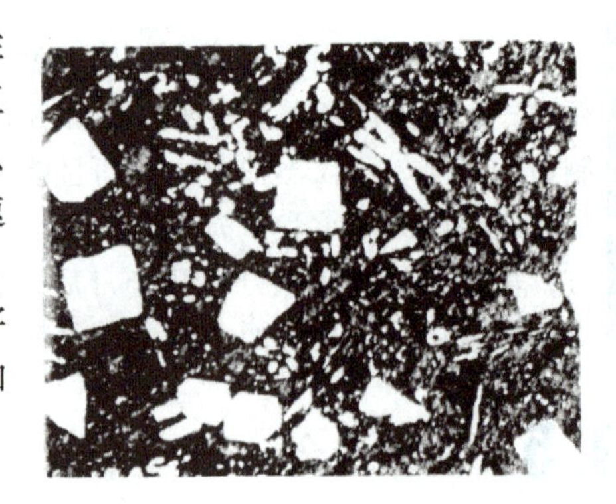

图 9-16　ZSnSb11Cu6 合金显微组织

**2. 铅基轴承合金**

铅基轴承合金是在铅中加入锑、锡、铜等合金元素组成的合金，也是软基体硬质点组织类型的轴承合金。铅基轴承合金的价格便宜，但其强度、韧性、耐蚀性和热导性较差。它主要用作低速、低载工作的滑动轴承，如汽车、拖拉机曲轴轴承等。

锡基和铅基轴承合金的强度均较低、承载能力差，一般需将合金镶铸在低碳钢的轴瓦上，形成薄而均匀的内衬，成为“双金属”轴承，才能发挥作用。

**3. 铝基轴承合金和铜基轴承合金**

铝基轴承合金是在铝中加入锑、锡、铜、镁、碳（石墨）等元素组成的合金。与锡基和铅基轴承合金相比，它具有密度小、热导性好、疲劳抗力高、价格便宜等优点，但其膨胀系数大，运转时易与轴咬合，故须提高轴颈硬度、加大轴承间隙（0.1~0.15mm）和降低表面粗糙度。常用的铝基轴承合金有铝锡轴承合金、铝锑镁轴承合金。前者主要用于汽车、拖拉机和内燃机车上高速、高载工作的轴承；后者主要用于载荷不超过 20MPa、速度不大于 10m/s 工作的轴承。

某些青铜（如锡青铜、铝青铜、铍青铜等）可用作滑动轴承，故此类青铜又称铜基轴承合金，其组织是软基体 α 固溶体和硬质点 δ 相（$Cu_{31}Sn_8$）、$Cu_3P$ 相，合金内存在较多的分散缩孔，有利于储存润滑油。它具有强度高、疲劳抗力高、热导性和塑性好、摩擦系数小等优点，能用作高速、重载工作的轴承，如电动机、泵、机床轴瓦。但铜基轴承合金硬度较高，易于擦伤轴颈，故须提高轴颈硬度。

部分常用轴承合金的牌号、成分、性能及用途见表 9-8。

**表 9-8　部分常用轴承合金的牌号、成分、性能及用途**

| 牌号 | 化学成分（质量分数）(%) | | | | 力学性能 | | | 用途 |
|---|---|---|---|---|---|---|---|---|
| | $w_{Sb}$ | $w_{Cu}$ | $w_{Pb}$ | $w_{Sn}$ | $R_m$ /MPa | $A$ (%) | 硬度 HBW | |
| ZSnSb12Pb10Cu4 | 11.0~13.0 | 2.5~5.0 | 9.0~11.0 | 余量 | — | — | ≥29 | 一般机械的主轴承，但不适用于高温场合 |
| ZSnSb11Cu6 | 10.0~12.0 | 5.5~6.5 | 0.35 | 余量 | ≥90 | ≥6.0 | ≥27 | 用于>1500kW 的高速蒸汽机和 370kW 的涡轮压缩机、涡轮泵和高速内燃机轴承 |

（续）

| 牌号 | 化学成分（质量分数）(%) | | | | 力学性能 | | | 用途 |
|---|---|---|---|---|---|---|---|---|
| | $w_{Sb}$ | $w_{Cu}$ | $w_{Pb}$ | $w_{Sn}$ | $R_m$ /MPa | $A$ (%) | 硬度 HBW | |
| ZPbSb16Sn16Cu2 | 15.0~17.0 | 1.5~2.0 | 余量 | 15.0~17.0 | ≥78 | ≥0.2 | ≥30 | 工作温度<120℃、无显著冲击载荷的重载高速轴承 |
| ZPbSb15Sn5Cu3Cd2 | 14.0~16.0 | 2.5~3.0 | 余量 | 5.0~6.0 | ≥68 | ≥0.2 | ≥32 | 船舶机械、小于250kW 电动机、抽水机轴承 |

此外，珠光体灰铸铁也常用作滑动轴承材料，其显微组织为珠光体硬基体与软质点石墨构成，石墨有润滑作用。铸铁轴承可承受较大压力，价格低廉，但摩擦系数较大，导热性差，故只适宜作为不重要的速度不大于 10m/s 工作的低速轴承。

# 9.6 硬质合金

硬质合金是粉末冶金材料中的一种。粉末冶金材料是用粉末冶金法制成的一类材料的统称。粉末冶金法是采用金属粉末或金属与非金属粉末作为原料，通过配料、压制成形和烧结而获得材料的一种工艺方法。粉末冶金法既是一种不熔炼的特殊冶金方法，也是一种无切削的精密零件的成形方法。

具体而言，硬质合金是以难熔碳化物（如 WC、TiC 等）粉末为主要成分，以金属钴粉末为黏结剂，用粉末冶金法制得的一种粉末冶金材料。

## 9.6.1 硬质合金的性能

硬质合金含有大量高硬度的难熔碳化物，故具有很高的硬度（常温下硬度为 86~93HRA，相当于 69~81HRC）、很高的热硬性（1000℃时硬度保持 60HRC）和很高的耐磨性。因此硬质合金比高速钢具有更优良的切削性能，切削速度是高速钢的 4~7 倍，使用寿命是高速钢的 5~8 倍。

## 9.6.2 硬质合金的分类、成分和牌号

按成分不同，硬质合金有钨钴类、钨钛钴类、钨钛钽（铌）类等（表 9-9）。

**1. 钨钴类硬质合金**

该类合金由 WC 和 Co 组成，其牌号由 YG(“硬钴” 的汉语拼音字首）和数字（Co 的质量百分含量）组成。如 YG6 代表平均 $w_{Co}$=6%的钨钴类硬质合金。

**2. 钨钛钴类硬质合金**

该类合金由 WC、TiC 和 Co 组成，其牌号用 YT（“硬钛” 的汉语拼音字首）和数字（TiC 的质量百分含量）组成。如 YT14 代表平均 $w_{TiC}$=14%的钨钛钴类硬质合金。

**3. 钨钛钽（铌）类硬质合金**

该类合金又称通用硬质合金或万能硬质合金，它由 WC、TiC、TaC（或 NbC）和 Co 组

成，其牌号用 YW（“硬万”的汉语拼音字首）与数字（序号）组成。如 YW1 代表 1 号万能硬质合金。

### 9.6.3 硬质合金的应用

硬质合金主要用于制作切削速度高、加工硬材料及难加工材料的切削刀具，还可用于制作各类模具（如拉丝模）、量具和耐磨零件（如车床顶尖）。

由于 TiC 的硬度和热稳定性高于 WC，故钨钛钴类硬质合金的硬度、热硬性及耐磨性高于钨钴类硬质合金，而抗弯强度和韧性低于钨钴类硬质合金。因此，钨钴类硬质合金主要用作加工铸铁、铸造有色合金、胶木等脆性材料的高速切削（切削速度 100~300m/min）刀具；钨钛钴类硬质合金主要用作加工钢、有色合金等韧性材料的高速切削刀具，或用作加工较高硬度钢（33~40HRC）、奥氏体不锈钢等的切削刀具；钨钛钽（铌）类硬质合金因以 TaC（或 NbC）取代钨钛钴类硬质合金中的部分 TiC，其强度和韧性有所改善，既可切削脆性材料，也可切削韧性材料。

由于钴具有较高的韧性，故在同类硬质合金中，钴含量越高，其韧性越高。因此，钴含量较高的硬质合金适宜制作承受冲击较大的粗加工刀具；钴含量较低的硬质合金适宜制作承受冲击较小的精加工刀具。

表 9-9 常用硬质合金的牌号、成分和性能

| 类别 | 牌号① | 化学成分（质量分数）（%） | | | | 力学性能（不小于） | |
|---|---|---|---|---|---|---|---|
| | | WC | TiC | TaC | Co | 硬度 HRA | $\sigma_{bb}$/MPa |
| 钨钴类合金 | YG3X | 96.5 | | <0.5 | 3 | 91.5 | 1100 |
| | YG6 | 94 | | | 6 | 89.5 | 1450 |
| | YG6X | 93.5 | | <0.5 | 6 | 91 | 1400 |
| | YG8 | 92 | | | 8 | 89 | 1500 |
| | YG8C | 92 | | | 8 | 88 | 1750 |
| | YG11C | 89 | | | 11 | 86.5 | 2100 |
| | YG15 | 85 | | | 15 | 87 | 2100 |
| | YG20C | 80 | | | 20 | 82~84 | 2200 |
| 钨钛钴类合金 | YT5 | 85 | 5 | | 10 | 89 | 1400 |
| | YT15 | 79 | 15 | | 6 | 91 | 1150 |
| | YT30 | 66 | 30 | | 4 | 92.5 | 900 |
| 通用合金 | YW1 | 84 | 6 | 4 | 6 | 91.5 | 1200 |
| | YW2 | 82 | 6 | 4 | 8 | 90.5 | 1300 |

① 牌号中 X 表示该合金是细颗粒，C 表示该合金是粗颗粒。

## 习题

1. 填空题

(1) 根据铝合金的成分、组织和工艺特点，可以将其分为________与________两大类。

（2）对铝合金进行固溶处理可以获得过饱和固溶体，通过________过程获得细小弥散分布的第二相，母相产生________，阻碍位错运动，引起强度和硬度显著增高。

（3）超硬铝合金具有良好的________，但________较差，耐热性和耐蚀性也不高。

（4）铸造铝硅合金 ZAlSi12 的组织为粗大针状的________，通过________细化组织，可显著提高合金强度和塑性。

（5）铍青铜能通过________和________进行强化，以获得高的弹性极限、疲劳抗力和耐蚀性、耐磨性及耐低温特性。

（6）在镁合金中加入合金元素提高合金的________和________等性能；通过固溶处理+时效处理的热处理强化提高强度。

（7）钛在 882℃ 时会进行 α-Ti 向 β-Ti 的转变，晶格类型从________晶格转变为________晶格。

（8）（α+β）钛合金兼具 α 钛合金和 β 钛合金的优点，强度高，塑性好，具有良好的热强性、耐蚀性和低温韧性，其中应用最广泛的是________。

（9）变形铝合金按能否热处理强化可以分为________________和________________。

（10）铜合金按成形方法分为________和________。

（11）常见轴承合金根据主要成分可分为________轴承合金、________轴承合金和铝基轴承合金。

2. 简答题

（1）何种铝合金宜采用时效强化？何种铝合金宜采用变形强化？

（2）变形铝合金包括哪几类？航空发动机活塞、飞机大梁、飞机蒙皮应选用哪种铝合金？

（3）脱溶是一些合金时效强化过程中出现的现象，试说明脱溶过程的析出相转变过程步骤，并说明合金性能的变化。

（4）试述下列零件分别应选择哪种铜合金：弹壳、钟表齿轮、高级精密弹簧、发动机轴承。

# 第 10 章

# 机械零件选材及工艺路线分析

## 10.1 机械零件的失效与分析

机械零件工作时丧失应有功能而不能正常工作的现象称为失效。以下三种情况可认为零件失效：① 零件丧失工作能力，如齿轮轮齿断裂。②零件能工作，但损伤严重，使用不再安全，如齿轮轮齿弯曲。③零件能工作，但精度降低，不能达到设计功能，如齿轮轮齿磨损。机械零件的常见失效形式主要是变形、断裂、磨损、表面接触疲劳、热疲劳等。

### 10.1.1 变形

零件的变形量超过允许值时将导致失效，主要包括过量弹性变形失效、塑性变形失效。

**1. 过量弹性变形失效**

零件在工作时都处于弹性变形状态，工作中的零件若发生过量弹性变形就会失效。例如镗杆的弹性变形量过大，镗出的孔或偏小或有锥度，将无法保证镗孔件的精度，甚至出现废品；另如齿轮轴产生过量弹性变形，会影响齿轮的正常啮合，加速齿轮磨损，增加噪声。

**2. 塑性变形失效**

绝大多数零件使用时都处在弹性变形状态，不允许产生塑性变形。由于偶然过载或材料本身抵抗塑性变形的能力不足，零件塑性变形量超过允许值时将导致失效。例如精密机床丝杆，使用一段时间后若发生塑性变形，将会降低其加工精度；又如炮筒，为了保证炮弹射击的准确性，要求炮筒内壁产生弹性变形，若发生微量塑性变形，就会使炮筒偏离射击目标；再如汽车板簧，若产生塑性变形，将导致弓形变小，弹力不够；模具型腔表面会因过量变形导致塌陷现象。

### 10.1.2 断裂

在载荷作用下，零件分离为两部分或数部分的现象称为断裂。断裂的形式主要有过载断裂和疲劳断裂。

**1. 过载断裂**

在静载荷作用下，零件承受的最大工作应力超过其强度极限而发生的断裂称为过载断裂。根据断裂前有无明显宏观塑性变形，过载断裂又分为韧性断裂和脆性断裂两种类型。有明显塑性变形（$\delta>5\%$）并消耗较多能量的断裂为韧性断裂，反之则为脆性断裂。

**2. 疲劳断裂**

大小或大小与方向随时间做周期性变化的应力称为循环应力。循环应力的特征可用应力

循环特性系数 $\gamma$（$\gamma=\sigma_{min}/\sigma_{max}$）表示。常见的循环应力有对称循环应力（$\gamma=-1$，图 10-1a）、脉动循环应力（$\gamma=0$、$-\infty$，图 10-1b）和非对称循环应力（$\gamma\neq0$、$-1$、$-\infty$，图 10-1c）。

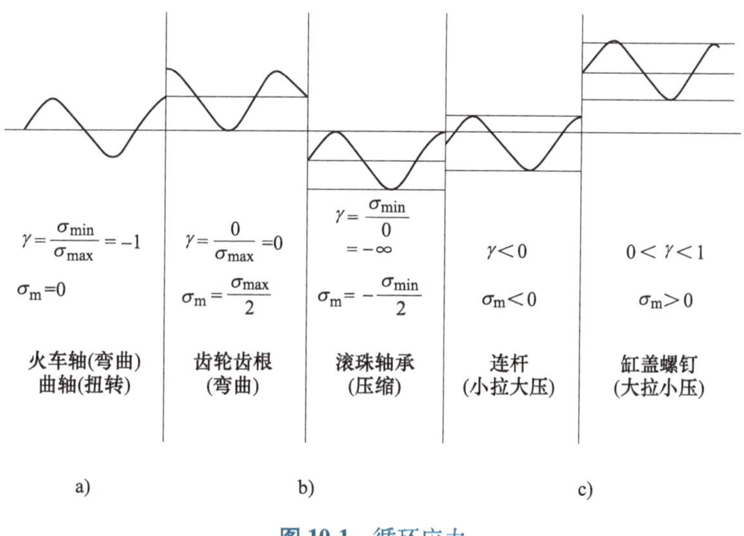


图 10-1　循环应力

零件在循环应力长期（应力循环次数 $N>10^4$）作用下产生的断裂称为疲劳断裂。疲劳断裂零件承受的循环应力往往低于材料的屈服极限，疲劳断裂呈现无塑性变形突然断裂的特点，具有极大的危害性。

### 10.1.3　磨损

零件与零件间相互摩擦导致零件表面材料发生损耗的现象称为磨损。当零件的磨损量超过允许值时便不能有效工作而失效。

**1. 黏着磨损**

在滑动摩擦条件下，当接触压应力很大时，不同硬度零件间的接触点发生金属黏着，随后在相对滑动时，黏着点沿硬度相对较低的零件的浅表层被剪断而撕脱下来，这种因黏着点不断形成和破坏而造成的零件表面材料损耗称为黏着磨损。黏着磨损的磨损率远大于其他种类的磨损，具有严重的破坏性，有时会使摩擦副咬死，不能相对运动。例如蜗轮蜗杆啮合时常发生这种磨损。黏着磨损的特征表现为零件表面的摩擦方向上有擦伤条带或沟槽；零件的擦伤表面会形成高硬度、耐腐蚀的白亮层。

**2. 磨粒磨损**

摩擦表面因存在硬质磨粒，磨粒嵌入零件表面并切割表面引起的磨损称为磨粒磨损。磨粒磨损的特征表现为磨损率较大，零件表面的摩擦方向上有划痕。

**3. 氧化磨损**

零件在空气中相互摩擦时，摩擦接触点表面的氧化膜被破坏而脱落，又即刻形成新的氧化膜，氧化膜这种不断形成且不断脱落所引起的磨损称为氧化磨损。氧化磨损可发生于各种工作条件、各种运动速度和压力的摩擦，是机械工程中最常见的磨损种类。氧化磨损的特征表现为磨损率远小于其他种类的磨损，是机械工程中唯一允许的磨损；磨损表面呈光亮外观，并具有均匀分布的极细微磨纹。

**4. 微动磨损**

在循环载荷或振动作用下，零件的嵌合部位以及紧配合处的某些局部区域，因发生微小往复滑动而产生的磨损称为微动磨损（或咬蚀）。如图 10-2 所示，压配合的轴与轴套之间虽无明显滑动，但在反复弯矩 $\pm M$ 的作用下，轴反复弯曲引起配合面局部区域 $A$ 出现微小的往复滑动摩擦而发生微动磨损。微动磨损因摩擦表面不脱离接触，致使磨损产物难以排出，故微动磨损是黏着磨损、磨粒磨损和氧化磨损共同作用的结果。微动磨损使零件的精度和性能下降，并在磨损区引起应力集中而成为疲劳源，易于疲劳断裂。微动磨损的特征表现为在配合面上产生大量褐色 $Fe_2O_3$（钢件表面）或 $Al_2O_3$（铝件表面）的粉末状磨损产物，磨损区往往形成一定深度的磨痕蚀坑。

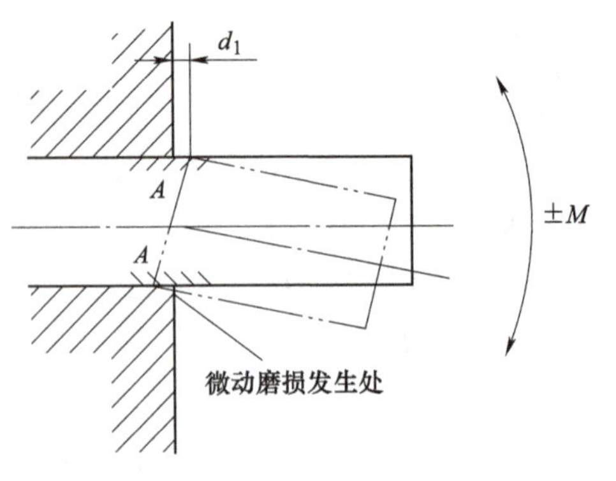


图 10-2 压配合轴微动磨损示意图

防止零件磨损的基本方法有：提高零件的硬度和耐磨性、减小表面接触压应力、降低零件表面粗糙度、改善润滑条件等。但磨损类型不同，防止磨损的途径也不尽相同。

**资料卡 10-1 不同磨损类型的防磨损途径**

（1）黏着磨损 实践证明，异类材料配对比同类材料配对磨损量小；多相合金配对比单相合金配对磨损量小；硬度差大的材料配对比硬度差小的材料配对磨损量小。例如滑动轴承选用钢轴与锡基或铝基合金轴承配对，受力小时，选用钢轴与塑料轴瓦配对，可以显著减少黏着磨损。

（2）磨粒磨损 针对磨粒磨损，在设计时减少滑动摩擦距离，增强润滑油过滤效果均可减少磨粒。实践表明，当材料表面硬度是磨粒硬度的 1.3 倍时，磨粒磨损已不明显，因此提高零件的硬度和耐磨性是行之有效的方法。如合理选用高碳钢、耐磨铸铁、陶瓷等高硬度材料，采用表面淬火、渗碳、渗氮等表面处理工艺以及表面加工硬化方法等，均是防止磨粒磨损的有效途径。

（3）微动磨损 设计中通常在紧配合处加软铜皮、橡胶、塑料等材料作为垫衬，可以改变接触面性质，减少振动和滑动距离。例如蒸汽锤锤杆和锤头配合处插入锰青铜衬套，对压配合处采用卸载槽结构设计、增大接触处轴的直径等措施，均可防止微动磨损。

### 10.1.4 其他失效

**1. 表面接触疲劳**

相对运动的两零件为循环点或循环线接触时（如滚动轴承），在循环接触应力的长期作用下，零件表面疲劳并引起小块材料剥落的现象，称为表面接触疲劳（或点蚀）。表面接触疲劳使零件表面接触状态恶化、振动增大、噪声增大、产生附加冲击力，甚至引起断裂。例如滚动轴承、齿轮、钢轨、轮箍等常因表面接触疲劳而失效。

表面接触疲劳的特征表现为接触表面出现许多针状或痘状凹坑。有的凹坑较深，坑内呈现贝纹状疲劳裂纹扩展的痕迹。

**2. 热疲劳**

零件在循环温度反复作用下产生表面裂纹的现象称为热疲劳。压铸模、热锻模、热轧辊等工作时常发生热疲劳。

产生热疲劳的机理是零件表面受热膨胀时，因受低温内层的约束产生表面压应力，当表面压应力足够大时，产生表面塑性压应变；零件表面冷却收缩时，因受高温内层的约束产生表面拉应力，当表面拉应力足够大时，产生表面塑性拉应变。在反复加热和冷却的循环温度作用下，零件表面产生循环热应力或循环塑性应变，导致其表面热疲劳。热疲劳多表现为零件表面呈现网状裂纹（图 10-3）。

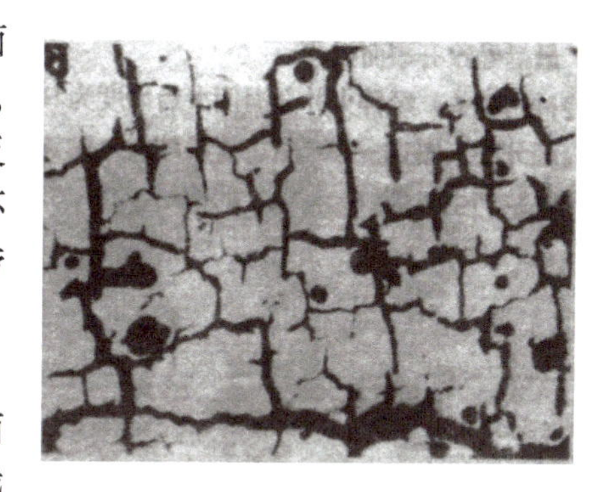

图 10-3　网状热疲劳裂纹

影响热疲劳寿命的主要因素有：

（1）表面循环温差和表面最高硬度　零件表面循环温差越大，则表面热应力越大，其热疲劳寿命越低；零件表面最高温度越高、屈服极限越低，则表面循环塑性应变越大，其热疲劳寿命越低。

（2）零件形状结构和加工缺陷　热疲劳往往发生于循环温差大和应力集中的部位，故具有凸台、棱角、缺口等形状的结构，或存在刀痕、表面粗糙、磨削裂纹等加工缺陷的零件，热疲劳寿命均较低。

工程中，失效原因的分析和确定一般按下列程序进行。① 分析零件的结构形状和尺寸设计是否合理。② 分析选材是否能满足工作条件的要求。③ 分析加工工艺是否合适。④ 分析安装是否正确，判断装配是否过紧、过松或对中不准、重心不稳等。

# 10.2　选材原则与步骤

新产品设计、工艺装备设计、刀具设计和更新零件材料，均会涉及材料的选用。选材是否合理，直接影响零件的使用寿命和成本。要做到选材合理，既要熟悉材料性能、热处理工艺和材料价格，还要掌握选材的原则和步骤。

## 10.2.1　选材原则

选材原则是所选材料应满足零件的使用性能要求、工艺性能要求和经济性要求。

**1. 满足使用性能要求**

零件的使用性能主要是力学性能。某些零件的使用性能不仅要求力学性能，还要求一定的物理或化学性能。根据使用性能选材时，需考虑下列因素。

（1）零件承载情况　应根据零件承载情况不同，选用相应的材料。例如，承受拉应力为主的零件，应选用钢；承受压应力为主的零件，可选用钢，也可视情况选用铸铁。

（2）零件工作条件　零件工作条件是指介质、温度与摩擦情况等。对于在摩擦条件下工作的零件，应选用耐磨材料；对于在高温条件下工作的零件，应选用耐热材料；对于在腐蚀介质中工作的零件，应选用耐蚀材料等。

（3）零件尺寸和质量限制　对于要求强度高而尺寸小、质量轻的零件，应选用高强度合金钢，或比强度高的材料（如铝合金、钛合金等）；对于要求刚度高而质量轻的零件，则采用比模量高的材料（如复合材料）。

（4）零件重要程度　危及人身和设备安全的重要零件，应选用综合力学性能优良的材料。

**2. 满足工艺性能要求**

零件均由材料经加工制造而成，为满足相应加工工艺要求，所选材料应具有良好的工艺性能，如铸造工艺性、锻造工艺性、焊接工艺性、切削加工工艺性和热处理工艺性等。

根据工艺性能要求选材，常考虑下列因素：

（1）毛坯种类　零件毛坯选用铸件时，应选用铸造性能好的材料（如铸铁、铸铝等）；零件毛坯选用焊接件时，应选用焊接性能好的材料（如低碳钢）；零件毛坯选用锻件时，应选用锻造性能好的材料（如中、低碳钢）；零件毛坯选用冲压件时，应选用冷冲压性能好的板材（如铝板、铜板、低碳钢板等）。

（2）热处理　对于需要淬火的复杂形状零件，应选用淬火变形和淬裂敏感性小的材料。

（3）切削加工　对于切削加工零件，应选用切削加工性好的材料。

**3. 满足经济性要求**

选材的经济性不仅是指材料的价格便宜，更重要的是使零件生产的总成本降低。零件的总成本包括制造成本（材料价格、材料用量、加工费用、管理费用、试验研究费用等）和附加成本（零件的使用寿命）。为此，选材经济性常考虑以下几方面。

（1）尽量采用廉价材料　在满足使用性能和工艺性能的前提下，应尽量选用价格低廉的材料，这一点对于大批量生产的零件尤为重要。

（2）利于降低加工费用　例如，尽管灰铸铁比钢板价廉，但对于某些单件或小量生产的箱体件，采用钢板焊接比采用灰铸铁铸造的制造成本更低。

（3）利于提高材料利用率　采用适合于无切屑、少切屑加工（如模锻、精铸、冲压等）的材料，通过无切屑、少切屑加工，既省工又省料。

（4）利于延长使用寿命　对于某些加工工艺复杂、要求使用寿命长的单件、小量生产的零件或工具，采用价格较贵的合金钢不仅可降低废品率而且可延长使用寿命，比采用廉价的碳素钢经济性更好。

## 10.2.2 选材步骤

**1. 工作条件分析和失效形式预测**

零件和工具的工作条件分析主要是受载分析。受载分析主要是分析零件和工具的载荷性质（静载荷、冲击载荷、循环载荷）、载荷种类（拉伸、压缩、扭转等）及应力的分布和大小，并确定其最大应力值及其部位。此外，还应分析零件和工具的工作环境，如温度、介质及摩擦条件等。

根据工作条件的分析结果，预测零件和工具的失效形式（如过载断裂、疲劳断裂、磨损等）及其部位。

**2. 确定零件材料的使用性能**

根据工作条件分析和失效形式预测，确定零件的使用性能及其指标，为选材提供依据。零件和工具的使用性能主要是力学性能。材料手册中所列力学性能主要是强度、疲劳极限及硬度，故应确定的力学性能指标主要是 $R_e$、$R_m$、$\sigma_{-1}$（或 $\tau_s$、$\tau_{-1}$）及 HBW 或 HRC。

（1）强度（$R_e$、$R_m$）　对于失效形式以塑性变形为主的零件，工程中多以下屈服强度 $R_{eL}$，或是以规定塑性延伸强度 $R_p$ 作为设计依据。例如：炮筒、弹簧等采用 $R_{p0.001} \sim R_{p0.01}$；精密丝杆采用 $R_{p0.01} \sim R_{p0.05}$；桥梁、容器等采用 $R_{p0.5} \sim R_{p1.0}$。

对于以韧性断裂为主的零件，常以下屈服强度 $R_{eL}$ 作为强度指标；对于失效形式以脆性断裂为主的零件，常以抗拉强度 $R_m$ 作为强度指标。

根据受载分析计算出零件的最大工作应力 $\sigma_{max}$，并查阅机械设计手册得到许用安全系数［$S$］，然后根据零件的强度条件（$\sigma_{lim} \geqslant \sigma_{max} \times [S]$）算出材料的极限应力 $\sigma_{lim}$，在静载荷条件下即为材料要求的 $R_e$ 或 $R_m$。

（2）疲劳极限（$\sigma_{-1}$、$\sigma_N$）　对于在对称循环应力作用下，以疲劳断裂为主的零件，常以疲劳极限 $\sigma_{-1}$ 或 $\sigma_N$ 作为性能指标。根据零件的最大工作应力 $\sigma_{max}$ 及许用安全系数［$S$］，并按疲劳强度条件（$\sigma_{lim} \geqslant \sigma_{max} \times [S]$）算出材料的极限应力 $\sigma_{lim}$，即为材料要求的 $\sigma_{-1}$ 或 $\sigma_N$。

对于非对称循环应力作用下的零件，一般不能按此方法计算材料要求的疲劳极限，而应依据机械设计学的相关算法进行计算。

（3）硬度（HBW、HRC）　对于以表面接触疲劳或磨损为主要失效形式的零件和工具，提高表层硬度能有效提高其表面接触疲劳抗力或耐磨性，故常以硬度 HBW、HRC 作为这类零件和工具的性能指标。

以表面接触疲劳为主要失效形式的零件，其表面硬度应根据机械设计学表面接触疲劳零件的接触疲劳强度条件，计算出零件材料要求的表面接触疲劳强度 $\sigma_{Hlim}$，然后根据 $\sigma_{Hlim}$ 查表确定相应的表面硬度。

以磨损为主要失效形式的零件，虽然摩擦件的氧化磨损难以完全避免，但应尽量避免黏着磨损和磨粒磨损。由于摩擦件的布氏硬度值大于三倍接触压力应力时，黏着磨损急剧降低，故其布氏硬度值通常取接触压应力的 4~5 倍；对于存在磨粒磨损的摩擦件，其表面硬度为磨粒硬度 1.3 倍时可使磨粒磨损降至很小，故其表面硬度取磨粒硬度的最大值。综合上述两种因素，取两者硬度的最大值。

某些零件和工具除要求力学性能外，还要求其他性能如耐蚀性、导电性、抗磁化性等，在确定性能要求时也应予以考虑。

**3. 选择材料**

重要零件的选材过程分为初选材料、装机试验和终选材料三个阶段。

（1）初选材料　根据零件和工具的种类、使用性能及其指标，并综合考虑工艺性、经济性等因素，选择满足使用性能要求的材料和热处理方法。零件和工具的选材通常是钢，其选用方法是首先选择钢种。零件用钢一般在结构钢中选择；工具用钢一般在工具钢中选择。每一钢种一般都有碳素钢与合金钢之分，钢种确定后选择碳素钢或合金钢时需综合考虑下列因素：工件的截面大小、耐磨性要求、热硬性和抗热疲劳性要求等。

（2）装机试验　材料的力学性能是通过规定的力学性能试验（如拉伸试验、扭转试验、冲击试验等）测定的，而零件的工作状态与试样的试验状态（形状、尺寸和受力状况）往往存在差异，故还要将初选材料制成零件进行装机试验或模拟试验，以检验材料是否满足零件的使用要求。

（3）终选材料　经装机试验或模拟试验，若初选材料能够满足零件和工具的使用要求，且工艺性和经济性亦能满足要求时，即可确定该材料为终选材料。若初选材料的装机试验均早期失效，则应对其进行失效分析，找出失效原因，为重新选材提供依据。

此外，对非重要零件和非关键零件的选材，一般可根据零件的种类和性能指标结合材料的工艺性和经济性，借助材料手册或依据生产经验直接选材，而不需要装机试验和模拟试验。在实际生产中，对常用的机械零件和工具，如轴、齿轮、弹簧、模具、刀具等，往往通过与类似的零件或工具比较，依据材料手册或技术资料结合生产经验直接选用材料。

## 10.3 典型零件选材及工艺分析实例

### 10.3.1 齿轮零件

齿轮是各类机械、仪表中应用最广的传动零件，其作用是传递转矩、改变运动速度和运动方向，有的齿轮仅起分度定位作用。齿轮的转速可以相差很大，齿轮的直径可以从几毫米到几米，工作环境也可有很大差别。

**1. 工作条件**

齿轮工作的关键部位是齿根与齿面。齿根承受最大的交变弯曲应力，并存在应力集中，在起动、换挡或啮合不均匀时还受到冲击作用；齿面承受脉动接触压应力和滚动、滑动摩擦。此外，过载、润滑油的腐蚀及外部硬质磨粒的侵入等，都可加剧齿轮工作条件的恶化。

**2. 主要失效形式**

（1）轮齿折断　其中多数为疲劳断裂，主要是轮齿根部所受的弯曲应力超过材料的抗弯强度引起的。过载断裂是由短时过载或过大冲击引起的，多发生在淬透的硬齿面齿轮或脆性材料制造的齿轮上。

（2）齿面点蚀　齿面受大的脉动接触压应力，因表面接触疲劳而使齿面表层产生点状、小片剥落的破坏。

（3）齿面磨损　齿面间滚动和滑动摩擦或外部硬质颗粒的侵入，使齿面产生磨粒磨损、黏着磨损或正常磨损现象。

（4）齿面塑性变形　主要因齿轮强度不够和齿面硬度较低，在低速、重载起动、过载频繁的齿轮中容易产生。

**3. 主要性能要求**

对齿轮材料主要有如下性能要求：

1）齿面有高的硬度和耐磨性。

2）齿面具有高的接触疲劳强度，齿根具有高的弯曲疲劳强度。

3）轮齿的心部要有足够的强度和韧性。

另外，在齿轮副中，两齿轮齿面硬度应有一定的差值，因小齿轮受载次数多，故应比大齿轮硬度高些，一般差值为 30~50HBW。

**4. 选材及热处理**

齿轮材料绝大多数是钢质材料，某些开式传动的低速齿轮可用铸铁，特殊情况下还可用非铁金属和工程塑料。

（1）钢质齿轮　用钢材制造齿轮有型材和锻件两种毛坯。由于锻造齿轮毛坯的纤维组织与轴线垂直，分布合理，故重要用途的齿轮都采用锻造毛坯。

钢质齿轮按齿面硬度分为硬齿面齿轮和软齿面齿轮，齿面硬度≤350HBW 的为软齿面齿轮；齿面硬度>350HBW 的为硬齿面齿轮。

1）轻载、低速或中速、冲击力小、精度较低的一般齿轮，选用中碳钢如 45、50Mn 等制造，常用正火或调质等热处理制成软齿面齿轮，正火硬度为 160~200HBW；调质硬度一般为 200~280HBW，不超过 350HBW。因硬度适中，精切齿廓可在热处理后进行，工艺简单，成本低，但承载能力不高，常用于机械中一些不重要的齿轮。

2）中载、中速、承受一定冲击载荷、运动较为平稳的齿轮，选用中碳钢或中碳合金钢，如 45、50Mn、40Cr、42SiMn 等。其最终热处理采用高频或中频表面淬火及低温回火，制成硬齿面齿轮，齿面硬度可达 50~55HRC。齿轮心部保持正火或调质状态，具有较好的韧性，机床中绝大多数齿轮都是这种类型的齿轮。

机床齿轮的加工工艺路线为下料→锻造→正火→粗切削加工→调质→半精加工→高频感应表面淬火+低温回火→精磨。

3）重载、高速或中速，且受较大冲击载荷的齿轮，选用低碳合金渗碳钢或碳氮共渗钢，如 20Cr、20CrMnTi、20CrNi、18Cr2Ni4WA 等。其最终热处理采用渗碳+淬火+低温回火，齿轮表面获得 58~63HRC 的高硬度，因淬透性较高，齿轮心部有较高的强度和韧性。这种齿轮表面的耐磨性、抗接触疲劳强度和齿根的抗弯及心部的抗冲击能力都比表面淬火的齿轮高，但热处理变形大，精度要求较高时，应最后磨齿。它适用于工作条件较为恶劣的汽车、拖拉机的变速器和后桥上的齿轮。

汽车、拖拉机齿轮的加工工艺路线为下料→锻造→正火→粗、半精切削加工→渗碳+淬火+低温回火→喷丸→精磨→最终检验。

齿轮加工工艺路线中各种热处理工序的作用如下：

① 正火，主要是为了消除毛坯的锻造应力，获得良好的切削性能；均匀组织，细化晶粒，为以后的热处理做好组织准备。

② 渗碳，为了提高齿轮表面碳的含量，以保证淬火后表面得到高硬度和良好耐磨性的高碳马氏体组织。

③ 淬火，为了使齿轮表面获得高碳马氏体组织，具有高硬度，同时使心部获得低碳马氏体组织，具有足够的强度和韧性。

④ 喷丸，为了清除齿轮表面的氧化皮，并产生加工硬化作用，在齿面形成压应力，提高其疲劳强度。

（2）非铁金属材料齿轮　在仪表中或接触腐蚀性介质的轻载齿轮，常用一些抗腐蚀、耐磨的非铁金属材料制造，常用的有黄铜、铝青铜、硅青铜、锡青铜，硬铝和超硬铝。

（3）工程塑料齿轮　在仪表、小型机械中的轻载、无润滑条件下工作的小齿轮，可以用工程塑料制造，常用的有尼龙、聚碳酸酯、夹布压层热固性树脂等。工程塑料具有密度小、摩擦系数小、减振、工作噪声小的优点；其缺点是强度低，工作温度不高，所以它不能用作较大载荷的齿轮。

### 10.3.2　轴类零件

轴类零件在机器中起装配、支承回转零件，并传递运动和转矩的作用，是机械设备中重要的受力零件。按承载特点可分为转轴、心轴和传动轴。

**1. 工作条件**

转轴在工作时承受弯曲和扭转应力的复合作用；心轴只承受弯曲应力；传动轴主要承受

扭转切应力。除固定心轴外，所有做回转运动的轴所受应力都是对称循环变化的，即在交变应力状态下工作。轴在花键、轴颈等部位和与其配合的零件（如轮上有内花键或滑动轴承）之间有摩擦磨损，此外，轴还会受到一定程度的过载和冲击。

**2. 主要失效形式**

轴受力复杂，轴的尺寸、结构和载荷差别很大。轴的失效形式主要有以下几种：

1）断裂，大多是疲劳断裂。

2）轴的相对运动表面的过度磨损。

3）发生过量扭转或弯曲变形（包括弹性和塑性变形）。

4）有时还可能发生腐蚀失效。

**3. 使用性能要求**

轴类零件的材料应具备如下性能要求：

1）具有高的强度，足够的刚度及良好的韧性，即良好的综合力学性能，以防止过量变形及断裂。

2）具有较高的疲劳强度，防止疲劳断裂。

3）在有相对运动的摩擦部位，如轴颈、花键等处，应具有较高的硬度和耐磨性。

**4. 选材**

轴的材料主要使用碳素结构钢和合金结构钢，一般是以锻件或轧制型材为毛坯。

1）对于轻载、低速、不重要的轴，可选用Q235、Q255、Q275等碳素结构钢，这类钢通常不进行热处理。

2）对于受中等载荷而且精度要求一般的轴类零件，常用优质碳素结构钢，如低速的内燃机曲轴常选45钢。为改善其力学性能，一般要进行正火或调质处理。要求轴颈等处耐磨时，还可进行表面淬火和低温回火。

3）对于受较大载荷或要求精度高的轴以及处于强烈摩擦或高、低温等恶劣条件下工作的轴，应选用合金钢，常用20Cr、40MnB、40Cr等。如中速内燃机曲轴选用中碳低合金钢40Cr、45Mn2等制造；高速内燃机曲轴选用高强度合金钢35CrMo、42CrMo制造。

根据合金钢的种类及轴的性能，应采用调质、表面淬火、渗碳、渗氮、碳氮共渗、淬火、低温回火等热处理，以充分发挥合金钢的潜力。如对于要求高精度、高稳定性及高耐磨性的镗床主轴，往往用38CrMoAlA钢制造，经调质处理后再渗氮。

机床主轴的工艺路线为下料→锻造→正火→粗切削加工→调质→半精切削加工→局部表面淬火+低温回火→粗磨→精磨。

球墨铸铁和高强度铸铁已越来越多地作为制造轴的材料，如内燃机曲轴、万能铣床主轴等，其热处理方法主要是正火、调质及表面淬火等。

采用球墨铸铁来代替45钢制造低、中载曲轴，其工艺路线一般为铸造→正火+高温回火→机加工→轴颈表面淬火+低温回火→粗、精磨。

这类曲轴首先要保证球化良好无铸造缺陷，然后经正火细化珠光体片，以提高强度、硬度及耐磨性；高温回火主要是为了消除正火风冷造成的内应力。

**5. 热处理**

轴类零件加工工艺路线中各种热处理工序的作用如下：

1）正火，可均匀化微观组织、细化晶粒，为后续热处理做组织准备；可消除锻造应力，调整材料硬度，改善切削加工性能。

2）调质处理，可获得回火索氏体组织，使材料获得较好的综合力学性能，为后续的表面淬火做组织准备。

3）淬火及回火，对轴上的锥体、花键等局部进行淬火、回火，可得到高硬度、高耐磨性及高疲劳强度。

### 10.3.3　箱体类零件

**1. 工作条件**

箱体类零件外形结构较复杂，有不规则的外形和内腔，且壁厚不均匀，重量从几千克至数十吨不等，工作条件也相差很大。这类零件包括各种机械设备的机身、底座、支架、横梁、工作台，以及齿轮箱、轴承座、阀体、泵体等。其中基础零件如机身、底座等，以承压为主，并受冲击和振动；有些机械的机身、支架往往承受压、拉和弯曲应力的联合作用，或者还受冲击载荷。

**2. 性能要求与选材**

箱体类零件一般受力不大，但要求有良好的刚度和密封性。通常以采用铸造性能良好、价格低廉，并有良好耐压、耐磨和减振性能的铸铁为主；受力复杂或受较大冲击载荷的零件，则采用铸钢件；受力不大，要求自重轻或要求导热性良好时，则采用铸造铝合金件；受力很小，要求自重轻等，可考虑工程塑料件。在单件生产或工期要求紧的情况下，或受力较大、形状简单、尺寸较大时，也可采用焊接件。

**3. 时效或热处理**

如选用铸钢件，为了消除粗晶粒组织、偏析及铸造应力，对铸钢件应进行完全退火或正火；对铸铁件一般要进行去应力退火或时效处理；对铝合金铸件，应根据成分不同，进行退火或淬火+时效处理。

**4. 典型零件的选材示例**

图 10-4 所示为中等尺寸的减速器箱体。由图可以看出，其上有三对精度要求较高的轴承孔，形状复杂。该箱体要求有较好的刚度、减振性和密封性，轴承孔承受载荷较大，故该箱体材料选用 HT250，采用砂型铸造，铸造后应进行去应力退火。单件生产也可用焊接件。

该箱体的工艺路线为铸造毛坯→去应力退火→划线→切削加工。其中去应力退火是为了消除铸造内应力，稳定尺寸，减少箱体在加工和使用过程中的变形。

### 10.3.4　模具类零件

模具材料的性能要求如下：

（1）耐磨性　坯料在模具型腔中塑性变形时，沿型腔表面既流动又滑动，坯料与型腔表面间产生剧烈摩擦，从而导致模具因磨损而失效。所以材料的耐磨性是模具最基本、最重要的性能之一。硬度越高，磨损量越小，耐磨性也越好。另外，耐磨性还与材料中碳化物的种类、数量、形态、大小及分布有关。

（2）强韧性　模具工作时还要承受一定的冲击载荷，为防止模具零件发生脆断，模具应具有较高的强度和一定的韧性。模具的韧性主要取决于材料的碳含量、晶粒度及组织状态。

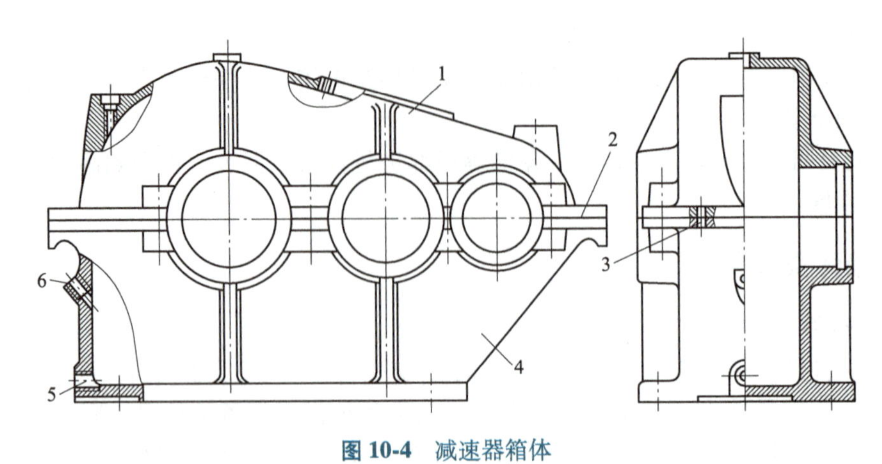


**图 10-4 减速器箱体**

1—端盖 2—对合面 3—定位销孔 4—底座 5—出油孔 6—油面指示孔

（3）疲劳断裂性能 模具在循环应力的长期作用下，往往出现疲劳断裂。其形式有小能量多次冲击疲劳断裂、拉伸疲劳断裂、接触疲劳断裂及弯曲疲劳断裂。模具的疲劳断裂性能主要取决于其强度、韧性、硬度以及材料中夹杂物的含量。

（4）高温性能 当模具的工作温度较高时，其硬度和强度下降，导致模具早期磨损或产生塑性变形而失效。因此，模具材料应具有较高的耐回火性，以保证模具在工作温度下具有较高的硬度和强度。

（5）耐冷热疲劳性能 有些模具在工作过程中处于反复加热和冷却的循环状态，其型腔表面受拉、压变应力的作用，引起型腔表面龟裂和剥落，摩擦力增大，塑性变形受阻，尺寸精度降低，从而导致模具因冷热疲劳而失效。冷热疲劳是热作模具失效的主要形式之一，一般这类模具应具有较高的耐冷热疲劳性能。

（6）耐蚀性 有些模具如塑料模在工作时，由于塑料中存在氯、氟等元素，受热后分解析出 HCl、HF 等强侵蚀性气体，侵蚀模具型腔表面，加大其表面粗糙度，加剧磨损失效。

此外，模具材料还应满足工艺性能要求，如良好的可锻性、切削加工性、淬硬性、淬透性及可磨削性；还应具有小的氧化、脱碳敏感性和淬火变形开裂倾向。模具材料还需要尽量满足经济要求，在满足使用性能的前提下，尽可能地降低制造成本。如应考虑市场的生产和供应情况，所选钢种应尽量少而集中，易购买。

**1. 冷作模具选材**

对冷作模具材料的主要性能要求是良好的耐磨性，足够的强度和韧性，高的疲劳寿命，良好的抗擦伤和抗咬合性能，以及良好的工艺性能。

20 世纪 90 年代以前，我国常用的冷作模具钢有非合金工具钢 T10A，合金工具钢 9SiCr、9Mn2V、CrWMn、Cr6WV、Cr12、Cr12MoV、5CrW2Si；高速工具钢 W18Cr4V、W6Mo5Cr4V2；轴承钢 GCr15；弹簧钢 60Si2Mn；渗碳钢 20Cr、12CrNi3A；不锈钢 3Crl3 等。其中用量最大的是 Cr12、Cr12MoV、T10A、CrWMn、9SiCr、9Mn2V、GCr15、60Si2Mn 和 W18Cr4V。为满足生产要求，我国先后研究开发了一系列新型冷作模具钢。

我国开发的低合金冷作模具钢中，有 7CrSiMnMoV（代号 CH）、6CrMnNiMoVSi（代号 GD）、6CrMnNiMoVWSi（代号 DS）、CrNiWMoV 等。这些钢的淬透性好，淬火温度较低，热处理变形小，价格低，具有较好的强度和韧性的配合，适用于制造精度高、形状复杂的模具。7CrSiMnMoV 在 820~1000℃淬火，可获得 60HRC 以上的硬度，是一种可以火焰加热空冷淬硬的微变形钢。该钢的耐磨性尽管比 Cr12MoV 差，但比 9Mn2V 和 T10A 好；抗弯强度、抗压强度和冲击韧性都优于 Cr12MoV 和 9Mn2V；热处理后的变形量和常用的 Cr12MoV、Cr2Mn2SiWMoV、Cr4W2MoV 等钢相当。CH 钢具有良好的强韧性和良好的工艺性，可用于代替 T10A、9Mn2V、CrWMn、GCr15、Cr12MoV 等制造对强韧性要求较高的冷作模具，如冲孔凸模、中薄钢板（2~5mm 厚）的修边落料模等。由于该钢可以采用火焰加热空冷淬硬，因此也用于制造要求表面火焰淬火的部分汽车模具。6CrMnNiMoVSi 较 CH 钢增加了 0.85%左右的 Ni，进一步强韧化了基体。该钢的淬火温度范围较宽，淬透性好，也可火焰加热空冷淬火，具有良好的强韧性。用于制造易崩刃及断裂的冷冲模具时，模具寿命较高。

Cr12 系列冷作模具钢是较广泛采用的钢种系列，具有良好的淬透性和耐磨性，但共晶碳化物偏析较严重，韧性较差，淬火后异常变形较大。为弥补此类钢的性能缺陷，我国先后开发了一些高强韧耐磨钢，如 7Cr7Mo2V2Si（代号 LD）、Cr8WMoV3Si（代号 ER5）、9Cr6W3Mo2V2（代号 GM）、Cr8MoV2Ti、80Cr7Mo3W2V 等。与 Cr12、Cr12MoV 相比，此类钢的碳和铬的含量较低，改善了碳化物不均匀性，提高了韧性；适当增加了 W、Mo、V 等合金元素的含量，从而增强了二次硬化能力，提高了耐磨性。所以，此类钢在具有良好的强韧性的同时，还有优良的耐磨性，主要用于制造承受应力较大、要求高强韧性和耐磨损的各类冷作模具。

7Cr7Mo2V2Si（LD）最初是针对冷镦模具而研制的，具有高硬度的同时，又具有较好的韧性；加入 Cr、Mo、V 元素，有利于二次硬化，保证钢具有较高的硬度、强度和良好的耐磨性；加入一定量的 Si，以强化基体，提高耐回火性。LD 钢常用的热处理工艺是 1100~1150℃ 淬火，530~570℃回火，回火后硬度可达到 57~63HRC。1100℃淬火后的组织为细针马氏体+残留奥氏体+剩余碳化物，晶粒度为 10.5 级；再经 570℃回火后的组织为回火马氏体+残余碳化物。LD 钢已被广泛应用于制造冷锻、冷冲、冷压、冷弯等承受冲击、弯曲应力较大，又要求耐磨损的各类冷作模具。

Cr8WMoV3Si（ER5）在具有较高强韧性的同时，又具有显著的耐磨性。该钢在回火过程中弥散析出特殊碳化物，比 Cr12 系钢具有更高的强韧性和耐磨性。ER5 钢适用于制造承受冲击力较大、冲击速度较高的精密冷冲模具、重载冷冲模具以及要求高耐磨性的其他冷作模具。

9Cr6W3Mo2V2（GM）也是以提高耐磨性为主要目的而研制的高耐磨冷作模具钢。该钢通过 Cr、W、Mo、V 等碳化物形成元素的合理配比，具有最佳的二次硬化能力及抗磨损能力，同时保持了较高的强韧性和良好的冷热加工性能，适用于制造冲裁、冷挤、冷锻、冷剪、高强度螺栓滚丝轮等精密、高耐磨的冷作模具。

**2. 热作模具选材**

热作模具材料主要用于制造高温状态下进行压力加工的模具。由于工作条件较为恶劣，热作模具钢应在工作温度下具有较好的综合力学性能，如一定的高温强度、硬度、韧性、抗疲劳性能、抗氧化性。

热作模具钢按合金元素含量分为低合金热作模具钢、中合金热作模具钢及高合金热作模具钢。

（1）低合金热作模具钢

1）5CrNiMo、5CrMnMo。20 世纪 80 年代以前，常用的热作模具钢有 5CrMnMo、5CrNiMo，这类钢要求淬透性高、冲击韧性好、导热性能好、有较高的抗热疲劳性能，常用的热处理工艺是 820~860℃ 保温，在空气中预冷至大约 780℃ 油淬后，可在 490~580℃ 回火，回火后硬度达到 34~47HRC。但 5CrMnMo、5CrNiMo 钢的淬透性不能满足大截面锤锻模的要求，使用温度不能超过 500℃。目前该类钢种正逐步被淘汰，仅在普通热锻模中选用这种低耐热高韧性钢。

2）4Cr3Mo2V1。它是一种低合金热作模具钢，是在中合金热作模具钢 4Cr5MoSiV1（代号 H13）基础上发展起来的。研发的主要依据是 H13 的铬含量（5%左右）太高，淬火后回火时，铬和碳可形成高铬的碳化物，不利于具有最高抗回火软化能力的碳化钒的形成，从而降低 H13 钢的高温热强性。因此，含有较少量铬（2.5%）的 4Cr3Mo2V1 钢反而比 H13 钢具有更高的热强性，特别适用于制作既要耐高温，又需高韧性、高热疲劳性的热挤压模。现在 4Cr3Mo2V1 钢的不足之处是生产成本较高。

（2）中合金热作模具钢

1）4Cr5MoSiV1 钢（代号 H13）。它是第 2 代热作模具钢的典型代表，其应用很广泛。因其具有良好的热强性、热硬性和抗热疲劳性能，被广泛用于铝合金的热挤压模和压铸模、压力机锻模、塑料模等。常用的热处理工艺是 850~1020℃ 淬火，550~560℃ 二次回火，回火后硬度达到 48~51HRC。由于化学成分的优化，H13 含有大量 Cr、Mo、V 等合金元素，基本上能满足热作模具所要求的使用性能。H13 钢与高韧性热作模具钢 5CrNiMo、5CrMnMo 相比，具有更高的热强性、耐热性和淬透性，与高合金热作模具钢 3Cr2W8V 相比，具有更高的韧性和抗热振性。但 H13 钢在工作温度大于 600℃ 情况下的热强性欠佳。

2）4Cr5Mo2V。它是在 H13 钢的基础上研发而来的。从合金化成分设计的角度看，低 Si 高 Mo 的合金化设计在保持模具材料良好热强性的同时，又能够提高韧性。有研究表明：淬火温度、回火温度对 4Cr5Mo2V 的性能有明显的影响，推荐淬火温度为 1030℃，经过 600℃ 回火后的 4Cr5Mo2V 钢在保持与 H13 相当硬度的同时，具有更高的韧性和塑性，其整体冲击韧性提高了 34%。

3）4Cr3Mo2NiVNb（代号 HD）。它是一种新型热作模具钢，通过降低 Mo、V 的含量，加入 Ni 和 Nb，提高了钢的室温和高温韧性及热稳定性，在 70℃ 下仍可以保持 40HRC 的硬度。在硬度相同条件下，HD 钢比 3Cr2W8V 钢的断裂韧度高 50%左右，700℃ 高温时抗拉强度高 70%、冷热疲劳抗力和热磨损性能分别高 100%和 50%。

（3）高合金热作模具钢

1）3Cr2W8V。它是我国广泛应用的传统热作模具用钢。由于 3Cr2W8V 钢中富含 Cr、W、V 等碳化物形成元素，钢锭中普遍存在成分偏析及共晶碳化物数量较多等缺陷；如果模具中的碳化物偏析严重，则容易产生应力集中，直接影响模具的服役寿命。但是通过改进该钢种的生产工艺，如预处理工艺、稀土合金元素改性，可提高 3Cr2W8V 钢的使用性能。如 1050℃×1h 高温固溶+850℃×0.5h 后 750℃×0.5h（三次）循环球化退火，即可细化钢中的碳化物，又可细化奥氏体晶粒，是一种可提高韧性和热疲劳性能的双细化预处理工艺。该钢经不同温度的淬火（1050~1250℃）和不同温度的回火（500~650℃）搭配，可获得不同的硬度值（37~54HRC）。该合金钢常用于压铸模、热挤压模、精锻模、有色金属成型模等。

对 3Cr2W8V 钢进行稀土合金化处理，能够有效地改善钢中共晶碳化物的偏析程度，进一步提高钢材质量。

2）4Cr3Mo3W4VNb。该合金钢含有较高的钨和少量的钒和铌，具有最高的热强性和热稳定性以及良好的抗热疲劳性。与 5Cr4W5Mo2V 钢相比，4Cr3Mo3W4VNb 钢降低了 Cr、W 元素的含量，增加了 Ti、Nb 含量，细化了晶粒，在保持高热稳定性和高温硬度的基础上，使碳化物分布更均匀。其硬度可达 50~55 HRC，抗拉强度和冲击韧度都有了明显的改善。该钢的淬透性、冷热加工性均好，主要用于加工承受变形抗力较高，浅型槽的热锻摸及高温金属的热锻压模具，模具的使用寿命较 3Cr2W8V 钢模具有很大的提高。

3）W9Mo3Cr4V。它以中等含量的钨为主，加入少量钼，采用适当控制碳和钒含量的方法来达到改善性能、提高质量和节约合金元素的目的，是通用型钨钼系高速钢，属莱氏体型钢种。W9Mo3Cr4V 钢经热处理后具有更高的硬度和耐磨性，同时具有高热硬性、高淬透性和足够的塑性及韧性。

## 习题

1. 以你在金工实习中用过的几种零件或工具为例，简要说明它们的选材方法。

2. 有一根 45 钢制造的轴，使用过程中出现磨损，表面组织为 $M_{回}$+T，硬度约 45HRC，心部组织为 F+S，硬度约 20HRC，其制造工艺为锻造→正火→机械粗加工→高频表面淬火（油冷）→低温回火→机械精加工。试分析其磨损原因，并提出改进办法。

3. 某结构复杂的热作模具，其硬度要求为 50~55HRC，试选用合适的材料，确定其加工工艺流程并说明其中热处理工艺的作用。

4. 按表中所列工件在备选材料中选择合适的材料，并确定其最终热处理工艺。

备选材料：38CrMoAlA、40Cr、45、Q235、T7、T10、50CrVA、16Mn、W18Cr4V、KTH300-06、60Si2Mn、ZL102、ZCuSn10P1、YG15、HT200。

| 序号 | 工件 | 材料 | 最终热处理工艺 |
|---|---|---|---|
| 1 | 车辆缓冲弹簧 | | |
| 2 | 螺丝刀 | | |
| 3 | 发动机连杆螺栓 | | |
| 4 | 车床尾座顶针 | | |
| 5 | 自行车车架 | | |
| 6 | 电风扇机壳 | | |
| 7 | 车床丝杠螺母 | | |
| 8 | 自来水管弯头 | | |
| 9 | 机床床身 | | |
| 10 | 镗床镗杆 | | |
| 11 | 机用大钻头 | | |
| 12 | 普通机床地脚螺栓 | | |
| 13 | 发动机排气阀弹簧 | | |
| 14 | 高速粗车铸铁车刀 | | |

# 附　　录

**附表 1　黑色金属硬度及强度换算表**（摘自 GB/T 1172—1999）

| 硬度 | | | | 抗拉强度 $R_m$/MPa | |
|---|---|---|---|---|---|
| 洛氏 | | 维氏 | 布氏（$F/D^2=30$） | 碳钢 | 铬钢 |
| HRC | HRA | HV | HBW | | |
| 20.0 | 60.2 | 226 | | 774 | 742 |
| 21.0 | 60.7 | 230 | | 793 | 760 |
| 22.0 | 61.2 | 235 | | 813 | 779 |
| 23.0 | 61.7 | 241 | | 833 | 798 |
| 24.0 | 62.2 | 247 | | 854 | 818 |
| 25.0 | 62.8 | 253 | | 875 | 838 |
| 26.0 | 63.3 | 259 | | 897 | 859 |
| 27.0 | 63.8 | 266 | | 919 | 880 |
| 28.0 | 64.3 | 273 | | 942 | 902 |
| 29.0 | 64.8 | 280 | | 965 | 925 |
| 30.0 | 65.3 | 288 | | 989 | 948 |
| 31.0 | 65.8 | 296 | | 1014 | 972 |
| 32.0 | 66.4 | 304 | | 1039 | 996 |
| 33.0 | 66.9 | 313 | | 1065 | 1022 |
| 34.0 | 67.4 | 321 | | 1092 | 1048 |
| 35.0 | 67.9 | 331 | | 1119 | 1074 |
| 36.0 | 68.4 | 340 | | 1147 | 1102 |
| 37.0 | 69.0 | 350 | | 1177 | 1131 |
| 38.0 | 69.5 | 360 | | 1207 | 1161 |
| 39.0 | 70.0 | 371 | | 1238 | 1192 |
| 40.0 | 70.5 | 381 | 370 | 1271 | 1225 |
| 41.0 | 71.1 | 393 | 381 | 1305 | 1260 |
| 42.0 | 71.6 | 404 | 392 | 1340 | 1296 |
| 43.0 | 72.1 | 416 | 403 | 1378 | 1335 |
| 44.0 | 72.6 | 428 | 415 | 1417 | 1376 |
| 45.0 | 73.2 | 441 | 428 | 1459 | 1420 |
| 46.0 | 73.7 | 454 | 441 | 1503 | 1468 |
| 47.0 | 74.2 | 468 | 455 | 1550 | 1519 |
| 48.0 | 74.7 | 482 | 470 | 1600 | 1574 |
| 49.0 | 75.3 | 497 | 486 | 1653 | 1633 |
| 50.0 | 75.8 | 512 | 502 | 1710 | 1698 |
| 51.0 | 76.3 | 527 | 518 | | 1768 |
| 52.0 | 76.9 | 544 | 535 | | 1845 |

（续）

| 硬度 | | | | 抗拉强度 $R_m$/MPa | |
|---|---|---|---|---|---|
| 洛氏 | | 维氏 | 布氏（$F/D^2=30$） | 碳钢 | 铬钢 |
| HRC | HRA | HV | HBW | | |
| 53.0 | 77.4 | 561 | 552 | | |
| 54.0 | 77.9 | 578 | 569 | | |
| 55.0 | 78.5 | 596 | 585 | | |
| 56.0 | 79.0 | 615 | 601 | | |
| 57.0 | 79.5 | 635 | 616 | | |
| 58.0 | 80.1 | 655 | 628 | | |
| 59.0 | 80.6 | 676 | 639 | | |
| 60.0 | 81.2 | 698 | 647 | | |
| 61.0 | 81.7 | 721 | | | |
| 62.0 | 82.2 | 745 | | | |
| 63.0 | 82.8 | 770 | | | |
| 64.0 | 83.3 | 795 | | | |
| 65.0 | 83.9 | 822 | | | |
| 66.0 | 84.4 | 850 | | | |
| 67.0 | 85.0 | 879 | | | |
| 68.0 | 85.5 | 909 | | | |

**附表 2　常用钢的临界温度、淬火加热温度、淬火冷却介质和淬火后的硬度**

| 牌号 | $Ac_3$或$Ac_{cm}$/℃ | 淬火加热温度/℃ | 淬火冷却介质 | 淬火后硬度　HRC |
|---|---|---|---|---|
| 35 | 802 | 850~870 | 盐水 | >50 |
| 45 | 780 | 820~840 | 盐水 | >55 |
| 35CrMo | 799 | 830~850 | 油 | >50 |
| 40Cr | 782 | 830~860 | 油 | >55 |
| 40CrNiMo | 774 | 840~860 | 油 | >60 |
| 65Mn | 765 | 810~830 | 油 | >60 |
| 50CrVA | 788 | 840~880 | 油 | >60 |
| 60Si2Mn | 810 | 850~870 | 油 | >62 |
| T8A | — | 760~780 | 盐水 | >62 |
| T10A | 800 | 770~790 | 盐水-油 | >62 |
| T12A | 820 | 770~790 | 盐水-油 | >62 |
| 9SiCr | 870 | 850~870 | 油 | >62 |
| GCr15 | 900 | 820~860 | 油 | >62 |
| CrWMn | 940 | 820~840 | 油 | >62 |
| 9Mn2V | 765 | 790~810 | 油 | >62 |
| Cr12 | — | 970~990 | 油 | >62 |

（续）

| 牌号 | $Ac_3$或$Ac_{cm}$/℃ | 淬火加热温度/℃ | 淬火冷却介质 | 淬火后硬度 HRC |
|---|---|---|---|---|
| Cr12MoV | — | 1020~1040<br>1115~1130 | 油<br>油或硝盐 | >62<br>~50 |
| W18Cr4V | 1330 | 1270~1290 | 油或硝盐 | >64 |
| 3Cr2W8V | 1110 | 1050~1100 | 油或硝盐 | >48 |
| 5CrMnMo | 760 | 820~850 | 油 | >52 |
| 5CrNiMo | 760 | 830~860 | 油 | >52 |

**附表 3　常用钢回火温度与回火后硬度的关系**

| 牌号 | 淬火后的硬度 HRC | 回火后的硬度 HRC | | | | | |
|---|---|---|---|---|---|---|---|
| | | 180±10℃回火 | 240±10℃回火 | 380±10℃回火 | 420±10℃回火 | 580±10℃回火 | 620±10℃回火 |
| 35 | >50 | 51±2 | 47±2 | 38±2 | 35±2 | 250±20HBW | 220±20HBW |
| 45 | >55 | 56±2 | 53±2 | 43±2 | 38±2 | | |
| 40Cr | >55 | 54±2 | 53±2 | 47±2 | 44±2 | 31±2 | 260HBW |
| 50CrVA | >60 | 58±2 | 56±2 | 49±2 | 47±2 | 36±2 | |
| 65Mn | >60 | 58±2 | 56±2 | 47±2 | 44±2 | 32±2 | 28±2 |
| 60Si2Mn | >62 | 60±2 | 58±2 | 52±2 | 50±2 | 30±2 | |
| T8A | >62 | 62±2 | 58±2 | 49±2 | 45±2 | 29±2 | 25±2 |
| T10A | >62 | 63±2 | 59±2 | 50±2 | 46±2 | 30±2 | 26±2 |
| 9SiCr | >62 | 62±2 | 60±2 | 55±2 | 52±2 | 36±2 | 30±2 |
| GCr15 | >62 | 61±2 | 59±2 | 52±2 | 50±2 | | 30±2 |
| CrWMn | >62 | 61±2 | 58±2 | 52±2 | 50±2 | | |
| 9Mn2V | >62 | 60±2 | 58±2 | 49±2 | 41±2 | | |
| Cr12 | >62 | 62 | 59±2 | | 55±2 | | |
| Cr12MoV | >62 | 62 | 62 | | 55±2 | | |
| W18Cr4V | >64 | | | | | 64（560℃回火 3 次） | |
| 3Cr2W8V | >48 | | | | 48±2 | 43±2 | |
| 5CrMnMo | >52 | 55±2 | 53±2 | 44±2 | 44±2 | 36±2 | 34±2 |

注：回火在井式炉中进行，碳素钢回火保温时间为 1~1.5h，合金钢为 1.5~2h。

**附表 4　钢铁材料国内外牌号对照表（供参考）**

| 材料种类 | 中国 GB | 日本 JIS | 美国 UNS | 德国 DIN | 英国 BS |
|---|---|---|---|---|---|
| 碳素结构钢 | Q195 | — | — | S185 | S185 |
| | Q215A | SS330 | — | USt34-2 | 040A12 |
| | Q215B | | | RSt34-2 | |
| | Q235A | SS400 | K02501 | S235JR | S235JR |
| | Q235B | | K02502 | S235JRG1 | S235JRG1 |
| | Q235C | | — | S235JRG2 | S235JRG2 |
| | Q255A | SM400A | — | St44-2 | 43B |
| | Q255D | SM400B | | | |
| 优质碳素结构钢 | 10 | S10C | G10100 | C10 | 040A10 |
| | 20 | S20C | G10200 | C22E | C22E |
| | 30 | S30C | G10300 | C30E | C30E |
| | 45 | S45C | G10450 | C40E | C40E |
| | 65 | SUP2 | G10650 | CK67 | 060A67 |
| 合金结构钢 | 20Cr | SCr420 | G51200 | 20Cr4 | 527A20 |
| | 40Cr | SCr440 | G51400 | 41Cr4 | 530A40 |
| | 38CrMoAl | — | — | 41CrAlMo7 | 905M39 |
| | 50CrVA | SUP10 | G61500 | 51CrV4 | 735A50 |
| | 20CrMnTi | — | — | 30MnCrTi4 | — |
| | 20Cr2Ni4 | ≈SNC815 | — | ≈14NiCr14 | ≈665M13 |
| | 18Cr2Ni4WA | | | | |
| | 60Si2Mn | SUP6 | — | 60Si7 | — |
| 非合金工具钢 | T7 | SK7 | — | C70W2 | — |
| | T8 | SK5/SK6 | T72301 | C80W2 | — |
| | T10 | SK3/SK4 | T72301 | C105W2 | BW1B |
| | T12 | SK2 | T72301 | C125W2 | BW1C |
| | T7A | — | — | C70W1 | — |
| | T8A | — | T72301 | C80W1 | — |
| | T10A | — | T72301 | C105W1 | — |
| | T12A | — | T72301 | C110W1 | — |
| 合金工具钢 | 9SiCr | — | — | 90CrSi5 | — |
| | Cr2 | SUJ2 | T61203 | BL1/BL3 | 100Cr6 |
| | 9Mn2V | — | T31502 | 90MnCrV8 | BO2 |
| | Cr12 | SKD1 | T30403 | X210Cr12 | BD3 |
| | Cr12MoV | SKD11 | — | X165CrMoV12 | — |
| | CrWMn | SKS31 | — | 105WCr6 | — |
| | 9CrWMn | SKS3 | T31501 | 100MnCrW4 | BO1 |

（续）

| 材料种类 | 中国 GB | 日本 JIS | 美国 UNS | 德国 DIN | 英国 BS |
|---|---|---|---|---|---|
| 高速钢 | W18Cr4V | SKH2 | T12001 | S18-0-1 | BT1 |
| | W6Mo5Cr4V2 | SKH9 | T11302 | S6-5-2 | BM2 |
| | W6Mo5Cr4V2Co5 | SKH55 | — | S6-5-2-5 | — |
| | W18Cr4VCo5 | SKH3 | T12004 | S18-1-2-5 | BT4 |
| | W12Cr4V5Co5 | SKH10 | T12015 | S12-1-4-5 | BT15 |
| 不锈钢 | 1Cr13 | SUS410 | S41000，410 | X12Cr13，1.4006 | X12Cr13，1.4006 |
| | 2Cr13 | SUS420J1 | S42000，420 | X20Cr13，1.4021 | X20Cr13，1.4021 |
| | 3Cr13 | SUS420J2 | S42000，420 | X30Cr13，1.4028 | X30Cr13，1.4028 |
| | 4Cr13 | — | — | X39Cr13，1.4031 | X39Cr13，1.4031 |
| | 1Cr18Ni9 | SUS302 | S30200，302 | X10CrNi18-8，1.4310 | X10CrNi18-8，1.4310 |
| | 0Cr18Ni9 | SUS304 | S30400，304 | X5CrNi18-10，1.4301 | X5CrNi18-10，1.4301 |
| | 1Cr18Ni9Ti | （SUS321H） | S32109，321H | X6CrNiTi18-10，1.4541 | X6CrNiTi18-10，1.4541 |
| 灰铸铁 | HT100 | FC100 | F11401 | Cч10 | EN-GJL-100 |
| | HT150 | FC150 | F1701 | Cч15 | EN-GJL-150 |
| | HT200 | FC200 | F12101 | Cч20 | EN-GJL-200 |
| | HT250 | FC250 | F12801 | Cч25 | EN-GJL-250 |
| | HT300 | FC300 | F13501 | Cч30 | EN-GJL-300 |
| 球墨铸铁 | QT400-18 | FCD400-18 | F32800 | — | 400/18 |
| | QT450-10 | FCD450-10 | F33100 | — | 450/10 |
| | QT500-7 | FCD500-7 | F33800 | GGG-50 | 500/7 |
| | QT600-3 | FCD600-3 | F34800 | GGG-60 | 600/3 |
| | QT700-2 | FCD700-2 | F34800 | GGG-70 | 700/2 |
| | QT800-2 | FCD800-2 | F36200 | GGG-80 | 800/2 |
| | QT900-2 | — | F36200 | — | 900/2 |

# 参 考 文 献

[1] 文九巴．金属材料学 [M]. 北京：机械工业出版社，2011.
[2] 朱张校，姚可夫．工程材料 [M]. 4 版．北京：清华大学出版社，2009.
[3] 李传栻．铸造工程师手册 [M]. 3 版．北京：机械工业出版社，2010.
[4] 王贵斗．金属材料与热处理 [M]. 北京：机械工业出版社，2008.
[5] 杨秀英，刘春忠．金属学及热处理 [M]. 北京：机械工业出版社，2010.
[6] 崔占全，孙振国．工程材料 [M]. 3 版．北京：机械工业出版社，2013.
[7] 王学武．金属材料与热处理 [M]. 北京：机械工业出版社，2016.
[8] 崔忠圻，覃耀春．金属学与热处理 [M]. 2 版．北京：机械工业出版社，2007.
[9] 沈莲．机械工程材料 [M]. 4 版．北京：机械工业出版社，2018.
[10] 金荣植．提高模具寿命的途径 [M]. 北京：机械工业出版社，2016.
[11] 许炳鑫．模具材料与热处理 [M]. 北京：机械工业出版社，2004.
[12] 程培源．模具寿命与材料 [M]. 北京：机械工业出版社，1999.
[13] 张文灼，赵宇辉．机械工程材料与热处理 [M]. 2 版．北京：机械工业出版社，2016.
[14] 孙齐磊，邓化凌．工程材料及其热处理 [M]. 2 版．北京：机械工业出版社，2014.
[15] 方勇，王萌萌，许杰．工程材料与金属热处理 [M]. 北京：机械工业出版社，2019.
[16] 王运炎，朱莉．机械工程材料 [M]. 3 版．北京：机械工业出版社，2009.
[17] 练勇，姜自莲．机械工程材料与成形工艺 [M]. 2 版．重庆：重庆大学出版社，2019.
[18] 齐民，于永泗．机械工程材料 [M]. 10 版．大连：大连理工大学出版社，2017.
[19] 张俊，雷伟斌．机械工程材料与热处理 [M]. 北京：北京理工大学出版社，2010.
[20] 许天已．钢铁热处理实用技术 [M]. 北京：化学工业出版社，2005.
[21] 王毅坚，索忠源．金属学及热处理 [M]. 北京：化学工业出版社，2014.
[22] 庄哲峰，张庐陵．工程材料及其应用 [M]. 武汉：华中科技大学出版社，2013.
[23] 李洪波，庄明辉．工程材料及成形技术 [M]. 北京：化学工业出版社，2019.
[24] 庞国星．工程材料与成形技术基础 [M]. 2 版．北京：机械工业出版社，2015.
[25] 杜丽娟．工程材料成形技术基础 [M]. 北京：电子工业出版社，2003.
[26] 吕广庶，张远明．工程材料及成形技术基础 [M]. 2 版．北京：高等教育出版社，2011.
[27] 鞠鲁粤．工程材料与成形技术基础 [M]. 北京：高等教育出版社，2004.
[28] 张彦华．工程材料与成型技术 [M]. 北京：北京航空航天大学出版社，2005.
[29] 杨莉，郭国林．工程材料及成形技术基础 [M]. 西安：西安电子科技大学出版社，2016.
[30] 王纪安．工程材料与材料成形工艺 [M]. 北京：高等教育出版社，2000.
[31] 杨慧智．工程材料及成形工艺基础 [M]. 3 版．北京：机械工业出版社，2006.
[32] 齐乐华．工程材料及成形工艺基础 [M]. 西安：西北工业大学出版社，2002.